AF509443

ÉTUDES

SUR LA

FAMILLE DES VESPIDES.

1.

PARIS. — IMPRIMERIE FÉLIX MALTESTE ET Cie,
rue des Deux-Portes-Saint-Sauveur, 22.

MONOGRAPHIE

DES

GUÊPES SOLITAIRES,

OU DE LA

TRIBU DES EUMÉNIENS,

comprenant

LA CLASSIFICATION ET LA DESCRIPTION DE TOUTES LES ESPÈCES
CONNUES JUSQU'A CE JOUR, ET SERVANT DE COMPLÉMENT
AU MANUEL DE LEPELETIER DE SAINT—FARGEAU ;

PAR

HENRI de SAUSSURE,

Licencié ès-sciences de la Faculté de Paris,
Membre de la Société de physique et d'histoire naturelle de Genève,
Des Sociétés entomologiques de France et de Londres.

Ἐστὶ δέ τι γένος τῶν ἐντόμων (οἷον μέλιτται, καὶ
τὰ παραπλήσια τὴν μορφήν), ὅσα κηριοποιά·
τούτων ἐστὶ γένη ἐννέα. ὧν τὰ μεν ἑξ ἀγελαῖα·
μοναδικὰ δὲ τρία.

ARISTOTE. Histor. Animal.

BIBLIOTHÈQUE IMPÉRIALE

GENÈVE,
JOËL CHERBULIEZ,
RUE DE LA CITÉ.

PARIS,
VICTOR MASSON,
PLACE DE L'ÉCOLE-DE-MÉDECINE.

1852.

A

MONSIEUR F.-J. PICTET,

Professeur de Zoologie et d'Anatomie comparée à l'Académie de Genève,

Membre de plusieurs Sociétés savantes, etc., etc.

Monsieur,

Conduit par le sentiment de la plus vive reconnaissance, je viens vous offrir ce premier essai de ma plume.

C'est vous qui encourageâtes mon goût naissant pour l'histoire naturelle, en captivant ma jeune imagination par les puissants attraits de vos doctes enseignements.

C'est vous qui guidâtes mes premiers pas dans la science, par vos conseils et par l'inaltérable dévoûment dont vous entourez vos élèves.

A qui donc mieux qu'à vous pourrais-je offrir ce premier tribu de ma reconnaissance?

Sans doute je dois craindre que les imperfections nombreuses du présent ouvrage ne réduisent de beaucoup le prix de cette offrande; mais soyez persuadé que jamais en moi, un amour-propre déplacé ne saurait combattre le désir d'arriver à la vérité, et à vos yeux indulgents cette considération excusera bien des défauts.

Veuillez, en recevant avec votre bonté accoutumée ce faible essai d'un de vos élèves les plus dévoués, croire au désir sincère qui les anime tous, de vous voir pendant de longues années encore exercer les fonctions si utiles auxquelles vous ont appelé vos talents et votre haut savoir, et soutenir par vos intéressants travaux la renommée de notre petite patrie.

Agréez, etc.

HENRI DE SAUSSURE.

Genève, 1er décembre 1852.

TABLE DES MATIÈRES.

PRÉFACE. . . . .   I.

INTRODUCTION. . . . .   V.

CHAPITRE I. Classification des Euméniens. . . . . .   XVI.

Art. I. *Définition de cette tribu et ses affinités zoologiques.*   XVI.

Tableau comparatif des Vespiens et des Euméniens. . . . .   XXII.

Art. II. *Des caractères qui servent à la formation des genres.* XXIII.

Art. III. *Détermination des genres.* . . . .   XXVII.

Tableaux pour servir à la détermination des genres.   . . .   XXXI.

Art. IV. *Des affinités des genres entre eux.*   . . .   XXXIII.

Art. V. *Des différences sexuelles.* . . . .   XXXIII.

CHAPITRE II. Des différentes pièces dont se compose

l'insecte. . . . . , ...   XXXV.

Section I. *Considérations sur la synonymie des parties.* .

Section II. *Des différentes pièces qui entrent dans la com-*
position du corps de l'insecte. . . . .   XXXVII.

I. *Du système appendiculaire.* . . . .   XXXVII.

II. *Du corselet et de l'abdomen.* . . . .   XLII.

CHAPITRE III. Distribution géographique des Eumé-

niens. . . . .   XLIII.

DESCRIPTION DES GENRES ET DES ESPÈCES.

TRIBU DES EUMÉNIENS. . . . .   1.

Ire SECTION. LES ANOMALOPTÈRES. . . . .   2.

Genre Raphiglossa. . . . .   2.

Genre Stenoglossa.   . . . .   4.

Genre Gayella. . . . .   5.

IIe SECTION. LES EUPTÈRES. . . . .   7.

I. *Mandibules courtes, etc.* . . . .   7.

2

Genre Elimus. 7.
Genre Zethus. 8.
  Iʳᵉ Division. . . . . 9.
    A. Antennes des mâles enroulées en spirale à l'extrémité. . . . . . 9.
    B. Antennes des mâles terminées par un crochet. . . . , ... 13.
  IIᵉ Division. . . . . 15.
    α. Antennes des mâles enroulées à l'extrémité. . . . . 15.
    β. Antennes des mâles terminées par un crochet. . . . . 17.
  IIIᵉ Division. (*Didymogastra.*) . . . . 18.
  Appendice. 22.
  Species dubia. . . . . 22.
Genre Calligaster. . . . . 22.
Genre Discoelius. . . . . 24.
  II. *Langue droite, descendant verticalement,* etc. . . . . 27.
Genre Eumenes. . . . . 27.
  Iʳᵉ Division. . . . . 28.
    A. Espèces de l'ancien continent. . . . . 29.
    B. Espèces du nouveau continent. . . . . 39.
    C. Espèces d'Australie. . . . . 43.
  IIᵉ Division. . . . . 44.
  IIIᵉ Division. . . . . 60.
  IVᵉ Division. . . . . 63.
  Vᵉ Division. . . . . 67.
  VIᵉ Division. . . . . 71.
  Species non visae, aut dubiae. . . . . 73.
Genre Pachymenes. . . . . 73.
Genre Synagris. . . . . 77.
  Iʳᵉ Division. . . . . 79.
  IIᵉ Division. . . . . 84.
  IIIᵉ Division. . . . . 86.
Genre Montezumia. . . . . 87.
Genre Monobia. . . . . 94.
Genre Monerebia. . . . . 98.
Genre Rygchium. . . . . 101.
  Iʳᵉ Division. . . . . 103.
  IIᵉ Division. . . . . 105.
    A. *Métathorax offrant de chaque côté une côte saillante.* . . . . 105.
    B. *Métathorax plus ou moins arrondi sur ses bords, sans arêtes tranchantes.* . . 107.
      1. Ailes transparentes à la base, brunes et violettes vers le bout. . . . . 107.
      2. Ailes noires à la base, ferrugineuses au bout, ou entièrement ferrugineuses. . . . . 109.
      3. Ailes brunes, violettes le long de la côte, transparentes postérieurement. , ... 114.
      4. Ailes entièrement violettes. . . . . 115.

Species non visa. . . . . 118.
Genre ODYNERUS. . . . . 118.
1. *Premier segment de l'abdomen portant en dessus une suture transversale.* . . . . 121.
    Tableau pour servir à la détermination des espèces. . . . . . 121.
Sous-genre SYMMORPHUS. . . . . 123.
  — ANCISTROCERUS. . . . . 126.
Ire DIVISION. . . . . 126.
IIe DIVISION. . . . . 127.
  A. *Espèces de l'ancien continent.* . . . . 128.
    a. Métathorax lisse au milieu, fortement rugueux sur les bords. 128.
    b. Métathorax concave au milieu ; la concavité entourée d'un rebord saillant, ou offrant de chaque côté un bord tranchant. 128.
    c. Angles du métathorax arrondis. . . . . 134.
  B. *Espèces américaines.* . . . . 135.
    1. Suture du premier segment de l'abdomen distincte, etc. . . 135.
      a. Premier segment de l'abdomen comme dans la division A, etc. 135.
      b. Abdomen comme dans la section précédente, etc. . . . . . 139.
      c. Premier segment de l'abdomen en cloche arrondie, etc. . . . 140.
    2. Métathorax prolongé en arrière du post-écusson, etc. . . . 145.
IIIe DIVISION (1). . . . . 146.
IVe DIVISION. . . . . 148.
II. *Pas de suture transversale sur le premier segment de l'abdomen.* . . . . 151.
Sous-genre LEIONOTUS. . . . . 151.
  Tableau pour servir à la détermination des espèces. . . . . . 151.
Ire DIVISION. . . . . 155.
  1. Premier segment de l'abdomen assez longuement pédicellé, etc. 155.
  2. Corselet très allongé ; abdomen grêle, etc. . . . . 156.
  3. Corselet anguleux ; premier segment de l'abdomen arrondi, etc. 157.
  4. Premier segment de l'abd. tronqué droit du côté antérieur, etc. 159.
IIe DIVISION. . . . . 160.
  1. *Abdomen pédicellé ; métathorax arrondi sur ses angles. Ailes rousses le long de la côte.* . . 160.
  2. *Abdomen sessile ou subsessile.* . . . . . . 165.
    A. Métathorax offrant de chaque côté une arête tranchante. 165.
      a. Ailes violettes. . . . . 165.
      b. Ailes rousses le long de la côte, violettes au bout. . 166.
    B. Métathorax un peu arrondi. . . . . 168.
IIIe DIVISION. . . . . 169.
  1. *Tête plate, corselet carré, etc.* . . . . 169.
    1. De chaque côté du métathorax un angle tranchant. . . . 170.
      a. Espèces américaines. . . . . 170.
      b. Espèces de l'ancien continent. . . . . 174.
    2. Angles du métathorax arrondis. . . . . 175.

(1) Le texte porte par erreur : IIe division au lieu de IIIe division (p. 146), et : IIIe division au lieu de IVe division (p. 148).

4

II. *Corselet en carré long, anguleux ou non; etc.* . . . 177.
  1. *Espèces américaines*. 177
    A. Une zone ponctuée le long du deuxième segment de l'abdomen. 177.
      a. Métathorax concave au milieu, etc. . . . . 177.
      b. Métathorax assez plat, ses angles un peu arrondis. 178
    B. Deuxième segm. de l'abdomen sans zone fortement ponctuée. 181.
      a. Métathorax anguleux. . , ... 181.
      b. Métathorax arrondi. . . . . 184.
II. *Espèces de l'ancien Continent.* . . . . . . 186.
  1. Deuxième segment de l'abdomen offrant le long de son bord postérieur une zone fortement ponctuée. (Espèces africaines.). . 186.
  2. Deuxième segment de l'abdomen n'offrant pas de zone de fortes ponctuations le long de son bord postérieur. . . . . . 188.
    * Métathorax portant de chaque côté un angle tranchant. . . . 188.
    ** Métathorax offrant le long de sa courbe inférieure une ligne tranchante. . . . . 193.
    *** Métathorax sans angles tranchants. . . . . 202.
IVe DIVISION. . . . . 206.
Ve DIVISION. . . . . 288.
  I. *Antennes des mâles terminées par un crochet; etc.* 208.
    A. Abdomen allongé, son premier segm. en forme de cloche, etc. 208.
      α. Antennes insérées plus haut que le milieu de la tête. . . 208.
      β. Tête bombée; antennes insérées plus bas que le milieu de la tête, etc. . . . . 211.
    B. Formes trapues, abdomen sessile, subovale, etc. . . . . 212.
    C. Facies des Odynerus du s.-genre OPLOPUS; abdomen ovale, etc. 213.
  II. *Antennes des mâles enroulées à l'extrémité, etc.* . 216.
Sous-genre OPLOPUS. . . . . 217.
  Tableaux pour servir à la détermination des espèces. . . 217.
    I. Chaperon entier, ou faiblement échancré dans la femelle. . 209.
      * Métathorax noir. . . . . 209.
      ** Métathorax taché de jaune. . . . . , . . 226.
    II. Chaperon fortement échancré, et bidenté dans la femelle. . 228.
SPECIES DUBIÆ ANT NON VISÆ. . . . . 230.
Genre LEPTOCHILUS. . . . . 233.
Species non visæ. . . . . 237.
Genre PTEROCHILUS. . . . . 237.
Ire DIVISION. . . . . 238.
IIe DIVISION. . . . . 240.
  I. *Mandibules fortement dentées.* . . . . 240.
    A. Métathorax anguleux. . . . . 240.
    B. Métathorax arrondi. . . . . 242.
  II. *Mandibules droites sans dents distinctes.* . . . 244.
  III. *Espèce que je n'ai pas vue, mais facile à reconnaître.* . . . . 246.
IIIe DIVISION. . . . . 247.
Species non visæ. . . . . 248.

IIIᵉ Section. **LES MISCHOPTÈRES** . . . . 248.
  Genre Alastor . . . . 249.
    Iʳᵉ Division . . . . 250.
      I. *Une suture transversale sur le premier segment de l'abdomen.* . . . . 250.
      II. *Pas de suture transversale sur le premier segment de l'abdomen.* . . . . 250.
        a. Insectes orangés et noirs . . . . 250.
        b. Insectes noirs, ornés de jaune pâle . . . . 253.
    IIᵉ Division . . . . 257.
    IIIᵉ Division . . . . 258.
Liste des espèces douteuses . . . . 261.
Bibliographie de la tribu des Euméniens . . . . . 266.
  I. *Liste des auteurs cités.* . . . . 266.
  II. *Ouvrages à consulter, en outre, sur les mœurs et l'organisation des Euméniens.* . . . . 270.
Table alphabétique des genres et des espèces . . . 272.
Liste des espèces figurées . . . . 279.

ERRATA (1).

Page 1. *Au lieu de :* EUMENIDÆ, *mettez :* EUMENII.

Page 6, ligne 18, page 24, N° 25, et page 25, N° 1 et N° 2. *Au lieu de :* Fauna Chiliana, *mettez :* Fauna Chilena.

Page 14, N° 11. *Au lieu de :* Vespa rietis, *mettez :* Vespa arietis.

Page 17, dernière ligne. *Au lieu de :* Zethus, *mettez :* Discœlius.

Même page, N° 17. *Au lieu de :* 12 mill., *mettez :* 23 mill.

Page 41, N° 17. *Au lieu de :* Exped. to the Pet. Riv. 11. Append. 78, *mettez :* Long's Exped. to the St. Peter's. Riv. 11. Append. 79.

Page 50, la 4e ligne à partir de la dernière. *Au lieu de :* déprimé, *mettez :* enfoncé.

Page 78. Notez que dans le tableau du bas de cette page la *S. bellicosa* a été omise (p. 84, N° 7).

Page 79, N° 1. *Au lieu de :* Guérin, Voy. en Abyss., etc., *mettez :* Reiche, Voy. en Abyss., etc.

Page 79. N° 1. *Au lieu de :* De Geer, etc., vii. 607, *mettez :* De Geer, etc., vii. 609.

Page 101, et partout ailleurs. *Au lieu de :* Rygchium, *mettez :* Rhygchium.

Page 119, dernier alinéa. *Au lieu de :* vu, *mettez :* vus.

Page 121, ligne 9. *Au lieu de :* forcé, *mettez :* forcés.

Page 122, ligne 1. *Au lieu de :* salcularis, *mettez :* sæcularis.

Même page, vers le bas. *Au lieu de :* flavipes.... 2, *mettez :* flavipes.... 27.

Page 139, N° 22, et partout ailleurs. *Au lieu de :* tuberculocephalus, *mettez :* tuberculiceps.

Page 145. *Au lieu de :* 2. Métathorax prolongé horizontalement, etc., *mettez :* 2. Métathorax prolongé horizontalement, etc.

Page 146. *Au lieu de :* IIe DIVISION, *mettez :* IIIe DIVISION.

Page 148. *Au lieu de :* IIIe DIVISION, *mettez :* IVe DIVISION.

Page 249, genre ALASTOR. *Au lieu de :* Pl. VII, fig. 6, et pl. VI, fig. 4, *mettez :* Pl. VII, fig. 6.

Page 250. *Effacez :* Pl. VI, fig. 4.

Explication de la Planche IV. *Au lieu de :* Troisième division, *mettez :* Quatrième division; *au lieu de :* Quatrième division, *mettez :* Cinquième division.

Explication de la Planche V. *Avant :* 2 d, *mettez :* Troisième division.

Explication de la Planche VIII. *Au lieu de :* Raphiglossa symmorphus, *mettez :* *R. symmorpha.*

Planche VI. *Au lieu de :* Alastor, *mettez :* Odynerus.

(1) Plusieurs de ces corrections étant très importantes, on est prié de les introduire dans le corps de l'ouvrage.

PRÉFACE.

Je me trouvais encore sur les bancs lorsque j'entrepris l'ouvrage que j'offre dans ce moment à l'appréciation du public : mes études entomologiques, particulièrement dirigées du côté de l'ordre intéressant des Hyménoptères, ne tardèrent pas à me révéler dans cette branche de la science de grandes lacunes, que dès lors mes efforts ont tendu à combler pour autant que mes forces personnelles n'auront pas été trop au-dessous de l'entreprise.

Quelque grand que fût pour moi l'attrait de ce sujet d'études, l'entomologie devait trop souvent céder le terrain à d'autres travaux plus importants ; je ne tardai pas à voir ainsi des retards inattendus apportés à la publication de mon ouvrage, et je craignis même plus d'une fois de voir cette monographie rester au-dessous du niveau de la science actuelle, sans avoir surnagé pendant quelques instants.

Les difficultés que j'ai rencontrées sur la route frayée par mes devanciers m'ont nécessairement conduit à des tentatives nouvelles ; grâce à ces tâtonnements, je crois avoir trouvé une méthode plus claire et en même temps plus facile à s'approprier ; ce n'aura pas été sans peine.

Dès les premiers frais que je fis pour me familiariser avec quelques-unes des richesses de la nature, je ne tardai pas à m'apercevoir des erreurs et des omissions qui fourmillent dans les livres.

Après avoir, sans succès, cherché à classer rigoureusement les insectes qui me tombaient sous la main, je fus conduit naturellement à chercher dans mes propres appréciations les éléments d'une autre classification : je résolus dès lors de ne consulter les traités qu'après avoir ordonné les espèces selon les caractères que me semblait offrir la nature.

J'attribuai d'abord, je dois le dire, à ma propre faiblesse ce qui n'était que l'inévitable résultat de l'imperfection de la science : mais lorsque, après avoir consulté plusieurs savants dont le nom est bien connu dans l'Europe, après avoir visité les principaux Musées qui pouvaient m'offrir des éléments d'études, après avoir beaucoup lu et réfléchi, je m'aperçus que le même doute, la même incertitude étaient partout, je fus obligé de revenir d'une idée que la modestie la plus naturelle m'avait d'abord suggérée.

La famille des Guêpiaires, dont je m'étais spécialement occupé, me parut particulièrement avoir besoin d'être de nouveau travaillée avec soin.

Je ne me dissimulais pas néanmoins les difficultés de la tâche de patience que je m'imposais. Je n'ignorais pas qu'au point où est parvenue la science, la moindre détermination spécifique exige très souvent un travail bibliographique immense ; je n'ignorais pas, en outre, la fatigue que devait me donner une tendance fâcheuse et malheureusement trop répandue, celle de publier presque au hasard des espèces nouvelles ou non ; on les dissémine ainsi dans un nombre effrayant de journaux, dont une bien faible partie seulement sont à la disposition de l'entomologiste; on oppose une barrière presque insurmontable aux essais de la plupart des amateurs de cette science, et on la confine pour ainsi dire dans les limites de quelques lieux d'études et de collections favorisés et soutenus par les gouvernements.

Un pareil état de choses ne me découragea pas : il me fit seulement entrevoir quelle utilité immense aurait pour le naturaliste un travail consciencieux, un ensemble de monographies entreprises sur chacune des familles des insectes : ce me fut un nouveau motif pour me mettre activement à l'œuvre. Je résolus, dans les limites de mes forces, d'apporter une pierre à la construction de cet édifice, et de chercher à combler une des lacunes des Hyménoptères.

Malheureusement, et cela se comprend sans beaucoup d'explications, les matériaux m'ont souvent fait défaut dans mon travail : il en est résulté un vide que je ne saurais combler, si les savants étrangers ne consentent à m'éclairer de leurs propres lumières, à me soumettre leurs idées, et à m'ouvrir les richesses de leurs collections entomologiques.

Néanmoins, si d'un côté je n'ai pu mettre en usage tout ce que fournit la science actuelle; de l'autre, je n'ai pas tardé à être plus qu'embarrassé de l'abondance des faits; à peine les premières épreuves de cet ouvrage sortaient des mains de l'imprimeur, que déjà de nouvelles données s'entassaient; et que, la révision de mon travail me faisant entrevoir une foule d'erreurs auxquelles je ne m'attendais point, je me voyais forcé à compléter cet opuscule par un supplément, c'est dans ce dernier qu'on rencontrera le squelette de la monographie dont je me suis occupé, tel qu'il m'a paru se dessiner, avec les additions devenues nécessaires.

Je ne veux pas insister sur les motifs qui m'ont fait entreprendre ce travail, puisque dans une note adressée à la Société entomologique de France (1), j'en ai parlé au long, en cherchant à mettre en évidence la nécessité de s'appliquer à des travaux entomologiques complets.

Mais avant d'entrer en matière, il est pour moi un devoir que je m'empresse de remplir : je dois adresser aux savants qui ont bien voulu s'intéresser à mes travaux le témoignage public de ma reconnaissance.

Tout d'abord, ce serait M. le professeur F. J. Pictet, de Genève, que je prierais de vouloir l'agréer, si je ne l'avais déjà fait sur la première page de ce livre.

Je remercie M. le professeur Milne-Edwards, ainsi que MM. Blanchard et Lucas des ressources qu'ils ont bien voulu mettre à ma disposition, et des enseignements dont je leur suis redevable : MM. Guérin, Spinola, de Romand, Sichel, ont droit aussi au tribut de ma juste reconnaissance pour l'empressement qu'ils ont mis à m'être utiles et le généreux désintéressement avec lequel ils m'ont ouvert leurs riches collections.

Plusieurs savants ont daigné jusqu'ici m'honorer de quelques communications sur ce qui fait le sujet de cette monographie : ce sera toujours avec plaisir, bien plus, avec une vraie reconnaissance que j'accueillerai les communications, les conseils, et les objections diverses que chacun jugera à propos de m'adresser.

Je traiterai avec toutes les précautions, tous les ménagements nécessaires, les insectes que l'on voudra bien me confier, et je suis prêt à entrer avec les amateurs dans la voie des échanges.

(1) Description du genre *Ischnogaster*, 2ᵉ série, t. X, p. 19.

INTRODUCTION.

Il est peu d'auteurs qui, au point de développement où la science moderne est parvenue, n'aient compris combien il est important d'étudier simultanément les différentes branches de la zoologie, pour rassembler en faisceau les résultats obtenus, comparer les points de vue divers, étayer les conclusions les unes par les autres, éclaircir les doutes par les faits patents, et obtenir ainsi des données générales d'autant plus vraies, plus constantes, qu'elles proviennent de voies diverses, concordantes à leur point de conjonction, qui est la vérité elle-même; la vérité, du moins autant qu'il est en nous de l'atteindre.

L'entomologie, après avoir longtemps, pour ainsi dire, erré au hasard, a pris un point d'appui dans l'étude anatomique et morale des insectes : d'un côté, étude de l'organisation interne matérielle, et des formes extérieures ; de l'autre, examen des mœurs, dans la vaste acception du mot, des êtres qu'il veut classer, telle est l'obligation imposée à tout bon monographe.

Néanmoins, j'ai dû renoncer à embrasser mon sujet dans une aussi considérable étendue : les raisons qui m'y ont fait renoncer sont très naturelles, et leur simple exposé suffira pour faire comprendre que j'ai dû le faire.

Ce que je cherchais avant tout, c'était une bonne classification des Guêpiaires, dans le but de sortir cette famille du dédale

dans lequel l'avait plongée la marche progressive, mais irrégulière de la science : or, pour cela, l'inspection des types indigènes ne suffisait pas ; contraint à embrasser le plus d'espèces,
le plus de genres, le plus de formes possibles, partout j'arrivais
à ceci : c'est que le nombre des exotiques devenant comparative-
ment incalculable, les indigènes sur lesquels seuls eussent pu
porter mes études dirigées dans ce sens, ne m'offraient plus
qu'un champ d'un intérêt si limité, que le parcourir donnait
une peine inutile. Aborder l'anatomie et les mœurs de cette
infime minorité d'espèces n'eût pu aboutir pour moi qu'à fournir
des faits isolés, matériaux précieux, si l'on veut, pour un travail
plus complet, mais sans rapport direct avec l'essence de celui
que je méditais pour le moment.

De plus, divers naturalistes m'avaient déjà, par leurs travaux,
avancé singulièrement la besogne. Réaumur, en particulier pour
les mœurs, et Léon Dufour pour l'anatomie des Guêpes, ont fait
à cet égard une si ample moisson, qu'après ces habiles ouvriers
il ne reste plus qu'à glaner des épis inaperçus. Ces restes néanmoins auraient, malgré leur faible valeur, assez d'intérêt pour
moi pour que, le temps et l'occasion se présentant, je ne résis-
tasse pas au désir de les ramasser laborieusement, pour rallier
quelques faits nouveaux et combler quelques anciennes lacunes,
Mais là n'est pas, pour le moment, mon véritable but ; je l'ai
déjà dit, ce travail n'est, suivant ma pensée, qu'une des nombreuses pierres qui serviront un jour à construire l'édifice
complet de l'histoire des Hyménoptères, pierre brute même, qui
peut-être avant de servir devra prendre son poli ou changer de
forme sous la main d'ouvriers plus habiles.

Le sujet est trop peu vaste pour que j'aie la prétention de
m'arrêter à l'histoire de son développement : je ne pourrais
que répéter ce que tant d'autres ont dit sur les méthodes en
général, et faire l'énumération des auteurs qui s'en sont oc-
cupés, série de noms aussi ennuyeuse que longue : je renonce
donc à cette tâche pour ne mentionner que ce qu'il y a de plus
indispensable à cet égard ; néanmoins, pendant cette brève
excursion sur le domaine quasi-historique de la science, j'ap-

pellerai l'attention des entomologistes sur ce qu'il peut rester encore à faire de ce côté. Comme je l'ai dit en commençant, je suis assez pénétré de l'idée de l'importance d'un appui mutuel entre tous les savants et les amateurs, pour croire que la seule combinaison de leurs études et de leurs efforts peut produire le vrai et le complet, et je ne négligerai jamais une occasion de provoquer cette union dans un but commun.

Linné est le premier qui ait donné des descriptions spécifiques des Guêpes ; ses espèces, quoique à peine définies, ont été moins confondues que l'on eût pu s'y attendre, grâce à la tradition conservée par les auteurs et les collecteurs subséquents : mais toujours est-il que ce mal a existé en quelque mesure, et qu'il serait vraiment d'une haute importance pour cette branche de la science, qu'un entomologiste parfaitement familiarisé avec les espèces se livrât à l'inspection scrupuleuse de la collection de Linné, qui, comme chacun le sait, est encore conservée à Londres : je me suis promis, pour mon compte, de ne pas laisser passer longtemps avant de me livrer à cet intéressant examen.

Rossius ne décrit que peu d'espèces, toutes assez reconnaissables.

En revanche, la Fauna Germanica de Panzer offre un labyrinthe vraiment inextricable, c'est un désordre complet de définitions plus qu'insuffisantes, et de figures souvent détestables dans l'étude d'un groupe que l'on pourrait choisir précisément pour s'exercer à souhait aux qualités contraires, dans un groupe aussi délicat que celui des Odynères, où les espèces se touchent, où les variétés se confondent.

Quant à Fabricius, il est bien moins laborieux ; la création de genres nouveaux facilite le travail, mais bien souvent c'est au détriment de la science ; il offre nombre d'inexactitudes et d'erreurs ; il réunit les insectes les plus différents pour former un genre où les individus jurent entre eux, tandis que de fort proches voisins ou parents, sont presque au hasard disséminés dans des groupes divers. Ainsi, dans ses *Eumenes* il renferme des *Polistides*, tandis qu'inversement dans les *Polistes*, on trouvera des insectes solitaires ; son genre *Zethus* est remarquable à ce point de vue : sur six espèces qu'il lui attribue, une seule est véritablement un *Zethus* ; les cinq autres sont des Guêpes sociales, dont j'ai de mes yeux vu les nids (1); les espèces différentes de véritables *Zethus* que connaissait cet auteur sont dispersées dans le genre *Eumenes (E. binodis)* et dans le genre *Polistes (P. cyanipennis, arietis)*. Les *Zethus* ont cependant tous entre eux cet air de famille qui frappe au premier coup d'œil, et les deux espèces principales que Fabricius sépare sont si voisines, qu'un œil peu exercé les confondrait.

Il résulte de cette considération et de plusieurs autres que j'omets pour éviter d'inutiles longueurs, que Fabricius paraît avoir souvent jeté les nouvelles espèces qu'il ne pouvait examiner qu'en passant, dans le genre qu'il leur assignait au jugé, et que dans bien des cas la mémoire lui a fait défaut. Peut-être aussi n'avait-il pas dans sa collection toutes les espèces qu'il avait décrites, et lorsqu'il écrivit son Systema Piezatorum fut-il souvent embarrassé pour le classement de celles qui lui manquaient dans les genres nouveaux qu'il établit à cette époque ; comment dans ce cas retrouver ses espèces, si les collections ne recèlent pas encore un certain nombre de ses types?

Il me semble donc qu'on doit redoubler de circonspection lorsqu'on est à la recherche de ses espèces non encore retrouvées, et ne pas se laisser guider par ses coupes génériques.

Mais ses travaux en général présentent un important résultat : il a, plus loin que Linné, suivi la méthode naturelle tirée des caractères zoologiques ; il a basé cette méthode sur des caractères fort bien choisis, et auxquels un seul reproche peut s'adresser, celui d'être peut-être trop exclusifs. En particulier, pour ce qui concerne le sujet qu'embrasse cet ouvrage, il a été aussi conduit, comme sans s'en douter, à la distinction des Guêpiaires en sociales et solitaires.

(1) J'en ai fait le genre *Mischocytharus*, comme on pourra le voir dans la monographie des Guêpes sociales, qui ne tardera pas à paraître.

Il divise, dans son *Systema Piezatorum*, le genre *Vespa* de Linné en quatre autres, *Polistes, Eumenes, Zethus, Vespa.*

Le premier renferme les Vespides sociales, à abdomen pédicellé.

Le deuxième, les Solitaires à formes correspondantes.

Le troisième est un genre mixte et anomal.

Dans le quatrième, il fait figurer toutes les Guêpes à abdomen sessile, quelles que soient leurs mœurs. Ainsi, la méthode n'a pas été poussée jusqu'au bout; il s'est arrêté, on ne comprend pas trop pourquoi, sur la voie qu'il avait frayée, et, chose singulière, l'auteur, après avoir reconnu les rapports de différences qui existent entre les *Eumenes* et les *Polistes*, a négligé les mêmes rapports entre les *Vespa* et les *Odynerus.*

Christ est un auteur qu'il est important de noter, parce qu'il semble avoir eu sous la main des collections assez considérables : plusieurs de ses espèces n'ont pas encore été retrouvées; du reste, son livre, quoiqu'il ne présente au fond qu'un travail de compilation, est encore précieux pour les figures assez reconnaissables qui en accompagnent le texte.

L'article *Guêpe* de l'Encyclopédie méthodique, par Olivier, n'est qu'une compilation de Fabricius et de quelques autres auteurs, à laquelle est jointe la description de quelques espèces, soit nouvelles, soit déjà décrites, mais le tout malheureusement dans un désordre tel, qu'il est presque impossible de reconnaître les espèces avec quelque certitude. Il est assez étonnant qu'Olivier n'ait pas profité des formes si variées des Vespides pour établir du moins quelques coupes génériques dans son long catalogue de 120 espèces. Il va sans dire que, par conséquent, les Sociales sont mêlées avec les Solitaires, si bien que je ne saurais indiquer lesquelles de ses espèces appartiennent aux Euméniens, que je n'ai pu encore retrouver : j'attendrai pour en dresser le catalogue que j'aie pu terminer l'étude des Guêpes sociales : néanmoins j'appellerai sur ce point l'attention de tous les hyménoptéristes, à moins que l'on ne décide à couvrir du voile de l'oubli tout ce qui offre ce caractère d'imperfection, plutôt que de perdre un temps considérable à feuilleter le vaste livre des synonymes pour n'arriver, après tant de labeurs, qu'au vague et à l'incertain.

Jurine, cet excellent observateur, réussit enfin à doter l'entomologie d'une nouvelle méthode, fondée sur l'observation la plus scrupuleuse, et fournit des caractères d'une solidité plus grande que ne l'avait fait aucun de ses devanciers : basée sur la nervation des ailes, elle offre une précision, une certitude en rapport avec la fixité qui règne dans la disposition de ces supports de l'aile, et une netteté qui la rend infiniment plus facile à mettre en œuvre.

Jurine fut conduit par sa méthode à séparer les *Masariens* des *Vespides*; il est certain que la différence des ailes coïncide avec une foule de différences dans la constitution des autres organes, et dans les caractères zoologiques de cette tribu; je ne les crois cependant pas assez importants pour en faire une famille à part. Du reste, il n'ajoute rien à l'histoire des Euméniens.

A la suite de ces quelques ouvrages principaux, je pourrais citer toute la horde des journaux périodiques qui, créés d'abord pour propager la science, ont fini par l'encombrer et la retarder dans sa marche. J'ai déjà parlé du funeste résultat de la fureur générale de publier pêle-mêle des notes souvent très minimes dans les ouvrages périodiques, parfois les moins appropriés au sujet, et plus souvent encore les moins répandus. Aussi qu'en résulte-t-il? Temps perdu, recherches vaines, travail fatigant, d'autant plus que le résultat en est toujours fort incertain, tel est l'effet direct de cette manie qui porte droit sur la compilation, la réunion des matériaux : or, chacun sait que c'est le début obligé de tout travail scientifique sérieux.

Un seul remède pourrait diminuer ce mal qui va toujours croissant : il faudrait limiter la portée scientifique des ouvrages périodiques, restreindre chacun, autant que possible, à une branche de la science; que les uns fissent de l'entomologie leur œuvre spéciale, tandis que d'autres s'assigneraient la mission particulière d'étudier la malacologie, l'ornithologie ou la mammalogie, quelque branche de la paléontologie, etc. Au lieu de cela, tous ces sujets s'entassent, et l'on noie la description d'un insecte unique au milieu de mémoires de tous les genres, non seulement scientifiques, mais encore historiques, politiques ou sociaux.

En apportant un changement radical à cette habitude désastreuse d'arbitraire, dictée par la commodité de l'auteur, on faciliterait les recherches d'une manière que seuls peuvent bien comprendre ceux qui ont passé par les fourches caudines d'un travail bibliographique un peu considérable ; elles se borneraient à un nombre limité de journaux, et les omissions en deviendraient bien moins fréquentes. Une telle police de la science, tout indispensable qu'elle soit, qu'elle paraisse effectivement déjà à beaucoup de travailleurs, est cependant bien loin de s'établir (1).

Une autre observation critique que je ne puis m'empêcher de faire ici, est relative à la manière incomplète avec laquelle, dans ces mêmes ouvrages, sont décrites presque toutes les espèces isolées qui paraissent ainsi, soit dans les journaux, soit dans les relations de voyages : je comprends facilement qu'à cet égard il n'y ait pas grand chose à faire ; un homme, quelque savant qu'il soit, ne suffira jamais à connaître les caractères de chaque genre, puisqu'on ne les connaît dans toute leur portée, avec toute leur valeur, qu'après les avoir étudiés sur la nature elle-même, et non dans les livres seuls. Or, c'est à ce dernier moyen qu'en sont presque infailliblement réduits ceux qui publient des espèces éparses : il arrive donc presque toujours qu'à part les très vagues indices qu'on peut tirer de la couleur, les autres caractères indiqués se trouvent presque tous génériques, et ne sont d'aucune utilité pour reconnaître l'espèce : pour bien décrire une espèce nouvelle, il faudrait, ou déjà posséder une monographie complète du genre auquel elle appartient, ou la faire presque entière, deux conditions qui sont également impossibles à remplir dans l'immense majorité des cas.

(1) C'est à peine si l'on ose croire qu'avec le dédale dans lequel se trouve plongée la science, grâce à ces ouvrages, leur majorité ne possède pas même une table analytique ! Cherchez, en particulier, celle des Annales de la Société entomologique de France !

Ces lignes de récrimination contre la science moderne me serviront de transition pour arriver au contingent qu'elle m'a fourni.

Dans ce siècle, LATREILLE a publié plusieurs ouvrages touchant les Hyménoptères, mais je ne crois devoir citer que son *Genera*, parce que c'est le seul dans lequel il ait ajouté quelque chose à l'histoire des *Vespides*; c'est à lui que revient l'honneur d'avoir complété l'œuvre de Fabricius, en séparant les *Odynerus* des *Vespa* pour rapprocher les premiers des *Eumenes*, et les secondes des *Polistes*, dans lesquels il introduisit la division en genres *(Epipona)*. La division des Guêpiaires, basée sur la longueur relative du galéa et des palpes maxillaires, est insuffisante ; l'examen de la bouche d'un grand nombre d'espèces m'a convaincu que ce caractère n'est pas applicable, et l'observation en est sujette à bien des erreurs.

Ici, je suis véritablement heureux de trouver une occasion de rendre un hommage sincère à M. WESMAEL pour sa *Monographie des Odynères de la Belgique*, qui m'a été du plus grand secours. Ce travail de patience, consciencieux et digne sous tous les rapports de l'attention des naturalistes, devrait servir de modèle à tous ceux qui veulent écrire sur l'entomologie. L'auteur me permettra cependant de lui soumettre une observation, je crois qu'il a donné trop de synonymes à ses espèces ; en sorte qu'il n'en a point laissé pour celles de la France, de l'Allemagne et de l'Italie, qui sont cependant évidemment différentes de celles du nord de l'Europe, et que Fabricius a connues en partie.

Enfin, LEPELETIER DE SAINT-FARGEAU fit paraître son Histoire naturelle des Insectes Hyménoptères, dans laquelle il décrit plusieurs espèces de Vespides, et crée plusieurs genres : mais une chose difficile à expliquer, c'est la division à laquelle il s'est laissé entraîner, des Guêpes sociales et des Guêpes solitaires en deux familles, qu'il écarte autant que possible l'une de l'autre : les objections, du reste, ne tardèrent pas à surgir de toutes parts, et l'on fut bien vite convaincu que si les mœurs de ces deux sections sont différentes, leurs caractères zoologiques les relient au contraire si intimement, que leurs places sont naturellement fixées l'une à côté de l'autre.

Saint-Fargeau entreprit son ouvrage à un âge avancé, qui rendait sa vue affaiblie impropre à des travaux d'observation minutieux, en même temps qu'il lui interdisait des recherches bibliographiques pour lesquelles il eût été contraint à des déplacements fatigants ; il dut les abandonner presque entièrement ; aussi son livre est-il si incomplet, qu'il est impossible de l'utiliser pour le classement des collections ; les espèces sont cependant assez bien décrites, sauf un inconvénient causé par sa vue : elle le trompe fréquemment sur les couleurs, et presque toujours il indique les ailes comme plus foncées qu'elles ne le sont réellement : comme c'est là un détail d'une importance un peu secondaire, je n'ai pas cru devoir décrire à nouveau les espèces qu'il avait déjà publiées, et je me suis borné dans ces cas à renvoyer à son ouvrage.

Tel est à ce jour l'état de l'entomologie relativement à la tribu sur laquelle j'ai dirigé mes études ; on voit donc aisément qu'il me restait à combler une vaste lacune ; sans me faire trop d'illusions sur mes forces, je n'ai pas désespéré de le faire, au moins en quelque mesure.

Dans les essais que j'ai faits pour atteindre ce but, et après m'être livré à une étude consciencieuse des genres et des espèces, je n'ai pas tardé à constater différents faits intéressants.

Il existe des différences considérables dans la forme des palpes des Euméniens, le nombre des articles varie beaucoup ; tous les caractères tirés du nombre des organes sont bons, parce qu'ils sont nets de leur nature et parfaitement définis, puisqu'un mot, un chiffre, suffisent pour faire comprendre toute la pensée : quand il s'agit des formes, au contraire, la meilleure description peut toujours laisser des doutes.

J'ai été ainsi conduit à la formation de quelques genres, dont plusieurs, du reste, pourront être réduits lorsqu'on connaîtra mieux leurs représentants et leurs affinités. Ce sont donc des genres que je nommerais volontiers *provisoires* et que je soumets

à la sanction des savants; je crois que j'aurai gagné ainsi beaucoup en netteté dans la distinction des espèces; peut-être me
fera-t-on le reproche d'introduire ainsi dans la méthode quelque
chose d'artificiel et d'arbitraire, mais je répondrai qu'un arbitraire clair n'est pas toujours à rejeter.

Quant aux ressources dont j'ai pu étayer mes études, elles
ont été considérables. J'ai eu sous la main la collection entière
de Lepeletier de Saint-Fargeau; j'ai retrouvé tous les types
étiquetés de sa main, de même que ceux qu'il avait empruntés à
la collection du Muséum de Paris : c'étaient là pour moi de pré-
cieuses données : il en a été de même de ceux de M. Guérin-
Méneville, qui les a généreusement mis à ma dispositon; j'ai été
moins heureux pour ceux de Latreille, qui sont en partie dé-
truits, en partie disséminés dans les collections particulières.
M. Niélander a bien voulu me procurer ceux de Wesmaël, et
M. Gay a mis à ma disposition tous les types de M. Spinola, que
cet auteur a décrits dans l'*Historia Fisica de Chile* (1).

Je suis donc à même de parler avec certitude d'un grand
nombre d'espèces; il en est d'autres que les descriptions font
reconnaître avec exactitude, mais plusieurs descriptions des
anciens ne cadrent avec aucune de mes espèces, et malgré tout
le soin avec lequel j'ai feuilleté leurs ouvrages, je me suis vu
dans la nécessité d'en grossir la liste des *species dubiæ*.

Je ne décris que les espèces que j'ai eues sous les yeux, ou
celles que j'ai pu déterminer avec certitude, au moins jusqu'à
la division du genre auquel elles appartiennent par l'examen de
bonnes planches : quant aux autres, je me suis trouvé dans
l'obligation d'en donner la liste à la suite de chaque genre, dans
l'espoir que quelques entomologistes, désireux de faciliter mon
travail et de lui donner un plus grand développement, pourront
me communiquer les types qui me manquent. Ces listes ne sont
malheureusement que trop longues, et pour pouvoir les réduire

(1) Ayant eu depuis le bonheur de visiter M. Spinola et de consulter sa riche et
belle collection, j'ai pu me fixer sur un grand nombre de ses types antérieurement
décrits, ce qui me permettra de rectifier plusieurs erreurs et de réparer plusieurs
omissions faites à dessein, dans la prévision que je visiterais sa collection.

sensiblement, il faudrait que je pusse passer en revue des collections faites sur tous les points de l'Europe, particulièrement en Scandinavie et en Autriche, dont les faunes me semblent différer de celles de l'Europe occidentale, les ouvrages de Zetterstedt et de Herrich-Schæffer en sont un indice presque irrécusable, sinon une preuve complète.

CHAPITRE I.

CLASSIFICATION DES EUMÉNIENS.

Art. I. *Définition de cette tribu et ses affinités zoologiques.*

Le genre Vespa de Linné, que cet auteur caractérise par la duplicature longitudinale des ailes, forme actuellement la famille des *Vespides* (1).

Jurine, pour qui cette vaste famille ne forme également qu'un genre (il en excepte les Masariens), ajoute un caractère à la duplicature des ailes ; c'est celui de leur *nervation :* une cellule radiale et quatre cubitales, mais comme nous ne faisons pas cette distinction, il faut mettre « 3 ou 4 cubitales. » D'après cette définition, nous croyons la famille entièrement déterminée ; mais on peut encore lui assigner les caractères suivants :

Antennes filiformes, ou en massue allongée, arquées de douze articles dans les femelles, de treize dans les mâles ; le troisième article étant toujours plus grand que les suivants. Prothorax

---

(1) Latreille a donné à cette famille le nom de *Diploptères*, tirant ainsi son nom du caractère général de la famille. Kirby avait proposé qu'on lui substituât celui de *Diplopteryges*, par le motif très rationnel, que la désinence *ptère* est usitée pour les ordres ; mais je crois, avec M. Spinola, qu'il vaut mieux adopter celui de Vespides, et cela pour les deux raisons suivantes : d'abord, comme je viens de le dire, certains Vespides (les Ceramius en particulier) n'offrent pas le caractère mentionné, et infirment par conséquent la justesse du nom ; ensuite, il est des Hyménoptères qui n'appartiennent pas à la famille des Vespides (les Leucospidiens, par exemple) et qui s'en écartent même notablement, chez lesquels la duplicature des ailes supérieures est parfaitement développée.

Indépendamment, d'ailleurs, de ces considérations, le nom de Vespides serait, selon moi, préférable aux deux autres proposés, parce qu'il satisfait mieux aux exigences d'une nomenclature rationnelle.

La zoologie est peut-être de toutes les sciences celle dont la nomenclature est la plus défectueuse, ou, pour mieux dire, celle qui en possède le moins et qui la remplace par l'arbitraire le plus complet : Linné a déjà fait faire un grand pas sous ce rapport, en établissant sa nomenclature binaire, et cette base une fois posée, on a quelque peine à comprendre, qu'au jour où nous sommes, on n'ait pas

s'étendant jusqu'aux ailes. Abdomen composé de six anneaux dans les femelles, de sept dans les mâles.

Il est vrai que l'on rencontre quelques exceptions au caractère principal : certaines espèces ne présentent qu'une duplicature des ailes indistincte ; mais ces espèces sont fort peu nombreuses ; elles appartiennent à cette classe d'exceptions qui fait le désespoir des naturalistes, et par lesquelles la création contrecarre dans toutes les sciences les méthodes de ses observateurs ; elles sont là pour nous démontrer notre faiblesse et notre incapacité devant l'immensité des faits, mais non pour nous arrêter sur notre route et nous faire déserter notre tâche.

M. Westwood a déjà réfuté l'idée de Lepeletier de Saint-Fargeau qui partage la famille des Vespides en deux autres, sur la seule considération des mœurs, séparant ainsi les insectes sociaux des solitaires, et réunissant ces derniers en un seul groupe. Or, les classificateurs se sont toujours trouvés dans l'embarras pour établir une distinction entre les Guêpes solitaires et les sociales, ou du moins pour l'appuyer sur quelque caractère suffisant ; cela se comprend assez : il n'y a pas là de limite tranchée, de caractère décisif ; il est donc inadmissible d'introduire une division tout artificielle en séparant des in-

encore complété son ouvrage, en cherchant dans la désinence et la composition des termes un moyen de décharger la mémoire.

Je pense donc qu'il est bon de s'astreindre du moins aux règles rationnelles qui sont jusqu'ici parvenues à se faire jour, et dont le but est de faciliter la mémoire en permettant de distinguer rapidement la valeur et le sens d'une dénomination d'après la forme extérieure qu'on lui assigne comme *mot*. En partant de ce principe, il me semble que M. Kirby détruit une faute en rayant une désinence vicieuse, mais qu'il en commet une autre en lui en substituant une qui ne porte aucune signification. Je pense qu'on doit obéir à la règle qui caractérise les noms de famille par la désinence *ides*, et ceux de tribus par la désinence *iens* : il serait rationnel aussi de prendre pour radical du mot le nom du genre principal de la famille qui, à une époque moins avancée de la science, la représentait souvent tout entière. Ainsi, comme l'a fait M. Blanchard, on aura la famille des *Vespides* composée des trois tribus des Euméniens, des Vespiens et des Masariens.

sectes aussi intimement liés; ils ne peuvent former qu'une famille (1).

Les Vespides embrassent trois types différents, qui à nos yeux sont ceux de trois tribus.

I. Le premier et le plus distinct est celui des Masariens, il est nettement caractérisé par la présence de trois cellules cubitales seulement, et, comme nous le verrons plus tard, par certaines formes toutes particulières.

II. La tribu des Vespiens ou des Guêpes sociales a pour élément caractéristique cet instinct qui lui dicte la construction de nids en commun. De plus, elle possède un signe distinctif dans la présence de quatre cellules cubitales.

III. Les Euméniens forment la tribu des Guêpes solitaires : comme l'indique leur dénomination, elles ne partagent pas les inclinations sociales de la tribu précédente, et n'en sont presque

(1) M. Westwood s'est particulièrement attaché à montrer que l'existence ou la non existence d'individus neutres ne suffit pas pour établir une famille, et ne saurait prévaloir contre l'analogie dans l'organisation ; il est évident, du reste, que des considérations tirées d'actes fugitifs dont l'ensemble constitue les mœurs, ne sauraient être de nature à créer ou à infirmer des groupes ; du moins faudrait-il que ces considérations eussent un double fondement et se trouvassent en même temps appuyées sur des différences organiques : dans ces dernières, qui constituent un fait positif et constant, il faut chercher les éléments de la méthode ; c'est en elles que réside la cause première des actes de l'animal, en elles, par conséquent, que l'on trouve des caractères dont les mœurs ne sont que la manifestation : des mœurs différentes non motivées par une organisation différente me paraissent l'œuvre du hasard, ou plutôt l'effet d'un caprice de la nature, qui se plaît à diversifier ses créations en les multipliant à l'infini. Or, comme on le verra dans les pages qui suivent, aucune différence organique ne peut motiver une séparation des Vespides en solitaires et sociales; au contraire, tout porte à rapprocher en un groupe commun les Euméniens et les Vespiens, et à en écarter les Masariens, que Lepeletier de Saint-Fargeau unit au contraire aux Euméniens.

C'est ici surtout qu'apparaît le vice de sa méthode; il est impossible de donner une diagnose du groupe qu'il forme ainsi, sans qu'elle puisse aussi bien s'appliquer à ses Vespides, qui pour nous ne forment que la tribu des Vespiens : aussi celles qu'il a énoncées sont-elles entièrement insignifiantes (voyez son ouvrage, T. II, p. 584). La première phrase diagnostique s'applique à peu près à tous les Hyménoptères ; la deuxième et la troisième sont fausses.

séparées, du reste, que par ce trait de mœurs : elles ont également quatre cellules cubitales.

Il n'est pas possible de confondre les Euméniens et les Masariens ; mais l'affinité la plus intime existe en revanche entre les deux dernières tribus que nous avons mentionnées ; or, comme les mœurs sont d'un fort médiocre secours à l'entomologiste qui travaille dans le fond de son cabinet et cherche à s'y rendre compte des espèces par l'examen de la constitution matérielle des individus, il est nécessaire de porter toute son attention sur les moyens qui peuvent permettre de suivre cette distinction en dehors de l'observation de l'individu vivant.

Les *Euméniens* offrent, comme l'a démontré M. Wesmaël, les crochets des tarses *unidentés*, ils sont cependant quelquefois pluridentés, tandis que les Vespiens les ont toujours *simples* : c'est le caractère le plus général qui existe.

D'une manière générale on peut dire encore que la langue est *longue* et *trifide* dans les premiers (Pl. II, fig. 1 *a*, 2 *a*, 3 *a*. Pl. III, fig. 1 *a*, etc.), *courte*, ne dépassant pas les mandibules, et *quadrilobée* dans les seconds ; mais ce caractère n'est pas sans offrir de nombreuses transitions.

Nous reconnaissons en outre d'autres caractères, moins généraux peut-être, mais en revanche d'une importance plus pratique ; ce sont les suivants :

Dans la majeure partie des Euméniens, les mandibules (1) sont longues et étroites ; elles se terminent en pointe et forment par leur réunion un bec allongé (Pl. X, fig. 5 *a*, 5 *b*. Pl. IV, fig. 1 *c*, 2 *c*, 4 *b*). Cette forme ne se retrouve dans aucun Vespien ;

(1) MM. Wesmaël et Spinola disent encore que les Vespiens ont des mandibules aussi larges que longues, tandis que les Euméniens les présentent, au contraire, droites et allongées : cette proposition, vraie pour les Vespides européennes, est loin de l'être pour les exotiques : en effet, les genres *Polybia* et voisins, qui appartiennent aux Vespiens, ont souvent des mandibules allongées, tandis que nous trouvons, au contraire, des Euméniens qui les ont courtes ; je sais que l'on a voulu reléguer ces derniers parmi les Guêpes sociales ; mais à leur tête je trouve les *Discœlius*, dont les mandibules sont fortement tronquées à l'extrémité (voyez Pl. III, fig. 3 *c*.), et dont les mœurs sont solitaires, comme tout le monde le sait ; ces quelques mots appuyés de l'exemple cité suffisent pour établir qu'une division semblable à celles dont il est question ne peut aucunement être admise.

mais une foule d'Euméniens ne présentent pas eux-mêmes ce signe extérieur ; leurs mandibules, tronquées obliquement vers l'extrémité, ne forment par leur réunion qu'un bec obtus, ou sont même trop courtes pour en former un ; dans ce cas elles ne font que se superposer horizontalement (Pl. III, fig. 1 c, fig. 3 c. Pl. II, fig. 1 c, fig. 3 c. Pl. VIII, fig. 5 a, 6). Ce dernier caractère est commun aux Vespiens et à certains Euméniens, et je le désigne ainsi : *mandibules tronquées obliquement à l'extrémité, et en trapèze, ne formant pas un bec aigu par leur réunion.*

Quant aux mâchoires, on peut citer ce caractère, que l'appendice ou *galea* est en général plus long que la partie basilaire ; la langue est très allongée, dépasse ordinairement les mandibules, et présente un lobe médian, bifide à l'extrémité, accompagné de deux lanières latérales ; le lobe médian est susceptible de se diviser en deux ; la langue alors devient quadrifide (*Synagris*, Pl. III, fig. 2 a).

Je ne trouve aucun caractère positif ni dans les antennes (1), ni dans les pattes.

La tête est souvent plate dans les Euméniens ; les yeux bombés en couvrent souvent entièrement les côtés ; dans les Vespiens, au contraire, elle présente un renflement en arrière des yeux, qui ne couvrent ainsi que la partie antérieure des côtés.

Dans les Euméniens, les mandibules s'insèrent toujours à la base des yeux et les entament parfois ; dans les Vespiens, on remarque souvent un espace libre entre les yeux et la base des mandibules.

Le thorax est toujours large dans sa partie antérieure, au point où il se joint à la tête, dans les Guêpes solitaires ; dans les Vespiens, je le trouve souvent très sensiblement rétréci.

---

(1) Latreille donne aux Euméniens des antennes *arquées*, et aux Vespiens des antennes *brisées* ; je n'ai pu admettre ce critère de distinction ; en effet, un caractère aussi spécieux est difficile à saisir, capable de mille transitions, et le plus souvent impossible à constater, parce qu'il peut résulter d'une simple apparence dépendant de la position dans laquelle l'insecte s'est desséché.

Dans les Euméniens, les ailes offrent toujours une deuxième cellule cubitale rétrécie vers la radiale ; dans les Vespiens, cette même cellule peut affecter une forme carrée *(Ischnogaster)*.

Quant à l'abdomen, il est un caractère qui me servira à introduire des subdivisions, soit dans les solitaires, soit dans les sociales ; selon que leurs espèces offriront un abdomen *sessile*, ou un abdomen *pédicellé*.

Un œil exercé pourra à première vue distinguer les Euméniens *sessiliventres* des Vespiens correspondants ; on leur appliquera d'ailleurs le caractère précité des mandibules, qui sont longues, styliformes dans tous les premiers, aussi larges que longues dans les seconds. Dans les *pédonculiventres*, cette distinction se fait souvent de la même manière, d'autres fois elle est plus difficile ; on remarque parfois ce fait, c'est que les Euméniens offrent tous un deuxième segment de l'abdomen, grand, en cloche, emboîtant et recevant les suivants, souvent rétréci en arrière, et toujours le plus considérable de tous, tandis que dans les Vespiens, quoique ce caractère se présente également, il n'a plus la même constance ; souvent le deuxième segment abdominal n'est pas en cloche, mais en entonnoir ; il n'emboîte pas alors les suivants, et présente moins de développement que le troisième, qui emboîte les autres.

Enfin, j'ajouterai que dans les Guêpes sociales, le minimum dans le nombre des articles des palpes labiaux est de quatre, et des palpes maxillaires de cinq, tandis que dans les Euméniens il est de trois pour les labiaux, de trois aussi pour les maxillaires.

Tel est l'ensemble des caractères que nous pouvons reconnaître : d'après ce court exposé, on peut se convaincre que la distinction entre les deux tribus est loin d'être facile à priori ; cependant l'observateur éprouvera peut-être moins de difficulté qu'il ne pourrait s'attendre à en rencontrer ; il existe entre les insectes qui les composent un incontestable air de famille, un je ne sais quoi indéfinissable, mais auquel un œil exercé n'aura garde de se méprendre : avec quelque habitude, c'est même à première vue qu'il distinguera les espèces et les genres de ces deux tribus.

On peut résumer ces considérations dans le tableau suivant :

	VESPIENS.	EUMÉNIENS.
CARACTÈRES généraux.	Crochets des tarses simples. Langue courte, quadrilobée. (Antennes brisées).	Crochets des tarses unidentés. Langue longue, tri ou quadrifide. (Antennes arquées).
Caractères partiels, mais n'appartenant qu'à une seule des tribus.	1............................ 2............................ 3. Deuxième cellule cubit. carrée. 4.... (Ischnogaster excepté)... 5. Un espace libre entre la base des mandibules et les yeux...... 6. Thorax rétréci en avant.... 7. Abdomen pédicellé, le 2e segment en entonnoir, le 3e le plus grand, emboîtant les suivants.... 8. Chaper. term. par une dent. 9............................	1. Mandib. longues, aiguës, formant un bec aigu par leur réunion. 2. Palpes labiaux de 3 articles, palpes maxillaires de 3 ou 4 articles. 3............................ 4. Yeux couvrant entièrement les côtés de la tête. 5............................ 6............................ 7............................ 8............................ 9. L'une des nervures récurrentes reçue par la 3e cubitale.
Caractères partiels propres aux deux tribus.	Mandibules courtes, ou tronquées obliquement à l'extrémité, formant un bec obtus. Palpes labiaux de 4 articles, palpes maxillaires de 5 ou 6 articles. Les deux nervures récurrentes reçues par la deuxième cubitale Deuxième cellule cubitale rétrécie vers la radiale. Tête renflée, les yeux ne couvrant que la partie antérieure des côtés. Abdomen pédicellé, le deuxième segment en cloche, emboîtant les suivants.	

Les deux premières parties de ce tableau serviront à distinguer les tribus.

On pourrait aussi arriver à la détermination de la tribu par la méthode suivante :

1 { Mandibules longues, formant un bec allongé par leur réunion. 12.
  { Mandibules courtes, ne formant pas un bec allongé. . . . 3.

2 { Deuxième cellule cubitale carrée. . . . . *Vespiens.*
  { Deuxième cellule cubitale rétrécie vers la radiale. . . *Euméniens.*

3 { La deuxième nervure récurrente reçue par la 3e cubitale. . . *Euméniens.*
  { La deuxième nervure récurrente reçue par la 2e cubitale. . . 4.

4 { Abdomen sessile. . . 8 . . . . *Vespiens.*
  { Abdomen pédicellé. . . . . 5.

5 { Pétiole cylindrique . . . . *Vespiens.*
  { Pétiole déprimé. . . . . 6.

6 { Langue très longue. . . . . *Euméniens.*
  { Langue médiocrement longue. . . . . 7.

7 { Corselet rétréci en avant. . . . . *Vespiens.*
  { Corselet large en avant. . { *Vespiens* ou *Euméniens* des genres *Zethus, Elimus* ou *Discœlius.*

La tribu des Euméniens se définira donc de la manière suivante :

Ailes se pliant longitudinalement en deux; cellules cubitales au nombre de quatre. Lèvre allongée, quadrifide; antennes brisées ou arquées, de douze articles dans les femelles, de treize dans les mâles; yeux échancrés; corselet large et carré en avant; prothorax se prolongeant jusqu'aux ailes; abdomen sessile, le deuxième segment toujours grand, en forme de cloche, emboîtant les autres, sessile; pattes grêles, sans épines ni brosses; les antérieures et les moyennes armées à l'extrémité des tibias d'un appendice épineux, et les postérieures de deux (1). Crochets des tarses unidentés.

Insectes solitaires ne construisant pas des nids en commun, n'offrant que deux sexes.

Art. II. *Des caractères qui servent à la formation des genres.*

Pour établir cette distinction subséquente j'ai cherché autant que possible à tirer parti de tous les organes; mais mes observations m'ont porté à me tracer à cet égard une loi rigoureuse : toujours, tant que j'ai pu le faire, je me suis rattaché au système appendiculaire, comme le seul capable de fournir des caractères à la fois faciles à définir et faciles à saisir : les autres, relégués sur un plan secondaire, ne servent en général qu'à confirmer les sections, et à faciliter la diagnose.

Entre tous ces caractères, la nervation des ailes est certaine-

______

(1) L'appendice de la patte antérieure est toujours en forme de sabre, celle de la moyenne en forme d'une longue épine, les postérieures sont, l'une en forme de sabre, l'autre en épine.

ment de beaucoup le plus important, ainsi que j'ai déjà eu occasion de le dire dans cette introduction ; cette importance repose sur sa fixité constante autant dans les détails que dans l'ensemble ; il présente d'ailleurs des avantages de clarté et de facilité d'emploi qui frapperont évidemment tout le monde.

J'ai été conduit, sur cette base, à partager les Euméniens en trois sections, toutes trois d'une facile appréciation (1), ainsi que le développera l'article suivant.

Après la disposition des nervures des ailes, c'est la forme des mandibules qui s'est offerte à moi comme la plus constante, et je ne reviendrai pas ici sur les différences qu'elles peuvent offrir, différences dont j'ai parlé plus haut. Cependant je crois devoir signaler que le changement de forme dans la mandibule a pour conséquence un changement dans la direction de la lèvre ; lorsque les mandibules sont longues et forment un bec par leur réunion, la langue descend verticalement entre elles, et a, par conséquent, une position droite ; lorsque l'inverse a lieu, c'est-à-dire lorsque les mandibules sont courtes, leur brièveté n'entraîne pas la brièveté de la langue ; les premières ne formant plus un bec vertical, mais se repliant horizontalement sous la tête, elles exercent sur la deuxième une pression qui fait fléchir la languette sur son articulation basilaire et la tient ainsi, pendant le repos, repliée contre le sternum dans une position horizontale.

Le nombre des articles dans les palpes labiaux, la forme et les dimensions de la lèvre, et le nombre des articles des palpes maxillaires sont autant de points presque entièrement négligés

(1) Je ne suis cependant pas sans arrière-pensée relativement à la première de ces sections ; celle des Anomaloptères, qui me semble des plus embarrassantes : le genre *Raphiglossa*, Saunders, me paraît bien devoir rentrer dans les Vespides, mais le genre *Gayella* me semblerait pouvoir mieux figurer dans la famille des Crabronides, où M. Spinola l'avait primitivement placé. En effet, je n'ai eu d'abord sous les yeux que peu d'individus dont les ailes tourmentées me paraissaient devoir être plissées en long ; si des faits nouveaux, si d'autres observations continuent à me confirmer dans cette opinion, je ferai une rectification dans mon supplément. Mais s'il devait en être ainsi, le genre *Raphiglossa* pourrait-il être maintenu dans les Euméniens ? Ne serait-il peut-être pas plus naturel de le transporter également dans les Crabronides ?

par les auteurs, et dont cependant on peut tirer le plus grand parti. J'ai déjà indiqué quelle haute importance j'attache à des caractères aussi précis que ceux qui peuvent s'énoncer par un chiffre, vis-à-vis du vague nécessairement lié a une définition de formes. Or, dans les insectes d'une même famille, les appendices buccaux sont les seuls organes dont le caractère zoologique s'exprime par un chiffre (le nombre des articles qui les composent); il ne faut donc pas les négliger lorsqu'on peut leur emprunter un critère clair et recommandable.

La lèvre est presque toujours munie à son extrémité de points cornés, qui semblent destinés à en renforcer les lobes terminaux ; mais ces petits corps peuvent manquer; ils fournissent donc un nouveau caractère, quoique d'une bien moindre importance. Il en est de même de l'état plus ou moins villeux des palpes.

En revanche, au premier coup d'œil, rien ne semble plus net et même plus important que ce rétrécissement du premier anneau de l'abdomen en un long pédicelle ; mais après avoir été ébloui par ce caractère en apparence excellent, on ne tarde pas à le reléguer au dernier rang. En effet, l'observation la plus élémentaire démontre bien vite qu'entre les formes de l'abdomen les plus contrastantes la nature a introduit toutes les nuances possibles; il n'y a aucun moyen d'empêcher d'étendre au delà des limites que lui voudrait imposer l'auteur, le sens d'une définition, la valeur d'une distinction qui porteraient sur cette partie du corps (1).

Enfin, tout ce qui tient à la forme de la tête, à la grandeur des yeux, à la figure du chaperon, ne me sert qu'à confirmer les résultats obtenus par les caractères énoncés ci-dessus. Les pattes n'offrent de variation que dans leurs rapports de longueur avec le corps de l'insecte, mais comme l'abdomen s'allonge ou se raccourcit en suivant les changements de forme du premier segment, il en résulte que ce rapport n'aura pas plus de fixité que la forme si variable de l'abdomen, et je ne pense pas qu'il

---

(1) Ce fait est si palpable, que M. Spinola n'hésite pas à former un seul genre des *Eumenes* et des *Odynerus ;* bien que j'approuve le motif qui l'a guidé, je n'ai cependant pas osé aller si loin.

se trouve réellement aucun caractère positif à tirer de ces organes.

J'ai, à dessein, omis ce qui concerne les antennes ; en effet, les caractères qu'elles fournissent ne se rencontrent que dans les mâles, et je me suis imposé la règle de ne recourir qu'à des caractères communs aux deux sexes. Les antennes des mâles ont, comme on sait, un treizième article que ne possèdent pas les femelles ; cet article affecte les formes les plus diverses : quelquefois il se place à la suite du douzième, et l'antenne du mâle n'en reçoit aucun changement apparent (Pl. III, fig. 1 *a*); mais dans la grande majorité des cas il s'allonge et s'infléchit au dehors pour former un crochet (Pl. III, fig. 2); d'autres fois il prend la forme d'un long appendice qui se replie contre l'antenne (Pl. IV, fig. 2ᶜ); enfin, il est des genres dans lesquels le dernier article est arrondi et où toute l'extrémité de l'antenne s'enroule en spirale (Pl. II, fig. 3 *d*, Pl. VII, fig. 3 *a*). Tous ces changements, qui frappent au premier abord, ne sont cependant pas d'une grande importance ; on rencontre les trois formes dans des insectes qu'il est impossible de séparer génériquement, et nous n'avons pu nous en servir que pour le fractionnement des genres. On comprend, en effet, que quelque différentes que puissent paraître ces formes, elles sont cependant toutes le résultat d'une simple déviation dans la position du dernier, ou des trois ou quatre derniers articles, et, comme on le conçoit, ces cas ne sont pas sans offrir maintes transitions (1).

Mais si la forme est sans importance et variable, on trouve, au contraire, dans le lieu d'insertion de l'antenne, dans son genre de connexion, un bon élément de classification ; en effet, sa position plus ou moins basse correspond toujours avec certaines modifications dans la forme de la tête. Ainsi : la basse insertion de l'antenne résulte toujours du renflement du front et

---

(1) Il me serait donc impossible d'admettre les coupes que M. Wesmaël a si ingénieusement introduites dans le genre *Odynerus*, comme autre chose que des coupes d'un seul et même genre ; dans ce cas, comme dans tant d'autres, les Anglais ont toujours milité en faveur de la fâcheuse tendance de la trop grande multiplication des genres.

du vertex ; la tête est alors grosse, bombée, forte, chagrinée ; les yeux n'en couvrent pas les côtés ; le chaperon n'ayant pas de place pour se développer en hauteur, gagne en largeur ; lorsqu'au contraire l'antenne est insérée plus haut que le milieu de la tête, le front devient petit, le chaperon est plus long que large, la tête plate, et les yeux en couvrent souvent presque entièrement les côtés ; enfin, les mandibules sont longues, les téguments plus lisses.

Tels sont les caractères peu nombreux, mais suffisants, qui m'ont servi à la formation des genres.

Art. III. *Détermination des genres.*

Après avoir pris le soin le plus scrupuleux d'examiner de près les caractères différents des espèces qui, à l'œil, se rapprochent d'une manière évidente, après avoir notamment disséqué la bouche de presque toutes les espèces, je n'ai pas tardé à me convaincre que les genres des auteurs étaient fort loin de les encadrer toutes : j'ai vu sous un aspect, en apparence semblable, se cacher souvent l'hétérogénéité la plus complète dans le système appendiculaire ; il en est résulté que j'ai dû former des genres nouveaux ; peut-être ai-je été trop loin à cet égard ; je suis prêt, comme je l'ai dit précédemment, à détruire ceux qui me seront signalés comme superflus par les hommes compétents (1) ; néanmoins il faut se garder d'arriver par un travail semblable de réduction à décaractériser des genres déjà si vastes et si peu définis, qu'il y a de la difficulté à les limiter convenablement. Pourquoi voudrait-on, par exemple, obliger les types exotiques à rentrer dans les mêmes cadres que les types européens, et trouver des affinités forcées là où le Créateur a apposé le sceau si différent dont il a marqué des continents rassemblés autour d'un même globe, mais séparés en même temps par de profonds Océans ?

(1) Il en est même dont mes travaux postérieurs m'ont déjà suffisamment démontré l'inutilité ; j'en ferai la réduction dans mon supplément.

Pour entrer dans quelques détails à ce sujet, je vais mentionner quelques-unes des idées qui m'ont été dictées par les considérations ci-dessus.

Je n'ai pas cru pouvoir conserver intact le genre *Raphiglossa* de Saunders, car pour être conséquent il en faut distraire le *R. odyneroïdes* qui, sous tous les points de vue, offre des différences saillantes avec les autres espèces.

Le genre *Elimus* est surtout caractérisé par l'extrême brièveté de ses mandibules.

Quant au genre *Zethus*, je l'ai basé sur l'espèce dont Fabricius est parti pour l'établir, mais j'en ai dû écarter les cinq autres, dont la place est naturellement assignée parmi les Guêpes sociales.

Le genre *Montezumia* est parfaitement tranché ; il renferme des insectes qui me semblent avoir été à peine connus, ou qui du moins, s'ils l'ont été, sont restés toujours confondus avec les *Polistes cyanea* et *cærulea*, Fabr.

Je n'en dirai pas autant des genres *Monobia* et *Monerebia*, qui en réalité sont des Odynères, mais des Odynères dégénérés qui décaractérisent le genre par la réduction qui s'est opérée dans le nombre de leurs articles palpaires. J'en fais des genres en désespoir de cause, et parce que je ne sais où les ranger : on proposera sans doute de les réunir aux Odynères, parce qu'ils en ont le facies, et que la plupart des entomologistes se laissent guider par ces apparences plutôt que par des caractères rationnels : mais ce serait, selon moi, se mettre en contradiction avec le principe de la subordination des caractères. Le facies est d'une importance bien minime à côté des véritables caractères zoologiques ; et si l'on fait abstraction des modifications de ces derniers pour ne suivre que le premier, à plus forte raison d'autres se croiront-ils autorisés à faire le contraire et à réunir les insectes d'apparences les plus diverses, en se fondant sur les données importantes de la bouche.

Enfin, le genre *Alastor*, quoique controversé, m'a paru devoir subsister ; le caractère de la pédonculure d'une cellule cubitale n'est pas, il est vrai, d'une haute importance ; il résulte simplement d'un excès de rétrécissement de cette cellule vers la radiale. Mais j'ai voulu rester fidèle au principe que j'ai posé de la valeur et de la fixité de la nervation dans les ailes ; je vois dans les altérations qui y apparaissent une des modifications apportées au plan de la nature, et non l'effet d'un simple caprice de sa part.

Les divisions auxquelles je me suis arrêté sont les suivantes :

La tribu des Euméniens se divise en trois sections , basées sur le mode de nervation des ailes.

Ire SECTION. *La première nervure récurrente reçue par la deuxième cellule cubitale ; la deuxième par la troisième. Aucune cellule n'étant pédonculée.*

Cette section comprend les trois genres :

1. Raphiglossa, Saunders. Lèvre très longue ; palpes labiaux de trois articles ; palpes maxillaires de cinq articles ; mandibules courtes ; premier segment de l'abdomen formant un pétiole linéaire.

2. Stenoglossa (Mihi). Lèvre très longue. Palpes labiaux de trois articles. Palpes maxillaires de six articles ; mandibules courtes. Abdomen sessile, ou subsessile.

3. Gayella. Lèvre très courte, munie de quatre points cornés. Palpes labiaux de quatre articles. Palpes maxillaires de six articles. Mandibules longues, aiguës, formant un bec par leur réunion. Premier segment de l'abdomen rétréci en un nœud déprimé, figurant un pétiole court.

IIe SECTION. *Les deux nervures récurrentes reçues par la deuxième cellule cubitale, cette dernière n'étant pas pédonculée.*

Cette section se divise en deux sous-sections, d'après la forme des mandibules, et comprend quatorze genres.

I. *Mandibules courtes, tronquées obliquement à l'extrémité (en trapèze, dents terminales.)*

4. Elimus (Mihi). Palpes labiaux de quatre articles ; palpes

maxillaires de six articles. Premier segment de l'abdomen formant un pétiole linéaire.

5. ZETHUS, Fabr. Palpes labiaux de trois articles; palpes maxillaires de six articles. Premier segment de l'abdomen formant un pétiole renflé au milieu, rétréci à ses deux extrémités.

6. CALLIGASTER (1) (Mihi). Genre peu connu. (Voyez sa diagnose, pag. 22.) Premier segment de l'abdomen formant un pétiole allongé.

7. DISCOELIUS, Latr. Palpes labiaux de quatre articles. Palpes maxillaires de six articles. Mandibules assez longues, tronquées obliquement au bout. Premier segment de l'abdomen formant un pétiole en massue.

II. *Mandibules longues, aiguës, formant par leur réunion un bec aigu. (Dents latérales.)*

8. EUMENES, Fabr. Palpes labiaux de quatre articles. Palpes maxillaires de six articles. Premier segment de l'abdomen formant un long pétiole. Mandibules presque sans dents. Ailes moyennes.

9. PACHYMENES (Mihi). Comme le précédent; mandibules crochues au bout. Ailes grandes. Pétiole assez court.

10. MONTEZUMIA (Mihi). Palpes labiaux de trois articles. Palpes maxillaires de cinq articles. Premier segment de l'abdomen en entonnoir souvent pédicellé.

11. MONOBIA (Mihi). Palpes labiaux de trois ou quatre articles. Palpes maxillaires de cinq articles. Abdomen sessile ou subsessile.

12. MONEREBIA (Mihi). Palpes labiaux de trois articles. Palpes maxillaires de six articles. Abdomen sessile.

13. SYNAGRIS, Fabr. Palpes labiaux de trois articles. Palpes maxillaires de trois, quatre ou cinq articles. Languette très longue, quadrifide, souvent sans points cornés au bout. Abdomen sessile.

(1) J'ai reconnu depuis que ce genre ne devait former qu'une section avec le précédent.

14. Rhygchium, Spinola. Palpes labiaux de quatre articles. Palpes maxillaires de six articles, les trois derniers très petits. Abdomen sessile.

15. Odynerus, Latr. Palpes labiaux de quatre articles. Palpes maxillaires de six articles réguliers. Abdomen variable.

16. Leptochilus (Mihi). Comme le précédent, palpes très grêles ; chaperon transversal ; abdomen subpédicellé ; antennes insérées très bas.

17. Pterochilus, Klug. Palpes labiaux très gros, de trois articles, plumeux. Palpes maxillaires de six articles.

IIIe SECTION. *Les deux nervures récurrentes reçues par la deuxième cellule cubitale, cette dernière pédonculée.*

Cette section est formée d'un seul genre.

18. Alastor, Lepel. Palpes labiaux de quatre articles. Palpes maxillaires de six articles. Mandibules longues, aiguës. Abdomen sessile.

Pour arriver avec plus de sûreté à la détermination des genres, on peut procéder comme suit :

1	Les deux nervures récurrentes reçues par la 2e cellule cubitale.	4.
	La 2e et la 3e cubitales recevant chacune une nervure récurrente.	2.
2	Langue très longue, repliée sous le sternum et dépassant le thorax.	3.
	Langue courte.	*Gayella.*
3	Abdomen longuement pédicellé, palpes maxillaires de 3 articles.	*Raphiglossa.*
	Abdomen sessile ou subsessile, palpes maxillaires de 6 articles.	*Stenoglossa.*
4	Deuxième cellule cubitale pédonculée.	*Alastor.*
	Deuxième cellule cubitale non pédonculée.	5.
5	Palpes labiaux de 3 articles.	6.
	Palpes labiaux de 4 articles.	9.
6	Grands et pennés.	*Pterochilus.*
	Médiocres et peu velus.	7.
7	Palpes maxillaires de 3 ou 4 articles.	*Synagris.*
	Palpes maxillaires de 5 articles.	*Synagris.* *Monobia.* *Montezumia.*
	Palpes maxillaires de 6 articles.	8.
8	Abdomen sessile, mandibules longues, formant un bec aigu. .	*Monerebia.*
	Abdomen sessile, pédicellé, mandibules courtes, formant un bec très obtus.	*Zethus.* *Calligaster.*
9	Mandibules très courtes, ne formant pas de bec.	*Elimus.*
	Mandibules médiocrement longues, formant un bec obtus. .	*Discœlius.*
	Mandibules longues, formant un bec aigu.	10.

$$10 \begin{cases} \text{Premier segment de l'abdomen formant un pétiole grêle.} & 11. \\ \text{Premier segment de l'abdomen emboîtant plus ou moins le suivant.} & 12. \end{cases}$$

$$11 \begin{cases} \text{Mandibules peu dentées, ailes médiocres.} & \textit{Eumenes.} \\ \text{Mandibules fortement dentées, ailes grandes.} & \textit{Pachymenes.} \end{cases}$$

$$12 \begin{cases} \text{Les trois derniers articles des palpes maxillaires très petits.} & \textit{Rhygchium.} \\ \text{Articles des palpes maxillaires diminuant régulièrement de largeur.} & \textit{Odynerus.} \end{cases}$$

On peut suivre une voie plus facile :

$$1 \begin{cases} \text{Les deux nervures récurrentes reçues par la 2e cubitale.} & 4. \\ \text{La 2e et la 3e cellules cubitales recevant chacune une nervure récurrente.} & 2. \end{cases}$$

$$2 \begin{cases} \text{Abdomen sessile ou subsessile.} & \textit{Stenoglossa.} \\ \text{Abdomen pédicellé.} & 3. \end{cases}$$

$$3 \begin{cases} \text{Pétiole linéaire, très long.} & \textit{Raphiglossa.} \\ \text{Pétiole court, globuleux.} & \textit{Gayella.} \end{cases}$$

$$4 \begin{cases} \text{Deuxième cellule cubitale pédonculée.} & \textit{Alastor.} \\ \text{Deuxième cellule cubitale non pédonculée.} & 5. \end{cases}$$

$$5 \begin{cases} \text{Le premier segment de l'abdomen tout entier rétréci en un pétiole.} & 6. \\ \text{Le premier segment de l'abdomen emboîtant plus ou moins le suivant.} & 10. \end{cases}$$

$$6 \begin{cases} \text{Palpes labiaux pennés.} & \textit{Pterochilus.} \\ \text{Palpes labiaux glabres ou peu poilus.} & 7. \end{cases}$$

$$7 \begin{cases} \text{Mandibules tronquées obliquement à l'extrémité, ne formant pas un bec aigu.} & 8. \\ \text{Mandibules longues, aiguës, formant un bec aigu.} & \begin{cases} \textit{Eumenes.} \\ \textit{Pachymenes.} \end{cases} \end{cases}$$

$$8 \begin{cases} \text{Abdomen bipédicellé, ou le pétiole portant un renflement sphérique.} & \textit{Zethus.} \\ \text{Pétiole en massue, mandibules assez longues.} & \begin{cases} \textit{Calligaster.} \\ \textit{Discœlius.} \end{cases} \\ \text{Pétiole linéaire.} & 9. \end{cases}$$

$$9 \begin{cases} \text{Pétiole cylindrique, chaperon plus large que long.} & \textit{Elimus.} \\ \text{Pétiole déprimé, chaperon plus long que large.} & \textit{Calligaster.} \end{cases}$$

$$10 \begin{cases} \text{Palpes labiaux pennés, grands.} & \textit{Pterochilus.} \\ \text{Palpes labiaux plus ou moins glabres.} & 11. \end{cases}$$

$$11 \begin{cases} \text{Abdomen sessile ou subsessile.} & 13. \\ \text{La base du premier segment formant un pédicelle distinct.} & 12. \end{cases}$$

$$12 \begin{cases} \text{Palpes labiaux de 3 articles.} & \begin{cases} \textit{Pterochilus.} \\ \textit{Montezumia.} \end{cases} \\ \text{Palpes labiaux de 4 articles.} & \textit{Odynerus.} \end{cases}$$

$$13 \begin{cases} \text{Palpes labiaux de 3 articles.} & 15. \\ \text{Palpes labiaux de 4 articles.} & 14. \end{cases}$$

$$14 \begin{cases} \text{Articles des palpes maxillaires réguliers.} & \begin{cases} \textit{Leptochilus.} \\ \textit{Odynerus.} \end{cases} \\ \text{Articles des palpes maxillaires irréguliers, les trois derniers très petits.} & \textit{Rhygchium.} \end{cases}$$

$$15 \begin{cases} \text{Mandibules très longues.} & \textit{Synagris.} \\ \text{Mandibules médiocrement longues.} & \begin{cases} \textit{Monobia.} \\ \textit{Monerebia.} \\ \textit{Montezumia.} \end{cases} \end{cases}$$

Art. IV. *Des affinités des genres entre eux.*

Cette section se résume tout entière dans le tableau qui forme la planche dernière.

A mon avis, les genres *Raphiglossa*, *Stenoglossa*, *Zethus*, *Discælius*, *Eumenes*, *Odynerus*, *Alastor* forment les anneaux d'une chaîne naturelle.

Les *Discælius* marquent le passage des *Zethus* aux *Eumenes*, tant par la coupe de leurs mandibules que par des formes générales tout à fait intermédiaires; des *Eumenes* aux *Odynerus*, la transition a lieu si insensiblement, que des rapports trop intimes empêchent même de bien différencier ces genres, et sont une cause malheureuse de difficultés à cet égard. Les *Montezumia*, en présentant un aspect fort analogue à celui des *Zethus*, tendent, par des détails de forme, à se rapprocher des *Odynerus*; mis en rapport, d'un côté avec les *Zethus*, par leurs palpes labiaux triarticulés; de l'autre, ils touchent de près aux *Monobia*, par leurs palpes maxillaires à cinq articles; les *Monobia* sont, comme on sait, fort proches voisins des *Odynerus*. Ceux-ci se rattachent au genre *Pterochilus* pour leur sous-genre *Opoplus*. Les *Elimus* forment un type plus à part, mais qui semble établir une sorte de transition avec les Vespiens. De plus, les *Odynerus* passent aux Vespiens par plusieurs de leurs espèces, où se manifestent des modifications de formes; ainsi, celles du Chili, où la langue et les mandibules se raccourcissent; de même les *Pachymenes* rappellent la forme des *Polybia*, par l'aplatissement de la tête et la circonstance que le chaperon devient angulaire au bas.

Art. V. *Des différences sexuelles.*

Les sexes offrent souvent entre eux des différences si marquées, si saillantes à l'œil, que parfois on est tenté de placer dans des genres différents le mâle et la femelle de la même espèce; afin de ne pas se laisser aller à une confusion, résultat de ces dissemblances extérieures, il est indispensable de signaler des caractères au moyen desquels on arrive à ne comparer que des individus du même sexe. A cet effet, on devra principalement s'attacher aux signes caractéristiques suivants :

Les mâles ont tous aux antennes un treizième article qui ne se retrouve pas dans les femelles ; cependant, comme cet article est plus ou moins visible, et qu'on ne peut perdre un temps considérable à compter minutieusement le nombre des pièces constitutives des antennes, lorsqu'il est possible d'avoir recours à quelqu'autre caractère, il faut en signaler un plus facile à saisir, qui réside principalement dans la forme qu'affecte l'extrémité de ces organes. Le treizième article est souvent, conjointement avec le douzième, replié en crochet, ou bien allongé, arrondi par le bout et enroulé en spirale avec l'extrémité de l'antenne ; ces deux formes sont décisives, car les femelles n'offrent jamais cet organe que sous la forme de massue, droite ou arquée : cependant quelquefois s'offrent des cas embarrassants, où l'antenne du mâle a exactement la même conformation que celle de la femelle ; alors il faut recourir à un autre caractère que nous allons signaler ; mais auparavant nous noterons, à titre d'observation, que dans plusieurs espèces des Euméniens, particulièrement dans le sous-genre *Oplopus*, les mâles ont des antennes de beaucoup plus grosses et plus fortes que les femelles, et que dans presque tous elles sont pour les premiers bien plus distinctement articulées.

L'autre caractère distinctif auquel nous faisions allusion tout à l'heure, se trouve dans le nombre des segments visibles de l'abdomen ; de sept dans les mâles, il n'est que de six dans les femelles, l'un d'eux concourant à la formation de l'aiguillon ; ce fait, parfaitement général et d'une observation facile, conduira toujours à la nette appréciation du sexe (1).

Il existe presque toujours des différences sexuelles notables dans la forme et la couleur du chaperon ; dans les mâles il est plus fortement échancré que dans les femelles ; tandis que celles-ci l'ont noir ou seulement taché de couleurs, dans les premiers

(1) Herr.-Schæff. reproche à Klug de donner sept anneaux au lieu de six à l'abdomen du *Pterochilus phaleratus*, parce qu'il n'avait eu sous les yeux qu'une femelle.

il est d'une teinte plus vive, jaune, blanc, ou de la couleur des taches qu'il porte dans la femelle, et très généralement, ainsi que le reste du devant de la tête, couvert de poils argentés.

Dans les tarses et dans les organes de la bouche, je n'ai remarqué aucune différence sexuelle; les mandibules du mâle sont bien quelquefois échancrées *(Oplopus)*, mais c'est un caractère trop peu général pour qu'il offre quelque importance. On pourrait encore signaler ce fait, que le mâle est presque toujours plus petit que la femelle; mais la taille étant extrêmement variable, ce n'est point là un caractère qui puisse servir à établir la distinction; c'est une simple observation à laquelle je joindrai encore celle-ci, c'est que dans les mâles les caractères spécifiques sont moins développés, moins accusés, moins constants : aussi est-ce dans la femelle qu'en général j'ai cherché le type de l'espèce, sauf dans le genre *Synagris*, où le contraire semble avoir lieu.

CHAPITRE II.

DES DIFFÉRENTES PIÈCES DONT SE COMPOSE L'INSECTE.

Sect. I. *Considérations sur la synonymie des parties.*

Cette synonymie constitue maintenant une véritable branche d'étude et de labeurs pour l'entomologiste, grâce à la déplorable fécondité que déploient les auteurs, d'un côté à inventer des appellations nouvelles pour les parties d'organes les plus minimes; de l'autre, à changer d'anciens termes usités jusqu'à eux. Un nom une fois donné à un organe bien décrit et facile à reconnaître, pourquoi ne le lui pas conserver, s'il suffit à désigner clairement son objet? Mais point; on se hâte de le trouver mal choisi, mal bâti, irrationnel par quelque bout; on le change pour en fabriquer un second, puis un troisième, qui ne sera pas plus solide à sa place que ceux qui l'ont précédé.

Non contents de changer les anciens termes, les auteurs ont

souvent pris pour désigner un objet tel terme qui, à une époque plus reculée, avait une signification fort différente, et comme naturellement tout le monde ne se range pas d'emblée à la dernière nomenclature, d'autant plus que fort souvent il est des naturalistes à qui elle reste parfaitement inconnue, il en résulte de doubles emplois du même mot fort embarrassants. C'est ainsi, pour n'en citer qu'un exemple, que Hartig nomme *subradius* ce que Lepeletier de Saint-Fargeau appelle *cubitus* supérieur.

Il en résulte que chaque terme devra bientôt nécessairement porter avec lui sa liste de synonymes, et il suffit de jeter les yeux sur le tableau que M. de Romand donne de la synonymie des seules parties de l'aile des Hyménoptères (1) pour se convaincre de l'incroyable confusion qui ne peut manquer d'être ainsi introduite dans les détails de la nomenclature.

On ne se borne même pas à changer les anciens termes, on en ajoute de nouveaux pour exprimer, la plupart du temps, les détails les plus minimes, qui ne sont l'apanage que d'un mémoire tout spécial : on ne songe pas que ces termes anatomiques fabriqués, ne fût-ce que pour la plus petite tribu des insectes, se trouvent par là dorénavant imposés à l'entomologie; mille fois mieux vaudrait, à notre sens, employer tout le long d'un mémoire une périphrase, incommode pour l'auteur seul, qu'avoir recours à ce procédé funeste aux autres observateurs.

Des termes établis ainsi sur l'inspection de quelques genres, sans comparaison avec l'ensemble des insectes, sans étude générale qui puisse servir de guide, ont le plus souvent le défaut d'être irrationnels, et lorsqu'ils viennent à passer par le crible des critiques, chacun trouve à propos de les changer, et chacun le faisant à sa façon, on comprend jusqu'où cela mène!

Acceptons les termes primitivement admis, quelque mal imaginés qu'ils puissent être, si l'on veut, plutôt que d'en adopter

---

(1) Tableau de l'aile supérieure des Hyménoptères, par M. de Romand. Paris, 1839. — Il serait bien à désirer que des entomologistes patients entreprissent un travail analogue sur chacune des parties de l'insecte, en rétablissant, si possible, d'une manière comparative la synonymie pour tous les ordres des insectes.

de nouveaux ; mais ayons soin en même temps d'en spécifier soigneusement la valeur, afin que le nom ne laisse rien préjuger sur les fonctions ; employons les périphrases tant que cela n'est pas impraticable, plutôt que de contribuer à charger encore les catalogues déjà si longs, si ardus à débrouiller.

Telles sont les considérations qui nous ont engagé à revenir simplement à la nomenclature que Jurine a établie pour l'aile des Hyménoptères.

Dans la famille des Vespides, il suffit de bien peu de termes pour exprimer tous les caractères tirés de l'aile, et je ne suppose pas que pour les autres tribus, il en faille un beaucoup plus grand nombre. Quant aux pièces appendiculaires, je me suis servi de la nomenclature de Savigny, complétée par Brullé (1). Pour les autres parties, j'ai conservé celle de Latreille et d'Audoin, qui du reste est adoptée par tout le monde.

Sect. II. *Des différentes pièces qui entrent dans la composition du corps.*

Je ne ferai ici que passer fort rapidement en revue la série des divers organes, et je chercherai à ne point répéter ce qui a déjà été dit par les nombreux auteurs auxquels on doit d'avoir Jeté du jour sur cet intéressant sujet.

I. *Du système appendiculaire.*

Les pattes des Euméniens n'offrent rien de bien particulier ; elles ne sont faites que pour la station ou la marche, en sorte qu'elles sont généralement grêles, dépourvues de longs poils, et le plus souvent, en relation directe avec la longueur de l'abdomen, les postérieures du moins, afin d'équilibrer le poids de ce dernier pendant la station. Les Discœlius offrent la cuisse antérieure arquée, la concavité tournée en haut, et la jambe assez courte.

(1) Ann. Sc. nat. 3ᵉ Série, T. II, p. 271.

Dans tous les Euméniens la jambe est armée d'un ou de deux appendices spiniformes que j'ai indiqués dans le chapitre précédent.

Les deux premières paires de pattes portent au bout du tibia un appendice allongé. Celui de la première a la forme de sabre, et celui de la seconde est droit, aigu, en stylet. La troisième paire est armée au même endroit de deux épines, qui figurent chacune une de celles qui arment les autres pattes, c'est-à-dire que l'une est en forme de sabre, l'autre en stylet. Cette armure est la même dans toutes les espèces des Guêpes solitaires et même des sociales.

Les tarses sont comme dans l'immense majorité des Hyménoptères, composés de cinq articles (1). Le dernier porte un double crochet corné, bifide ou armé d'une ou de plusieurs dents ; ces dents dénotent des instincts carnassiers chez les insectes qui les possèdent : elles leur sont très utiles pour saisir et transporter la proie vivante qu'ils destinent à leurs petits ; les Vespiens qui n'ont jamais à charrier de proie vivante (2) n'offrent rien de semblable.

J'ai parlé des antennes dans le chapitre précédent, de sorte que je n'y reviens pas ici.

La bouche fournit des sujets d'étude plus intéressants à cause de la variété qu'elle est susceptible d'offrir dans ses formes.

On distingue d'abord dans la *lèvre* trois parties : le menton, la languette, et les palpes labiaux.

Le *menton* est fortement comprimé, allongé ; court et gros dans les Ptérochilus. La languette est très longue, tripartite, offrant au milieu un lobe assez large et bifide accompagné de chaque côté

---

(1) Dans un mémoire publié en 1844 (Quelques remarques sur le dernier article du tarse des Hyménoptères, par A. de Gokortky Joravko), on a cherché à établir que les crochets étant articulés au cinquième article et faisant corps avec la pelotte, ils devaient être considérés comme un sixième article. Cette question intéressante sous le point de vue anatomique, me semble inutile à soulever quant à la définition conventionnelle adoptée en entomologie, puisque ce fait n'est pas spécial aux Hyménoptères, mais qu'il est commun à tous les insectes et que dans l'indication du nombre des articles on est d'accord pour ne jamais compter celui qui est ainsi formé par les crochets.

(2) Il est cependant certain que les guêpes dévorent sur place des mouches.

d'une lanière latérale articulée à la base de la languette. (Pl. V, fig.
1 a , 2 a , etc.) Ces parties sont composées d'une substance molle,
translucide, dans laquelle on distingue par transparence des
fibres longitudinales et surtout des transversales fort nombreuses
qui s'épanouissent sur les bords, principalement à l'extrémité, en
une sorte de chevelu d'où résulte souvent une apparence plumeuse. (Planche V, figure 2 a. Planche IV, figure 2 a.) Il faut
surtout remarquer les quatre points opaques placés au bout des
divisions des lobes, que l'on a nommés des glandules ou points
glanduleux, mais qui ne sont très probablement que des pla-
ques cornées. La languette est flexible et capable de mouve-
ments exécutés à la volonté de l'insecte; le bout du lobe médian
est presque toujours replié à angle droit sur le reste de son
étendue.

Les *mâchoires* ont une forme allongée et comprennent quatre
parties distinctes :

1° La partie basilaire (le maxillaire) qui est triangulaire et
cornée ;

2° Le sous-maxillaire, allongé, et servant à l'articulation du
maxillaire ;

3° L'appendice ou *galea*, partie foliacée, qui surmonte la pièce
basilaire ;

Et 4° Le palpe.

Le *galéa* est pour la mâchoire ce qu'est la languette pour la
lèvre ; de nature plus constante qu'elle, il est en général opaque
et un peu corné. Toujours il suit dans son développement celui de la languette, de même que la mâchoire se proportionne sur
le menton : de l'accord de ces deux ordres d'organes, il résulte
un instrument assez complexe, offrant l'apparence d'une espèce
de tube ou trompe incomplète. Effectivement, la langue et les
mâchoires sont soudées ensemble par leurs pièces basilaires ; les
deux mâchoires sont de plus réunies par leurs bases, et le menton se trouve engagé comme un coin entre les extrémités des
maxillaires, qui grâce à leur forme triangulaire laissent un vide
entre eux. (Pl. I, fig. 3 a.). Ces trois pièces forment donc corps

les unes avec les autres, mais la lèvre et les galéas sont libres, et se juxtaposent de façon à former un canal ouvert en dessus dont la première représente le fond et les seconds les parois latérales ; tandis que les lanières de la lèvre en ferment les deux angles.

J'ai traité des mandibules à propos des caractères zoologiques : je n'y reviens donc pas.

Les parties buccales ainsi disposées, le bout de la lèvre qui dépasse un peu les galéas sert à lécher les fleurs dans lesquelles l'insecte puise sa nourriture, et par le canal, les liquides montent et pénètrent jusque dans l'œsophage ; j'ai souvent eu occasion d'observer ce singulier mécanisme auquel les mandibules n'ont aucune part ; celles-ci ne semblent destinées qu'à pourvoir à la nourriture animale des larves.

La lèvre et les mâchoires paraissent donc affectées aux fonctions vitales de l'individu parfait, tandis que les mandibules sont dévolues à celles de la larve qui va naître. Rien n'est plus admirable que ces harmonies complexes de la nature qui se révèlent ainsi dans les plus minces détails des plus petits organismes : après avoir assigné les instincts carnassiers à l'insecte jeune, mais incapable de poursuivre et d'atteindre sa proie, en imposant à l'insecte parfait un régime végétal, elle partage le rôle des organes buccaux dont elle a doué ce dernier de manière à ce qu'ils puissent suffire à la double tâche à laquelle elle les appelle. La moitié serait affectée au service du jeune animal impuissant à se nourrir lui-même, l'autre aux besoins immédiats et personnels des individus qui les portent.

Comme le fait remarquer Brullé, il existe entre le galéa et le maxillaire une petite pièce moins apparente, qu'il nomme intermaxillaire et que l'on découvrira facilement pour peu qu'on s'applique à la mettre en évidence. (Pl. IV, fig. 2 *b*. Pl. II, fig. 1 *b*, 2 *b*.)

La langue n'est que le résultat de la soudure des deux mâchoires, et le lobe médian serait dû au développement extraordinaire et à la soudure des deux intermaxillaires, tandis que le galéa si considérable dans la mâchoire serait réduit à former les grêles lanières latérales de la lèvre : cependant j'ai dans bien des cas, observé une tendance du galéa à se partager longitu-

dinalement, et ce fait est mis en évidence (Pl. VI, fig. 2 *b.*). Il
existe aussi constamment sur la lèvre, à la base de la languette,
une saillie cornée qui recouvre l'œsophage; ne serait-elle pas due
à la soudure des deux intermaxillaires, comme la lèvre à celle
des deux galéas, tandis que les lanières latérales prendraient
leur origine dans la scission de ces mêmes organes?

A l'appui de cette théorie voici un fait, qui en même temps
témoignera combien les appréciations de M. Savigny sont justes
jusque dans les détails. Les points cornés qui couronnent les
lobes de la languette se retrouvent dans les mâchoires; en effet,
le galéa quoique coriacé prend parfois dans une partie de son
étendue une consistance molle semblable à celle de la lèvre : c'est
vers le milieu de l'organe que se manifeste cette disparition de
la matière cornée; de là elle s'étend progressivement le long
des bords et vers le bout du galéa, et finit par n'y plus laisser
dans certaines espèces qu'un point ovale qui présente une évidente analogie avec le point corné de la lèvre; on est porté à
induire de là que la languette est bien le résultat de la soudure
de deux galéas, et que la forme bilobée de son extrémité tient à
la soudure incomplète des galéas. (Pl. III, fig. 2 *b.* Pl. VI, fig.
3 *d*, 4 *b.* Pl. VII, fig. 6 *b*, etc.)

Quant aux mandibules elles-mêmes il ne serait peut-être pas
difficile d'établir qu'elles ont une origine semblable; ainsi dans
plusieurs espèces on voit distinctement le long de leur bord interne une dentelure qui n'est probablement autre chose que
l'intermaxillaire. (Pl. IV, fig. 2 *c*, etc.)

Je ne dirai rien du labre : cette pièce, en effet, n'offre dans
la série des Euméniens aucune modification, et par conséquent
ne peut fournir aucun élément de classification; il a toujours la
forme d'un lobe arrondi au bout.

II. *Du corselet et de l'abdomen.*

Le corselet présente très distinctes les cinq parties dont il se compose, à savoir : le prothorax, le mésothorax, les deux écussons et le métathorax (1). Ces cinq pièces sont parfaitement nettes, séparées par de fortes sutures; il y aurait sans doute sur leur véritable analogie avec les parties homonymes dans les autres insectes bien des choses à dire, mais cet ouvrage étant, ainsi que je l'ai dit plus haut, presqu'uniquement descriptif, je laisserai de côté la vaste et importante question anatomique que soulèverait cet examen.

J'ai parlé précédemment de l'abdomen : je ne reprendrai ce sujet que pour ne pas négliger un point de détail; il s'agit de certains appendices que l'on observe sous l'abdomen des mâles dans les Zethus (Pl. VIII, fig. 5 *b.*), et que la figure ne met pas assez en évidence; il me serait difficile d'en expliquer les fonctions et même la simple présence : je me borne donc à les signaler à l'attention des entomologistes, de même que la singulière structure que présente quelquefois le deuxième segment de l'abdomen dont les téguments dorsaux semblent être doubles, l'interne dépassant l'externe à son bord postérieur. (*Eumenes dubia* , *Zethus cœruleopennis* , etc.)

(1) Je n'ai pas adopté le terme de *gastrothorax* proposé par M. Wesmaël (Monog. Odyn. Belg. 1er Suppl., p. 2), parce que je n'estime pas qu'on doive donner des noms différents aux parties d'apparence semblable dans les diverses familles; il est préférable d'adopter pour une famille un terme irrationnel pour elle, mais qui ne l'est pas pour les autres, en s'entendant bien sur sa valeur, plutôt que d'avoir recours à une expression inapplicable à l'ensemble de l'ordre, ou même des insectes.

CHAPITRE III.

DISTRIBUTION GÉOGRAPHIQUE DES EUMÉNIENS.

§ I. En abordant ainsi une partie du vaste champ de la distribution des insectes sur le globe, nous nous trouvons en présence d'une double conséquence de l'état actuel de nos connaissances entomologiques.

D'un côté, au point où la science est arrivée dans notre siècle, elles sont encore trop peu étendues pour qu'il soit permis de la formuler d'une manière précise, d'établir ce que je nommerais volontiers la statistique des insectes, et de donner à cet égard des règles rigoureuses.

De l'autre, l'appréciation des richesses qui sont tombées jusqu'à ce jour en notre possession permet d'énumérer à cet égard une série de lois ; revêtues d'un caractère d'évidence plus ou moins constant, elles devront nécessairement dans leur étendue et dans leur valeur, garder quelque chose de vague et d'incertain dû à l'insuffisance des bases sur lesquelles elles sont établies.

L'utilité de ces lois pour l'étude un peu complète de l'entomologie, nous impose l'obligation de ne pas les négliger au point de vue particulier du sujet spécial qui nous occupe.

On peut dire d'une manière générale que la tribu des Euméniens est répandue sur toute la surface du globe et qu'il n'est point de pays qui ne possède ses Odynères et ses Eumènes. Depuis les glaces de la Laponie jusqu'aux sables brûlants du Cap de Bonne-Espérance, des forêts de la Nouvelle-Zélande aux rochers stériles du Labrador, presque toutes les terres qui paient tribut aux collections des savants y ont là quelque guêpe solitaire pour représenter la famille que nous étudions ; il est plus facile de beaucoup d'énumérer celles qui n'ont encore rien fourni ; nous ignorons quelles sont pour celles-là les dispositions de la nature, mais cette ignorance ne peut infirmer en rien la généralité du principe que nous venons de poser ; présumer à cet égard quelque avarice de la nature attesterait une folle confiance dans la puissance de nos moyens ; leur faiblesse n'est au contraire que trop connue, et dès lors un doute ne peut être mis sur le même pied qu'une négation.

Quels sont, en effet, les pays où l'on ne peut encore affirmer l'existence de cette tribu? Ce sont la Tartarie, la Perse, toute cette vaste étendue de l'Asie centrale qui échappe aux investigations du voyageur philosophique pour ne prêter son sol qu'aux caravanes mercantiles que le trafic et l'appât des richesses conduit dans ces contrées lointaines ; ce sont les déserts inconnus que récèlent le centre de l'Afrique et de la Nouvelle-Hollande ; ce sont les froids climats, les solitudes désolées des deux extrémités de l'Amérique, ou bien enfin le mystérieux Japon, cette terre inabordable jusqu'ici à la curiosité des Européens.

Partout ailleurs, il existe des traces plus ou moins marquées de sa présence.

Et certes, dans ce détail des créations de la nature on retrouve bien pourtant ce caractère d'immensité qui partout et toujours fera fléchir l'esprit de l'homme. Quand on réfléchit que les côtes seules de tous les pays exotiques sont explorées et que même sur cette faible fraction de leur étendue on ne recueille les Hyménoptères que par hasard, et lorsqu'ils tombent sous la main du naturaliste (parce qu'ils ne sont pas l'objet des mêmes recherches que les Coléoptères et les Lépidoptères), l'entomologiste est effrayé de la presque impossibilité dans laquelle sera la science, parvenue à son dernier terme de développement, de saisir dans son ensemble un champ pour ainsi dire sans limites.

§. II. L'inspection des diverses formes conduit à la confirmation d'une seconde règle, règle générale qui embrasse le règne animal aussi bien que le règne végétal : c'est que les pays les plus chauds sont ceux où les productions naturelles sont les plus nombreuses, les plus grandes et revêtues des plus brillantes couleurs ; aussi dans la tribu que nous étudions, trouverons-nous que les espèces européennes sont presque toutes petites et similiformes, de couleur noire et jaune, tandis que les espèces tropicales sont grandes et vivement coloriées.

§. III. Le genre Eumenes et plus encore le genre Odynerus

se trouvent distribués sur toute la surface du globe, mais leurs espèces offrent dans chaque pays des formes propres, un cachet plus ou moins distinct sur lequel je reviendrai plus bas ; néanmoins en même temps que ces différences, on rencontre des ressemblances parfois si intimes que les coupes géographiques ne sont pas applicables à la généralité des cas.

Les Zethus et Montezumia (1) sont uniquement l'apanage de l'Amérique tropicale, et c'est dans les mêmes climats que l'on observe ces Odynères anormaux dont j'ai fait le genre *Monobia*.

Les Pterochilus semblent plus particulièrement confinés dans l'Europe et dans l'Afrique, soit septentrionale, soit méridionale. Je dois dire cependant qu'ils ne sont pas étrangers à l'Amérique ; en effet, Say en décrit un que je ne connais pas, dans les États-Unis (2), et le *P. pilipalpus* rapporté du Chili révèle l'existence de ce genre remarquable dans l'Amérique du sud ; ce dernier pourtant est un type à part, bien qu'il se rattache aux Pterochilus par la configuration de ses palpes labiaux.

Les Alastors paraissent tout d'abord communs à l'Europe et à la Nouvelle-Hollande ; dans ce dernier pays, notamment dans la Tasmanie, ils sont si nombreux qu'ils sembleraient appelés à remplacer les Odynères, si ceux-ci ne s'y trouvaient également. Mais j'ai découvert deux espèces américaines, qui tout en offrant des formes particulières doivent être classées dans ce genre ; Savigny a figuré un grand Alastor d'Égypte, et j'en ai découvert un du Cap de Bonne-Espérance.

Ces faits doivent donc selon moi, faire considérer ce genre comme étant, ainsi que celui des Pterochilus, l'apanage de tous les continents. Un des types les plus curieux que l'on puisse étudier, pour le dire en passant, est cet *Elimus* que je décris, et qui provient de la Nouvelle-Guinée ; c'est l'unique individu que j'ai pu observer, et il me paraît se rapprocher sensiblement du genre Ischnogaster.

Enfin les Discœlius ont été rencontrés au Chili, en Europe et en Tasmanie.

(1) Je viens cependant d'en trouver une espèce indienne.

(2) Cet auteur avoue dans un mémoire subséquent qu'il n'est pas certain de la détermination générique de cet insecte.

Ce rapide exposé suffira pour établir que les genres sont très répandus, qu'ils sont sans limites circonscrites de séjour, et que bien peu même sont propres à tel ou tel continent.

§. IV. D'après les connaissances que nous possédons, je poserai comme suit les limites des faunes distinctes que l'on peut entrevoir, et j'engage les entomologistes à les comparer avec celles qui résultent de l'étude des autres ordres d'insectes.

1° L'Europe tempérée depuis 45° parallèle au 55° ou 60°. Cette zone comprend toutes les espèces les mieux connues.

2° L'Europe arctique, comprend peut-être une petite faune particulière peu connue.

3° L'Europe orientale, la Russie et la Turquie offrent aussi des espèces spéciales.

4° L'Europe méridionale depuis le 45° parallèle nord présente une faune peu tranchée dans ses limites, car elle entremêle ses espèces avec celles de l'Europe tempérée et même avec celles de la Barbarie.

5° La faune de Barbarie ressemble beaucoup à la faune méditerranéenne de l'Europe; elle est d'une richesse extrême, et offre entre les types connus des formes très singulières. Cette faune s'étend jusqu'en Égypte, et ce dernier pays quoique ayant fourni les richesses si considérables, si admirablement étudiées et figurées par Savigny, ne jouit pas d'une faune particulière; elle semble cumuler, mais en partie seulement, celle de l'Algérie et celle de l'Afrique tropicale.

6° Cette immense étendue de terres que l'on comprend sous le nom d'Afrique tropicale, à en juger par ses côtes ne formerait qu'une seule faune, parfaitement explicable par l'uniformité de la température et du sol. L'Abissynie, il est vrai, pourrait en être séparée, mais nous avons des doutes à cet égard; les îles même à l'ouest de l'Afrique semblent devoir y rentrer, jusqu'à un certain point du moins, car on y trouve certaines espèces (Eumenes nigra) qui sont communes à l'Égypte.

7° Le Cap de Bonne-Espérance fournit des espèces très voisines de celles du Sénégal, mais en même temps distinctes ; on peut lui annexer l'île de Bourbon.

8° L'île de Madagascar est entièrement différente des autres faunes, mais n'offre rien de particulier pour les formes. Nous ne possédons que peu d'espèces de ce pays.

9° Les Indes et la Chine, forment une faune étendue et riche en belles et grandes espèces, qui s'entremêlent en Arabie avec celles de l'Afrique, et dans les Iles de la Sonde avec la faune de la Nouvelle-Hollande.

10° La Nouvelle-Guinée, encore peu connue.

11° La Nouvelle-Hollande, très riche en espèces, aux couleurs toutes particulières. Je n'ai pas assez de données pour oser affirmer que la Tasmanie s'en distingue par ses productions, mais je le présume.

12° La Nouvelle-Zélande, dont nous ne connaissons qu'une espèce, se rapproche de la faune de la Nouvelle-Hollande.

13° Le grand archipel de l'Océan pacifique semble participer aux caractères propres à la Nouvelle-Hollande et à l'Amérique du sud.

14° Les États-Unis, ont une faune très semblable à celle de l'Europe, et qui se subdivisera probablement en celle de la Caroline du sud, et celle des États-Unis du nord. On trouve dans cette dernière un assez grand nombre d'espèces identiques à celles de l'Europe.

15° Le Mexique et les Antilles, faune très riche, surtout en Zethus et en Montézumia ; ces deux régions ont, outre les espèces communes, des espèces propres à chacune d'elles.

16° Le nord du Brésil, la Guyane, la Colombie sont très riches aussi ; cette faune prend en Colombie les caractères de la faune péruvienne ; au sud elle se mêle à celles des Etats de la Plata, qui offre tous les caractères de la précédente et s'étend aussi sur l'Uruguay.

17° La faune péruvienne et celle du Chili, ou du versant occidental des Andes semblent avoir le plus grand rapport ; nous ne connaissons bien que la dernière ; mais c'est avec celle du midi de la Nouvelle-Hollande, de toutes la mieux caractérisée. C'est de là que vient ce singulier Pterochilus pilipalpis, et chose frappante, aucune guêpe sociale ne semble y habiter, tandis que les Odynères s'y trouvent en abondance.

A ces faunes nous pourrions ajouter les suivantes, que nous présumons devoir exister : la Sibérie, le centre de l'Asie; le Japon, le nord de l'Amérique? la Patagonie? La Californie? le nord de Nouvelle-Hollande.

§. V. Chacune de ces faunes est revêtue d'un caractère spécial qui apparaît ou dans l'ensemble des espèces, ou dans les genres seulement qui lui sont particuliers.

Ainsi l'on reconnaîtra à première vue tous les insectes du continent austral, tandis qu'au Brésil à côté de ceux qui offrent ce caractère de spécialité dans leur coloration violette et forment des genres tout particuliers à ce pays, on en rencontre qui sont répandus sur le globe, par exemple, des Odynères, pour lesquels il est impossible, à raison de cette diffusion universelle, de reconaître la patrie de l'individu à sa seule inspection.

Ceci me conduit à formuler cette double règle générale que *plus un genre est confiné dans des limites géographiques restreintes, plus il porte l'empreinte zoologique de sa patrie*, et que *plus un genre est dispersé sur le globe, moins ses espèces sont marquées du cachet de leur pays natal*. Je ne parle pas ici de ces caractères zoologiques qui naturellement établissent des différences plus tranchées entre les genres qu'entre les espèces du même genre; j'entends cet air de famille, ces couleurs, ces formes, ce ton général plus facile à saisir qu'à définir, qui, propre à chaque pays, peut s'imprimer sur tous les animaux sans altérer en rien les caractères qui servent à leur classification.

§. VI. Un autre fait important que je dois aussi noter ici c'est la *fixité des couleurs* dans les riches espèces des Tropiques, mise en opposition avec *leur variabilité* dans celles de nos climats septentrionaux; cela est si vrai que dans la majeure partie des cas, rien n'est plus facile dans les premières que de se fixer sur les espèces, tandis que pour ce qui concerne les secondes rien n'est plus laborieux.

§. VII. Après ces considérations générales je vais rapidement passer en revue les caractères spéciaux qu'offre chacune des différentes faunes, à cause de l'utilité dont cet examen peut être, lorsque les lieux de provenance des insectes qu'on étudie ne sont pas connus.

A. *Des faunes tranchées.*

Les régions de la Nouvelle-Hollande et de la Tasmanie offrent une analogie frappante ; presque tous les insectes qui en sont originaires sont reconnaissables à leur couleur mêlée de noir et d'orangé ; cependant ce caractère paraît leur être commun avec les espèces peu connues de la Nouvelle-Zélande et de la Nouvelle-Guinée ; dans quelques cas même il se retrouve jusque dans celles de l'Inde. Il existe en outre dans ces pays un deuxième type local, noir avec des ornements blanchâtres ; non seulement par la couleur, mais encore par certaines particularités de formes, celui-ci se rapproche des insectes du Chili ; ainsi l'abdomen porte souvent des tubercules saillants.

La faune chilienne offre des formes spéciales plus faciles à reconnaître sur les individus, qu'à décrire, et dont nous venons de citer un exemple. Mais elle se distingue surtout en ce que ses insectes sont noirs et roux, velus ; ils ont l'abdomen et le corselet presque toujours ornés de blanc-jaunâtre et les ailes fortement roussies le long de la côte avec l'extrémité violette.

B. *Des faunes mixtes.*

Les insectes septentrionaux sont tous de couleur noire avec des ornemens d'un jaune vif : sous ce rapport l'Europe et l'Amérique n'offrent entre elles aucune dissemblance, si bien que souvent les espèces de l'une sont fort difficiles à distinguer de celles de l'autre.

Ce type unique dans le nord, tend à se mêler aux autres à mesure qu'on descend vers le midi, et il pénètre plus ou moins jusque dans les parties les plus méridionales de l'Afrique et de l'Amérique.

A côté de lui on voit s'en produire un autre dans le sud de l'Europe, en Algérie, et dans le sud des États-Unis, qui, très voisin de ce dernier, lui ressemble par l'aspect général des formes et des couleurs, mais qui mêle à ces dernières telles que nous les lui avons assignées du roux et du jaune brûlé.

Les insectes de l'Afrique tropicale sont grands, d'un noir ferrugineux, ou noirs et jaunes, ou bien encore noirs ferrugineux, avec les ailes violettes : cette coloration s'étend jusqu'au Cap et même aux Iles de la Sonde.

Ceux de la même zone de l'Amérique, à part ceux qui ressemblent aux européens et forment des faunes partielles, sont ordinairement d'un noir bleuâtre avec les ailes violettes.

Sans doute ces observations nécessairement très vagues, sont loin de suffire pour préciser à elles seules le lieu d'habitation des Euméniens qu'on peut avoir sous la main ; il faut pour cela cette habitude, cette sûreté de coup d'œil du praticien, qui ne s'acquiert qu'à force de se familiariser avec la nature et de feuilleter le vaste livre de ses œuvres ; mais elles peuvent conduire du moins à les obtenir plus vite, sans passer par d'aussi longs tâtonnements : bien que circonscrite par des limites assez étroites leur utilité ne nous a donc pas paru à dédaigner.

FIN DE LA PARTIE INTRODUCTIVE.

DESCRIPTION

DES

GENRES ET DES ESPÈCES.

AVIS IMPORTANT.

Toutes les mesures de longueur des insectes décrits dans cet ouvrage sont prises depuis le front jusqu'à l'extrémité du deuxième segment abdominal. Nous avons trouvé, comme M. Spinola, cette manière de mesurer les insectes plus exacte que celle qui consiste à prendre leur longueur totale, parce qu'elle élude les chances d'erreur qui naissent de la rétractilité des derniers anneaux.

Les espèces dont le nom spécifique est suivi d'un point d'exclamation, ont été décrites sur les types étiquetés par les auteurs mêmes; quant aux espèces fabriciennes qui sont affectées du même signe, elles proviennent de la collection de Bosc, dont les étiquettes ont été vérifiées par l'auteur du *Systema Piezatorum*.

TRIBU DES EUMÉNIENS.

EUMENIDÆ.

CAR. *Ailes* se pliant longitudinalement en deux ; cellules cubitales au nombre de quatre.

Lèvre allongée, dépassant les mandibules, ou se repliant contre le sternum, composée d'une partie médiane, bifide à son extrémité, et de deux lanières latérales; chacune de ces divisions munie à son extrémité d'un point corné (sauf exception).

Antennes brisées ou arquées, en massue allongée ou presque filiformes, de douze articles chez les femelles, de treize chez les mâles, tous distincts.

Yeux échancrés.

Corselet large et carré en avant.

Abdomen très variable.

Pattes grêles, les postérieures armées à l'extrémité du tibia de deux appendices épineux; *crochets des tarses unidentés ou bifides* (1).

(1) Ce caractère, dont on doit l'observation à M. Wesmael, permet de distinguer facilement les guêpes solitaires des sociales, chez lesquelles les crochets des tarses sont toujours simples. C'est le seul caractère constant auquel on puisse avoir recours.

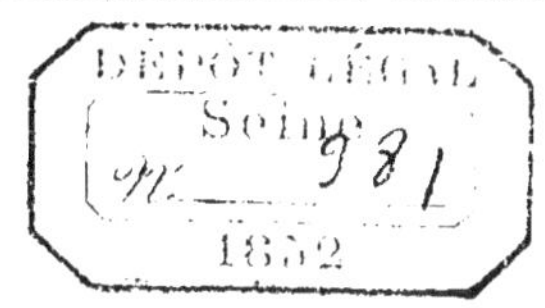

Iʳᵉ SECTION.

LES ANOMALOPTÈRES.

Première nervure récurrente reçue par la deuxième cellule cubitale ; deuxième nervure récurrente reçue par la troisième cellule cubitale.

I. *Mandibules très courtes, ne formant pas un bec par leur réunion, mais se repliant derrière le chaperon. Lèvre très longue, fléchie parallèlement au corps.*

Genre RAPHIGLOSSA.

Pl. II, fig. 1.

Syn. *Raphiglossa.* Saunders.

Car. *Lèvre* d'une longueur extrême, sans points cornés à l'extrémité. Palpes labiaux de trois articles, très courts en comparaison de la lèvre.

Mâchoires très longues, la pièce basilaire courte ; galéa aussi long que la lèvre. Palpe de trois articles, un peu plus court que la partie basilaire.

Mandibules courtes, trapézoïdales, à bord triturant terminal et armé de quatre dents.

Tête fortement renflée, très grosse, concave en arrière ; yeux en forme de rein, ne couvrant pas entièrement les côtés de la tête ; ocelles en triangle large ; chaperon plus large que long, un peu triangulaire ou en poire très élargie dans les femelles, de forme presque carrée dans les mâles.

Antennes presque filiformes, arquées, sans crochets dans les mâles.

Corselet anguleux vers la tête, très large en avant.

Pétiole en entonnoir très allongé, aussi long que le thorax et portant une dépression dorsale submarginale.

Abdomen petit, pyriforme ; deuxième segment en cloche régulière.

Ailes courtes ; la cellule radiale nullement appendiculée ; la troisième cubitale sensiblement plus petite que la première.

1. R. Eumenoides , Saund.

Syn. Saunders. *Raphiglossa eumenoides.* Trans. Ent. Soc. N. S. I. 72. pl. 6, fig. 4.

Fem. Long. 15 mill.; env. 50 mill.

Fem. Tête grosse, renflée sur le vertex, portant une dépression peu sentie en arrière des ocelles ; chaperon échancré ; antennes, jaunes en dessous, ferrugineuses en dessus et noires à l'extrémité; une tache jaune au-dessus de leur insertion, une autre au-dessus de chaque œil et une troisième en arrière de ces derniers. Corselet anguleux en avant avec une tache jaune sur chaque épaulette et une plus petite sous l'aile. Ecaille ferrugineuse et jaune. Ecusson et post-écusson confondus en un carré saillant orné d'une tache jaune à chacun de ses angles; une autre de chaque côté du métathorax à l'insertion du pétiole. Pétiole pas tout à fait aussi long que le corselet, coupé droit en arrière, noir, orné d'une bordure festonnée, jaune. Abdomen ovale, noir, tous les segments bordés de jaune. Tête, corselet et pétiole distinctement ponctués. Pattes jaunâtres; hanches et base des cuisses noires. Ailes transparentes, ferrugineuses le long de la côte, grises à l'extrémité, avec une teinte brune dans la cellule radiale.

Male. Ecusson jaune; une tache en arrière des yeux; premier article des antennes noir du côté postérieur, et leur extrémité ferrugineuse.

Habite : L'Albanie. (Ma collection.)

Je tiens cet insecte de M. Westwood.

2. R. Zethoides, n. sp.

Fem. Long. 13 mill.; env. 21 mill.

Fem. Tête fortement bombée, sans dépression en arrière des ocelles, noire, ornée d'une tache rousse derrière la partie supérieure de chaque œil. Chaperon un peu échancré, noir. Antennes ferrugineuses à leur base (le reste inconnu). Corselet allongé, insensiblement rétréci en avant, noir, avec la partie antérieure du prothorax, l'écaille des ailes, une petite ligne en avant de cette dernière, une teinte indistincte sous l'aile, la bordure postérieure de l'écusson et du post-écusson et une tache de chaque côté du métathorax, rousses. Pétiole grêle, entièrement roux, avec une bordure jaune indistincte et une dépression sensible sur le milieu de cette dernière. Abdomen petit, noir; deuxième segment orné d'une bordure rousse festonnée, troisième segment à peine bordé, les autres noirs. Pattes ferrugineuses; hanches noires. Ailes transparentes, enfumées, surtout dans la cellule radiale.

Male. Inconnu.

Habite : L'Algérie? (Musée de Paris. Collect. Saint-Fargeau.)

3. R. Filiformis, n. sp.

Fem. Long. 13 mill.; env. 21 mill.
Mâle. Long. 13 1[2 mill.; env. 21 mill.

Fem. Tête bombée sur le front, noire; chaperon un peu échancré au milieu, jaune, ainsi qu'un triangle sur le front; un point en arrière des yeux et une bande sur les mandibules, ferrugineux. Antennes, jaunes à la base, noires vers le bout, ainsi que sur le côté postérieur du premier article. Corselet noir, très large en avant; prothorax bordé de jaune antérieurement; écaille et bordure postérieure du post-écusson ferrugineuses; métathorax portant de chaque côté une tache jaune. Pétiole noir, terminé par une large bordure jaune interrompue au milieu par la dépression dorsale. Abdomen noir; le deuxième segment portant une bordure festonnée jaune, les autres une simple tache marginale sur leur milieu. Pattes ferrugineuses, avec des teintes jaunes; hanches noires, avec un point jaune du côté antérieur. Ailes transparentes, un peu enfumées, surtout dans la cellule radiale, un peu jaunâtres le long de la côte.

MALE (1). Tête noire; chaperon, un grand triangle sur le front, une tache en arrière des yeux et une sur les mandibules, jaunes. Antennes ferrugineuses à la base, noires dans le reste de leur étendue, avec le premier article jaune en dessus. Bordure des yeux dans leur sinus rentrant, jaune. Corselet aussi large en avant qu'au milieu, noir, et orné de jaune, comme dans la femelle, portant en outre une petite tache ferrugineuse sous l'aile. Pétiole assez large en arrière, roux, avec sa base noire, ainsi qu'une tache sur sa partie dorsale, en arrière de laquelle se voit une large bordure jaune avec une dépression dorsale allongée. Abdomen noir; le deuxième segment roux sur les côtés et tous les anneaux ornés d'une bordure festonnée jaune ou orangée. Pattes jaunes; hanches noires en arrière, jaunes en avant. Ailes transparantes, comme dans la femelle, jaunâtres le long de la côte.

Habite : L'Algérie? (Musée de Paris. Collect. Saint-Fargeau.)

Genre STENOGLOSSA.

Pl. II. fig. 2.

Syn. *Raphiglossa*. Saunders.

Lèvre d'une longueur démesurée, le lobe médian peu fendu à son extrémité, sans points glanduleux. Palpes labiaux de trois articles, avec un quatrième rudimentaire à leur base.

Mâchoires courtes, galéa cinq fois plus long qu'elles, ou plus encore. Palpes maxillaires aussi longs, ou plus longs que la mâchoire, de six articles.

Mandibules trapezoïdales, courtes, portant quatre dents terminales.

Antennes des mâles terminées par un crochet.

(1) Ce mâle pourrait appartenir à une espèce différente.

Abdomen non pédicellé, le premier segment en cloche, emboîtant le suivant.

Ailes : cellule radiale imparfaitement appendiculée.

Le reste comme dans le genre précédent.

1. S. ODYNEROIDES.

SYN. Saunders. *Raphiglossa odyneroïdes*. Trans. Ent. Soc. N. S. 1. 72. pl. 6, fig. 2, 3.

N'ayant eu sous la main aucun représentant de cette espèce, je ne crois pouvoir faire mieux que de reproduire la description de M. Saunders.

Longueur totale : Fem. 8 1|2 lin. Mâle 6-7 lin.

Caput nigrum, clypeo, maculâ subcordatâ frontali, ante oculos vittâ minimâ, punctoque parvo ad angulos posticos, flavis; mandibulis concoloribus, apice piceo; antennis testaceis, supernè nigrostriatis, articulo basali robusto, anticè flavo, apicali testaceo, mucrone parvo nigro. Thorax angulis anticis, alarum squamâ, maculâ rotundâ subtùs alas, scutelli utrinque puncto lineolâque marginali, flavis. Abdomen nigrum, segmenti basalis fasciâ posticâ latâ, ad latera anticè valdè productâ, flavâ; reliquorum margine postico flavo-fasciato, fasciis subtùs productis. Pedes flavi, basi nigri. Alæ subhyalinæ. Mas.

Femina differt staturâ majori, capite maximo, macula triangulari frontali, alterâ utrinque minori juxta oculos, alioque magno utrinque ad angulos posticos, flavis; antennarum articulo basali subgracili, arcuato, testaceo, anticè sulphureo, reliquis testaceis, prope apicem supernè obscurioribus; thoracis angulis anticis, alarum squamâ, maculâ rotundâ, subtùs alas, scutelli fasciâ emarginâta transversali lineolâque marginali posticè, flavis; abdominis segmento primo ferè omnino flavo, vittâ basali nigrâ disci usque medium retró productâ, reliquis nigris, fasciâ apicali utrinque dilatatâ flavâ, secundi tertiique subtùs margine postico flavo; pedibus flavis, basi nigris; alarum disco iridescenti, marginis antici dimidio apicali obscuriori, venis purpureis, areolis basalibus flavonotatis.

(Pour les mœurs de ces insectes voir : Saunders. Trans. Ent. Soc. Nouv. série. I. p. 73.)

II. *Mandibules assez longues, pointues, formant un bec aigu par leur réunion. Lèvre très courte.*

Genre GAYELLA.
Pl. III. fig. 2.

SYN. Spinola. *Gayella.*

CAR. *Lèvre* très courte, moins longue que le menton, portant quatre points cornés à l'extrémité. Palpes labiaux très courts, de quatre articles.

Mâchoires grosses ; galéa très court, à moitié aussi long que la mâchoire. Palpe plus court que la mâchoire, de six articles très courts.

Mandibules assez longues, sans dents, pointues à l'extrémité, formant un bec aigu par leur réunion.

Tête triangulaire ; yeux allongés ; ocelles presque en ligne droite ; chaperon allongé ; antennes en massue allongée, simples dans les deux sexes.

Corselet un peu déprimé ; écusson arrondi en arrière, métathorax vertical, arrondi.

Abdomen pédicellé, le premier segment tout entier campanulé et rétréci en arrière, ayant la forme d'une petite sphère déprimée ou d'un disque renflé au milieu ; deuxième segment en ovale allongé.

Ailes : cellule radiale un peu appendiculée ; première cubitale à peine plus grande que la troisième.

G. Eumenoides. Spin. !

SYN. Spinol. *Gayella eumenoides.* Fauna chiliana. Zool. VI. Hym. pl. II. fig. 2.

Fem. Long. 12 mill.; env. 23 mill.

Mâle. Long. 10 mill.; env. 18 mill.

FEM. Chaperon allongé, arrondi au bout. Corselet densément ponctué ; métathorax arrondi, fortement rugueux. Pétiole aussi large que long, ponctué. Insecte noir. Chaperon roux, bordé de noir du côté supérieur. Antennes, écaille et pattes d'un roux ferrugineux. Bordure antérieure du corselet et moitié postérieure de l'écusson, d'un jaune blanchâtre. Pétiole roux, noir à sa base et à l'extrémité. Deuxième segment de l'abdomen orné d'une bordure régulière et assez large d'un blanc jaunâtre, et en outre de deux taches transversales, un peu irrégulières sur leurs bords, placées assez près de la base du segment, et qui souvent se rejoignent presque au milieu. Ailes un peu enfumées, rousses le long de la côte, avec une tache brune dans la cellule radiale ; bord externe de la troisième cubitale un peu sinué en S.

Var. A. Chaperon noir, avec une tache rousse ; tache de la cellule radiale peu marquée ; pétiole noir, avec une bande rousse transversale.

Var. B. Pétiole noir, avec un petit point roux de chaque côté.

MALE. Une tache jaune sur le bord de chaque mandibule. Chaperon d'un jaune blanchâtre, un peu plus large en bas qu'en haut, plus ou moins pentagone. Une tache sous l'aile d'un jaune blanchâtre. Taches du deuxième segment de l'abdomen étroites.

Var. noire. Fem. Pétiole entièrement noir; troisième cellule cubitale plus fortement rétrécie vers la radiale, son bord externe plus fortement sinué en S.

Mâle. Chaperon ovale. Mandibules fortement tachées de jaune. Pas de tache sous l'aile. Pétiole noir.

Habite : Le Chili. Rapporté par M. Gay. (Musée de Paris.)

IIᵉ SECTION.

LES EUPTÈRES.

Les deux nervures récurrentes reçues par la deuxième cellule cubitale, cette dernière n'étant pas pédonculée.

I. *Mandibules courtes, tronquées obliquement à l'extrémité, formant par leur réunion un bec très obtus ou se superposant derrière le chaperon, de façon à refouler la langue en arrière.*

Genre ELIMUS. Mihi.

Pl. III. fig. 1.

Car. *Lèvre* longue, la languette trois fois aussi longue que le menton. Palpes de quatre articles, dont le premier, le plus long, arqué à sa base.

Mâchoires larges, le galéa près de deux fois aussi long que la partie basilaire, le palpe plus long encore, de six articles, dont le troisième le plus long.

Mandibules très courtes, trapézoïdales, se recouvrant horizontalement sans former de bec, et presque entièrement cachées par le chaperon.

Chaperon plus large que long.

Antennes insérées plus bas que le milieu de la tête, le treizième article des mâles formant un petit crochet.

Yeux renflés, couvrant entièrement les côtés de la tête; leur échancrure triangulaire.

Ocelles en triangle régulier.

Corselet allongé, métathorax presque sans sillon médian.

Pétiole étroit, en massue allongée, aussi long que le thorax, armé de deux petits tubercules vers son milieu.

Abdomen en poire; deuxième segment un peu pédicellé, en cloche arrondie, plus long que large.

Ailes : deuxième cellule cubitale fortement rétrécie vers la radiale; la troisième quadrangulaire; la quatrième beaucoup plus grande que la troisième.

1. E. Australis, n. sp.

Long. 12 à 13 mill.; env. 20 mill.

Fem. Inconnue.

Male. Chaperon légèrement concave à son bord inférieur, jaune.
Tête circulaire, noire, avec une éminence transversale et deux points
ferrugineux au-dessus de l'insertion des antennes ; mandibules et antennes ferrugineuses. Corselet noir ; écaille ferrugineuse, ainsi que
certaines parties du prothorax. Pétiole noir en avant, ferrugineux en
arrière. Abdomen noir, les segments bordés de jaune ou de ferrugineux ; anus ferrugineux. Pattes ferrugineuses, cuisses de la troisième
paire noires. Ailes transparentes, ferrugineuses le long de la côte.

Var. Ecusson portant deux points ferrugineux ; les antennes ferrugineuses en dessous, noirâtres en dessus.

Habite : L'Australie (Saustralia). (Musée de Paris et collection de
M. Westwood.)

Genre ZETHUS.

Pl. II. fig. 3.

Syn. *Zethus.* Fabr. Latr. Spin.

Car. *Lèvre* allongée, un peu plumeuse ; échancrure du lobe médian
peu profonde. Palpes courts, de trois articles : le premier fortement
arqué et mince à son insertion, épais au bout ; les autres gros et courts,
armés de poils roides.

Mâchoires : Palpe maxillaire de six articles qui diminuent graduellement de grandeur du premier au dernier. Galéa long, souvent plus long
que la partie basilaire de la mâchoire.

Mandibules tronquées obliquement à l'extrémité et armées de grosses
dents terminales, courtes, ne formant pas un bec par leur réunion,
mais seulement un angle très obtus, ou se superposant par leurs extrémités sans pouvoir se croiser, vu leur brièveté ; presque cachées par le
chaperon.

Antennes en massue allongée, brisées, insérées au milieu de la hauteur de la tête.

Tête grosse, convexe, plus large que le corselet, concave en arrière.

Chaperon plus large que long.

Ocelles placées sur la partie antérieure du vertex ; échancrure des
yeux triangulaire ; ces derniers, comme tronqués inférieurement pour
l'insertion des mandibules, et ne couvrant pas entièrement les côtés de
la tête.

Corselet coupé droit antérieurement (en sorte qu'il existe toujours un vide demi-elleptique entre lui et la tête), anguleux et rebordé, plus long que large.

Pétiole linéaire à sa base, renflé dans ses deux tiers postérieurs ; le renflement de forme plus ou moins sphérique ; deuxième segment abdominal en cloche parfaitement arrondie et offrant à son bord postérieur comme un dédoublement des téguments.

Ailes : cellule radiale n'atteignant pas près du bout de l'aile, indistinctement appendiculée ; deuxième cellule cubitale fortement rétrécie vers la radiale, triangulaire.

Insectes américains.

Dans ce genre les mâles ont la même taille que les femelles, ils en diffèrent surtout par le chaperon, qui est carré, tandis que dans les femelles il est presque triangulaire.

Nota. Les mâles de toutes les espèces n'étant pas connus, les divisions que j'établis seront à revoir et leur nombre sera infailliblement augmenté lorsqu'on en connaîtra mieux les représentants.

Ire DIVISION.

Deuxième segment abdominal s'évasant dès sa base en une cloche arrondie, sans former de pédicelle court. Renflement du pétiole de forme sphérique ou elliptique. Palpe maxillaire plus court que la mâchoire, cette dernière plus courte que la galéa.

A. Antennes des mâles enroulées en spirale à l'extrémité ; leur abdomen muni en dessous de deux appendices foliacés.

1. Z. COERULEOPENNIS (1). Fabr.!
Noir, avec les ailes violettes.

SYN. Fabr. *Vespa cœruleopennis.* Ent. Syst. Suppl. 263. — *Zethus cœruleopennis.* Sys. Piez. 282.

Latr. *Zethus cœruleopennis.* Gen. IV. 137. 138. pl. XIV. fig. 4. — Encycl. pl. 393. fig. 12 et 13.

Coqueb. *id.* Illustr. Icon. Ins. Dec. I. tab. 6. fig. 4.

Long. 20 mill.; env. 41 mill.

FEM. Insecte entièrement noir. Chaperon légèrement échancré au milieu de son bord inférieur. Tête et corselet finement, pétiole plus

(1) C'est sur cette espéce que Fabricius a basé le genre *Zethus*

finement, et abdomen très finement ponctués. Corselet, écusson et pétiole partagés par un sillon indistinct ; renflement de ce dernier à peu près sphérique. Pattes et antennes noires, ces dernières jaunâtres en dessous dans le mâle. Ailes brunes, avec des reflets irisés, deuxième cellule cubitale à bord radial très court, mais appréciable.

MALE. Antennes présentant des articles distinctement séparés ; chaperon quadrangulaire.

Rapp. et diff. Distinct par sa bouche noire, il ne ressemble qu'au *Z. magnus*, dont il diffère surtout par sa plus petite taille.

Habite : Cayenne, Para. (Musée de Paris.)

2. Z. BRASILIENSIS. n. sp.

Entièrement noir, avec la bouche rousse.

Long, 21 mill.; env. 45 mill,

FEM. Grandeur et forme du *Z. cœruleopennis*. Noir; chaperon roux, noir dans sa partie supérieure, le noir se fondant avec le roux. Mandibules rousses, avec l'extrémité noire. Dessous de la tête en arrière des mandibules, et un espace en arrière des yeux, roux. Pétiole renflé en une sphère, comme dans l'espèce précédente. Pattes noires. Ailes, comme dans les autres espèces, brunes, à reflets violets. Ponctuations du corps un peu plus fortes, surtout celles du pétiole.

Var. Le roux de la tête s'étendant en arrière des yeux et presque jusque sur le vertex.

MALE. Inconnu.

Rapp. et diff. Cette espèce est très voisine de la précédente, elle s'en distingue surtout par sa bouche, de couleur rousse ; elle peut se confondre, avec la plus grande facilité, avec le *Z. chalybeus*. (Voir les affinités de cette espèce.)

Habite : Le Brésil. Rapporté de Sainte-Catherine par les savants de l'expédition commandée par Dumont-D'Urville. (Musée de Paris).

3. Z. CHALYBEUS, n. sp.

D'un noir verdâtre, avec la bouche rousse et les ailes violettes.

Long. 19 mill.; env. 38 mill.

FEM. Grandeur et coloration les mêmes que dans le *Z. brasiliensis*, dont il est très difficile à distinguer. On le reconnaît surtout aux caractères suivants : Le corps a une teinte verdâtre. Le chaperon forme de chaque côté un angle aigu au niveau de l'insertion des mandibules, son bord antérieur est très légèrement échancré, et les angles de l'échancrure forment de chaque côté un très petit tubercule, tandis que dans le *Z. brasil.* le chaperon présente de chaque côté et en avant un bord droit. Le chaperon est strié longitudinalement, sans ponctuations, ainsi que le sinus des yeux qui est lisse, le renflement du pétiole est ovale, un peu déprimé, tandis que dans le *Z. brasil.* le chaperon et le sinus des yeux sont distinctement ponctués, et le renflement du pétiole est sphérique, fortement bombé en dessus, et armé de chaque côté d'un petit tubercule. Enfin, la troisième cellule cubitale est beaucoup moins large que longue dans le premier, tandis qu'elle l'est également dans le second, et le bord externe de la troisième discoïdale est presque droit et non fortement arqué comme dans le *Z. brasil.*

MALE. Inconnu.

Habite : Le Brésil. (Collect. de M. de Romand.)

4. Z. MAGNUS, n. sp.

Entièrement noir, taille très grande.

Mâle. Long. 25 mill.; env. 50 mill.

FEM. Inconnue.

MALE. Facies du *Z. cœruleopennis*, mais d'une taille beaucoup plus considérable.

Insecte entièrement noir, à corselet luisant, un peu bleuâtre. Chaperon distinctement échancré, les deux angles saillants de l'échancrure, ferrugineux. Antennes noires en dessus, jaunâtres en dessous. Echancrure des yeux triangulaire, dirigée obliquement en haut. Métathorax et surtout l'écusson, bombés. Pétiole court, très renflé, les deux tiers postérieurs ayant la forme d'une sphère remarquablement renflée. Deuxième segment *subitement* élargi en cloche, en sorte que son bord antérieur est perpendiculaire à l'axe du pétiole et aussi large que le postérieur, d'où il résulte que ce segment est presque carré. Granulations de la tête très grossières, corselet plus finement ponctué, pétiole et surtout l'abdomen très finement ponctués. Pattes noires. Ailes violettes.

Rapp. et diff. Cette espèce ressemble considérablement au *Z. cœruleopennis*, mais elle s'en distingue facilement par sa taille, de beaucoup supérieure, par son chaperon bombé, etc.

Habite : Le Brésil. (Musée de Paris.)

5. Z. LUGUBRIS, Perty.

Noir, avec le métathorax et le pétiole ferrugineux.

SYN. Perty. *Zethus lugubris.* Delect. Anim. artic. p. 144. pl. XXVIII. fig. 4.

Long. 25 mill.; env. 43 mill.

FEM. Tête noire ; chaperon arrondi. Corselet noir; post-écusson, métathorax et moitié postérieure des flancs, ferrugineux. Pétiole ferrugineux, son renflement ovale et non globuleux. Le reste de l'abdomen noir. Hanches des premières pattes entièrement noires; celles des autres, ferrugineuses en arrière. Pattes ferrugineuses, noires autour des articulations. Ailes violettes. Ponctuations du corps comme dans les autres espèces.

Male. Semblable à la femelle.

Habite : Le Brésil. (Musée de Paris.)

6. Z. Cyanipennis.

Métathorax roux, pétiole noir.

Syn. Fabr. *Vespa cyanipennis.* Ent. Syst. ii. 277. — *Polistes cyanipennis.* Syst. Piez. 275.
    Oliv. *Vespa mexicana.* Enc. vi. 673.
    Latr. *Zethus cyanipennis.* Genera iv. 138. — *Eumenes cyanipennis.* Hist. Crust. et Ins. XII. 345.

Long. 22 mill.; env. 42 mill.

Fem. Noir. Chaperon entier à son bord inférieur. Post-écusson, métathorax et la partie postérieure des flancs, ferrugineux. Pétiole noir en dessus, ferrugineux en dessous; son renflement elliptique et non globuleux. Abdomen noir; le deuxième segment rétréci à sa base et formant un pédicelle très court, puis s'élargissant plus graduellement que dans les espèces précédentes, de façon à représenter une demi-sphère, ne se rapprochant nullement de la forme carrée. Pattes noires, avec les hanches des deux dernières paires mêlées de ferrugineux. Ailes violettes.

Male. Chaperon carré, un peu échancré au milieu; et les bords de l'échancrure roux. Post-écusson noir. Extrémité des antennes ferrugineuse. Deuxième segment de l'abdomen plus court que dans la femelle.

Var. L'écusson et le mésothorax portant une ligne rousse indistincte; le roux du métathorax s'étendant sur les flancs.

Habite : L'Amérique méridionale. Cayenne. (Musée de Paris.)

7. Z. Gigas (1). Spin.

Grand, noir, ailes violettes, pétiole presque cylindrique.

Syn. Spinola. *Zethus gigas.* Ann. Soc. Ent. Fr. 1841. X. p. 129.

Long. 14 lignes. Long. du pétiole, 4 lignes.

Fem. Grand (jusqu'à 20 lignes de longueur, lorsque les anneaux de

---

(1) Je n'ai pu examiner cette espèce, il se pourrait qu'elle formât un genre particulier.

l'abdomen sont à leur maximum d'extension). Corps, antennes et pattes, noirs. Chaperon en hexagone symétrique, ses angles externes aigus. Ponctuation de la tête et du corselet, comme celle de l'abdomen, fine, rare et peu apparente. Mésothorax partagé en trois pièces distinctes par deux sillons sinueux atteignant les bords opposés. Métathorax vertical. Pétiole, dont la base linéaire n'est que le cinquième de sa longueur, ayant sa partie renflée presque cylindrique, ses côtés étant droits, sub-parallèles, à peine un peu convergents en arrière, le sillon submarginal, nul. Ailes violettes, seconde cellule cubitale en trapèze, son côté radial court.

MALE. Inconnu.

Habite : Cayenne.

B. Antennes des mâles terminées par un crochet ; abdomen sans appendices en dessous.

8. Z. CHRYSOPTERUS, n. sp.

Noir ; tous les segments de l'abdomen lisérés de jaune. Ailes dorées.

Long. 14 mill.; env. 28 mill.

FEM. Inconnue.

MALE. Chaperon presque triangulaire, coupé droit à son bord anté-rieur, qui représente un des côtés du triangle. Corselet un peu velu, assez grossièrement ponctué. Renflement du pétiole ovale; deuxième segment de l'abdomen brièvement pédicellé, et couvert d'un léger duvet doré. Insecte noir; une tache sur les mandibules et moitié inférieure du chaperon d'un jaune un peu orangé; pétiole liséré de jaune à son bord postérieur, et tous les segments de l'abdomen, tant en dessus qu'en dessous, ornés d'une lisière jaune submarginale et d'une autre brune, marginale; anus jaunâtre au bout. Pattes noires, tarses bruns. Ailes jaunâtres, un peu grises vers le bout, et brillant de reflets dorés.

Habite : Le Mexique? (Collect. de M. de Romand.)

9. Z. VARIEGATUS, n. sp.

Noir, avec le prothorax, l'écusson, le post-écusson et la bordure du pétiole, jaunes. Ailes violettes.

Long. 16 1|2 mill.; env. 30 mill.

FEM. Tête très grosse, renflée, plus large que le corselet, rugueuse ; chaperon plus large que long, offrant une échancrure large et peu pro-fonde. Corselet et pétiole couverts de ponctuations distantes ; disque du mésothorax circulaire ; renflement du pétiole très fort, bombé ; deuxième segment de l'abdomen à peu près sessile. Insecte noir; prothorax, une tache sous l'aile, écusson, moitié postérieure du post-écusson, deux taches sur le métathorax, et les deux angles postérieurs du pétiole, d'un jaune pâle; les taches du pétiole réunies au milieu, figurant une bordure irrégulière. Deuxième segment de l'abdomen très finement liséré de jaune; le reste noir. Pattes noires. Ailes violettes.

MALE. Inconnu.

Habite : L'Amérique. Le Mexique? (Collect. de M. de Romand.)

10. Z. FERRUGINEUS, n. sp.

Corselet noir, orné de jaune; pétiole et abdomen ferrugineux, bordés de jaune.

FEM. Grandeur du *Z. pyriformis.*

Tête noire; antennes noires; chaperon noir, satiné. Corselet noir, orné d'une petite bordure jaune; écaille de l'aile jaune et noire; écusson noir, avec deux points jaunes; post-écusson jaune; métathorax noir dans sa partie supérieure, jaune dans sa partie inférieure, velu. Péliole ferrugineux, avec la base noire, et un point noir à son extrémité postérieure, de chaque côté duquel une petite tache jaune; son renflement irrégulier. Abdomen ferrugineux; ses segments bordés de jaune, et portant sur leur partie dorsale une zone noirâtre. Toutes les parties jaunes sont d'un jaune pâle. Le deuxième segment est sessile. Pattes jaunes et noires. Ailes transparentes, à reflets dorés; deuxième cellule cubitale triangulaire, son bord radial nul.

MALE. Inconnu.

Habite : L'Amérique du Sud. Para. (Musée de Londres.)

11. Z. ARIETIS.

Noir, avec le pétiole et les pattes ferrugineux; ailes enfumées.

SYN. Fab. *Vespa rietis.* Ent. Syst. II. 282.. — *Polistes arietis.* Syst. Piez. 280.

Oliv. *Vespa varietis.* Enc. VI. 676.

Mâle. Long. 13 mill.; env. 25 mill.

FEM. Inconnue.

MALE. Noir. Chaperon entier. Antennes jaunes en dessous, avec l'extrémité ferrugineuse. Pétiole ferrugineux; son renflement de forme elliptique. Abdomen ovale, second segment s'élargissant *graduellement* presque dès sa base, très brièvement pédicellé. Pattes ferrugineuses, avec le dernier article des tarses noir. Ailes transparentes, avec une teinte brune et des reflets irisés.

Habite : L'Amérique du Sud. (Collect. Jurine. Musée de Genève.)

IIᵉ DIVISION.

Deuxième segment abdominal formant à sa base un pédicelle court. Renflement du pétiole sphérique ou elliptique. Palpe maxillaire à peu près d'égale longueur que la mâchoire et que le galéa. (Ailes transparentes, enfumées ou violettes.)

α. Antennes des mâles enroulées à l'extrémité.

12. Z. Pyriformis, Spin.

Noir, avec le pétiole et le deuxième segment bordés de jaune. Ailes transparentes.

Syn. Spinola. *Zethus pyriformis*. Ann. Soc. Ent. Fr. 1841. X. 135.

Fem. Long. 14 mill.; env. 27 mill.

Mâle. Long. 15 mill.; env. 23 mill.

Fem. Insecte noir. Chaperon très faiblement tri-échancré, échancrure médiane plus avancée et plus étroite que les autres; lisse ou couvert de fines stries verticales, son bord supérieur concave. Antennes noires, le premier article luisant, les autres un peu ferrugineux. Métathorax couvert de petits poils gris, luisants. Renflement du pétiole ovale, long ; ce dernier noir, avec une bordure jaune. Second segment abdominal pédicellé et liseré de jaune. Pattes noires. Ailes transparentes, un peu obscures le long de la côte.

Male. Chaperon deux fois aussi large que long, les trois échancrures sur la même ligne transversale, la médiane la plus grande; d'un jaune pâle, et bordé de noir à son bord supérieur. Antennes noires, jaunâtres en dessous. Bordure du second segment abdominal plus distincte.

Rapp. et diff. Cette espèce se distingue facilement du *Z. Jurinei* et du *Z. bicolor*, par la transparence de ses ailes et l'absence de taches jaunes sur le métathorax. Il se distingue du *Z. fraternus* par la bordure jaune du deuxième segment de l'abdomen.

Habite : Cayenne. (Musée de Paris.)

13. Z. Jurinei, n. sp.

Noir, avec le prothorax, le pétiole et le deuxième segment bordés de jaune, deux taches sur le métathorax et deux sur l'écusson.

Mâle. Long. 15 mill.; env. 23 mill.

Fem. Inconnue.

Male. Tête noire; chaperon entier, jaune orangé dans sa partie inférieure. Antennes un peu ferrugineuses au bout. Corselet noir, avec une bordure jaune en avant du prothorax ; une tache sous l'aile, un point à la partie postérieure de l'écaille, deux points sur l'écusson et une petite tache de chaque côté du métathorax, jaunes. Renflement du pétiole ovale, déprimé, noir, avec une bordure jaune un peu interrompue au milieu. Deuxième segment abdominal un peu pédicellé et liseré de jaune. Pattes noires. Ailes brunâtres, avec quelques reflets irisés.

Habite : L'Amérique. Saint-Domingue ? (Collect. Jurine. Musée de Genève.)

14. Z. FRATERNUS, n. sp.

Noir ; pétiole liseré de jaune. Ailes enfumées.

Long. 15 mill.; env. 25 mill.

FEM. Inconnue.

MALE. Chaperon carré, son bord antérieur droit ; corselet et pétiole à ponctuations fines et distantes ; renflement du pétiole ovale, déprimé ; deuxième segment de l'abdomen assez sensiblement pédicellé. Insecte noir ; la moitié inférieure du chaperon d'un jaune orangé ; dessous et extrémité des antennes jaunâtres, ces dernières racoquillées en spirale ; pétiole bordé de jaune à son bord postérieur ; tous les autres segments un peu bordés de brun. Pattes noires, articulations brunes, bord interne des tibias de la deuxième paire, jaune. Ailes enfumées ; deuxième cellule cubitale presque entièrement rétrécie vers la radiale.

Habite : Le Brésil. Province des mines. (Collect. de M. de Romand.)

15. Z. WESTWOODI, n. sp.

Noir, orné de jaune, avec les derniers segments de l'abdomen ferrugineux.

Fem. Long. 14 mill.; env. 25 mill.

FEM. Chaperon dentelé insensiblement à son bord antérieur, noi r avec de chaque côté une tache jaune ovale ; le reste de la tête noir, avec une petite tache jaune en dedans de l'origine de chaque antenne. Corselet noir, bordé de jaune antérieurement ; écusson et post-écusson jaunes, séparés par une ligne noire ; une tache jaune sous l'aile. Métathorax couvert d'une teinte de la même couleur, semblable à une poussière, et qui s'étend sur la base du pétiole ; ce dernier présente un renflement ovoïde, il est noir, avec une bordure jaune qui se prolonge un peu latéralement. Second segment de l'abdomen noir, avec une bordure jaune submarginale ; le reste de l'abdomen d'un roux ferrugineux, un peu soyeux ; la base du troisième segment noire. Pattes noires. Ailes transparentes, un peu enfumées.

MALE. Inconnu.

Habite : Le Mexique (Penol de los Banos), d'où l'a reçu M. Westwood, qui a bien voulu me le communiquer.

β. Antennes des mâles terminées par un crochet.

16. Z. BICOLOR, n. sp.

Noir et jaune, abdomen déprimé, post-écusson bordé de jaune.

(Grandeur du [précédent.)

FEM. Inconnue.

MALE. Très voisin des précédents, mais un peu plus petit. Chaperon jaune dans sa partie inférieure. Corselet noir ; prothorax orné le long de son bord antérieur d'une bande jaune irrégulière ; écusson portant deux taches carrées jaunes, presque réunies ; post-écusson bordé de jaune postérieurement ; métathorax offrant de chaque côté une tache jaune. Pétiole noir, avec une bordure irrégulière jaune ; son renflement a une forme différente de celle des précédentes espèces, la forme sphérique est moins distincte. Les parties jaunes ont une couleur pâle. Ailes transparentes, un peu brunes, avec quelques reflets irisés.

Rapp. et diff. Très voisin du *Z. Jurinei*, dont il se distingue par la bordure jaune du post-écusson, par son abdomen déprimé, son pétiole presque campanulé, etc.

Habite : La presqu'île de la Floride. (Musée de Londres.)

17. Z. DISCOELIOIDES (1), n. sp.

Noir, pétiole presque campanulé, bordé de jaune ; ailes enfumées.

Fem. Long. 11 mill.; env. 12 mill.

FEM. Insecte noir, avec deux très petits points jaunes aux angles du post-écusson, un liseré jaune bordant le côté postérieur du pétiole. Tête et chaperon ponctués, les ponctuations imitant des raies longitudinales. Bord antérieur du chaperon entier, offrant deux points lisses qui simulent deux petites dents. Corselet et pétiole granuleux ; métathorax velu. Pétiole presque campanulé, ressemblant beaucoup à celui des *Zethus*.

---

(1) Cette espèce doit peut-être rentrer dans la division précédente, je crois cependant que les antennes des mâles se terminent par un crochet.

Second segment très brièvement pédicellé. Ailes enfumées, à reflets dorés.

Male. Inconnu.

Habite : L'Amérique du Sud. Para. (Musée de Paris,)

18. Z. Miscogaster, n. sp.

Noir, orné de deux gros points jaunes sur l'écusson, etc.

Long. 15 mill.; env. 22 mill.

Fem. Insecte noir. Chaperon entier, noir ; antennes noires. Corselet bordé de jaune antérieurement ; un petit point sous l'aile, deux points sur l'écusson et deux taches sur le métathorax, jaunes. Pétiole orné postérieurement de chaque côté d'un trait jaune. Deuxième segment de l'abdomen liseré de jaune, et portant de chaque côté du point où il se rétrécit pour former la partie pédicellée, une petite ligne de la même couleur. Le reste noir. Pattes noires. Ailes transparentes.

Male. Inconnu.

Habite. . . . . .? (Collect. Jurine. Musée de Genève.)

IIIe DIVISION (1). (Didymogastra, Perty.)

Galéa plus long que la mâchoire, palpe maxillaire long, les articles augmentant de longueur du premier au troisième, et diminuant du quatrième au sixième. Deuxième segment abdominal rétréci en un pédicelle très grêle dans toute sa moitié antérieure. Renflement du pétiole elliptique. Antennes des mâles enroulées à l'extrémité. (Sauf exception ?)

19. Z. Tubulifer, Westw., n. sp.

Noir, orné de jaune sur le corselet et l'abdomen.

Même grandeur que le Z. *binodis*.

Fem. Chaperon entier. Tête noire, avec un point jaune à l'insertion de chaque antenne ; antennes noires, avec un peu de ferrugineux sur le premier article. Corselet noir, anguleux, bordé de jaune antérieurement ; écaille jaune et noire ; deux taches sur l'écusson, une bande interrompue sur le post-écusson et une tache triangulaire de chaque

---

(1) Perty a cru devoir former un genre de cette division, mais c'est par erreur qu'il ne donne que cinq articles aux palpes maxillaires des insectes qui le composent, ils en possèdent bien réellement six. En conséquence, nous n'avons pas conservé son genre *Didymogastra*. (Voir Perty. Delect. An. art. p. 144.)

côté du métathorax, jaunes. Pétiole noir, son bord postérieur liseré d'un cordon jaune, duquel partent deux lignes de même couleur brisées en zig-zag, qui s'étendent sur les côtés du pétiole. Abdomen noir; deuxième segment liseré de jaune ; les autres segments ornés d'une bordure festonnée de la même couleur. Pattes noires et jaunes ; hanches noires, avec un point jaune; tibias jaunes. Ailes enfumées.

MALE. Inconnu.

Habite : Orizava, au Mexique. (Collect. de M. Westwood.)

20. Z. BIGLUMIS, Spin.

Noir et jaune, ailes obscures, deux taches jaunes sur le second segment de l'abdomen.

SYN. Spinola. *Zethus biglumis*. Ann. Soc. ent. Fr. 1841. x. 135.

FEM. Taille et facies du *Z. pyriformis*; il s'en distingue par les caractères suivants : Chaperon moins large, bombé à son bord antérieur, arrondi et rebordé. Ponctuation du corps plus forte que celle du front et du vertex, confluente et formant des rugosités longitudinales. Post-écusson saillant. Antennes, corps et pattes, noirs : deux petites taches sur le front, derrière l'origine des antennes; bord antérieur du prothorax, extrémité des écailles alaires, deux petites taches latérales à l'écusson, une bande transversale interrompue au post-écusson, *deux grandes taches latérales sur le dos du second anneau de l'abdomen*, bords postérieurs des premier, second et troisième, face interne des quatre fémurs antérieurs, face externe de tous les tibias, jaunes. Ailes obscures ; nervures, noires, celle qui sépare les deux dernières cellules cubitales, droite.

MALE. Inconnu.

Habite : Cayenne.

21. Z. FUSCUS.

Noir, orné de jaune sur le métathorax, et les autres parties du corps. Ailes un peu enfumées.

SYN. Perty. *Didymogastra fusca*. Delect. Anim. art. p. 145. pl. XXVIII. fig. 5. Femelle

FEM. D'un brun-olive. Tête brune, ponctuée; mandibules noires. Antennes brunes, jaunes à leur base. Corselet pubescent, liseré antérieurement de jaune, en outre deux lignes jaunes longitudinales sur le métathorax, l'écaille des ailes, deux points sur l'écusson, le post-écusson et deux taches sur le métathorax, jaunes. Abdomen noir, le pétiole et tous les segments lisérés de jaune; renflement du pétiole ovale. Ailes hyalines, un peu enfumées le long de la côte; deuxième cellule cubitale en trapèze. Pieds bruns, tibias ferrugineux.

MALE. Inconnu.

Habite : Les Amazones.

22. Z. ROMANDINUS, n. sp.

Noir, avec les deux premiers segments de l'abdomen liserés de jaune. Ailes transparentes.

Long. 15 mill.; env. 23 mill.

FEM. Inconnue.

MALE. Chaperon carré, faiblement élargi en bas, un peu convexe à son bord antérieur. Corselet et pétiole lisses, à ponctuations fines et distantes; métathorax finement pubescent, argenté; pédicelle du premier segment abdominal égal à peine au tiers de la longueur de ce segment. Antennes enroulées en spirale vers le bout. Insecte noir; chaperon d'un jaune pâle; antennes jaunâtres en dessous et au bout; écaille un peu bordée de roux; pétiole bordé de jaune brillant à son bord postérieur, la bordure non interrompue au milieu; deuxième segment orné en dessus et en dessous d'un très fin liseré jaune, submarginal. Pattes noires. Ailes transparentes, un peu enfumées, surtout le long de la côte; deuxième cellule cubitale fortement rétrécie, son bord radial très court.

Habite : Cayenne; construit un nid irrégulier avec des substances résineuses de couleur noire. Le nid figuré pl. 9 se trouve dans la collection de M. de Romand, qui a bien voulu me le communiquer, et auquel je dédie l'espèce qui le construit très probablement.

23. Z. BINODIS.

Noir, segments abdominaux liserés de roux.

SYN. Fabr. *Vespa binodis*. Ent. Syst. Suppl. 264. — *Eumenes binodis.* Syst. Piez. 287.

Coqueb. *Vespa binodis*. Illustr. Icon. Ins. dec. II. pl. XV. fig. 2.

Spinol. *Zethus didymogaster*. Ann. Soc. Ent. Fr. 1841. X. 133.

Long. 15 mill.; env. 24 mill.

FEM. Insecte d'un noir luisant. Chaperon entier fortement granuleux. Sinus des yeux étroit, non triangulaire. Antennes noires, un peu ferrugineuses à l'extrémité. Renflement du pétiole en ovale allongé; ce dernier indistinctement bordé d'un cordon ferrugineux, et portant de chaque côté une petite tache de la même couleur. Abdomen un peu déprimé, ses segments portant des bordures ferrugineuses submarginales. Tête et corselet couverts de granulations distinctes à l'œil nu. Pétiole et abdomen plus finement ponctués. Pattes noires, avec les articulations un peu ferrugineuses. Ailes transparentes ; deuxième cellule cubitale subtriangulaire, son bord radial très court, mais apparent.

Male. Inconnu.

Habite : Cayenne. (Musée de Paris.)

24. Z. Niger, n. sp.

Noir, les trois premiers segments de l'abdomen liserés de jaune, les autres ferrugineux.
Long. 14 mill.; env. 25 mill.

Fem. Insecte noir. Chaperon arrondi, très faiblement triéchancré, ponctué et offrant une carène saillante sur la ligne médiane. Corselet très finement ponctué, couvert de poils très courts. Ocelles écartées. Abdomen lisse, longuement pédicellé ; pétiole orné d'un liseré jaune submarginal, interrompu au milieu ; deuxième et troisième segments également ornés d'un liseré jaune submarginal, un peu ondulé ; le deuxième offrant en dessous un trait jaune de chaque côté ; les autres segments d'un ferrugineux obscur, un peu velus; anus presque noir. Antennes noires, avec le premier article en dessous et l'extrémité ferrugineux. Pattes noires, avec les articulations et les tibias de la première paire ferrugineux. Ailes transparentes, un peu enfumées; la côte brune.

Male. Chaperon indistinctement bordé de jaune. Un peu de jaune sur la partie moyenne du prothorax.

Habite : Cayenne. (Collect. de M. de Romand.)

25. Z. Dicomboda (1)!

Noir, orné de blanc jaunâtre, ailes rousses.

Syn. Spinol. *Epipona dicomboda.* Fauna chiliana. Zool. vi. 250.
Fem. Long. 15 mill.; env. 24 mill.
Mâle. Long. 13 mill.; env. 20 mill.

Fem. Chaperon plus large que long, arrondi, très faiblement et large-

---

(1) M. Spinola a réuni sous le nom d'*Epipona* plusieurs genres de Guêpes sociales, mais il est difficile d'admettre qu'on puisse leur adjoindre aussi les genres *Didymogastra*, *Discoelius* et *Pterochilus*. Je ne sais si telle est l'idée de M. Spinola, ou s'il veut simplement indiquer que les *Epipona* qu'il décrit se rapprochent de ces trois genres sans en faire partie. (Voir Fauna chiliana, etc. p. 248.) Il me serait impossible de partager son opi-

ment échancré. Sinus des yeux arrondi. Tête rugueuse; corselet densément ponctué. Renflement du pétiole ovale; deuxième segment de
l'abdomen longuement pédicellé. Insecte noir; un très petit point jaune
au-dessus de l'insertion de chaque antenne. Bordure antérieure du
corselet, post-écusson et deux taches longitudinales sur le métathorax,
d'un jaune blanchâtre. Ecaille brune, avec deux points jaunes. Pétiole
orné d'une bordure jaune qui se prolonge un peu latéralement; bordure
du deuxième segment et deux taches au point où commence le pédicelle, d'un jaune pâle. Pattes noires. Ailes transparentes, rousses le
long de la côte, avec le bord le long de la cellule radiale, brunâtre.

Male. Chaperon entier, élargi en bas, d'un jaune pâle dans sa moitié
inférieure. Taches du métathorax petites ou nulles. Antennes enroulées
à l'extrémité.

Rapp. et diff. Cette espèce est distincte par ses ailes rousses, et ses
parties jaunes qui sont d'un jaune blanchâtre, presque blanches.

Habite : Le Chili. (Musée de Paris.)

APPENDICE.

Pendant que ces pages s'imprimaient, j'ai eu connaissance du mémoire
de M. Spinola, intitulé : *Compte-rendu des Hyménoptères inédits provenant du voy. entom. de M. Ghiliani, etc.* (Mém. Acad. de Turin. Serie II,
tom. XIII), dans lequel il décrit un insecte qui doit rentrer dans le genre
Zethus, sans qu'il nous soit possible de dire s'il appartient à la deuxième
ou à la troisième division.

Zethus geniculatus (Didymogastra geniculata, Spinol. p. 64). Long. 13
mill. *Niger, genubus rufo-piceis, thoracis margine anteriore flavo, abdo-
minisque segmentis flavo limbatis. Hab.* Para.

Species dubia.

Le Zethus globicollis, Spinol. Ann. Soc. Ent. Fr. 1841. X. p. 150.
pl. III. fig. 6. n'est évidemment pas un *Zethus.* Je serais assez tenté de
croire qu'il est le représentant d'un genre nouveau.

Genre CALLIGASTER (1). Mihi.

Mandibules courtes, tronquées obliquement, comme dans les *Zethus.*

nion sur ce point, car ces insectes font tous partie de la division des Guêpes solitaires,
dont ils portent tous les caractères. Les pièces de la bouche, les formes générales, et les
crochets unidentés des tarses chassent de notre esprit toute espèce de doute à cet égard.
Le premier de ces insectes est un *Zethus,* le deuxième un *Discoelius,* et le troisième un
type nouveau.

1, Ce genre est très mal caractérisé. Je n'ai pu étudier d'une manière suffisante la

Le reste de la bouche très semblable à celle des *Zethus*. (Palpes labiaux de trois articles.)

Antennes insérées plus bas que le milieu de la tête.

Corselet plus large à l'origine des ailes qu'en avant, ovale. Méso-thorax hexagone.

Pétiole allongé, linéaire à sa base, puis renflé et également large dans toute son étendue à partir du point de renflement

Abdomen un peu déprimé, le deuxième segment très brièvement pédicellé.

Le reste comme dans les *Zethus*.

Insectes asiatiques.

1. C. Hero, de Haan. n. sp.
Fem. Long. 58 mill.; env. 73 mill.

Fem. Tête très grosse, lisse, un peu striée sur le front, et portant entre les antennes une saillie en forme de **T**. Chaperon beaucoup plus large que long, en losange et tronqué à son angle antérieur, d'où résulte un pentagone. Corselet lisse, glabre; prothorax un peu rebordé; méso-thorax partagé en trois parties par deux sillons longitudinaux en forme d'arc antique; écusson plus large que long, bombé et séparé du post-écusson par un sillon très profond; métathorax arrondi, couvert de poils courts, son sillon médian étroit et bien marqué. Pétiole linéaire dans sa partie antérieure, puis subitement élargi et renflé, son extrémité posté-rieure un peu moins large que son milieu. Abdomen déprimé, ovalo-conique, lisse et glabre. Insecte d'un noir uniforme, les tarses seuls et le bout des tibias ont une teinte ferrugineuse, qui est due aux poils dont ils sont recouverts. Ailes violettes; la cellule radiale étroite, trian-gulaire, la deuxième cubitale fortement rétrécie vers la radiale, le bord externe de la troisième discoïdale arqué et un peu sinué en S.

Male. Inconnu.

Ce magnifique insecte est le plus grand Diploptère connu.

Habite : Java. (Musée de Leyde.)

2. C. Cyanoptera, de Haan, n. sp.
Fem. Long. 20 à 25 mill.; env. 45 mill.

Fem. Chaperon entier, un peu arrondi au bout, aussi large que long,

bouche des deux espèces qui le composent, malgré l'obligeance de M. Herklotz qui a bien voulu me les communiquer. Ce sont des insectes rares, dont les caractères ne seront bien connus que lorsqu'ils seront devenus plus fréquents dans les collections, mais leurs for-mes et leur grandeur permettront de les reconnaître avec la plus grande facilité, malgré l'imperfection de la diagnose du genre. Je leur ai conservé les noms inédits que leur a donnés M. de Haan dans la collection du Musée de Leyde.

atteignant sa plus grande largeur à sa partie supérieure, chagriné. Corselet ponctué ; mésothorax portant deux lignes longitudinales enfoncées ; écusson carré, aussi large que long ; post-écusson partagé par un sillon médian ; métathorax lisse sur ses côtés, son sillon peu profond. Abdomen longuement pédicellé ; pétiole aussi long que le corselet, linéaire à sa base, déprimé et en forme de ruban dans le reste de son étendue ; finement strié du côté supérieur ; deuxième segment brièvement pédicellé, en forme de cloche, luisant ; les autres segments saillants peu en dehors du deuxième et formant avec lui un ovale régulier. Tout l'insecte noir. Ailes violettes ; cellule radiale très courte, dépassant à peine la troisième cubitale. Deuxième cubitale en trapèze, son bord radial égal en longueur à la moitié de son bord postérieur.

Male. Inconnu.

Habite : Java. (Musée de Leyde.)

Genre DISCOELIUS.

Pl. III. fig. 3.

Syn. *Vespa*, Panz. — *Discoelius*, Latr. Lepel.

Car. *Lèvre* de moyenne longueur, large. Palpes labiaux de quatre articles, le premier un peu renflé au bout.

Mâchoires : Palpes maxillaires de six articles ; les trois premiers augmentant un peu de longueur du premier au troisième, les autres plus petits. Galéa assez court.

Mandibules tronquées obliquement à l'extrémité, un peu plus larges au bout qu'à la base.

Antennes en massue allongée, insérées au milieu de la hauteur de la tête.

Tête un peu concave en arrière ; yeux fortement échancrés, ne couvrant pas entièrement les côtés de la tête.

Corselet allongé ; sillon du métathorax bien marqué.

Abdomen pédicellé ; pétiole fortement renflé au milieu ; le reste ovale ; le deuxième segment en cloche, plus long que large.

Pattes antérieures ayant la cuisse très longue, très arquée, et le tibia très court.

I. *Palpes labiaux assez courts, le premier article seul presque aussi long que les trois autres réunis, le quatrième très petit. Palpes maxillaires longs et grêles (plus longs que la partie basilaire de la mâchoire.. Pétiole allongé, son renflement deux fois aussi long que large. Deuxième cellule cubitale offrant un bord radial sensible.*

1. D. Chiliensis !

Noir, avec la bordure du pétiole et du deuxième segment de l'abdomen jaunâtres, ailes et pattes ferrugineuses.

Syn. Spinol. *Epipona chiliensis*. Fauna chiliana, Zool. vi. 248.

Fem. Long. 15 mill.; env. 33 mill.

Fem. Chaperon ponctué, un peu échancré; tête et corselet finement ponctués, velus; mésothorax partagé en trois par deux sillons arqués; métathorax arrondi, rugueux, sans sillon médian. Renflement du pétiole ovale, portant un point enfoncé vers son bord postérieur. Abdomen ovale. Insecte noir, pétiole et deuxième segment de l'abdomen bordés de jaune pâle. Pattes d'un roux ferrugineux avec la base des cuisses et les hanches noires. Ailes rousses, surtout le long de la côte, brunes à l'extrémité, principalement au bout de la cellule radiale, et brillant de beaux reflets dorés.

Male. Inconnu.

Rapp. et diff. Très voisin du *D. Spinolæ*; il en diffère par la présence de la bordure du pétiole, et par celle du deuxième segment, qui est large et entière.

Habite : Le Chili. (Musée de Paris.)

2. D. Spinolæ (1), n. sp.

Noir, deuxième segment de l'abdomen liseré de jaune. ailes ferrugineuses.

Syn. Spinol. *Epipona chiliensis* (var.). Fauna chiliana. vi. 348.

Fem. Long. 15 mill.; env. 33 mill.

Fem. Chaperon ponctué, aussi large que long, échancré. Tête et corselet velus, finement ponctués; mésothorax imparfaitement partagé en trois par deux sillons arqués. Renflement du pétiole ovale, déprimé, avec un point enfoncé à l'extrémité postérieure. Deuxième segment sessile, en cloche ovale. Insecte noir, le deuxième segment seul orné d'un liseré jaune pâle, interrompu au milieu et n'atteignant pas les côtés. Pattes ferrugineuses, hanches et cuisses presque entièrement noires. Ailes ferrugineuses avec des reflets dorés, l'extrémité un peu brune, et le bout de l'aile d'un brun foncé le long du bord de la radiale et de la quatrième cubitale.

Male. Inconnu.

Rapp. et diff. Très voisin du *D. Chiliensis*. (Voir les affinités de cette espèce.)

Habite : Le Chili. (Musée de Paris.)

---

(1) Je crois que ce n'est point ici une variété du *D. chiliensis*, mais une espèce distincte, les différences sont trop tranchées.

II. *Galéa plus long que la mâchoire, palpe maxillaire plus long encore, très grêle. Thorax anguleux, presque épineux en avant ; post-écusson bi-épineux. Pétiole court, campanulé au milieu, fortement renflé du côté dorsal et rebordé en arrière. Deuxième cellule cubitale entièrement rétrécie vers la radiale, presque pédonculée.*

3. D. Verreauxii, n. sp.

Fem. Long. 14 mill.; env. 27 mill.

Fem. Chaperon plus large que long, faiblement triéchancré, d'un jaune orangé, avec le bord antérieur liseré de noir. Antennes noires, avec le premier article orangé du côté antérieur. Corselet noir ; prothorax, une tache sous l'aile, écaille, écusson et post-écusson, orangés ; l'écusson portant une ligne noire longitudinale. Pétiole égal en longueur aux deux tiers du corselet, noir dans sa moitié antérieure, orangé dans le reste de son étendue. Abdomen noir, les segments portant tous une large bordure régulière rousse ; anus ferrugineux. Tête et corselet granuleux, métathorax couvert de poils un peu ferrugineux ; abdomen satiné, deuxième et troisième segments portant en dessus une ligne enfoncée longitudinale sur leur partie postérieure. Pattes noires, tibias et tarses ferrugineux. Ailes transparentes, à peine enfumées.

Male. Inconnu.

Habite : La Tasmanie. Rapporté par M. Verreaux. (Musée de Paris.)

III. *Galéa court ; palpe maxillaire plus court que la partie basilaire de la mâchoire, assez gros. Pétiole court, de même forme que dans la division précédente. Deuxième cellule cubitale offrant un bord radial sensible.*

4. D. Zonalis.

Noire, avec le premier et le second segments de l'abdomen bordés de jaune. Ailes transparentes.

Syn. Panz. *Vespa zonalis.* Fn. germ. 81. fig. 18.
    Latr. *Discoelius zonalis.* Gen. Crust. et Ins. iv. 120.
    Spinol. *Eumenes zonalis.* Ins. Lig. ii. 190.
    Lep. St-Farg. *Discoelius zonalis.* Hym. ii. 604.

Fem. Long. 15 mill.; env. 50 mill.
Mâle. Long. 15 mill.; env. 26 mill.

Fem. Tête noire ; chaperon entier, arrondi à son bord antérieur, jaune dans sa moitié inférieure, ainsi qu'une tache sur la base des mandibules. Antennes noires. Corselet noir. Abdomen noir ; pétiole bordé de jaune ; deuxième segment abdominal finement liseré de jaune et orné d'une large bande de même couleur sur son tiers postérieur. Pattes noires; une petite ligne jaune sur le devant des jambes antérieures. Ailes transparentes, rousses le long de la côte, enfumées vers le bout.

Var. Une petite ligne jaune sur le dessous du premier article des antennes; bord postérieur du troisième et parfois du quatrième segment de l'abdomen, jaunes.

MALE. Partie antérieure du chaperon blanche; mandibules entièrement noires; premier article des antennes blanc en dessous. Bord postérieur des troisième, quatrième et cinquième segments de l'abdomen portant chacun une bande jaune. Pattes jaunes; hanches et cuisses noires, ainsi que la base des jambes.

Habite : L'Europe; peu commun, surtout les mâles. (Musée de Paris.)

5. D. DUFOURII, Lep.!

Comme la précédente, avec les angles du prothorax et deux points sur l'écusson, jaunes.

SYN. Lep. St-Farg. *Discoelius Dufourii.* Hym. II. 605.

Fem. Long. 9 mill.; env. 17 mill.

FEM. Tête noire; partie supérieure du chaperon et une petite ligne transversale entre les antennes, jaunes; bord antérieur du chaperon ayant deux petites dents; antennes noires. Corselet noir; épaulettes du prothorax et deux points sur l'écusson, jaunes. Premier segment de l'abdomen noir, avec son bord postérieur irrégulier, jaune; les deuxième, quatrième et cinquième segments, noirs, avec une bande jaune irrégulière sur leur bord postérieur; le troisième et l'anus entièrement noirs. Pattes noires; tibias jaunes, tachés de noir à leur partie postérieure; tarses jaunes, noirs à leur extrémité. Ailes transparentes, enfumées le long. de la côte.

Habite : La France méridionale. (Musée de Paris. Collect. Saint-Fargeau.)

II. *Langue droite, descendant verticalement entre les mandibules. Mandibules longues, pointues, formant par leur réunion un bec aigu.*

Genre EUMENES, Fabr.

Pl. IV.

SYN. *Vespa,* Linn. Panz. Oliv. — *Eumenes,* Fabr. Latr. Lep.

Lèvre longue, dépassant le bec formé par les mandibules (languette au moins deux fois aussi longue que le menton); la division médiane assez profondément bifide à son extrémité, un peu plumeuse, les lanières latérales étroites. Palpes labiaux de quatre articles, dont les deux premiers longs, presque égaux, et renflés au bout.

Mâchoires larges, galéa d'égale longueur qu'elles, palpe un peu plus long, de six articles.

Mandibules longues, pointues, à bord triturant latéral, sans dents distinctes, formant par leur réunion un bec aigu, ou se croisant en X.

Tête plate; yeux très bombés, couvrant entièrement les côtés de la tête, leur échancrure étroite; ocelles en triangle large, sur le vertex.

Antennes en massue allongée, et insérées au-dessus du milieu de la hauteur de la tête.

Chaperon variable, sans dents terminales, toujours plus long que large.

Corselet un peu plus long que large, globuleux; mésothorax ovoïde, à courbure toujours convexe en dehors (1); métathorax presque vertical, avec un large sillon médian.

Abdomen pyriforme; le premier segment rétréci en un pétiole de forme variable, en général très long.

Ailes : Cellule radiale atteignant près du bout de l'aile; deuxième cubitale rétrécie vers la radiale, son bord externe un peu courbé en S; la troisième à peu près de même grandeur que la quatrième.

Ce grand genre renferme plusieurs types qui, quoique assez éloignés les uns des autres pour la forme, s'enchaînent par des transitions si naturelles, que toutes les tentatives auxquelles je me suis livré pour en coordonner les espèces selon des groupes d'une importance réelle, ont échoué (2). Elles forment un genre par enchaînement, mais malgré cela parfaitement naturel, et les coupes que j'y ai introduites sont plutôt destinées à faciliter la détermination des espèces qu'à exprimer des rapports de différences, qui n'existent en réalité qu'entre les termes extrêmes de la série.

Ire DIVISION.

Pl. IV. fig. 1.

Mâchoires de même longueur que le galéa, ou un peu plus courtes. Articles des palpes maxillaires décroissant graduellement de longueur du premier au dernier, et plus renflés au milieu qu'aux articulations. Mandibules médiocrement longues, leur bord triturant portant trois échancrures qui laissent entre elles des dents mousses. Pétiole campanulé, ou en poire allongée, sans épines sensibles du côté inférieur, de même longueur que le corselet, ou plus court. Deuxième segment abdominal en cloche ar-

---

1. Ce caractère distingue le genre *Eumenes* du genre *Pachymenes*.

2. J'ai disséqué la bouche de presque toutes les espèces.

*rondie. Treizième article des antennes des mâles en forme de crochet,
court, pointu.*

A. Espèces de l'ancien continent.

1. E. POMIFORMIS (3).

Noire, ornée de jaune.

SYN. Rossi. *Vespa pomiformis.* Faun. Etr. 85. 86.
    Scop. Ent. Carn. 827.
    Schrank. E. i. 79 .
    Roes. Ins. ii. Vesp. t. xvii. fig. 8.
    Geoffr. Ins ii, 376. n° 9.
    Panz. *Vespa pomiformis.* Fn. Germ. 63. tab. 7. — *Vespa pedun-
        culata.* id. 63. tab. 8. — *Vespa coarctata.* id. tab. 6. — *Vespa
        dumetorum.* id. tab. 4. — *Vespa arbustorum.* id. tab. 5. —
        Vespa coronata.* id. tab. 12.
    Schæff. *Eumenes arbustorum.* Fn. Germ. 179. tab. 9. — *Eumenes
        Frivaldzkyi.* id. 179. tab. 10.
    Oliv. *Vespa pomiformis.* Enc. vi. 671. — *V. histrio?* id. 672.
    Fourc. *Vespa coarctata.* Ent. Par. ii. 435. n° 10.
    Christ. *Sphex annularis.* Hym. 315. pl. xxxi. fig. 7. Fem. —
        Sphex viatica.* id. 315. — *Sphex papillaria.* id. 325. pl. xxxii.
        fig. 10. Mâle.
    Fabr. *Vespa pomiformis.* Sp. Ins. i. 467.58. — Mant. Ins. i.
        293. 71.— Ent. Syst. ii. 279 — *Vespa viatica.* Syst. Ent. 20.
        — *Eumenes pomiformis.* Syst. Piez. 287. — *Eumenes lunulata.*
        id. 290. — *Eumenes atricornis.* id. 289.
    Curtis. *Eumenes atricornis.* Brit. Ent. ii. 13. pl. 13.
    Lep. St-Farg. *Eumenes pomiformis.* Hym. ii. 600.
    Blanch. *id.* Hist. des Ins. i. pl. iii. fig. 7.
    Zetterst. *Eumenes coarctata.* Ins. Lapp. 458. 1.

Fem. Long. 11 à 12 mill.; env. 22 à 23 mill.
Mâle. Long. 11 mill.; env. 18 mill.

FEM. Tête noire, avec une tache jaune entre les antennes; chaperon

3. Cette espèce est sujette à varier à l'infini, soit pour la taille, soit pour les couleurs,
soit même pour la forme, aussi les anciens auteurs ont-ils cru devoir en faire un grand
nombre d'espèces, parce qu'ils paraissent n'avoir eu sous la main que peu d'individus, représentant les variétés extrêmes. Mais après m'être livré avec patience à l'examen le plus
attentif de 150 individus, j'ai acquis la conviction qu'il existe presque autant de variétés
que d'individus ; j'ai trouvé des transitions insensibles entre les types décrits par Fabricius et Panzer, et toutes mes tentatives pour séparer ces prétendues espèces ayant échoué,
je me suis vu dans la nécessité de me ranger à l'opinion de Saint-Fargeau et de n'en
admettre qu'une seule.

échancré, jaune et noir, ou entièrement jaune ; antennes noires, le premier article jaune du côté inférieur ; mandibules noires, leur bout ferrugineux. Corselet noir ; prothorax jaune à son bord antérieur ; une tache sous l'aile, une autre plus grande de chaque côté du métathorax, et l'écaille, jaunes ; écusson noir, avec une bande ou deux taches jaunes ; post-écusson jaune. Abdomen noir ; pétiole bordé de jaune à son bord postérieur (cette bordure très variable) et portant au milieu deux points jaunes. Second segment orné d'une bordure festonnée jaune, de largeur variable ; de chaque côté une tache jaune, souvent très petite, souvent si grande qu'elle va rejoindre la bordure ; les autres segments bordés de jaune. Pattes jaunes ; hanches et origine des cuisses, noires. Ailes légèrement enfumées, point marginal ferrugineux, nervures brunes. Tout le corps densément ponctué, un peu rugueux et pubescent, ponctuation de l'abdomen à la rigueur visible à l'œil nu.

Var. La taille souvent très grande.

Long. 13 mill.; env. 27 mill.

Pétiole plus ou moins distinctement campanulé, et passant souvent à la forme de poire.

Var. A. Chaperon jaune, avec une tache ou une croix noire, le jaune du deuxième segment de l'abdomen tellement dominant qu'il ne laisse plus paraître sur ce dernier qu'un T noir.

Var. B. Chaperon noir dans sa moitié inférieure, jaune dans sa moitié supérieure.

Var. C. Chaperon noir, avec un croissant ou trois taches jaunes.

Var. D. Chaperon, antennes et écusson entièrement noirs. Pas de taches jaunes sur le pétiole ; celles du second segment réduites à de petits points.

Var. E. Corselet entièrement noir, etc.

MALE. Plus petit et plus grêle que la femelle ; chaperon entièrement jaune et couvert d'un duvet argenté.

Rapp. et diff. Très voisine de certaines espèces américaines dont il serait souvent impossible de la distinguer, si l'on ne connaissait le lieu de provenance. Très voisine aussi de l'*E. coarctata*, dont elle se distingue par la largeur de ses bordures jaunes, et par son mode différent de ponctuation. (Je les crois cependant de même espèce.) Enfin, très voisine de l'*E. dubia* et de l'*E. bipunctis*, (voir les affinités de ces espèces).

Habite : L'Europe et l'Afrique septentrionale. Alger. (Se trouve dans toutes les collections.)

2. E. Coarctata (1), Fabr

Noire, ornée de jaune, métathorax noir.

SYN. Linn. *Vespa coarctata*. Syst. nat. ii. 950. — Fn. Sw. 1676.
Schæff. *Eumenes marginella*. Fn. Germ. 179. tab. 8.
Frisch. *Vespa coarctata*. Ins. 9. tab. 9.
Scopol. *id*. Ent. Carn. n° 830.
Poda. *id*. Musc. grac. p. 109.
Schrank. *id*. Eum. Ins. Austr. n° 790.
Geoffr. Ins. ii. 377. n° 10. tab. 16 fig. 2.
Mant. *id*. Spec. Ins. i. 292. 65.
Fabr. *id*. Syst. Ent. 370. 39. — Spec. Ins. i. 467. n° 53. — Mant.
Ins. i. 292. n° 65. — Ent. Syst. ii. 276. — *Eumenes coarctata*.
Syst. Piez. 288.
Viller. *Vespa coarctata*. Ent. iii. 268.
Oliv. *Vespa coarctata*. Enc. vi. 671.
Brullé. *Eumenes coarctata*. Expéd. scient. de Morée. 362.

Long. 11 mill.; env. 20 mill.

FEM. Tête noire, avec un point jaune entre les antennes; chaperon jaune, ou jaune et noir; antennes noires, avec le premier article un peu jaune en dessus. Corselet noir, avec une bordure antérieure jaune, plus ou moins distincte, souvent presque nulle; écaille des ailes noire, ou noire et jaune; post-écusson portant une ligne étroite, jaune. Pétiole pyriforme, noir, avec un cordon jaune à son bord postérieur et deux légers tubercules vers son milieu. Abdomen noir; tous les segments liserés de jaune; le deuxième, portant en outre de chaque côté un petit point de la même couleur. Pattes jaunes; cuisses et hanches noires. Ailes un peu ferrugineuses. Corps moins fortement pubescent que dans la précédente, moins fortement ponctué, corselet un peu luisant, abdomen luisant, pétiole ponctué, mais non rugueux, ponctuation du reste de l'abdomen à peine perceptible à la loupe.

MALE. Chaperon un peu bidenté, jaune et soyeux.

Rapp. et diff. Très voisine de la précédente, (voir les affinités de cette dernière). Très voisine aussi des petites espèces de l'Amérique du Nord, particulièrement de l'*E. minuta*, dont il serait impossible de la distinguer sur une simple description.

Habite : L'Europe. (Musée de Paris.)

1. Une partie des synonymes de cette espèce pourrait être douteuse, et se rapporter à l'*E. pomiformis*,

3. E. Dubia (1), n. sp.

Noire, ornée de jaune, prothorax entièrement jaune.

Fem. L o.12 à 13 mill.; env. 21 mill.

Fem. Tête noire ; chaperon échancré, ferrugineux ; orbites bordées de jaune ; un point jaune entre les antennes ; antennes jaunes en dessous, noires en dessus, les derniers articles entièrement noirs ; mandibules ferrugineuses, leur base noire. Prothorax entièrement jaune, avec un point noir en avant de l'insertion des ailes ; flancs noirs, portant une ou deux taches jaunes qui se fondent souvent avec le jaune du prothorax. Mésothorax noir ; écaille jaune. Métathorax jaune, avec une bande noire verticale dans le fond du sillon. Ecusson jaune, bordé de noir postérieurement. Post-écusson jaune. Pétiole noir, avec une bordure jaune irrégulière et deux taches jaunes sur sa partie convexe. Second segment de l'abdomen noir, orné d'une large bordure festonnée jaune ; de chaque côté, une grande tache jaune qui se fond avec la bordure. Les autres segments noirs, à bordure jaune, large et festonnée ; anus noir. Le second segment de l'abdomen est terminé postérieurement par une espèce de dédoublement, lequel a l'apparence de l'extrémité d'un anneau qui serait emboîté et recouvert par lui, et dont le bord postérieur dépasserait légèremeut celui du second segment. Pattes jaunes ; hanches noires et jaunes. Ailes transparentes.

Male. Un peu plus petit que la femelle. Chaperon couvert de poils luisants. Corselet contenant un peu moins de jaune.

Var. Le point noir en avant des ailes manquant, et une ligne noire oblique traversant la partie latérale du prothorax. Premiers articles des antennes entièrement jaunes.

Rapp. et diff. Elle ressemble :

1º A l'*E. pomiformis*, dont elle diffère par son prothorax entièrement jaune, par son chaperon qui est, même dans les femelles, d'un roux uniforme sans tache noire ; par les cuisses complètement jaunes, et les ailes moins ferrugineuses. Enfin, par cette espèce de dédoublement des téguments du second segment abdominal (2) et par sa taille un peu supérieure.

2º A l'*E. Amedei*, dont la distingue suffisamment sa taille plus petite.

Habite : Le midi de la France. (Collect. Saint-Fargeau. Musée de Paris.)

___

1. Ne serait-ce point encore une variété de l'*E. pomiformis* ?

2 Ce caractère est quelquefois faiblement développé dans l'*E. pomiformis,* mais toujours très peu distinct.

4. E. Bipunctis, n. sp.

Noire, ornée de jaune, deux points jaunes sur le devant du mésothorax.

Fem. Long. 14 mill.; env. 28 mill.

Fem. Insecte noir; corselet gros, globuleux; abdomen comprimé; pétiole en poire tronquée; chaperon tronqué droit. Antennes noires, avec un point jaune sur la base du premier article. Un trait entre les antennes, moitié supérieure du chaperon, et bordure postérieure des orbites, jaunes. Vertex et corselet velus. Bordure antérieure du thorax, un point sous l'aile, écaille, *deux points sur la partie antérieure du mésothorax*, deux sur l'écusson, post-écusson, une tache triangulaire sur chaque côté du métathorax, jaunes. Abdomen velu, mais moins que le corselet; pétiole et deuxième segment de l'abdomen ornés chacun d'une large bordure festonnée, et en outre, le premier, de deux points au milieu, et le second, de deux taches près de sa base, d'un jaune obscur, presque ferrugineux; les autres segments portant une bordure de même couleur. Anus noir. Pattes jaunes; hanches et première moitié des cuisses noires, ainsi que le bout du tibia de la troisième paire; la hanche de la seconde marquée d'un point jaune du côté antérieur. Ailes transparentes, un peu ferrugineuses. Pétiole couvert de ponctuations enfoncées, le reste de l'abdomen très finement ponctué.

Male. Inconnu.

Rapp. et diff. Très voisine de l'*E. pomiformis*. Elle s'en distingue par sa taille plus grande, ses taches de l'abdomen, rousses et non jaunes, et surtout par ses deux taches jaunes à la partie antérieure du mésothorax.

Habite : L'Europe? (Collect. de M. Guérin-Méneville.)

5. E. Huberti, n. sp.

Noire, ornée de jaune, deux taches rousses à la base du deuxième segment de l'abdomen.

Mâle. Long. 12 1|2 mill.; env. 23 mill.

Fem. Inconnue.

Male. Tête noire; chaperon échancré, jaune; une ligne jaune entre les antennes; ces dernières noires en dessus, jaunes en dessous, le dernier article ferrugineux; mandibules noires. Corselet noir, bordé de jaune antérieurement; écaille et post-écusson ferrugineux. Pétiole noir, liseré de jaune. Abdomen noir, satiné et luisant. Deuxième segment portant à sa base deux taches rousses et orné d'une large bordure jaune festonnée, échancrée au milieu; les autres segments noirs, largement bordés de jaune. Pattes fauves; cuisses et hanches noires. Ailes transparentes, avec les nervures ferrugineuses.

Rapp. et diff. Cette espèce ressemble au mâle de l'*E. coangustata*, mais elle s'en distingue facilement par sa taille plus petite, par la petitesse des taches rousses de l'abdomen, par la transparence de ses ailes, etc.

Habite : La France méridionale. Bordeaux. (Musée de Paris.)

6. E. AMEDEI, Lepel.!

Noire, ornée de jaune, prothorax entièrement jaune.

SYN. Lep. St-Farg. *Eumenes Amedei*. Hym. II. 598.
Lucas. *id*. Expl. Sc. d'Alg. Ins. Hym. p. 227. pl. XI. fig. 1. Fem.

Fem. Long. 18 mill.; env. 55 mill.
Mâle. Long. 14 mill.; env. 25 à 26 mill.

Pour la description de l'espèce, voir Lepeletier de Saint-Fargeau. Loc. cit.

Rapp. et diff. Cette espèce se distingue facilement de toutes les autres voisines pour la coloration, par son chaperon entier et arrondi en avant.

Habite : L'Algérie, Oran. Le midi de la France, Montpellier. (Musée de Paris. Collect. St-Fargeau.)

7. E. COANGUSTATA (1).

Noire et jaune, prothorax entièrement jaune.

SYN. Rossi. *Vespa coangustata*. Faun. Etr. II. 84.
Schæff. *Eumenes coangustata*. Faun. Germ. 179. Tab. 7.
Oliv. *Vespa infundibuliformis*. Enc. VI. 672.
Christ. *Sphex cursor*, Hym. 314. pl. 31. fig. 6. — *Sph. lapicida* id. 318. pl. 32, fig. 5. — *Sph. coarctata*. 320. Pl. 32, fig. 6. Mâle.
Imhof. *Eumenes dumetorum*. Schweizer. Ent. (Fasc. 148.)
Brullé. *Eumenes dimidiata*. Expéd. Sc. de Morée. 361.
Lep. St-Farg. *Eumenes Olivieri*.! Hym. II. 596.
Blanch. Règne An. Illustr. Ins. pl. 124. fig. 1.

Fem. Long. 22 mill.; env. 44 mill.
Mâle. Long. 17 mill.; env. 31 mill.

1 Olivier a pris cette espèce pour l'*E. infundibuliformis* de Fabricius (*Montezumuia infundibiliformis*). Lepeletier de Saint-Fargeau en voulant rectifier cette erreur, en a commis une autre en dédiant à Olivier cet insecte déjà décrit par Rossi en 1791.

Fem. Tête noire (1); chaperon entier ou légèrement concave à son bord antérieur, jaune, presque aussi large que long ; bordure des orbites et un point en forme de poire entre les antennes, jaunes ; mandibules d'un ferrugineux noirâtre ; antennes noires avec le dessus de la base du premier article jaune. Corselet noir ; dessus du prothorax entièrement jaune, sauf ses angles postérieurs qui sont ferrugineux. Mésothorax noir, avec deux taches rousses arquées en avant des écailles des ailes. Une tache indistincte sous les ailes, une de chaque côté du métathorax ; écaille, écusson et post-écusson, d'un ferrugineux roussâtre, ces derniers séparés par une ligne noire. Pétiole allongé, noir dans sa moitié antérieure, roux sur sa partie renflée, avec un triangle noir. Deuxième segment de l'abdomen noir, avec deux grandes taches rousses ou ferrugineuses à sa base, et une large bordure jaune échancrée au milieu ; les autres segments jaunes avec la base noire et une ligne noire courte qui échancre le jaune au milieu. Anus noir. Pattes ferrugineuses avec la base des hanches noire. Ailes transparentes rousses ; un peu enfumées au bout ; nervures ferrugineuses.

Var. A. Les deux taches rousses du deuxième segment abdominal se réunissant sur la ligne médiane, en sorte que la partie noire ne représente plus qu'une bande élargie au milieu. Les parties rousses du corselet plus étendues. Mésothorax entièrement noir. Pétiole roux dans sa partie postérieure avec une petite tache noire.

Var. B. La bande noire du deuxième segment étroite ou n'étant plus représentée que par un losange. Le reste de l'abdomen ferrugineux et jaune. La bordure jaune des segments souvent bordée à son tour par un cordon d'un jaune plus vif ou portant quelques points noirs.

Var. C. Corselet roux avec un dessin noir sur le mésothorax. Pétiole ferrugineux. Abdomen entièrement d'un jaune ferrugineux.

Male : Diffère par ses formes plus élancées. Chaperon jaune, un peu échancré. Antennes jaunes en dessous, les trois derniers articles entièrement jaunes. Angles postérieurs du prothorax noirs ; pas de taches sous l'aile et celles du métathorax plus étroites. Ecusson jaune ou roux, noir dans sa moitié antérieure. Pétiole entièrement noir, son bord postérieur seul, jaune ou roux. Deuxième segment de l'abdomen noir, avec son bord postérieur jaune, et vers sa base deux taches jaunes ou rousses, satinées. Les autres segments noirs avec une bande festonnée jaune. Cuisses noires.

Var. Une tache rousse sous l'aile. Ecusson entièrement roux ; pétiole roux ; deuxième segment de l'abdomen jaune avec un triangle noir au milieu. Cuisses ferrugineuses en dessous.

---

1 Cette espèce a été décrite sur le vivant, la couleur ferrugineuse de certaines parties ne tient point à l'altération des couleurs.

Rapp. et diff. Cette espèce est difficile à déterminer, à cause de ses nombreuses variétés. Elle se distingue nettement de l'*E. Amedei* par son chaperon tronqué. On pourrait la confondre avec l'*E. Huberti*, si elle n'était d'une taille bien supérieure. Enfin, les deux taches rousses de la base du deuxième segment abdominal sont un caractère qui ne permet de la confondre avec aucune espèce exotique de cette division. Elle ressemble singulièrement à l'*E. petiolata*, mais jamais elle n'offre comme cette dernière des antennes entièrement jaunes et un pétiole armé de deux grosses épines.

Habite : L'Europe méridionale. Lepeletier de Saint-Fargeau possédait des individus originaires d'Angers. Je l'ai trouvée plusieurs fois à Genève ; les variétés viennent du midi. (Musée de Paris et toutes les collections.

8. E. Sichelii, n. sp.

Noire, ornée de jaune, pétiole portant deux points roux.

Fem. Long. 20 mill.; env. 38 mill.

Fem. Chaperon tronqué droit, jaune. Antennes jaunes, noirâtres en-dessus vers le bout, et avec une marque grise sur le premier article. Ocelles presque en ligne droite. Tête noire avec un point entre les antennes et la bordure des orbites jaunes. Mandibules ferrugineuses, leur bout noir. Corselet noir. Prothorax entièrement jaune en dessus, sauf ses angles postérieurs qui sont noirs ; écaille, une tache sous l'aile, une bande interrompue sur l'écusson, post-écusson et une tache réniforme de chaque côté du métathorax, jaunes. Abdomen noir ; pétiole allongé, campanulé au milieu, portant un sillon dorsal, deux taches rousses latérales au point où il se renfle, et une bordure festonnée jaune ; le reste ovale ; tous les segments ornés d'une bordure jaune régulière, le second portant en outre deux grandes taches jaunes allongées qui figurent une bande interrompue au milieu. Pattes jaunes, hanches noires avec un point jaune. Ailes ferrugineuses, leur moitié externe grise avec une teinte violette ; une tache brune dans la cellule radiale.

Male. Inconnu.

Rapp. et diff. Très voisine de l'*E. Amedei* ; elle s'en distingue surtout par son pétiole plus allongé et orné de deux taches *rousses*, par son chaperon tronqué droit et non arrondi.

Elle diffère de l'*E. coangustata* par son pétiole allongé, noir, par son abdomen noir et jaune sans taches ferrugineuses, etc.

Habite : L'Albanie. (Collect. de M. Sichel.)

9. E. AFFINISSIMA (1), n. sp.

Noire ornée de jaune, métathorax noir.
Taille de l'*E. pomiformis*.

FEM. Inconnue.

MALE. Tête noire, velue. Chaperon jaune, profondément échancré. Antennes entièrement noires. Corselet noir à bordure antérieure jaune ; écaille noire bordée de jaune ; écusson noir ; post-écusson jaune. Pétiole en poire allongée, noir, bordé d'un cordon jaune. Deuxième segment abdominal noir avec deux petites taches jaunes latérales et une bordure jaune assez régulière, échancrée ; les autres anneaux noirs avec une bordure jaune. Pattes jaunes ; cuisses noires. Ailes transparentes, un peu ferrugineuses.

Habite : Les Indes orientales.. (Collect. de M. Westwood.)

10. E. PUNCTATA, n. sp.

Noire et jaune. Abdomen ponctué.

Fem. Long. 15 mill.; env. 26 mill.
Mâle. Long. 11 mill.; env. 19 mill.

FEM. Insecte noir, ponctué. Chaperon échancré, orné de deux points jaunes à son bord supérieur, et d'une tache de même couleur entre les antennes. Corselet portant antérieurement une large bordure jaune irrégulière. Ecaille jaune ou ferrugineuse. Post-écusson jaune. Pétiole en poire avec deux points jaunes sur son côté dorsal et un cordon marginal. Abdomen fortement renflé, comprimé, *distinctement granuleux* (ce caractère la distingue de toutes les espèces précédentes). Deuxième segment orné de deux taches et d'une bordure festonnée, jaunes. Pattes ferrugineuses. Ailes transparentes avec une teinte brune.

MALE. Moins distinctement granuleux ; bordure antérieure du corselet plus étroite, festonnée. Chaperon entièrement jaune. Extrémité des antennes ferrugineuse.

Habite : La Chine. (Musée de Londres.)

11. E. MACROCEPHALA, n. sp.

Noire ornée de jaune.
Mâle. Long. 18 mill.; env. 32 mill.

FEM. inconnue.

MALE. Insecte trapu. Tête noire, grosse, en sorte que les yeux ne couvrent pas entièrement ses parties latérales. Chaperon coupé droit à

1 Ne serait-ce pas une variété de l'*E. pomiformis* ?

son bord antérieur, jaune, et un peu argenté. Mandibules, bordure incomplète des orbites, une tache triangulaire sur le front, et une tache
de chaque côté des mâchoires en dessous de la tête, jaunes. Antennes
jaunes en dessous, noires en dessus. Corselet noir ; prothorax jaune
avec ses angles postérieurs noirs ; entre ces derniers et l'écaille, une
ligne arquée ferrugineuse. Ecaille, deux taches sur les angles de l'écusson et post-écusson', jaunes, ainsi qu'une grosse tache sur chaque côté
du métathorax. Tête et corselet granuleux, couverts de poils roux.
Pétiole fortement campanulé, sans aucune épine, noir et terminé par
une bande jaune irrégulière ; sa partie renflée creusée d'un sillon longitudinal. Deuxième segment de l'abdomen ovale, noir, bordé d'une large
bande jaune un peu échancrée au milieu, et marqué latéralement de
deux taches allongées qui se rejoignent presque sur la ligne médiane ;
troisième segment jaune à base noire ; les autres noirs avec un cordon
ferrugineux marginal assez indistinct. Dessous de l'abdomen noir ; le
deuxième segment orné de trois taches qui se touchent presque, les
autres, d'une large bande longitudinale, jaunes. Pattes jaunes ; hanches
et première moitié des cuisses noires avec un point jaune sur chaque
hanche. Ailes transparentes un peu ferrugineuses ; une teinte brune
dans la cellule radiale.

Rapp. et diff. Très voisine de l'*E. Amedei*. Elle s'en distingue par
son chaperon coupé droit et non arrondi, etc.

Habite : Le Cap de Bonne-Espérance. (Collect. Jurine, Musée de
Genève.)

12. E. Nigra, Brullé. !

Entièrement noire, chaperon arrondi, ailes violettes.

Syn. Descr. de l'Egypte. Hym. (par Savigny) pl. viii, fig. 3, fem.
Brullé. *Eumenes nigra.* Hist. nat. des îles Canaries. ii, p. 89.

Fem. Long. 19 mill.; env. 36 mill.

Mâle. Long. 16 mill.; env. 30 mill.

Fem. Insecte entièrement noir. Chaperon arrondi à son bord antérieur et portant deux petites bosses au-dessous de son milieu. Pétiole
renflé un peu en arrière de son milieu, sans aucune épine, son côté
dorsal partagé par un sillon longitudinal. Abdomen déprimé ; le second
segment un peu rétréci en arrière. Pattes noires, tarses et articulations de la dernière paire couverts de poils luisants. Ailes violettes. Chaperon lisse ; tête, corselet et pétiole finement et densément ponctués ;
abdomen lisse, luisant.

Male. Antennes ferrugineuses au bout ; chaperon couvert de poils
fauves argentés.

Rapp. et diff. On ne saurait confondre cette espèce qu'avec l'*E. tinc-*

tor et l'*E. dyschera*. Elle s'en distingue par l'absence de dents au pétiole et par son chaperon arrondi et non tronqué droit.

Habite : Les îles Canaries. L'Egypte? (Musée de Paris.)

B. Espèces du nouveau continent.

13. E. AMERICANA , n. sp.

Noire et jaune, disque du mésothorax bordé de jaune,
grandeur de l'*E. pomiformis*.

FEM. Très voisine de cette dernière ; noire. Chaperon jaune fortement échancré ; un point entre les antennes et bordure des orbites, jaunes. Antennes ferrugineuses, jaunes sur le premier article et noires vers le bout. Prothorax et mésothorax liserés de jaune le long de leur bord antérieur ; ces bordures se touchant au milieu et se nuançant avec des teintes rousses, lesquelles se fondent avec le noir du corselet. Un petit point sous l'aile, écaille, post-écusson et bord supérieur de l'écusson, jaunes. Pétiole en poire allongée, avec deux points et un liseré, jaunes. Deuxième segment abdominal portant de chaque côté une marque jaune oblique et une bordure de même couleur en forme de diadème, c'est-à-dire plus large au milieu que sur les côtés et nullement échancrée au milieu. Les autres segments noirs, bordés de jaune. Pattes jaunes ; cuisses noires. Ailes transparentes, un peu enfumées.

Habite : Le Mexique. (Collect. de M. Westwood.)

14. E. MINUTA, Fabr.

Noire et jaune, métathorax noir.

SYN. Fabr. *Eumenes minuta*, Syst. Piez. 291.

Mâle. Long. 11 mill.; env. 19 mill.

FEM. Inconnue.

MALE. Très voisine de l'*E. coarctata*. Tête noire ; chaperon fortement échancré, terminé par deux petites dents, jaune ainsi qu'une tache entre les antennes et le dessous du premier article de ces dernières ; le crochet ferrugineux. Corselet noir, sa bordure antérieure jaune ; écaille noire, bordée de jaune ; post-écusson jaune. Pétiole pyriforme, noir, liseré de jaune et muni de deux dents distinctes. Abdomen noir ; deuxième segment portant deux points et une bordure étroite et submarginale de la même couleur ; les autres segments ne présentant qu'un rudiment de bordure sur leur milieu. Abdomen granuleux. Pattes, tibias et tarses jaunes et noirs. Ailes transparentes, un peu enfumées le long de la côte.

Habite : L'Amérique du Nord. (Musée de Paris.)

15. E. Fervens, n. sp.

Noire et jaune, un point jaune de chaque côté du post-écusson.

Fem. Long. 15 mill.; env. 26 mill.

Fem. Tête noire, chaperon à peu près aussi large que long, distinctement échancré, noir et orné à son bord supérieur de deux taches jaunes obliques qui forment un V renversé, et qui en s'unissant à une tache entre les antennes, donnent naissance à un Y renversé; antennes noires. Corselet noir, bordé de jaune antérieurement, et orné d'une tache de même couleur de chaque côté du post-écusson; ce dernier jaune : écusson et écaille des ailes noirs. Pétiole déprimé, noir, bordé de jaune. Deuxième segment abdominal noir avec une bordure étroite et régulière, ainsi que deux taches latérales, jaunes, (la bordure, submarginale); les autres segments noirs avec un rudiment de bordure. Pattes noires; jambes jaunes en dessus. Ailes rousses, enfumées, avec quelques reflets violets.

Male. Plus grêle. Chaperon presque entièrement jaune. Pas de tache de chaque côté du post-écusson; celles du second segment très petites. (Nouvelle-Orléans).

Nota. Je considère comme une variété de cette espèce un individu rapporté de Hudsons-bay, qui présente un point jaune sous l'aile, et un autre sur l'écaille.

Habite : La Caroline (Musée de Paris. Bosc. Musée de Genève. Coll. Jurine.)

16. E. Fraterna, Say.

Noire ornée de jaune, deux bandes et deux points sur l'abdomen, jaunes, métathorax noir.

Syn. Say. *Eumenes fraterna.* Exped. to the sources of the Peter's River. ii. Append. 77.

Long. totale : 7 lignes.

Corps noir, luisant, ponctué; chaperon échancré, d'un jaune pâle, ainsi qu'une ligne entre les antennes et une autre sur leur premier article; bord antérieur du corselet orné d'une bande jaune un peu rétrécie au milieu; post-écusson jaune; ailes un peu enfumées; pattes d'un jaune blanchâtre avec une ligne noire vers le bout; tarses d'un jaune pâle, grisâtres vers le bout. Pétiole portant une bordure jaune un peu bidentée; deuxième segment armé d'une bordure submarginale un peu festonnée, et de chaque côté d'un point ovale, jaunes; quatrième et cinquième segments portant une bordure d'un jaune pâle, raccourcie sur les côtés.

Var. Une tache jaune sur le métathorax de chaque côté du post-écusson.

Nota. Je n'ai pas vu cette espèce, non plus que la suivante, elle semble être très voisine de l'*E. fervens*, mais elle en diffère par son chaperon et ses bordures des quatrième et cinquième segments de l'abdomen, jaunes.

Habite : La Pensylvanie.

17. E. VERTICALIS, Say.

Noire, ornée de jaune, angles du métathorax jaunes.

SYN. Say. *Eumenes verticalis*. Exped. to the Pet. Riv. II. Append. 78.

Cette espèce diffère de l'*E. fraterna* par les caractères suivants : Portion antérieure du chaperon portant une tache noire profondément trilobée ; écaille rousse ; un point sous l'aile, une petite ligne au-dessus de l'insertion de l'aile postérieure, une tache oblongue de chaque côté du bas du métathorax, deux petites taches sur le pétiole, et sa bordure qui se prolonge un peu latéralement de chaque côté, jaunes. Les taches du deuxième segment de l'abdomen sont plus allongées, et la bordure du troisième et du quatrième fait tout le tour de l'abdomen. (Voisine de l'*E. pomiformis* ; même taille que la précédente.)

Habite : La Pensylvanie.

18. E. MACROPS, n. sp.

Noire et jaune, metathorax noir.

Long. 10 mill.; env. 17 1|2 mill.

Tête noire ; chaperon très peu échancré, satiné, jaune, ainsi qu'un point entre les antennes. Corselet noir à bordure antérieure jaune ; cette dernière composée de trois parties : une médiane arquée, devant le prothorax, deux latérales en forme de poire, lesquelles ne partent pas des extrémités de la première, mais de deux points plus voisins de la ligne médiane ; écusson ferrugineux ; post-écusson jaune. Pétiole en poire très allongée, plus long que le corselet, noir, avec deux points et son bord postérieur, jaunes. Abdomen comprimé, le second segment liseré de jaune ; le reste noir. Pattes ferrugineuses. Ailes transparentes, brunes le long de la côte.

Habite : La Caroline du nord. (Musée de Londres.)

19. E. Rufinoda, Latr.

Syn. Latr. *Eumenes rufinoda*. Gen. Ins. et Crust. iv, p. 137. pl. xiv, fig. 5, fem.

Je n'ai jamais vu cette espèce; voici la description qu'en donne Latreille :

Nigra, nitida, punctata ; capite immaculato ; thoracis segmento antico ferrugineo–flavo ; macula utrinque subalari, punctis quatuor scutellaribus, maculis duabus ad metathoracis apicem, flavis ; alis nigro-violaceis ; abdominis segmento primo sive pediculo ovato-cylindrico, rubro, margine postico flavo ; segmento secundo maximo ; pedibus rubris. Eumene pomiformi paulo major.

Habitat : In Americae insulis.

20. E. Agilis , n. sp.

Noire, ornée de jaune, quatre taches jaunes sur le métathorax. Ailes transparentes.
Mâle. Long. 16 mill.; env. 27 mill.

Fem. Inconnue.

Male. Chaperon tronqué droit, un peu arrondi en haut. Pétiole très allongé (aussi long, ou plus, que le corselet) et fortement renflé au milieu, avec un léger sillon dorsal. Insecte noir un peu velu, les poils bruns ; chaperon jaune argenté ; antennes d'un jaune ferrugineux, noires ou noirâtres en dessus, devant du premier article, jaune. Mandibules, bordure des orbites, un point entre les antennes , bordure antérieure du prothorax, un point sous l'aile, écaille, deux petits points sur les angles antérieurs de l'écusson, post-écusson, une tache sur le métathorax de chaque côté du post-écusson et deux autres plus grandes en dessous sur les côtés du métathorax , jaunes. Bordure du pétiole jaune, échancrée angulairement au milieu. Deuxième segment de l'abdomen plus long que large. Tous les segments bordés de jaune, les bordures régulières ; le deuxième orné en outre de deux taches jaunes latérales assez allongées qui rejoignent la bordure sur les côtés. Pattes jaunes ; hanches noires avec un point jaune du côté antérieur ; cuisses noires dans les deux tiers de leur longueur du côté postérieur, à la base seulement du côté antérieur. Ailes transparentes, jaunâtres.

Rapp. et diff. Très voisine de l'*E. Amedei*, elle s'en distingue par l'absence de taches grises au bout des ailes, par ses quatre taches du métathorax, par son pétiole plus allongé, et son chaperon moins arrondi au bout.

Habite : L'Amérique. (Collect. de M. de Romand.)

21. E. Smithii, n. sp.

Rousse, avec la tête et le métathorax noirs ; post-écusson et bordure du deuxième
segment de l'abdomen , jaunes.

Fem. Long. 12 à 13 mill.; env. 20 mill.

Fem. Chaperon noir, satiné, échancré. Antennes ferrugineuses ,
noires en dessus; le reste de la tête noir. Corselet roux nuancé de jaune
antérieurement ; écusson, écaille, une tache sous l'aile , roux ; post-
écusson jaune; mésothorax noir, avec deux taches ferrugineuses arquées,
sillon du métathorax noir. Pétiole en poire allongée , noir antérieurement , roux postérieurement, et liseré de jaune. Abdomen noir ;
deuxième segment portant une bande rousse sur son milieu, sur son
extrémité postérieure une teinte de la même couleur qui se fond avec
le noir, et un cordon jaune marginal. Les autres segments roux nuancés
de noir. Anus noir. Pattes ferrugineuses , rousses. Ailes transparentes,
avec une teinte brune et une tache foncée dans la cellule radiale.

Var. Abdomen roux orné d'une bande transversale orangée , et d'un
liseré jaune, mais sans noir.

Male. Chaperon jaune satiné. Deuxième segment roux à son extrémité postérieure, les suivants ferrugineux. Jambes jaunes en dessus.

Habite : La presqu'île de Florida. (Collect. de M. de Romand, Musée
de Londres.)

C. Espèces d'Australie.

22. E. Fluctuans, n. sp.

Noire et jaune ; prothorax entièrement jaune.

Fem. Long. 18 mill. ; env. 33 mill.

Fem. Très voisine de l'*E. Amedei*. Insecte trapu. Mandibules longues, ferrugineuses. Chaperon entier, jaune, ainsi qu'un point entre les
antennes et la bordure des yeux. Le reste de la tête noir. Antennes ferrugineuses, noires en dessous à l'extrémité. Corselet noir. Prothorax,
écaille, post-écusson et une bande un peu interrompue au milieu, sur
l'écusson, jaunes; métathorax orné de jaune de chaque côté. Pétiole
renflé au milieu et un peu rétréci en arrière , noir antérieurement et
jaune postérieurement depuis sa partie renflée, le noir se terminant
en bec de plume. Abdomen ovale; deuxième segment orné d'une
grande tache jaune de chaque côté et d'une large bordure de la même
couleur. Les autres segments bordés de jaune. Pattes jaunes. Ailes
transparentes , jaunes le long de la côte ; cellule radiale portant une
tache brune peu distincte.

Male. Inconnu.

Habite : La Nouvelle-Hollande. (Musée de Londres.)

23. E. Bicincta, n. sp.

Orangée, avec deux ceintures noires.

Fem. Long. 19 1ı2 mill.; env. 38 mill.

Mâle. Long. 16 mill.; env. 30 mill.

Fem. Chaperon fortement échancré, terminé par deux dents, d'un jaune orangé. Bordure des yeux, mandibules, antennes et l'espace qui les sépare à leur base, de la même couleur. Vertex noir. Corselet et abdomen orangés ; le premier orné d'une large ceinture noire qui en fait tout le tour en passant sur la partie postérieure du mésothorax. Ce dernier porte encore une courte bande noire longitudinale sur sa partie médiane et sur le côté antérieur de l'écusson. Pétiole renflé depuis son milieu et armé en dessous de deux tubercules peu sensibles ; sa base noire. Abdomen orné d'une seconde et large ceinture noire qui en fait tout le tour en passant sur le milieu du deuxième segment. Pattes d'un jaune orangé ; hanches noires et jaunes. Ailes transparentes, jaunâtres.

Var. Ecaille jaune; mésothorax jaune avec sa partie postérieure noire, ainsi qu'une tache à sa partie antérieure ; le jaune du front empiétant sur le vertex.

Male. Mésothorax noir avec une tache jaune arquée en avant de l'écaille.

Habite : Le midi de la Nouvelle-Hollande. (Collect, de M. Westwood et de M. Guérin-Méneville.)

IIᵉ DIVISION.

Pl. IV, fig. 2.

Lèvre très longue, la portion médiane de la languette profondément bifide, plumeuse, les lanières latérales tout à fait linéaires ; deuxième article des palpes plus long que le premier. Mâchoires : le galéa une fois et demi aussi long que la partie basilaire. Articles des palpes ne diminuant pas graduellement de longueur du premier au dernier, mais le deuxième beaucoup plus long que le premier, et les trois derniers, très petits, ensemble à peine aussi longs que le troisième : le premier renflé au milieu, le deuxième arqué et renflé à l'extrémité. Mandibules très longues, un peu arquées à dents nulles ou très indistinctes. Pétiole étroit, un peu plus long que le thorax, en poire très allongée, s'élargissant d'avant en arrière, quelquefois un peu renflé au milieu ou presque linéaire, et armé de deux dents saillantes (1). Deuxième segment abdominal en cloche ré-

1 Ce caractère souffre quelques exceptions.

trécie en arrière, en sorte que sa partie la plus large se trouve à son tiers antérieur ou à son milieu; jamais comprimé, mais un peu déprimé. Treizième article des antennes dans les mâles très long, ne formant pas un crochet mais s'appliquant contre les articles précédents.

24. E. LEPELETERII. n. sp.

Jaune, mésothorax et une croix sur l'abdomen, noirs, pétiole roux avec deux points jaunes.

Fem. Long. 19 mill.; env. 56 mill.

FEM. Tête noire; chaperon jaune légèrement échancré, arrondi à ses angles antérieurs; mandibules longues ferrugineuses; orbites largement bordées de jaune. Antennes ferrugineuses avec l'extrémité noire et une tache jaune triangulaire entre leurs insertions. Corselet noir; prothorax entièrement jaune; mésothorax noir avec deux petites taches rousses marginales; métathorax jaune traversé par une bande noire verticale; flancs jaunes avec une bande noire oblique d'avant en arrière; écaille ferrugineuse; écusson et post-écusson jaunes, séparés par une bande noire transversale. Pétiole en poire allongée, un peu campanulé au milieu, et muni de deux épines, ferrugineux avec sa base noire ainsi qu'un point noir en T à son extrémité et une tache jaune sur chacun de ses angles postérieurs. Abdomen ferrugineux à sa base, jaune dans le reste de son étendue et portant une grande croix noire qui s'étend sur tous les anneaux. Pattes jaunes; hanches et dessus des cuisses ferrugineux. Ailes ferrugineuses avec une tache brune dans la cellule radiale.

MALE. Inconnu.

Rapp. et diff. Cette espèce est très facile à confondre avec l'*E. Caffra.* (Voir les affinités de cette dernière.)

Habite : Le Sénégal. (Musées de Paris et de Genève, collect. Jurine.)

25. E. CAFFRA.

Jaune, avec le métathorax, le pétiole et une croix sur l'abdomen, noirs, quatre points jaunes sur le pétiole.

SYN. Linn. *Vespa caffra.* Syst. nat. 951.
    Oliv. *Vespa caffra.* Enc. VI. 679.
    Christ. *Sphex. cruciata.* Hym. 317. tab. 32. fig. 2.

Fem. Long. 19 mill.; env. 37 mill.

FEM. Chaperon légèrement échancré à son bord antérieur jaune. Tête, noire avec un point jaune entre les antennes; yeux bordés de jaune; mandibules ferrugineuses; antennes ferrugineuses, avec leur extrémité et le dessus du premier article, noirs. Prothorax jaune. Mésothorax noir avec l'écaille noire et jaune. Ecusson jaune, traversé par une bande noire transversale. Métathorax jaune, traversé par une bande noire verticale ; flancs jaunes traversés par une large bande noire oblique. Pétiole en poire allongée, avec deux petites épines en dessous, noir, orné de quatre taches jaunes distinctes. Deuxième segment de l'abdomen ovale, jaune avec une grande croix noire qui couvre tout son côté dorsal ; segments suivans jaunes avec une bande noire ou ferrugineuse, qui forme la continuation de la croix. Pattes jaunes ; tarse et côté supérieur des cuisses ferrugineux ; hanches noires, celle de la seconde patte portant une tache jaune. Ailes transparentes, nervures ferrugineuses.

MALE. Inconnu.

Rapp. et diff. Cette espèce présente la plus grande ressemblance avec l'*E. Lepeleterii* ; elle s'en distingue cependant très nettement par le premier article des antennes qui est noir en dessus, tandis que dans l'espèce sus-mentionnée il est complètement ferrugineux. Par les hanches qui sont noires et non ferrugineuses. Par le pétiole qui est noir avec quatre taches jaunes au lieu d'être ferrugineux avec l'extrémité noire et trois points jaunes.

On pourrait peut-être la confondre avec l'*E. macrocephala*. (Voir les affinités de cette dernière.)

Habite : Le cap de Bonne-Espérance. (Musées de Paris et de Genève.)

26. E. XANTHURA, n. sp.

Noire, avec la moitié postérieure de l'abdomen orangée. Ailes transparentes.
Fem. Long. 23 mill.; env. 45 mill.

FEM. Tête noire ; orbites bordées de ferrugineux ; mandibules et premier article des antennes ferrugineux , les autres articles noirs en dessus ; chaperon coupé droit à son bord extérieur, roux avec une tache noire, un peu poilu, presque satiné. Corselet noir couvert de poils courts ; de chaque côté du prothorax et sous chaque aile une tache ferrugineuse ; les deux épines terminales du métathorax, de même couleur. Pétiole fortement campanulé et armé de deux épines saillantes, noir, orné d'une bordure ferrugineuse et d'une tache de même couleur sur sa partie étroite. Deuxième segment de l'abdomen d'un noir profond en dessus et bordé d'un cordon ferrugineux en dessous seulement. *Les quatre derniers segments entièrement ferrugineux.* Pattes ferrugineuses en dessus, fauves en dessous, satinées ; hanches noires. Ailes transparentes avec une teinte ferrugineuse.

MALE. Inconnu.

Habite : Les Indes-Orientales ? (Musée de Paris.)

27. E. CIRCINALIS Fabr.!

Noire, avec les antennes et le chaperon ferrugineux. Ailes transparentes.

SYN. Fabr. *Eumenes circinalis*. Syst. Piez. 286.

Fem. Long. 25 mill.; env. 50 mill.

FEM. Facies de l'*E. petiolata*.

Tête noire ; orbites bordées de ferrugineux ; chaperon légèrement échancré, de couleur ferrugineuse ainsi que le front; antennes d'un jaune ferrugineux; mandibules noires, leur bord triturant et un point triangulaire à leur base ferrugineux. Corselet noir; prothorax roux avec du noir dans ses angles postérieurs seulement; mésothorax orné à sa partie antérieure de deux taches rousses latérales ; une tache rousse sous les ailes, et une autre allongée de chaque côté du métathorax. Tête et thorax distinctement ponctués. Abdomen lisse. Pétiole à épines saillantes, noir, avec deux taches rousses allongées sur son milieu, lesquelles forment souvent par leur réunion une tache unique en forme de V ; angles postérieurs roux également. Le reste de l'abdomen d'un noir profond avec les quatre derniers anneaux roux en dessous, et bornés de noir. Pattes noires ; tibias de la première paire ferrugineux, ainsi que le dessous des tarses des autres. Ailes ferrugineuses, très foncées à leur base, nervures brunes à la base, ferrugineuses à l'extrémité.

Var. A. Pétiole entièrement noir; antennes brunâtres à l'extrémité.

Var. B. Chaperon indistinctement bordé de ferrugineux ; un point de même couleur entre les antennes. Taches du pétiole ferrugineuses.

MALE. Chaperon jaune, le reste comme dans la femelle. (Java.)

Habite. Les Indes-Orientales, les Iles de la Sonde, la Nouvelle-Hollande? (Musée de Paris.)

28. E. PETIOLATA , Fabr. !

Jaune, avec une bande noire sur le deuxième segment abdominal et une sur le pétiole. Ailes transparentes.

SYN. Fabr. *Vespa petiolata*. Ent. Sp. Ins. I. 467.—Mant. Ins. I. 292.
— Syst. II. 278, 87. — *Eumenes petiolata*. Syst. Piez. 284.
Oliv. *Vespa petiolata*. Enc. II. 670.
Christ.. *Sphex hesperus*. Hym. 311. pl. 31. fig. 3. Fem. — *Sph. rubicunda*. 316. pl. 32. fig. 1. Mâle. — *Sph. turrimurarius*. 321. pl. 32. fig. 32. — *Sph. thoracica*. 324. pl. 32. fig. 9. Mâle.
Latr. *Eumenes petiolata*. Ins. III. 360.

Fem. Long. 27 mill.; env. 51 mill.
Mâle. Long. 24 ; env. 41 mill.

Fem. Facies de l'*E. coangustata*, mais plus grande. Tête jaune avec un carré noir sur le vertex qui s'étend entre les deux yeux et comprend les ocelles; chaperon jaune, coupé droit ou légèrement concave à son bord extérieur; mandibules ferrugineuses; antennes jaunes. Prothorax et partie antérieure du mésothorax, jaunes; le reste du corselet noir. Une ligne longitudinale noire traversant le jaune du mésothorax. Ecusson et post-écusson bruns ou roux, séparés l'un de l'autre par une ligne noire. Flancs portant de chaque côté une grande tache rousse; une plus petite sous l'aile postérieure et une troisième couvrant presque tout le métathorax. Pétiole roux à base noire et orné d'une bande noire transversale sur sa partie convexe. Deuxième, segment abdominal jaune traversé par une large bande noire, transversale et mal terminée; sa base est ferrugineuse avec un peu de noir au point d'articulation. Les autres segmens jaunes. Pattes ferrugineuses ou brunes; le dessous des cuisses de la dernière paire, noir. Ailes ferrugineuses, transparentes.

Var. A. Les parties noires du dessus du thorax d'un brun sale, fondu sur ses bords avec le jaune. La bande noire du pétiole étroite, celle du second segment élargie au milieu et se prolongeant jusqu'au pétiole. (La bande jaune est alors remplacée par deux taches latérales jaunes ou ferrugineuses.)

Var. B. Mésothorax jaune dans sa partie antérieure, ferrugineux dans sa moitié postérieure, et portant trois taches noires dont deux carrées obliques partant de l'écaille, et une troisième médiane elliptique se prolongeant en queue jusqu'au prothorax. Abdomen plus ou moins satiné.

Var. C. Flancs et métathorax ferrugineux, la bande noire du pétiole remplacée par trois points noirs.

Var. D. Corselet jaune dans son tiers antérieur, ferrugineux dans le reste de son étendue; taches du mésothorax rudimentaires. Pétiole sans taches. Pattes ferrugineuses. (Bombay.)

Var. E. Long. 29 mill. env. 52 mill. Chaperon un peu concave à son bord antérieur. Flancs ferrugineux avec deux lignes noires et sinueuses. Deuxième segment de l'abdomen jaune; sa moitié antérieure noire avec deux grandes taches rousses qui se rejoignent presque sur la ligne médiane. (Ceylan.)

Male. Chaperon à angles légèrement arrondis. Dernier article des antennes noirâtre en dessus. Deuxième segment abdominal jaune dans sa moitié antérieure, avec deux taches rousses près de sa base, souvent assez petites. Base des derniers anneaux de l'abdomen, et anus, noirs. (Chine.)

Var. Corselet comme dans la var. B. Pétiole entièrement ferrugineux. Deuxième segment abdominal ferrugineux dans son tiers antérieur, jaune dans son tiers postérieur et le milieu occupé par la bande noire. Tarses noirs. (Indes-Orientales. Collect. Jurine.)

Habite : Les Indes-Orientales, la Chine, la Cochinchine, etc. Espèce très commune. (Musée de Paris.)

29. E. Regina, n. sp.

Noire, antennes noires. Ailes brunes dans leur première moitié, transparentes dans le reste de leur étendue.

Fem. Long. 26 mill.; env. 46 mill.

Fem. Insecte d'un noir profond. Chaperon tronqué droit, d'un roux marron ainsi que le front et le tour des yeux. Vertex noir. Mandibules brunes. Antennes noires avec le bout ferrugineux en dessous. Corselet brun ; métathorax, écaille et écusson, noirs. Pétiole armé de deux très petits tubercules, et un peu renflé au milieu, noir ainsi que l'abdomen. Pattes noires, les hanches et les cuisses de la première paire, brunes. *Ailes brunes dans leur moitié interne mais sans reflets violets, transparentes, un peu ferrugineuses dans le reste de leur étendue,* nervures noires dans la moitié interne, ferrugineuses vers le bout de l'aile.

Male. Inconnu.

Habite : Madagascar. (Collect. de M. Guérin-Méneville.)

30. E. Tinctor.

Noire, avec les ailes violettes, pétiole bidenté.

Syn. Christ. *Sphex tinctor.* Hym. 341. pl. 31. fig. 1.

Fabr. *Vespa Guyneensis.* Ent. Syst. ii. 277. — *Zethus Guyneensis.* Syst. Piez. 283.

Guér. *Eumenes Savignyi.*! Icon. du Règne An. 446. pl. 72. fig. 4.

Spinol. *E. Savignyi.* An. Soc. Ent. Fr. vii. 503.

Descript. de l'Egypte. Ins. Hym. (par Savigny) pl. viii. fig. 4

Fem. Long. 25 mill.; env. 52 mill.
Mâle. Long. 23 1|2 mill.; env. 44 mill.

Fem. Noire. Tête, corselet et pétiole d'un brun rougeâtre tirant sur le noir. Chaperon faiblement échancré, d'un brun rougeâtre ainsi que les

4

mandibules, et portant parfois une tache noire. Antennes ferrugineuses, noires en dessus vers le bout. Mésothorax noir ainsi que certaines teintes sur les flancs. Pétiole long, un peu élargi au milieu. Abdomen noir avec une légère teinte rougeâtre. Tête et corselet ponctués et couverts de poils courts. Pattes de même couleur que le corselet. Ailes brunes avec des reflets violets.

Var. L'insecte presque entièrement noir, ou au contraire d'une teinte obscure, un peu rougeâtre.

Var. J'ose à peine regarder comme variété de cette espèce, un individu d'une taille extraordinaire, mais du reste parfaitement semblable à elle : long. 32 mill. ; env. 63 mill. Corps entièrement noir. (Collect. de M. Sichel.)

MALE. Plus petit et plus grêle que la femelle. Chaperon allongé, d'un jaune pâle avec une marque brune longitudinale et quelquefois deux autres latérales. Un point jaune entre les antennes. Dessus des deux derniers anneaux de l'abdomen ferrugineux.

Var. Taille très petite : long. 15 mill. ; env. 27 mill. Ailes brunes avec peu de reflets violets.

Rapp. et diff. Très voisine de l'*E. dyschera*. (Voir la description de cette espèce.)

Habite : L'Egypte, le Sénégal, le Congo, etc. (Musée de Paris.)

31. E. DYSCHERA. n. sp.

Noire, avec les ailes violettes, pétiole déprimé.

FEM. Cette espèce ressemble entièrement à la précédente, mais la forme de son pétiole l'en distingue d'une manière bien tranchée. Cette forme est complètement différente de celle qui caractérise la deuxième division du genre ; elle se rapproche plutôt de celle qui est propre à la cinquième, mais comme le pétiole ne porte pas de sillon dorsal, et que l'insecte est extrêmement voisin de l'espèce précédente, je la place à sa suite comme espèce anomale de cette division.

Insecte noir avec quelques teintes rougeâtres. Chaperon roux avec un ovale noir au milieu. Bordure des yeux rousse. Antennes noires en dessus, ferrugineuses en dessous. Pétiole déprimé, étroit à sa base, s'élargissant ensuite en prenant la forme d'un ruban, également large partout, armé de deux tubercules en dessous, noir liséré de jaune, et portant un point déprimé du côté dorsal à son extrémité postérieure. Le reste comme dans la précédente. Ailes obcures à reflets violets.

MALE. Inconnu.

Habite : L'Afrique tropicale. (Musée de Londres.)

32. E. LATREILLEI. n. sp.

D'un jaune orangé, avec le vertex, la moitié postérieure du mésothorax et la moitié
antérieure de l'abdomen , noirs.

Fem. Long. 25 mill.; env. 46 mill.

Fem. Très voisine de l'*E. dimidiatipennis*. Insecte d'un jaune orangé.
Vertex entre les yeux, noir. Mésothorax jaune antérieurement et noir
en arrière ; ces deux couleurs mal terminées sur leur limite. Ecaille,
écusson et post-écusson, noirs. Métathorax entièrement jaune. Pétiole
allongé, muni de deux épines saillantes. Abdomen noir dans la partie
antérieure du deuxième segment, jaune dans le reste de son étendue.
Ailes transparentes, jaunes ; tout leur bord externe et même les ailes
postérieures avec une teinte brune à reflets irisés.

Male. Inconnu.

Rapp. et diff. Cette espèce peut être confondue :

1° Avec l'*E. dimidiatipennis* dont elle se distingue par la distribution
inverse des couleurs de l'abdomen, par sa couleur plus jaune, etc.

2° Avec l'*E. philantes* dont elle diffère par son mésothorax jaune
dans sa partie antérieure, par sa plus grande taille, par son écusson
noir et non jaune, etc.

Habite : La Nouvelle-Hollande. (Collect. de M. Guérin-Méneville.)

33. E. DIMIDIATIPENNIS. n. sp.

Rougeâtre, avec la moitié postérieure de l'abdomen, noire. Ailes transparentes à leur
base, brunes depuis le milieu.

Descript. de l'Egypte. Hym. pl. VIII. fig. 5.

Fem. Long. 25 1⁄2 mill.; env. 32 mill.

Mâle. Long. 23 mill.; env. 42 mill.

Fem. Insecte d'un roux obscur. Chaperon rougeâtre, un peu concave
à son bord antérieur. Vertex noir. Mandibules et antennes un peu plus
obscures que le chaperon. Antennes portant une tache brune á l'extrémité. Mésothorax marqué de chaque côté d'une petite tache noire en
avant de l'écaille de l'aile et d'une autre médiane en avant de l'écusson.
Pétiole noir à sa base. Abdomen satiné, d'un noir un peu rougeâtre depuis le milieu du second segment jusqu'à l'anus. Pattes de la même
couleur que le corps. Ailes ferrugineuses avec une grande tache brune
à reflets irisés, qui couvre à peu près la moitié de l'aile.

Var. A. Les taches noires du corselet nulles. Taches des ailes plus ou
moins marquées.

Var. B. Un individu originaire de la côte du Malabar a la taille et le
faciès des mâles. Le mésothorax est aussi entièrement noir.

Male. Plus grêle et plus petit que la femelle. Tête noire avec les orbites bordées de roux. Une tache rousse entre les antennes. Chaperon soyeux, argenté, orné au milieu d'une tache noire verticale. Mandibules ferrugineuses. Crochet des antennes noir. Mésothorax noir. Écaille rousse. Flancs tachés de noir. Abdomen comme dans la femelle, son extrémité ferrugineuse en dessous.

Rapp. et diff. Cette espèce ressemble à l'*E. Latreillei* et à l'*E. philantes*. (Voir leurs affinités.)

Habite : Djidda (Arabie), les Indes-Orientales, l'Egypte. (Musée de Paris.)

34. E. Conica. Fabr. !

Rousse, avec la tête jaune et une bande noire interrompue sur l'abdomen.

Syn. Fabr. *Vespa conica*. Mant. Ins. i. 293, 69. — Ent. Syst. ii. 278.
— *Eumenes conica*. Syst. Piez. 285.
Oliv. *Vespa conica*. Enc. vi. 670.

Fem. Long. 24 mill.; env. 45 mill.
Mâle. Long. 20 mill.; env. 36 mill.

Fem. Tout l'insecte d'un roux foncé uniforme. Tête d'un jaune claire ; vertex portant entre les yeux une bande noire carrée qui comprend les oreilles ; tout le reste de la tête, même la partie postérieure qui est en rapport avec le thorax, jaune. Chaperon coupé presque droit à son bord antérieur, ou un peu concave, orné quelquefois d'une marque rousse en fer à cheval renversé. Mandibules ferrugineuses. Antennes jaunes ou ferrugineuses. Mésothorax portant une ligne noire longitudinale dans sa moitié antérieure, et une marque de même couleur transversale en avant de l'écusson. Ecusson séparé du post-écusson par une ligne noire. Deuxième segment abdominal noir à sa base et orné de deux taches noires transversales qui simulent une bande étroite, interrompue au milieu et n'atteignant pas les bords latéraux du segment ; dessous de cet anneau fortement cannelé. Les autres segments quelquefois bordés d'un cordon jaunâtre. Pattes ferrugineuses ; jambes et tarses souvent jaunes. Ailes ferrugineuses le long des grandes nervures ; l'aile postérieure et presque la moitié externe de l'aile antérieure grisâtres ; la cellule radiale contenant une tache brune plus ou moins distincte.

Var. Les parties jaunes de la tête et le noir du prothorax de la même couleur que le reste du corps.

Male. Plus petit et plus grêle que la femelle. Chaperon plus allongé et plus distinctement échancré. Extrémité des antennes noire en dessous. Côté postérieur de la tête noir, avec une bordure jaune le long des yeux et du vertex. Les deux taches de l'abdomen se rapprochant souvent peuvent se rejoindre et former une bande transversale. Anus et derniers articles des tarses, noirs.

Var. A. Long. 14 1/2 mill. ; env. 30 mill. Taches du second segment abdominal très petites.

Var. B. Long. 17 1/2 mill. ; env. 33. Second segment de l'abdomen globuleux ; ses deux taches remplacées par une bande noire un peu élargie au milieu. Base du troisième segment et anus noirs. Chaperon allongé. (Manille.)

Habite : Les Indes-Orientales, la Chine, les Philippines. Les individus qui proviennent de localités éloignées sont quelque peu différentes. (Musée de Paris et toutes les collections.)

35. E. Fenestralis. n. sp.

Noire, avec deux taches jaunes carrées sur la partie postérieure du pétiole.

Fem. Long. 18 mill.; env. 32 mill.

Mâle. Long. 18 mill.; env. 32 mill.

Fem. Tête brune ; chaperon tronqué presque droit, ferrugineux à son bord antérieur ainsi que deux marques longitudinales parallèles sur son milieu et un point entre les antennes ; vertex noir, cette couleur se fondant avec le brun du front ; antennes ferrugineuses, noirâtres en dessus près de l'extrémité. Corselet d'un brun ferrugineux ; mésothorax portant deux marques noires longitudinales ; les deux angles qui emboitent la base du pétiole, jaunes ainsi qu'une ligne qui en part pour remonter latéralement le long des flancs. Pétiole ferrugineux et orné de chaque côté de son extrémité d'une tache jaune en carré long, laissant entr'elles une bande brune longitudinale. Abdomen d'un brun tirant sur le roux ; le deuxième segment orné d'une croix noire ; les autres nuancés de noir. Pattes ferrugineuses, cuisses noires. Ailes transparentes à reflets dorés, avec une tache brune dans la cellule radiale.

Var. A. La croix du deuxième segment abdominal peu visible, mais ce dernier d'un brun noirâtre avec une tache rousse triangulaire de chaque côté de sa base.

Var. B. Pétiole ferrugineux, sa base noire ; mésothorax portant une troisième marque noire vers le prothorax et ce dernier bordé antérieurement d'un petit cordon jaune. (Sénégal.)

Male. Mandibules ferrugineuses ; bordure des orbites, chaperon, un point entre les antennes, jaunes. Bordure antérieure du corselet jaune. Base du pétiole noire.

Var. Long: 14 mill. Très petit; mésothorax presque entièrement roux; les taches du pétiole très petites.

Habite : Le Congo, le Sénégal. (Coll. de M. Westwood et celle de M. Guérin-Méneville.)

36. E. TROPICALIS. n. sp.

Brune ou noire, avec le chaperon, le prothorax et l'écusson, jaunes. Ailes transparentes.

Fem. Long. 23 mill.; env. 38 mill.

FEM. Tête noire; chaperon jaune, très peu échancré; une tache jaune entre les antennes; bordure des yeux et mandibules, ferrugineuses; antennes noires en dessus et ferrugineuses en dessous. Prothorax et une tache sous l'aile, jaunes. Mésothorax noir avec deux taches jaunes arquées en avant des écailles des ailes. Ecaille ferrugineuse. Ecusson et post-écusson jaunes, séparés par une bande noire. Métathorax jaune avec une ligne noire dans le sillon. Pétiole ferrugineux avec un ovale noir, à sa partie postérieure. Abdomen noir avec deux grandes taches ferrugineuses de forme triangulaire, à la base du deuxième segment; anus ferrugineux. Pattes ferrugineuses. Ailes transparentes avec une tache brune dans la cellule radiale.

MALE. Inconnu.

Habite : Le Sénégal. (Musée de Londres.)

37. E. PHILANTES. n. sp.

Jaune orangé, avec le métathorax et les deux tiers antérieurs du second segment de l'abdomen, noirs.

Fem. Long. 17 mill.; env. 29 mill.

FEM. Insecte grêle, d'un jaune orangé. Chaperon échancré, jaune. Antennes brunâtres à l'extrémité. Vertex noir. Mésothorax noir avec de chaque côté une tache arquée, triangulaire, jaune, en avant de l'écaille de l'aile. Cette dernière jaune et noire. Une bande oblique sous l'aile, une autre dans le sillon du métathorax, et une ligne entre l'écusson et le post-écusson, noires. Pétiole très peu renflé au milieu, avec deux petits tubercules, noir à sa base, d'un orangé foncé dans le reste de son étendue avec une bordure dentelée assez large d'un orangé clair. Abdomen noir dans les deux tiers antérieurs du second segment. Le reste ainsi que les pattes d'un jaune orangé. Ailes transparentes, jaunes le long de la côte et marquées d'une tache brune dans la cellule radiale.

MALE. Inconnu.

Rapp. et diff. Elle pourrait être confondue :

1° Avec l'*E. bicincta* dont elle diffère par ses formes grêles, son pétiole allongé et non fortement campanulé, par son second segment abdominal, noir en avant et jaune en arrière, et non jaune avec une bande noire sur son milieu.

2° Avec l'*E. dimidiatipennis* dont elle se distingue par les couleurs de l'abdomen qui sont dans l'ordre inverse.

3° Avec l'*E. Latreillei.* (Voir les affinités de cette dernière.)

Habite : La Nouvelle-Hollande. (Musée de Londres.)

38. E. Campaniformis. Fabr.

Noire, avec le chaperon, le prothorax et la bordure des segments abdominaux, jaunes. Ailes transparentes.

Syn. Fabr. *Vespa campaniformis.* Syst. Ins. 371. — Spec. Ins. i. 467-
— Mant. Ins. i. 292. — Ent. Syst. ii. 277. — *Eumenes campaniformis.* Syst. Piez. 287.
Oliv. *Vespa campaniformis.* Enc. vi. 670.
Christ. *Sphex campaniformis.* Hym. 312.

Fem. Long. 18 mill.; env. 30 mill.

Fem. Chaperon peu échancré. Devant de la tête jaune. Vertex noir. Antennes ferrugineuses, noires en dessus à l'extrémité. Corselet noir ; prothorax, une tache sous l'aile, écusson et post–écusson, jaunes, ces derniers séparés par une bande noire ; métathorax jaune avec une large bande noire verticale. Pétiole ferrugineux, noir dans sa partie postérieure avec deux points jaunes à son extrémité. Abdomen pyriforme ; deuxième segment noir, largement bordé de jaune et orné à sa base de deux grandes taches triangulaires jaunes, en sorte que sa partie noire a la forme d'un T renversé ; les autres segments, jaunes à base noire. Pattes ferrugineuses, nuancées de jaune. Ailes transparentes, ferrugineuses.

Male. Inconnu.

Habite : La Nouvelle-Hollande. (Musée de Londres.)

39. E. Formosa. n. sp.

Noire, ornée de jaune. Abdomen portant une croix noire.

Taille de l'*E. campaniformis* et très voisine de cette espèce. Elle en diffère par les caractères suivants : Antennes brunes. Ecaille ferrugineuse avec une tache jaune. Pétiole *renflé depuis le milieu, puis également large dans toute sa partie postérieure*, ferrugineux, avec deux taches jaunes à l'extrémité, entre lesquelles se voit une tache noire en losange arrondi, et portant deux points jaunes en son milieu. Abdomen parfaitement ovale, jaune avec une croix noire. Pattes ferrugineuses; tibias jaunes. (Flancs jaunes avec une bande noire oblique.)

Le reste comme dans la précédente.

Habite : Le Congo. (Musée de Londres.)

40. E. Esuriens, Fabr.

Jaune, avec le mésothorax, une bande transversale sur le deuxième segment de l'abdomen et une sur l'extrémité du pétiole, noirs.

Syn. Fabr. *Vespa esuriens* Mant. ins. i. 393. — Ent. Syst. ii. 280. —
    Eumenes esuriens Syst. Piez. 286.
    Oliv. *Vespa esuriens*. Enc. vi. 673. — *Vespa pediculata*. id. 671.

Fem. Long. 17 mill.; env. 31 mill.
Mâle. Long. 18 mill; env. 26 mill.

Fem. Tête jaune à vertex noir. Antennes ferrugineuses, légèrement obscures à l'extrémité, le premier article jaune en dessus. Chaperon quelquefois un peu ferrugineux, peu ou pas échancré. Mandibules ferrugineuses. Prothorax jaune. Mésothorax noir avec une grande tache ferrugineuse qui se termine en avant par deux longues dentelures. Ecaille, écusson et métathorax ferrugineux. Post-écusson jaune ainsi que deux taches situées au haut du métathorax. Flancs jaunes avec une bande oblique ferrugineuse. Pétiole muni de deux petites dents, ferrugineux, noir à sa base, et bordé par une bande jaune, laquelle est précédée d'une bande noire. Abdomen jaune; le deuxième segment traversé par une bande noire transversale; la partie située en avant de cette bande ferrugineuse; les autres segments jaunes à bases noires; lorsqu'ils sont dans la position naturelle, le jaune seul est visible, mais pour peu que les anneaux s'étendent, l'abdomen portera deux ou trois bandes noires. Dessous du premier anneau ferrugineux, sans tache. Pattes ferrugineuses avec l'extrémité des tibias jaune; les premières pattes presque entièrement jaunes. Ailes transparentes, ferrugineuses le long des grandes nervures, la cellule radiale présentant une tache brune qui en remplit les deux tiers externes.

Var. A. Le mésothorax entièrement ferrugineux; la bande noire de l'abdomen brune.

Var. B. Le mésothorax ferrugineux portant deux taches arquées jaunes à la partie antérieure. Bordure postérieure du pétiole jaune, sans noir. Bandes noires de l'abdomen passant au ferrugineux. Une bande longitudinale de la même couleur, s'étendant depuis la base du second segment jusqu'au milieu de sa bande transversale.

Var. C. Long. 20 mill. ; env. 12 mill. Ecusson et mésothorax entièrement jaunes, avec une ligne noire longitudinale. Anus noir, ainsi qu'une tache lancéolée sous le deuxième segment abdominal. Deux taches jaunes sur le ferrugineux du même segment. (La Perse.)

MALE. Plus grêle. Chaperon plus allongé. Anus noir. Sous le second segment abdominal, deux points noirs. Tarses des deux dernières paires de pattes, noirs.

Rapp. et diff. Elle se distingue : 1º de l'*E. gracilis* par l'absence de noir sur les antennes, et parce que le métathorax n'est pas entièrement noir. 2º De l'*E. Urvillei* par la présence de la tache dans la cellule radiale et par son mésothorax qui n'est pas entièrement noir. 3º De l'*E. elegans* par ses ailes transparentes.

Habite : Les Indes Orientales, la Perse, etc. (Musée de Paris.)

41. E. GRACILIS (1), n. sp.

Comme la précédente, mésothorax noir.

Fem. Long. 18 à 19 mill.; env. 32 mill.

Mâle. Long. 13 mill.; env. 25 mill.

Descript. de l'Egypte. Hym. (par Savigny) pl. VIII, fig. 6.

FEM. Très voisine de l'*E. esuriens* tant pour la grandeur que pour la coloration. Tête noire ; bordure postérieure des yeux, front, sinus des yeux et chaperon, jaunes ; ce dernier un peu échancré. Antennes ferrugineuses avec une tache noire près de leur extrémité. Prothorax jaune ainsi qu'une grande tache sous l'aile, séparée du jaune du prothorax par une étroite ligne noire seulement. Mésothorax noir avec une petite tache rousse bifurquée du côté antérieur. Ecaille et écusson roux. Postécusson jaune. Métathorax jaune, partagé par une bande rousse. Flancs roux et noirs. Pétiole ferrugineux, à base noire, et terminé par deux taches jaunes, lesquelles sont précédées d'une bande noire. Deuxième segment abdominal ferrugineux à sa base, orné d'une bande noire en son milieu, et de deux points jaunes sur la partie ferrugineuse, le reste jaune ; les autres segments jaunes, avec la base noire. (En général, il ne paraît que le jaune.) Anus ferrugineux. Dessous de l'abdomen roux, avec les segments bordés de jaune, et une tache noire en losange, souvent indistincte, sur le second segment. Pattes ferrugineuses, l'extrémité des tibias jaune, ainsi que la presque totalité de la première paire. Ailes ferrugineuses le long de la côte; nervures ferrugineuses ou brunes ; une tache brune dans la cellule radiale.

---

1. Cette espèce a été figurée par M. Savigny dans la description de l'Egypte, mais je crois sa figure considérablement grossie.

Var. Les taches jaunes du second segment abdominal nulles, la base du même segment noire, ainsi que la bande qui partage le métathorax. Mésothorax entièrement noir. La bande noire du second segment abdominal élargie au milieu. Les deux taches jaunes du pétiole confondues en une bande marginale.

MALE. Chaperon sans échancrure. Le premier article et l'extrémité des antennes noirs en dessus, sauf les deux derniers articles. Mésothorax entièrement noir. Les bordures jaunes des segments abdominaux plus étroites que dans la femelle, en sorte que l'on distingue la base noire des anneaux. Anus noir. Pattes tachées de noir. Le reste comme dans la femelle.

Var. On remarque dans le mâle la variété correspondante à celle de la femelle, sans taches jaunes sur le second segment.

Rapp. et diff. Elle diffère : 1º de l'*E. esuriens* par son mésothorax entièrement noir, ou portant seulement une petite tache rousse ; par les bandes noires de son abdomen, qui sont plus larges et d'une couleur plus foncée, et par la tache noire de ses antennes. 2º De l'*E. elegans* par ses ailes transparentes, etc.

Habite : L'Egypte, le Sénégal. (Musée de Paris.)

42. E. ELEGANS. n. sp.

Jaune, avec le vertex, le mésothorax et une bande sur le second segment de l'abdomen, noirs. Ailes brunes.
Fem. Long. 20 mill.; env. 38 mill.

FEM. Tête large, ferrugineuse ; vertex portant une bande noire ou brune entre les yeux ; chaperon luisant, échancré ; antennes ferrugineuses, obscures en dessus à l'extrémité ; dessous de la tête et même le sinus rentrant des yeux, très velus. Thorax velu, ferrugineux ; mésothorax noir. Pétiole ferrugineux, sa base noire, ses angles postérieurs jaunes. Abdomen ferrugineux ; le deuxième segment bordé de jaune et portant une large bande noire dont les bords se fondent avec le ferrugineux ; dessous des segments obscur. Pattes ferrugineuses. Ailes transparentes, ferrugineuses à leur base, brunes avec des reflets violets dans leurs deux tiers externes.

MALE. Inconnu.

Rapp. et diff. Cette jolie espèce ressemble beaucoup à l'*E. esuriens* et aux espèces voisines de cette dernière, mais elle s'en distingue facilement par ses ailes fortement enfumées et un peu violettes.

Habite : Djidda en Arabie. Les Indes orientales. (Musée de Paris.)

43. Asina, n. sp.

Jaune, avec le mésothorax et une croix sur l'abdomen, ferrugineux.

Fem. Long. 16 à 17 mill.; env. 51 mill.

Fem. Tête jaune avec une tache noire ovale sur le vertex entre les yeux ; antennes ferrugineuses, jaunes à leur base, obscures en dessus vers le bout. Corselet jaune ; mésothorax ferrugineux avec deux taches jaunes triangulaires, arquées en avant des écailles des ailes ; ces dernières jaunes ; écusson et post-écusson séparés par une ligne ferrugineuse ; flancs traversés par une bande oblique de même couleur. Pétiole ferrugineux, noir à sa base et orné de deux taches jaunes à l'extrémité postérieure. Abdomen jaune ; deuxième segment portant une croix ferrugineuse qui se prolonge jusqu'à l'anus par dessus les autres segments ; base et côté inférieur des anneaux ferrugineux. Pattes ferrugineuses avec les tibias jaunes. Ailes transparentes, un peu ferrugineuses, sans tache dans la cellule radiale.

Male. Inconnu.

Habite : Le Sénégal. (Musée de Paris.)

44. E. Urvillei. n. sp.

Noire, avec le chaperon, le prothorax, la base du deuxième segment et la bordure des anneaux de l'abdomen, fauves. Ailes transparentes, sans tache, et la radiale.

Fem. Long. 17 mill. ; env. 30 mill.

Mâle, Long. 16 mill.; env. 26 mill.

Fem. Tête noire ; bordure postérieure des yeux jaune, étroite ; entre les antennes une tache jaune qui se fond avec le noir du vertex ; chaperon légèrement échancré, d'un jaune foncé ; antennes ferrugineuses, un peu obscures au bout. Prothorax et une tache sous l'aile ferrugineux. Mésothorax noir. Ecaille bordée de ferrugineux. Ecusson noir traversé par une bande ferrugineuse. Post-écusson noir, bordé postérieurement de ferrugineux. Métathorax noir avec deux grandes taches ferrugineuses à l'angle supérieur desquelles on voit deux taches jaunes. Pétiole ferrugineux, noir à sa base et à son extrémité, cette dernière portant en outre deux points jaunes. Abdomen noir, deuxième segment à base ferrugineuse, orné d'une large bordure jaune, interrompue dans son milieu, les autres segments, noirs avec une bordure interrompue ferrugineuse ; anus ferrugineux. Dessous des segments portant une bordure jaune non interrompue ; la première quelquefois précédée d'une bande noire indistincte. Pattes ferrugineuses. Ailes transparentes, ferrugineuses le long des grandes nervures, grises à l'extrémité, sans tache sensible dans la cellule radiale.

Male. Chaperon sans échancrure. Antennes ferrugineuses avec le dessus des premiers articles et l'extrémité noirs. Un point triangulaire entre les antennes, jaune. Les parties qui sont ferrugineuses dans la femelle, d'un jaune vif. Taches terminales du pétiole plus grandes. Deuxième segment abdominal noir avec deux taches jaunes à sa base. Bordures des segments peu ou pas interrompues. Anus noir. Tarses noirâtres. Le reste comme dans la femelle. Les ailes un peu plus grises à l'extrémité.

Rapp. et diff. Cette espèce ressemble par le facies et la coloration à l'*E. Esuriens* et aux espèces voisines, mais elle s'en distingue facilement par l'absence de tache dans la cellule radiale et par son abdomen dans lequel le noir est dominant, tandis que dans les espèces en question c'est au contraire le jaune qui domine.

Habite : Rapporté du voyage de Dumont-d'Urville, la femelle de l'île de Banda, le mâle de Triton-Bay, côte de la Nouvelle-Guinée. (Musée de Paris.)

IIIᵉ DIVISION.

Lèvre longue et très étroite. Galéa plus long que la mâchoire. Chaperon beaucoup plus long que large. Yeux gros , renflés , à échancrure étroite. Thorax court. Pétiole très long, linéaire, s'élargissant un peu d'avant en arrière, sans trace de renflement subit, sans aucun tubercule en-dessous, et un peu déprimé. Abdomen pyriforme , déprimé. Antennes dans les mâles terminées par un très petit crochet.

A. Mandibules assez courtes, un peu crochues, armées de trois petites dents. Lèvre (1) assez large, ses lanières latérales très étroites. Articles des palpes maxillaires diminuant régulièrement de longueur du deuxième au dernier, le deuxième égal au premier. Antennes en massue allongée.

45. E. Edwardsi. n. sp.

Brune, ornée de jaune; chaperon jaune, bidenté. Ailes transparentes.

Fem. Long. 16 mill.; env. 25 mill. (Pétiole : 6 mill.)

Fem. Tête noirâtre; bordure des yeux, espace entre les antennes et chaperon, jaunes, ce dernier argenté, plus large en bas qu'en haut et terminé inférieurement par deux petites dents ; lèvre supérieure longue, jaune ; mandibules et antennes ferrugineuses, ces dernières plus claires en dessous et portant en dessus près de leur extrémité une tache brune. Corselet, pétiole et deuxième segment de l'abdomen roux. Mésothorax aussi large que long, arrondi en avant, marqué de noirâtre.

1. Les lanières latérales de la lèvre sont souvent très difficiles à séparer du lobe médian; je les croyais d'abord soudées à ce dernier.

Ecaille un peu bordée de jaune postérieurement. Post-écusson noir, bordé de jaune en arrière. Base du pétiole noire, son côté supérieur brun foncé, avec deux points jaunes au bout et deux lignes jaunes un peu latérales en arrière de son milieu. Deuxième segment orné de deux taches jaunes et d'une bordure de la même couleur. Les autres segments ferrugineux, bordés de jaune. Pattes courtes, la troisième paire n'atteignant pas jusqu'à l'extrémité du deuxième segment abdominal, de couleur ferrugineuse ; tibias jaunes en dessus. Ailes transparentes, ferrugineuses le long de la côte, et portant une tache brune dans la cellule radiale.

MALE. Inconnu.

Rapp. et diff. On pourrait confondre cette espèce avec l'*E. esuriens* et les espèces voisines, mais elle s'en distingue nettement par son pétiole sans aucun renflement, son chaperon beaucoup plus long que large, terminé par deux dents, les sinus des yeux noirs et non jaunes, etc.

Habite : Les Indes-Orientales. Bombay. (Musée de Paris.)

B. Mandibules aussi longues que la tête est haute, un peu courbées et sans aucune dent. Lèvre très allongée (1), très étroite, ses divisions linéaires. Mâchoire plus courte que le palpe, ce dernier glabre, le premier article gros, le deuxième très long, les trois derniers très petits.

46. E. MELANOSOMA. n. sp.

Noire, pétiole et deuxième segment abdominal liserés de jaune. Ailes enfumées.

Fem. Long. 17 mill.; env. 31 mill.

Mâle. Long. 14 mill.; env. 25 mill.

FEM. Tête noire ; bordure des yeux et chaperon ferrugineux, ce dernier très allongé, entier, arrondi en avant ; mandibules ferrugineuses, très longues. (La longueur de la tête, y compris le bec formé par les mandibules, au moins aussi considérable que celle du corselet.) Antennes ferrugineuses, noires en dessus. Ocelles presque en ligne droite. Corselet noir ; bordure antérieure du prothorax et une bande oblique sous l'aile, ferrugineuses, et sur cette dernière une tache noire vers le mésothorax ; écaille bordée de roux. Pétiole noir en dessus, bordé en arrière d'une bande jaune ; d'un ferrugineux obscur en dessous, cette couleur empiétant un peu sur le noir vers le tiers antérieur du pétiole. Abdomen noir ; deuxième segment bordé d'une ligne jaune submarginale, interrompue au milieu ; quelques points fauves indistincts sur les autres segments. Pattes antérieures ferrugineuses avec le dessus des cuisses et des tarses, noirs ; la deuxième paire noire avec le dessous des

---

1. Les lanières latérales sont souvent très difficiles à trouver.

cuisses ferrugineux ; la troisième paire presque entièrement noire. Ailes transparentes, légèrement enfumées, nervures brunes.

MALE. Plus grêle. Chaperon luisant, satiné, avec une ligne noire à sa partie supérieure. Entre les antennes une tache luissante. La tache noire des flancs très étendue, envahissant toute la partie qui correspond au mésothorax. Bordure jaune du deuxième segment de l'abdomen, plus large que dans la femelle. Pétiole entièrement noir en dessus portant un sillon longitudinal.

Habite : Java. (Musée de Paris.)

47. E. AETHIOPICA. n. sp.

Noire, avec le chaperon, le prothorax et le métathorax, jaunes. Ailes transparentes.
Fem. Long. 15 1|2 mill.; env. 26 mill.

FEM. Tête noire. Chaperon entier, jaune ainsi que la borbure des yeux et un point triangulaire entre les antennes ; ces dernières jaunâtres en dessous, noires en dessus, mandibules brunes. Prothorax jaune. Mésothorax noir. Ecusson et post-écusson jaunes séparés par une ligne noire. Métathorax jaune avec une ligne noire dans son sillon. Flancs noirs avec une tache jaune sous l'aile ; ces parties un peu nuancées de brun. Pétiole noir, roux à son extrémité et de chaque côté vers le milieu. Abdomen noir, satiné, portant une marque jaune marginale de chaque côté du deuxième segment. Pattes jaunes et brunes. Ailes trausparentes à teintes brunes, un peu dorées.

MALE. Inconnu.

Habite : Le Congo. (Musée de Londres.)

48. E. GUERINI. n. sp.

Noire, avec des teintes ferrugineuses. Ailes transparentes.
Fem. Long. 17 mill.; env. 30 mill.

FEM. Insecte noir. Chaperon tronqué droit, roux avec une tache noire au milieu ; labre noir. Antennes noires ferrugineuses en dessous. Bordure antérieure du prothorax, une tache sous l'aile et métathorax, roux ; ce dernier portant un triangle noir sous l'écusson. Post-écusson bordé par une ligne jaune. Pétiole de même longueur que le corselet, noir. Abdomen petit : deuxième segment en cloche ouverte en arrière ; les suivants portant une bordure ferrugineuse très distincte. Pattes noires, les articulations ferrugineuses. Ailes transparentes, un peu ferrugineuses, surtout les nervures.

MALE. Inconnu.

Rapp. et diff. Elle diffère de l'*E. hottentotta* par ses ailes transparentes.

Habite : Madagascar. (Collection de M. Guérin-Méneville, qui a bien voulu me la communiquer et auquel je la dédie.)

49. E. Hottentotta. n. sp.

Entièrement noire. Ailes violettes.

Fem. Long. 19 mill ; env. 36 mill.

Fem. Corps grêle, entièrement noir, quelquefois avec des teintes brunes un peu rougeâtres. Chaperon noir, entier ; mandibules très longues ; bordure des orbites ferrugineuse. Antennes ferrugineuses avec les derniers articles noirs, ainsi que le dessus des autres. Dessous des derniers anneaux de l'abdomen un peu ferrugineux. Pétiole très long, très grêle, linéaire, presque cylindrique, sans tubercules au milieu. Abdomen un peu déprimé. Pattes noires avec le dessus des cuisses brun ainsi que les tibias des pattes antérieures. Ailes brunes à reflets violets.

Male. Inconnu.

Rapp. et diff. Cette espèce est très facile à confondre avec l'*E. tinctor*, car elle en a la grandeur, la couleur et les ailes violettes ; elle s'en distingue par son pétiole linéaire et sans épines.

Habite : Le Cap de Bonne-Espérance. (Musée de Paris.)

IVᵉ DIVISION.

Pl. IV. fig. 5.

Lèvre et mâchoires comme dans la deuxième division. Mandibules très longues. Pétiole linéaire, très long, (une fois et demie aussi long que le corselet, ou plus) sans épines sensibles. Abdomen comprimé, plus haut que large ; le deuxième segment en cloche, rétréci à sa base de façon à continuer un peu le pétiole, et un peu moins large en arrière qu'au milieu.

50. E. Arcuata. Fabr.

Syn. Fabr. *Vespa arcuata.* Syst. Ent.371. — Spec. Ins. i. 467. —
      Mant. Ins. i. 292. — Ent. Syst. ii. 276. — *Eumenes arcuata.*
      Syst. Piez. 287.
     Oliv. *Vespa arcuata.* Enc. vi. 670.
     Christ. *Sphex arcuata.* Hym. 312.

Noire, bariolée de jaune pâle.

Fem. Long. 25 mill. ; env, 45 mill.

Fem. Tête noire; front, sinus et bordure postérieure des yeux, ainsi que le chaperon, jaunes, ce dernier échancré ; labre noirâtre avec deux taches fauves à la base ; antennes et mandibules noires. Corselet noir ; bordure antérieure du prothorax et une grande tache sous l'aile, jaunes ; mésothorax orné antérieurement de deux taches jaunes arquées et de deux lignes longitudinales de la même couleur ; écaille jaune avec une tache noire au milieu ; une petite marque jaune devant l'écaille; écusson noir avec deux taches jaunes ; post-écusson noir, bordé de jaune ; métathorax jaune avec une bande verticale médiane et de chaque côté une virgule, noires, lesquelles simulent plutôt une espète de **T** qu'une croix. Pétiole noir avec quatre taches jaunes, deux au milieu et deux à l'extrémité. Abdomen noir ; deuxième segment orné de deux taches pyriformes, et d'une bordure interrompue dans son milieu, jaunes ; cette dernière, à son tour, bordée de noir du côté postérieur ; les autres segments portant chacun une bordure jaune festonnée, interrompue au milieu et pas tout à fait marginale; anus noir ; dessous des segments portant également une bordure jaune interrompue au milieu et le deuxième, en outre, deux points jaunes. Pattes antérieures jaunes avec le dessous des cuisses noir ; les autres noires ; tibias jaunes en dessus ; tarses jaunes et noirs; hanches noires avec un point jaune. Ailes transparentes, d'un jaune obscur, avec des reflets dorés ; nervures brunes. (Les parties jaunes du corps sont d'un jaune pâle.)

Male. Inconnu.

Rapp. et diff. Cette espèce ressemble beaucoup :

1° A l'*E. praslinia*, dont elle diffère par les bandes jaunes de l'abdomen qui sont interrompues au milieu, et par ses parties jaunes, qui sont d'une teinte en même temps pâle et obscure et non rouge de brique.

2° A l'*E. flavopicta*, dont elle se distingue par les mêmes caractères, (dans l'*E. flavopicta* les parties jaunes sont d'un jaune vif,) par son écusson jaune et noir et non jaune, par une bande jaune de moins sur le pétiole, etc.

Habite : Selon Fabricius, la Nouvelle-Hollande. Un individu rapporté du voyage de Dumont-d'Urville a été pris à Triton-Bay, Nouvelle-Guinée. (Musée de Paris.)

51. E. Praslinia. Guér. !

Noire, bariolée de rouge de brique.

Syn. Guér. *Eumenes praslinia*. Voy. de la Coquille. ii. part. ii. 267. pl. ix. fig. 6.

Fem. Long. 26 mill. ; env. 43 mill.

Fem. Tête noire ; une tache au milieu du front, chaperon et bordure des yeux, d'un jaune orangé ; antennes noires. Prothorax entièrement d'un jaune vif. Mésothorax noir avec une très petite carène au milieu ; deux taches arquées à sa partie antérieure, deux petites lignes au milieu, deux taches sur les écailles des ailes, deux autres sur l'écusson et le post-écusson, d'un jaune orangé. Flancs noirs avec une tache orangée sous l'aile. Métathorax orangé avec une ligne longitudinale noire au milieu, ne formant pas la croix comme dans l'*E. arcuata*. Pétiole noir avec deux taches allongées, placées de chaque côté de son milieu, et une bande transversale près du bout, d'un jaune orangé vif. Deuxième segment noir avec une large bande près de sa base et une autre au bord postérieur, orangées. Les trois suivants également bordés de jaune orangé. Dessous de tous ces segments offrant une bande plus étroite, interrompue au milieu ; et sous le deuxième, vers le milieu de sa longueur, deux taches arrondies de même couleur. Anus noir. Pattes entièrement ferrugineuses, avec les hanches et les trochanters noirs ; tarses un peu brunâtres. Ailes transparentes, d'un jaune obscur, très luisantes, à nervures brunes avec la côte d'un jaune un peu fauve.

MALE. Inconnu.

Rapp. et diff. Elle ressemble beaucoup à l'*E. arcuata* et à l'*E. flavopicta*. (Voir les affinités de ces espèces.)

Habite : Port-Praslin. Nouvelle-Irlande. (Collect. de M. Guérin-Méneville.)

52. E. FLAVOPICTA. Blanch. !

Noire, bariolée de jaune vif.

SYN. Blanch. *Eumenes flavopicta*. Dict. d'Hist, nat. de Ch. d'Orb. Ins. Hym. pl. II. fig. 2.

Fem. Long. 25 mill. ; env. 45 mill.

FEM. Tête jaune avec un petit dessin noir sur le vertex ; mandibules et antennes noires, l'extrémité de ces dernières ferrugineuses. surtout en dessous, ainsi que le dessus des troisième, quatrième et cinquième articles. Prothorax noir à bordure antérieure jaune ainsi qu'une marque en avant de l'écaille. Mésothorax noir avec deux taches en forme de chevron brisé. Ecaille jaune avec un point noir. Ecusson et post-écusson jaunes, séparés par une ligne noire. Flancs jaunes, traversés par une bande noire oblique. Métathorax jaune, traversé par une bande noire verticale élargie en haut. Pétiole noir avec une marque en arrière de sa base, une bordure postérieure submarginale et deux taches allongées au milieu, jaunes. Abdomen noir ; deuxième segment portant deux bandes jaunes échancrées au milieu, la seconde submarginale ; les autres anneaux noirs à bordures jaunes légèrement interrompues au milieu ; anus noir avec deux taches jaunes ; dessous de l'abdomen noir avec des bandes jaunes interrompues ; deuxième segment portant en outre deux taches jaunes. Pattes jaunes ; cuisses, une partie des tarses et le dessous des tibias des quatre dernières pattes, noirs ; hanches jaunes et noires ; cuisses de la première paire jaunes en dessus. Ailes transparentes, d'un jaune ferrugineux, luisantes ; nervures noires.

Var. Vertex entièrement noir ; pas de tache noire sur l'écaille. Un point noir de chaque côté sur le jaune du métathorax. La première bande jaune du pétiole remplacée par deux points ; les bandes de l'abdomen presque interrompues au milieu.

MALE. Inconnu.

Rapp. et diff. Elle ressemble :

1° A l'*E. arcuata*. (Voir les affinités de cette espèce.)

2° A l'*E. praslinia* dont elle se distingue par ses taches jaunes qui sont d'un jaune vif et non d'un rouge de brique, par son écusson entièrement jaune, ses pattes jaunes et noires, etc., etc.

Habite : Les Indes-Orientales. (Musée de Paris.)

Nota. Olivier confond probablement cette espèce avec l*E. arcuata* lorsqu'il dit de cette dernière qu'elle se trouve aussi aux Indes-Orientales, tandis qu'elle est propre à la Nouvelle-Hollande.

53. E. BLANCHARDI. n. sp.

Tête et corselet noirs, abdomen noir orné de jaune.

Fem. Long. 26 mill. ; env. 41 mill.

FEM. Tête et corselet entièrement noirs ; chaperon légèrement échancré ; antennes ferrugineuses au bout ; une petite tache jaunâtre de chaque côté de l'insertion du pétiole ; ce dernier noir avec quatre taches jaunes dont deux au milieu et deux à l'extrémité, submarginales. Abdomen noir ; deuxième segment portant deux bandes jaunes interrompues au milieu, dont la dernière pas tout à fait marginale ; les autres segments noirs avec des bordures jaunes festonnées et interrompues au milieu. Anus noir. Dessous de l'abdomen noir avec une tache jaune marginale de chaque côté des segments. Pattes noires ; jambes jaunes du côté interne. Ailes transparentes avec une teinte rousse ; nervures brunes ou rousses.

MALE. Inconnu.

Habite : Les Indes-Orientales, Pondichéry. (Musée de Paris.)

Vᵉ DIVISION.

(Pl. IV, fig. 4.)

Mandibules très longues, sans dents sensibles, un peu crochues au bout, bordées et offrant des séries de points enfoncés d'où sortent des poils roides. Yeux renflés, globuleux, leur échancrure étroite et non triangulaire. Corselet aussi large en avant qu'à l'insertion des ailes, anguleux. Pétiole déprimé, plus long que le corselet, armé en dessous de deux tubercules, et affectant la forme suivante : très étroit à sa base et s'élargissant jusque près des tubercules , à partir de ce point il est plat, également large partout, et porte un sillon longitudinal sur son côté dorsal. Abdomen pyriforme, étranglé à sa base de façon à continuer un peu le pétiole, se renflant ensuite graduellement jusqu'au milieu ; et se rétrécissant un peu en arrière. Antennes en massues allongées, un peu renflées au bout ; crochet des mâles très petit.

A. Corselet court, plus large en avant qu'au milieu, disque du mésothorax presque circulaire. Pétiole très allongé, ses tubercules insensibles. Abdomen un peu comprimé. Antennes fortement renflées. Mandibules médiocrement longues , fortement cannelées , crochues, munies de trois dents distinctes. (Mâchoires de même longueur que le galéa ; palpe plus long, les articles diminuant régulièrement de grandeur du premier au dernier.)

54. E. Picteti. n. sp.

Noire, ornée de jaune. Ailes transparentes.

Fem. Long. 12 mill.; env. 18 mill.

Mâle. Long. 12 mill.; env. 18 mill.

Fem. Tête noire; bordure des yeux jaune; chaperon jaune avec un point noir au milieu, arrondi de tous les côtés, sauf à son bord antérieur où il est échancré; labre brun, bordé de jaunâtre; antennes ferrugineuses, noires dans leur moitié terminale avec un point ferrugineux sous l'extrémité, et le dessous du premier article jaune. Thorax noir avec la bordure antérieure, l'écaille et une tache sous l'aile, jaunes; métathorax jaune, traversé par une bande noire verticale ; écusson jaune dans sa moitié antérieure, noir dans sa moitié postérieure ; post-écusson jaune. Pétiole noir, portant une bordure et deux points ferrugineux. Abdomen noir; les segments ornés d'une bordure festonnée rousse ou jaune, souvent indistincte ; le deuxième portant en outre deux grandes taches rousses ou jaunes. Pattes jaunes avec les hanches noires, ainsi que les cuisses de la dernière paire. Ailes transparentes, légèrement ferrugineuses à leur bord antérieur.

Male. Comme la femelle. Son chaperon un peu plus échancré, argenté. Orbites bordées de jaune ; bordure jaune du deuxième segment peu festonnée ; crochet des antennes presque imperceptible.

Rapp. et diff. Cette jolie espèce est très facile à reconnaître. Elle se distingue de toutes les autres Eumènes européennes par son pétiole linéaire et très allongé.

Habite : Le midi de la France. Montpellier. (Musées de Paris et de Genève. Collect. Jurine.)

55. E. Lucasia. n. sp.

Noire et brune, avec des bordures jaunes. Chaperon échancré. Ailes transparentes.
Mâle. Long. 11 mill.; env. 30 mill.

Fem. Inconnue.

Male. Tête noire, chaperon jaune, échancré, terminé par deux petites dents et orné d'une ligne brune longitudinale ; bordure postérieure des orbites jaune ; antennes ferrugineuses, obscures en dessus, les derniers articles entièrement ferrugineux ; ocelles en triangle large, *d'inégale grandeur, celle de devant la plus grosse.* Corselet noir ; prothorax, écaille, deux points sur l'écusson et métathorax d'un ferrugineux obscur, le premier portant une tache noire de chaque côté, et le dernier noir dans sa partie supérieure ; post-écusson liseré de jaune ; pétiole aussi long que le corselet et la tête réunis, étroit, son sillon indistinct, noir et liseré de jaune en dessus, ferrugineux en dessous. Abdomen noir ; second segment liseré de jaune et portant de chaque côté une tache ferrugineuse irrégulière ; les suivants bruns, les derniers ferrugineux ; extrémité de l'anus noire. Pattes ferrugineuses, cuisses brunes, tibias jaunes en dessus. Ailes transparentes, brunes le long de la côte et dans la cellule radiale.

Var. Long. 8 mill. ; env. 15 1/2 mill. Chaperon entièrement jaune ; prothorax liseré de jaune postérieurement ; derniers anneaux de l'abdomen noirs et ferrugineux ; ailes un peu enfumées et luisant de reflets irisés.

Habite : L'Abyssinie. (Musée de Paris.)

B. Corselet de même largeur en avant et au milieu ; disque du mésothorax ovale. Pétiole fortement déprimé, médiocrement long, et terminé en arrière par deux angles un peu saillants, grâce à l'étranglement du deuxième segment. Abdomen un peu déprimé. Mandibules aussi longues que la tête, sans dents. Antennes peu renflées au bout. (Galéa des mâchoires plus long qu'elles ; deuxième article des palpes plus long que le premier, les trois derniers très petits, le premier renflé.)

56. E. Canaliculata.

Roux mêlé de teintes brunes. Mésothorax avec trois taches noires. Ailes brunes.

Oliv. *Vespa canaliculata.* Enc. VI. 672.

Syn. Fabr. *Vespa diadema.* Ent. syst. Suppl. 263. — *Eumenes diadema.* Syst. Piez. 285.

Fem. Long. 20 mill.; env. 25 mill.

Mâle. Long. 16 mill.; env. 28 mill.

Fem. Tête et corselet d'un roux ferrugineux; chaperon échancré, luisant; front et vertex noirs, séparés par une ligne ferrugineuse ou rousse; antennes ferrugineuses, noires en dessus à l'extrémité. Mésothorax portant trois taches noires, dont l'une en forme d'une bande longitudinale élargie en avant, et les deux autres, petites, partant obliquement de l'insertion des écailles; un peu de noir en avant de l'écusson et dans le sillon qui sépare ce dernier du post-écusson; flancs traversés obliquement par une bande noire.; métathorax portant un peu de noir dans son sillon médian. Pétiole assez long, ferrugineux, noir à sa base et le long de sa partie dorsale. Abdomen d'un noir ferrugineux; les derniers segments roux ou ferrugineux. Pattes de même couleur que le corselet. Ailes obscures, brunes, surtout vers leur milieu; radius et cubitus d'un jaune ferrugineux.

Male. Comme la femelle, mais plus grêle; antennes ferrugineuses à l'extrémité, anus noir en dessous; ailes moins obscures.

Rapp. et diff. Très voisine de l'*E. Orbignii.* Elle en diffère par la taille et par la forme de la troisième cellule cubitale, laquelle est plus large à son bord radial qu'à son bord postérieur.

Habite : L'Amérique du sud. J'ai eu sous ma main des individus venant de Cayenne, de Surinam, de Bahia, et du Brésil en général. (Musée de Paris et toutes les collections.)

57. E. Orbignii, n. sp.

Rousse, mêlée de teintes brunes. Ailes brunes.

Fem. Long. 13 mill.; env. 22 mill.

Fem. Très voisine de l'*E. canaliculata,* dont elle ne se distingue presque que par sa petite taille. Antennes ferrugineuses, noires à l'extrémité, avec une tache ferrugineuse sous les derniers articles. Mandibules formant un bec très allongé. Pattes ferrugineuses; derniers articles des tarses de la troisième paire portant une tache noire distincte. *Troisième cellule cubitale aussi large à son bord postérieur qu'à son bord radial.* Le reste comme dans l'*E. canaliculata.*

Male. Inconnu.

Habite : La Bolivie. Rapportée par M. Alcide d'Orbigny. (Musée de Paris.)

58. E. Abdominalis.

Ferrugineuse, avec le prothorax, le métathorax et l'écusson, jaunes.
Ailes transparentes.

Syn. Drury. *Sphex abdominalis.* Ill. of Ins. i. pl. 45. fig. 2.
Oliv. *Vespa attenuata.* Enc. vi. 674.
Fabr. *Vespa attenuata.* Syst. Ent. 362. — Spec. Ins. i. 469. —
Mant. Ins. i. 293. — Ent. syst. ii. 282. — *Polistes atte-
nuatus.* Syst. Piez. 279.

Fem. Long. 19 mill.; env. 33 mill.

Fem. Très voisine de l'*E. canaliculata.* Insecte ferrugineux. Chaperon
un peu concave à son bord antérieur, jaune, de même que le sinus des
yeux et un point triangulaire entre les antennes; le reste de la tête
ferrugineux avec une ligne noire qui s'étend entre les sinus des yeux,
et une seconde sur le vertex. Antennes ferrugineuses, ornées d'une
tache noire sur l'extrémité. Prothorax, flancs, métathorax, écusson et
post-écusson, jaunes, avec une bande oblique noire sur les flancs, une
ligne noire dans le sillon du métathorax, une tache rousse de chaque
côté de ce dernier, et une teinte de la même couleur sur la moitié
postérieure de l'écusson. Mésothorax bordé de noir antérieurement et le
long de l'écusson. Pétiole noir à sa base, et bordé d'une ligne jaune.
Abdomen de forme conique, le deuxième segment fortement rétréci
en arrière. Pattes ferrugineuses. Ailes transparentes, ferrugineuses le
long de la côte, un peu enfumées vers le bout.

Male. Inconnu.

Habite : L'île de Cuba. (Collect. de M. Guérin-Méneville.)

59. E. Colona, n. sp.

Chaperon et antennes, jaunes, corselet roux, orné de jaune, abdomen brun, bordé de
jaune. Ailes transparentes. Pétiole court.

Fem. Long. 18 mill.; env. 32 mill.

Fem. Chaperon très peu échancré, orangé, avec ses bords jaunes;
bordure des yeux et un point saillant entre les antennes, jaunes; front
et vertex noirs, séparés par une bande jaune; antennes orangées, noires
en dessus à l'extrémité, ainsi que sur le premier article. Corselet ferrugineux, roux; prothorax bordé de jaune; mésothorax un peu bordé de
jaune, avec une bande médiane noire, une autre transversale le long
de l'écusson, et un C jaune sous l'aile antérieure; écusson ferrugineux
avec ses deux angles antérieurs jaunes, ainsi que le post-écusson; métathorax ferrugineux avec deux points noirs à sa partie supérieure;

flancs et une ligne dans le sillon du métathorax, noirs. Pétiole noir, assez court, bordé postérieurement d'une bande jaune. Abdomen châtain, le deuxième segment noir à sa base, et liseré de jaune. Pattes ferrugineuses, leur base noire, et le dessous des jambes jaune. Ailes d'un jaune doré, un peu grises vers le bout.

Var. Chaperon et prothorax entièrement jaunes; antennes ferrugineuses dans toute leur première moitié; flancs jaunes avec une bande noire oblique. Métathorax jaune. (Caracas.)

MALE. Inconnu.

Habite : La Jamaïque. La Colombie. (Collect. de M. de Romand. Musée de Londres.)

60. E. VERSICOLOR, n. sp.

Noire, ornée de roux, abdomen noir, orné de jaune.
Grandeur de l'*E. canaliculata.*

Chaperon échancré, roux. Antennes noires. Corselet roux ; mésothorax noir, avec deux taches triangulaires, arquées, ferrugineuses, en avant des écailles ; écaille jaune ; écusson et post-écusson roux, séparés par une ligne noire. Pétiole noir, bordé par un liseré jaune, et portant de chaque côté une ligne sinueuse de même couleur. Abdomen comprimé, noir. Deuxième segment bordé de jaune et orné de deux grandes taches jaunes anguleuses, latéralement placées ; les autres anneaux, jaunes et noirs, présentant des espèces de bariolures indistinctes. Pattes jaunes, cuisses de la troisième paire, noires. Ailes transparentes.

Habite : L'Amérique? (Musée de Londres.)

VIᵉ DIVISION.

Mandibules très longues, grêles, un peu crochues, armées de dents peu prononcées et tranchantes, et se croisant en X. *Pétiole allongé, grêle à sa base, un peu élargi en arrière, et offrant en ce point une bosse arrondie.*

Nota. Ces insectes établissent la transition aux Pachymenes ; les mandibules ne sont plus taillées de façon à former un bec parfait, mais lorsque leurs bouts crochus sont en contact, les autres parties correspondantes de ces organes laissent entre elles un vide.

61. E. CALLIMORPHA, n. sp.

Noire, ornée de quelques lignes jaunes, les anneaux de l'abdomen tous bordés de jaune.
Ailes obscures.
Fem. Long. 10 mill.; env. 20 mill.

FEM. Insecte noir. Chaperon terminé par deux dents peu sensibles. Ocelles presque en ligne droite. Corselet court ; métathorax vertical, son sillon à peine sensible. Pétiole allongé, renflé en dessus et un peu élargi vers le bout; le reste de l'abdomen régulièrement pyriforme, nullement déprimé; deuxième segment en cloche arrondie, aussi long que large. Deux taches obliques au haut du chaperon; une ligne sur le devant du premier article des antennes, un point entre leurs insertions et un autre au fond des sinus des yeux, d'un jaune orangé pâle; antennes ferrugineuses en dessous. Un liseré jaune le long du bord antérieur du prothorax, et un autre le long de son bord postérieur, suivant la courbe du mésothorax, un point sous l'aile, post-écusson et bord antérieur de l'écusson, jaunes, ainsi qu'une ligne de chaque côté du pétiole, qui s'étend dans presque toute sa longueur, et une bordure régulière et étroite à tous les segments de l'abdomen, dont la deuxième la plus large. Anus un peu ferrugineux. Pattes ferrugineuses; hanches et cuisses noires, dessus des tibias jaune. Ailes enfumées, brillant de quelques reflets violets; deuxième cellule cubitale en trapèze, son bord radial égal à la moitié de son bord cubital.

Var. ? Pas de jaune sur la tête ni sur le bord antérieur du corselet; les ornements jaunes du corselet, d'un brun clair, pas de lignes jaunes sur les côtés du pétiole. Pattes noires; tibias des postérieures ferrugineux, ainsi que le devant de ceux des premières.

M{\sc ale}. Inconnu.

Rapp. et diff. Cette espèce ressemble beaucoup aux petites Eumènes de l'Amérique du nord, mais elle s'en distingue par ses mandibules très allongées et crochues, par son pétiole plus allongé et par l'absence de taches jaunes sur le deuxième segment de l'abdomen.

Habite : La Colombie. (Musée de Paris.)

62. E. M{\sc icroscopica}, n. sp.

Petite, noire, deuxième segment abdominal plus large que long.

Fem. Long. 6 mill.; env. 13 mill.

F{\sc em}. Petite, noire. Antennes insérées au milieu de la hauteur de la tête, noires, avec le dessus du premier article et le dessous de l'extrémité, ferrugineux. Ocelles en triangle régulier. Chaperon carré, très peu échancré. Corselet globuleux, granuleux comme la tête; prothorax bordé de ferrugineux en avant et en arrière; écusson et post-écusson bordés en avant de la même couleur; métathorax portant de chaque côté un trait ferrugineux sur sa partie angulaire. Pétiole lisse, étroit, s'élargissant et se renflant en arrière, mais sans élargissement subit, aussi long que le corselet et la tête réunis, et bordé d'un cordon jaune. Deuxième segment de l'abdomen en cloche, plus large que long, sa face inférieure s'étendant plus en arrière que la supérieure. Tous les autres segments bordés d'un cordon jaune, celui du premier seul bien distinct. Pattes ferrugineuses; cuisses noires. Ailes transparentes, un peu enfumées; deuxième cubitale petite, en trapèze, première discoïdale presque carrée.

Habite : Le Brésil. (Collect. de M. Guérin-Méneville.)

SPECIES NON VISAE, AUT DUBIAE.

E. pyriformis, Fabr. Syst. Piez. 286. Chine. Peut-être une variété de l'*E. conica?*

E. grisea. Fabr. Syst. Piez. 286. Afrique.

E. atrata, Fabr. Syst. Piez. 287. Amérique.

E. formicaria, Fabr. Syst. Piez. 288. Amérique. Peut-être un *Montezumia?*

E. cyathiformis, Fabr. Syst. Piez. 289. Java.

E. fasciata, Fabr. Syst. Piez. 290. Java.

E. spinosa, Fabr. Syst. Piez. 290. Alger?

Sphex tripunctata, Christ. Hym. p. 317. pl. 32. fig. 3.

Sphex colibri, Christ. Hym. p. 318. pl. 32. fig. 4.

Sphex extensa. Christ. Hym. pl. 32. fig. 7. Jamaïque.

E. nigriceps, Spinol. Ann. Soc. ent. Fr. 1841. x. p. 128. Cayenne. Probablement un *Montezumia*.

E. anormis, Say. Expéd. to the sourc. of St-Peters. riv. App. p. 78. Amérique. (*Non Eumenes.*)

E. Ghilianii, Spinol. Hym. du Voy. de Ghiliani. p. 65 (1). (Mém. de l'Ac. des Sc. de Turin. Ser. ii, tom. xiii.)

Descript. de l'Egypte. Ins. Hym. par Savigny. pl. viii. fig. 7. Serait-ce l'*E. pomiformis?*

Olivier a probablement décrit quelques Eumènes parmi les *Guêpes* de l'Encyclopédie, mais ses descriptions sont trop imparfaites pour qu'il soit possible de distinguer les espèces de ce genre des autres Guêpes; j'espère cependant arriver à les reconnaître par voie d'exclusion, lorsque j'aurai terminé l'étude des Guêpes sociales.

Genre PACHYMENES. Mihi.
(Pl. V, fig. 1.)

CAR. Lèvre et mâchoires comme dans la première division du genre *Eumenes*. Premier article des palpes maxillaires renflé.

Mandibules très longues, grêles, un peu crochues au bout et armées

---

1. Il me serait impossible de dire à quelle division cette *Eumenes* doit être rapportée; je n'ai eu connaissance du mémoire de M. Spinola que lorsque ces pages étaient déjà sous presse.

de dents arrondies et tranchantes; ne formant pas un bec par leur réunion, mais se croisant en X.

Tête plate. Chaperon presque aussi large que long, et terminé par deux petites dents. Yeux allongés, ne couvrant pas en entier les parties latérales de la tête; leur échancrure triangulaire.

Antennes presque filiformes, *insérées au milieu de la hauteur de la tête.*

Abdomen pédicellé; le premier segment en forme de pétiole médiocrement allongé, dépourvu d'épines.

Pattes postérieures atteignant ou dépassant l'extrémité de l'abdomen.

Ailes très longues, très larges, arrondies au bout. Deuxième cellule cubitale variable pour la forme, son bord externe simplement arqué.

1re DIVISION.

Chaperon polygonal. Corselet allongé; mésothorax ovale, ses bords latéraux offrant en dehors une faible concavité; métathorax très oblique. Abdomen pyriforme, déprimé; le deuxième segment en cloche, s'élargissant dès sa base et à peine rétréci en arrière, plus long que large.

A. Pétiole subitement élargi en son milieu, sa partie dorsale portant une bosse saillante. Corselet beaucoup plus long que large.

1. P. Sericea.

D'un jaune doré. Ailes trausparentes.

Syn. Oliv. *Vespa sericea?* Enc. VI. p. 675.

Fem. Long. 15 mill.; env. 33 mill.

Fem. Tête noirâtre; chaperon peu profondément échancré; antennes noirâtres, ferrugineuses à l'extrémité; orbites des yeux bordées de ferrugineux. Prothorax brun, avec un cordon doré le long du sillon qui le sépare du mésothorax; le reste du thorax d'un ferrugineux doré tout couvert de poils courts et soyeux. Pétiole court, ferrugineux, noir à sa base, brun à son extrémité, et liseré de ferrugineux. Abdomen brun, couvert de poils courts et couchés, mais beaucoup moins denses que ceux du corselet. Pattes ferrugineuses, la première paire brune en dessous. Ailes transparentes, brunes le long de la côte; nervures brunes ou ferrugineuses; deuxième cellule cubitale peu rétrécie, son bord radial égal à la moitié de son bord postérieur, ou plus.

Male. Inconnu.

Rapp. et diff. Elle ressemble à la *P. pallipes*, mais elle s'en distingue par son mésothorax doré et non brun foncé avec des taches jaunes, par son pétiole plus long, etc.

Habite : Le Brésil. (Musée de Paris.)

2. P. Atra, n. sp.

Noire. Ailes transparentes.

Fem. Long. 18 mill.; env. 37 mill.

Fem. Insecte entièrement noir. Mandibules ferrugineuses. Une carène saillante entre les antennes. Tête et thorax finement ponctués. Pétiole marqué d'un sillon indistinct sur sa partie renflée. Abdomen lisse, luisant. Pattes noires, la première paire ferrugineuse et satinée en dessous. Ailes luisantes, transparentes, ferrugineuses à leur bord antérieur ; nervures ferrugineuses.

Male. Inconnu.

Habite : Le Brésil. (Musée de Paris.)

B. Pétiole court, déprimé, sans bosse dorsale, et presque triangulaire.

3. P. Pallipes.

Brune, ornée de jaune, ailes un peu obscures, bord radial de la deuxième cellule cubitale très sensible.

Syn. Oliv. *Vespa pallipes?* Enc. VI. p. 675.

Fem. Long. 15 mill.; env. 31 mill.

Mâle. Long. 12 1|2 mill.; env. 26 mill.

Fem. Deuxième article des palpes maxillaires un peu plus long que le premier ; premier article des palpes labiaux plus long que le deuxième. Ocelles en triangle large sur le devant du vertex. Yeux couvrant presque entièrement les côtés de la tête. Thorax aussi large en avant qu'au milieu, sillon du métathorax peu marqué. Insecte d'un brun ferrugineux. Tête brune, avec la bordure des yeux et du chaperon ferrugineuse, et une petite marque jaune de chaque côté en arrière du vertex. Corselet brun, orné de teintes jaunâtres sur les côtés ; mésothorax portant deux lignes longitudinales, jaunes, arquées en avant. Ecailles, écusson et post-écusson ainsi que le métathorax, d'un jaune ferrugineux, ce dernier avec une ligne brune dans son sillon ; tout le corselet couvert d'un léger duvet soyeux à reflets jaunâtres. Pétiole fortement campanulé, assez court, portant sur son côté dorsal un renflement marqué, et bordé d'un cordon jaune. Abdomen brun. Pattes d'un brun ferrugineux. Ailes transparentes, un peu enfumées, surtout dans la femelle ; deuxième cellule cubitale en trapèze , son bord radial égal à la moitié de la longueur du bord postérieur, son bord externe presque droit.

MALE. Chaperon soyeux. Un petit crochet au bout des antennes.

Rapp. et diff. Diffère : 1° de la *P. sericea* par ses ailes d'un jaune brunâtre, par son pétiole plus court, par son mésothorax brun orné de jaune, etc.

2° de la *P. brunea* par ses ailes moins obscures, par son pétiole renflé du côté dorsal, par son mésothorax brun et non ferrugineux, et par la forme de la deuxième cellule cubitale.

Habite : L'Amérique méridionale. Cayenne. (Musée de Paris.)

4. P. BRUNEA, n. sp.

D'un brun ferrugineux, pétiole sans renflement dorsal , ailes brunes, deuxième segment abdominal plus large que long.

Fem. Long. 13 mill. ; env. 30 mill.
Mâle. Long. 11 1⁄2 mill ; env. 27 mill.

FEM. Insecte très voisin du précédent. Corselet d'un brun ferrugineux ; prothorax d'un brun foncé, sauf son bord postérieur, qui est ferrugineux ; métathorax et écusson couverts de poils à reflets dorés ; flancs portant des teintes foncées. Pétiole pyriforme ; sa première moitié en pédicelle mince, le reste déprimé, sans renflement dorsal, et offrant un enfoncement ovale sur sa partie postérieure, de couleur ferrugineuse, portant une bande brune, fondue à son bord postérieur avec la couleur du pétiole, et interrompue par l'enfoncement ; en arrière de cette bande se voit un liseré jaune. Abdomen d'un brun foncé tant en-dessus qu'en-dessous ; deuxième segment plus large que long. Pattes ferrugineuses. Ailes à teintes brunes fortement prononcées, presque transparentes le long du bord postérieur, d'un brun très foncé le long de la côte ; *deuxième cellule cubitale triangulaire, son bord radial nul.* (La tête manque.)

MALE. Deuxième cellule cubitale pas entièrement rétrécie vers la radiale. Tête noire ; chaperon plus large que long, un peu concave à son bord antérieur, couvert de poils soyeux, noir au milieu. Ailes plus transparentes que dans la femelle. (Collect. de M. Guérin–Méneville.)

Rapp. et diff. Elle ressemble à l'espèce précédente ; mais elle s'en distingue nettement ; 1° par son pétiole plutôt pyriforme que campanulé, déprimé et sans renflement dorsal ; 2° par la deuxième cellule cubitale, dont le bord radial est nul, etc. Grâce aux mêmes caractères, elle ne saurait être confondue avec la *P. sericea.*

Habite : L'Amérique méridionale. Cayenne. (Musée de Paris.)

IIᵉ DIVISION.

Chaperon pyriforme. Corselet court, globuleux; sillon du métathorax peu sensible. Pétiole presque triangulaire, plat, arqué et armé de deux petits tubercules latéraux. Abdomen globuleux, le deuxième segment en grelot, plus large que long.

5. P. VENTRICOSA, n. sp.

Noire, velue, pétiole et deuxième segment de l'abdomen bordés de jaune. Ailes transparentes.

Fem. Long. 16 mill.; env. 34 mill.

Mâle. Long. 16 mill.; env. 34 mill.

FEM. Tête plate; ocelles en triangle large sur le vertex. Corselet aussi large que long; mésothorax portant à sa partie antérieure une ligne longitudinale, glabre ou enfoncée, et le pétiole, un point enfoncé sur sa partie postérieure et dorsale; deuxième segment abdominal armé en dessous d'une bosse saillante. Tout l'insecte d'un noir profond, surtout la tête et le prothorax. Pétiole et deuxième segment de l'abdomen bordés de jaune. Tête, corselet et pétiole très velus. Pattes noires. Ailes enfumées; deuxième cellule cubitale en trapèze, son bord radial égal en longueur à la moitié de son bord postérieur; troisième cellule cubitale quadrangulaire aussi grande que la quatrième.

MALE. Comme la femelle, treizième article des antennes en crochet.

Habite : La Caroline du Sud. (Musée de Paris.)

Genre SYNAGRIS.

(Pl. V, fig. 2.)

SYN. *Synagris* Fabr. Latr. Lepel.

CAR. *Lèvre* très longue, partagée en quatre lanières plumeuses, sans points cornés à l'extrémité, ou avec quatre points rudimentaires et indistincts. Palpes labiaux de trois articles, le quatrième remplacé par des poils roides, le tout n'atteignant pas la moitié de la longueur de la lèvre.

Mâchoires portant un palpe plus court qu'elles, de trois, quatre ou cinq articles, le premier gros, les autres terminés en pointe, glabres (1). Galéa deux ou trois fois aussi long que la mâchoire.

Mandibules très longues, très fortes, en forme de stylet dans les

---

1. Latreille admet quatre articles, Fabricius quatre, Lepeletier de Saint-Fargeau trois. Fabricius prend évidemment le palpigère pour un article, car il décrit le second comme étant le plus grand.

femelles, et formant par leur réunion un bec plus long que la tête, mais dépassé de beaucoup par la lèvre ; de forme variable dans les mâles, souvent fortement arquées ou armées d'appendices.

Antennes filiformes, le treizième article des mâles en forme de crochet.

Yeux ne couvrant pas toute la partie latérale de la tête, leur échancrure étroite, triangulaire.

Ocelles en triangle large sur la partie antérieure du vertex.

Post-écusson et *métathorax* épineux ou tuberculeux.

Abdomen presque sessile, le premier segment en cloche, un peu moins large que le deuxième.

Pattes postérieures dépassant l'extrémité de l'abdomen, le premier article des tarses, grand.

Ailes. Cellule radiale un peu appendiculée, la deuxième cubitale plus ou moins rétrécie vers la radiale, la troisième en carré oblique et beaucoup plus petite que la quatrième.

Ce genre vient rompre la série naturelle qui unit les *Eumenes* aux *Odynerus*, aussi n'avons-nous pas l'intention de lui assigner une place dans cette dernière, au contraire, nous croyons qu'il forme un type tranché, collatéral à la série, à laquelle le rattache cependant un chaînon particulier ; ainsi il est intimement lié aux *Rhygchium*, genre auquel la troisième division sert de transition, et la *Synagris pentameria* est si voisine des *Rhygchium* de la première division, et en particulier du *R. synagroïdes*, qu'un œil peu exercé n'hésiterait pas à les confondre.

Nota. La majeure partie des insectes qui composent ce genre se ressemblent si étonnamment qu'il est presque impossible de les distinguer sans avoir recours à la dissection des parties de la bouche, et c'est grâce à cette circonstance que les auteurs les ont toujours confondues. Malgré leur intime ressemblance, les organes buccaux présentent des différences frappantes qui nous ont conduit à la formation de trois divisions.

Le tableau suivant pourra faciliter la détermination des espèces :

1	Ailes jaunâtres.	2
	Ailes violettes.	3
2	Abdomen entièrement noir.	*cornuta.*
	Abdomen orné de taches blanches.	*œstuans.*
3	Mandibules du mâle portant des appendices, extrémité de l'abdomen blanche.	*mirabilis.*
	Mandibules du mâle sans appendices, extrémité de l'abdomen jaune.	4
4	Métathorax granuleux, sans stries transversales.	*abyssinica.* *minuta.* *pentameria.*
	Métathorax portant des plis ou des stries transversales.	5

5 { Dessous du deuxième segment abdominal armé de tubercules ou d'épines. { *calida.* *dentata.* *spinosuscula.*

{ Dessous du deuxième segment sans épines. 6

6 { Les trois premiers segments de l'abdomen, noirs. . . . . . *œquatorialis.*
{ Les deux premiers segments de l'abdomen, noirs. . . . . . *analis.*

Iʳᵉ DIVISION.

Pl. V, fig. 2 *b.*

Lèvre sans points cornés à l'extrémité; palpes maxillaires de trois articles; mandibules des mâles différentes de celles des femelles.

1. S. CALIDA (1).

SYN. Linn. *Vespa nigra.* Syst. nat. 952. No 27.
Fabr. *Vespa calida.* Syst. Ent. 336. — Spec. Ins. i. 462. — Mant.
Ins. i. 289. — Ent. Syst. ii. 262. 33. — Syst. Piez. 289.
Degéer. *Vespa carbonaria.* Mem. ins. vii. 607. pl. 45. fig. 9. —
V. Capensis, Deg. (à tort).
Oliv. *Vespa calida.* Enc. vi. 683.
Christ. *Vespa crabro microrrhœa.* Hym. 218. tab. 18. fig. 6. —
Vespa calida. 225.
Paliss. Beauv. *Id.* Ins. d'Afr. et d'Amér. 260. pl. x. fig. 6. Mâle.
St-Farg. et Serv. *Id.* Enc. X. 510.
St-Farg. *Id.* Hymen. ii. 594.
Guér. *Id.* Icon. du Règn. an. p. 446. pl. 72. fig. 3. — Voy. en
Abyss. de Ferret et Galinier. 452. pl. 29. fig. 7. 8. Mâle.

Fem. Long. 24 mill.; env. 53 mill.
Mâle. Long. 25 mill.; env. 58 mill.

FEM. Mandibules un peu arquées, portant trois échancrures sur leur bord interne. Chaperon allongé, légèrement tronqué à l'extrémité, et présentant deux points saillants; ces derniers, ainsi que les antennes, et un triangle à leur insertion, d'un ferrugineux obscur. Tout le corps, noir, sauf les trois derniers segments abdominaux, qui sont d'un jaune foncé. Tête et corselet ponctués; métathorax et post-écusson portant chacun deux tubercules saillants, le premier strié en travers. Pattes brunes. Ailes brunes à reflets violets. Nervure externe de la deuxième

---

1. Certains auteurs donnent à cette espèce quatre épines au métathorax ; elle en possède bien réellement quatre, mais nous faisons toujours abstraction des angles épineux qui emboîtent la base du pétiole, parce qu'ils sont difficilement visibles, et lorsque nous parlons des épines métathoraciques, nous entendons toujours celles qui se trouvent sur les bords latéraux du métathorax.

cellule cubitale presque droite, bord postérieur de cette dernière pas plus que trois fois aussi long que son bord antérieur; troisième cellule cubitale à peine deux fois aussi longue que large.

MALE. Insecte gros, trapu, sa tête présentant en arrière du front et des yeux, un renflement considérable. Chaperon plus large que long. Mandibules très longues, fortement arquées, tronquées obliquement à l'extrémité, sans dents, et se croisant en X à l'état de repos. Post-écusson et métathorax, bidentés; deuxième segment abdominal armé en dessous de deux grosses épines, presque aussi longues que le chaperon. Mandibules, chaperon, antennes et pattes ferrugineux ou obscurs. Les cellules cubitales diffèrent un peu de celles de la femelle.

Rapp. et diff. Très voisine de la *Synagris dentata*; (voir les affinités de cette espèce.)

Habite : Le Sénégal; assez commune. (Musée de Paris.)

2 S. DENTATA, n. sp.

Mâle. Long. 24 mill.; env. 58 mill.

MALE. Mandibules longues, peu courbées et présentant en leur milieu une dent sur le bord interne. Palpes labiaux terminés par deux poils roides. Chaperon plus long que large, tronqué à son extrémité. Post-écusson armé de deux dents. Métathorax strié en travers et portant deux autres dents plus aiguës que les premières. Dessous du deuxième segment abdominal muni de deux tubercules aigus. Mandibules, chaperon et antennes d'un ferrugineux obscur. Tête noire, avec deux taches ferrugineuses (peu distinctes) en arrière des ocelles. Corselet noir, un peu brun, surtout les écailles et le bord postérieur du prothorax. Les trois premiers segments de l'abdomen, noirs, les autres d'un jaune orangé clair. Tête et corselet fortement ponctués. Pattes brunes. Ailes brunes, à reflets violets.

FEM. La femelle est inconnue ou absolument semblable à celle de l'espèce précédente. En effet, les différentes espèces de *Synagris* se ressemblent tellement entre elles qu'une pareille supposition n'est point hasardée.

Rapp. et diff. Elle ressemble : 1° à la *S. calida.* La femelle (si c'est bien réellement la femelle de la présente espèce) s'en distingue par la deuxième cellule cubitale, dont le bord externe est sinué en S, et non presque droit; par la troisième cellule cubitale, qui est deux fois aussi longue que large; enfin par ses teintes rousses en arrière des ocelles, qui manquent à la seconde. Le mâle, par sa tête plus étroite que le corselet, sans renflement considérable en arrière des ocelles et des yeux; par ses mandibules moins arquées et munies d'une dent en leur milieu; par le deuxième segment de l'abdomen, qui porte en dessous deux petits tubercules, et non deux grosses épines.

2° Elle se distingue de toutes les autres espèces par ses deux tubercules sous le second segment abdominal.

Habite: L'Afrique équinoxiale, le Sénégal. (Musée de Paris).

3. S. ÆSTUANS.

Syn. Fabr. *Vespa æstuans*. Spec. Ins. I. 462.— Mant. Ins. I. 289. —
    Ent. Syst. II. 262. — Syst. Piez. 258.
    Oliv. *Vespa æstuans*. Enc. VI. 683.
    Paliss. Beauv. *Synagris æstuans*. Ins. d'Afr. et d'Amér. p. 260.
        Hym. pl. X, fig. 5.
    St-Farg. et Serv. *Id*. Enc. X. 510.
    St-Farg. *Id*. Hymén. II. 594.

Fem. Longueur totale : 9 lignes.

Fem. Antennes ferrugineuses. Tête noire, marquée de deux petites taches jaunes entre les insertions de ces organes. Corselet noir, prothorax roux, portant deux taches blanchâtres; quatre points blanchâtres sur l'écusson; les deux postérieurs élevés, presque épineux; métathorax roux, avec deux taches blanchâtres; écaille jaunâtre. Abdomen noir; son premier anneau ferrugineux à sa base et marqué de deux taches d'un jaune blanchâtre à son bord postérieur; deuxième segment très grand, orné de deux grandes taches jaunes transversales à sa partie postérieure. Pattes et ailes ferrugineuses.

Male. Abdomen ferrugineux; la partie noire du premier segment avec deux taches blanchâtres; partie postérieure du deuxième segment et tous les suivants, noirs, portant chacun deux taches d'un blanc jaunâtre.

Habite: L'Afrique équinoxiale. (Musée de Genève.)

4. S. ÆQUATORIALIS, n. sp.

Mâle. Long. envir. 21 mill.; env. 45 mill.

Fem. Inconnue.

Male. Chaperon court, tronqué, obscur, ainsi que les mandibules; ces dernières peu courbées, formant un bec par leur réunion, leur bord interne présentant deux très petites dents, mais pas d'échancrures. Post-écusson et métathorax bidentés, ce dernier strié en travers. Tête et corselet fortement ponctués, noirs, ainsi que les quatre premiers an-

6

neaux de l'abdomen, les autres d'un jaune orangé, ainsi que les angles du quatrième segment. Pattes brunes. Ailes brunes à reflets violets; deuxième cellule cubitale fortement rétrécie, son bord postérieur trois fois aussi long que son bord radial.

Rapp. et diff. Très voisine de la *S. calida* et de la *S. dentata*; elle s'en distingue par ses mandibules presque droites et sans dents sensibles, de même que par l'absence de tubercules sous le deuxième segment abdominal; quant à la femelle, elle doit être parfaitement semblable à celles de ces deux espèces. Très voisine des espèces de la deuxième et de la troisième division, on ne saurait l'en distinguer sans faire l'analyse de la bouche.

Habite : Le Sénégal. (Musée de Paris et collect. de M. Sichel.)

5. S. Mirabilis, Guér. !

Syn. Guér. *Synagris mirabilis*, Voy. en Abyss. de Le Fèvre vi. Ins. p. 359, pl. 8, fig. 8

Reiche. *Id.* Voy. en Abyss. de Ferret et Galinier. iii. p. 453. pl. 29. fig. 10.

Mâle. Long. 24 mill.; env. 48 mill.

Fem. Inconnue.

Male. Grande, d'un noir velouté. Tête et thorax densément ponctués; devant de la tête d'un rougeâtre obscur; chaperon fortement bidenté et offrant une dépression dans son milieu; mandibules aiguës, droites, armées à la base d'un appendice en forme de corne, court, comprimé et dirigé en avant. Antennes noires, leur crochet terminal ferrugineux. Corselet noir; post-écusson bituberculé; métathorax bidenté et fortement strié en travers. Abdomen noir; la seconde moitié du quatrième segment, les cinquième, sixième, et la première moitié du septième, d'un blanc légèrement jaunâtre, et couverts de poils argentés très courts; anus noir; dessous du deuxième segment armé vers son bord postérieur de deux épines longues, grêles et dirigées en arrière. Pattes noires. Ailes d'un violet foncé.

Habite : L'Abyssinie. (Collect. de M. Guérin-Méneville.)

6. S. Cornuta, Fabr.

Syn. Lin. *Vespa cornuta*. Syst. Nat. ii, 951.— Mus. Lund. Ulr. 409. fig. 3.

Fabr. *Vespa cornuta*. Syst. Ent. 363.— Spec. Ins. i. 459.—Mant. Ins. i. 287. — Ent. Syst. ii. 253. — *Synagris cornuta*. Syst. Piez. 259. Mâle.

Christ. *Vespa crabro cornuta*. Hym. 214. tab. 18. fig. 2.

Oliv. *Vespa cornuta*. Enc. VI. 678. tab. 382. fig. 10.

Drury. *Id.* Ill. of Ins. II. p. 48. fig. 3.

Latr. *Synagris cornuta*. Ins. III. 360. — Hist. nat. Crust. et
Ins. XIII. 344.

Saint-Farg. et Serv. *Id.* Enc. X. 510.

Saint-Farg. *Id.* Hym. II. 593.

Fem. Long. 20 mill.; env. 47 mill.

Mâle. Long. 21 mill. ; env. 49 mill.

FEM. Tête grosse ; mandibules très longues , aiguës , droites , tranchantes , sans aucune dent, formant par leur réunion un bec triangulaire ; palpes labiaux terminés par un poil roide qui imite un quatrième
article ; chaperon en forme de trèfle renversé, le lobe médian dépassant
de beaucoup les autres, et terminé en pointe ; ocelles en triangle équilatéral sur le devant du vertex, et une marque noire en arrière de ces
dernières. Corselet velouté , ainsi que la tête ; mésothorax orné sur sa
partie antérieure d'une tache noire en forme de dé à coudre , de la
partie postérieure de laquelle partent deux bandes noires , moins distinctes, qui vont rejoindre les angles de l'écusson ; deux autres taches
noires sont juxtaposées aux écailles des ailes ; post-écusson portant simplement deux tubercules mousses, et le métathorax de chaque côté une
dent. Abdomen orné d'un peu de brun à sa base. Pattes ferrugineuses.
Ailes luisantes , brunâtres , d'un brun jaunâtre , lorsqu'elles sont vues
par transparence ; deuxième cellule cubitale fortement rétrécie , son
bord radial presque nul.

MALE. Mandibules comme dans la femelle , mais armées à leur partie
supérieure, de deux prolongements en forme de cornes, qui se croisent
en avant de la tête , de façon à figurer une espèce de pince assez semblable à celle du cerf-volant ; vertex partagé par un sillon médian , et
renflé en arrière des yeux. Tête et corselet ferrugineux ; une tache
noire fondue dans ses bords en arrière des ocelles ; mésothorax un
peu bordé de noir à son bord antérieur, et orné de deux lignes noires
longitudinales qui partent des angles de l'écusson et n'atteignent pas
son bord antérieur.

Var. Les cornes du mâle, de grandeur variable selon les individus ;
mésothorax entièrement noir, ou au contraire presque entièrement
jaune ; vertex entièrement noir.

Habite : La côte de Guinée, et, selon quelques auteurs, aussi le Cap
de Bonne-Espérance et les Indes Orientales.

IIᵉ DIVISION.

Pl. V, fig. 2 c.

Lèvre portant à son extrémité quatre points cornés, indistinctement visibles. Palpes maxillaires de quatre articles dans les deux sexes.

7. S. Bellicosa, n. sp.

Fem. Long. 19 mill.; env. 45 mill.
Mâle. Long. 17 1|2 mill; env. 41 mill.

Fem. Chaperon plus long que large, un peu arrondi à son extrémité inférieure, et portant en ce point une dépression qui a la forme d'une échancrure, d'un roux brunâtre, ainsi que les mandibules et les antennes; ces dernières obscures en dessus. Ocelles en triangle équilatéral. Post-écusson strié en travers et armé de deux tubercules mousses. Métathorax bidenté. Les trois premiers segments de l'abdomen, noirs, ainsi que la tête et le corselet, les autres d'un jaune orangé, mêlé de teintes noirâtres vers la base des segments. Pattes brunes. Ailes brunes avec des reflets violets; deuxième cellule cubitale en forme de trapèze, son bord externe presque droit.

Mâle. Chaperon aussi large que long.

Rapp. et diff. Très voisine des *S. calida, dentata,* etc. Les femelles ne s'en distinguent que par l'inspection de la bouche, les mâles par leurs mandibules droites comme celles des femelles, par l'absence de tubercules ou d'épines sous l'abdomen, etc. Très voisine aussi de la *S. Abyssinica.* (Voir les affinités de cette espèce.)

Habite : Le Sénégal? (Musée de Genève.)

Nota. Je rapporte à cette espèce un individu qui fait partie de la collection de M. Guérin-Méneville, et qui vient d'Abyssinie. Il pourrait cependant y avoir quelques doutes à cet égard.

8. S. Abyssinica (1), Guér.

Syn. Guérin. *Synagris Abyssinica.* Voy. en Abyss. de Lefèvre. vi. 360.
Reiche. Voy. en Abyss. de Ferret et Galinier. iii. 453. pl. 29. fig. 9, 10.

Mâle. Long. 18 1|2 mill.; env. 44 mill.

Fem. Inconnue.

Mâle. Noir. Tête et corselet presque rugueusement ponctués; chaperon terminé de chaque côté par une dent, ferrugineux; antennes

---

1 Je n'ai pas examiné la bouche de cette espèce, mais je présume qu'elle doit rentrer dans cette division.

noirâtres, les deux premiers articles un peu rougeâtres. Post-écusson tuberculeux. Métathorax bidenté, rugueux, *ponctué*, *jamais strié*. Abdomen noir, avec les quatre derniers anneaux jaunes. Pattes noires. Ailes violettes.

Rapp. et diff. Cette espèce est distincte par son métathorax granuleux sans stries transversales, elle ne ressemble guère qu'à la *S. minuta*, dont elle diffère par sa plus grande taille, et son mésothorax plus rugueux.

9. Minuta, n. sp.

Mâle. Long. 16 mill.; env. 25 mill.

Fem. Inconnue.

Male. Chaperon pyriforme, bidenté à son extrémité. Post-écusson portant deux tubercules arrondis. Métathorax armé de deux petites dents, un peu granuleux, les granulations imitant des stries transversales. Dessous du deuxième segment abdominal présentant deux lignes saillantes en forme de C. Tête noire; chaperon, un point entre les antennes, et ces dernières, d'un jaune orangé. Corselet et les trois premiers segments de l'abdomen, noirs, les suivants d'un jaune orangé, et un peu brunâtres à l'extrémité. Pattes noires. Ailes brunes à reflets violets; deuxième cellule cubitale fortement rétrécie vers la radiale; son bord externe simplement arqué (1).

Habite : Le Cap de Bonne-Espérance. (Musée de Paris.)

10. S. Spinosuscula, n. sp.

Mâle. Long. 22 mill.; env. 46 mill.
Fem. Long. 22 mill.; env. 48 mill.

Male. Mandibules très longues, presque droites, tronquées obliquement au bout comme dans la *S. calida*, mais portant au milieu une forte dent spiriforme. Chaperon tronqué droit, portant deux carènes saillantes vers le bout. Ecusson bombé; post-écusson bituberculeux; métathorax velu, strié en travers, biépineux, les épines longues et velues. Abdomen luisant; deuxième segment portant en dessous deux petites épines grêles, dirigées en arrière et insérées près de son bord postérieur. Insecte noir; mandibules ferrugineuses; chaperon et antennes orangés, ces dernières noires en dessus vers le bout. Les trois premiers segments de l'abdomen, noirs; les autres d'un orangé brillant; le qua-

---

1. Dans un individu que j'ai examiné, la nervure qui sépare la seconde cellule cubitale de la troisième, manquait à l'aile droite.

trième noir en dessous dans son milieu. Pattes noires. Ailes violettes ; deuxième cellule cubitale en trapèze, son bord externe droit.

Fem. Mandibules droites, munies de trois échancrures; chaperon très allongé; pas d'épines à l'abdomen ; deuxième cellule cubitale deux fois aussi longue que large.

Rapp. et diff. Cette espèce ressemble beaucoup : 1º à la *S. calida*, dont elle se distingue à première vue par l'absence des grosses épines dont son deuxième segment abdominal est armé.

2º A la *S. dentata*, dont elle diffère par ses pattes noires et non ferrugineuses, par les mandibules, dont la dent est beaucoup plus forte, par les épines du deuxième segment abdominal, qui ont un millimètre de longueur et qui sont dirigées en arrière, tandis que la *S. dentata* n'a que deux tubercules pointus.

Habite : L'Abyssinie. (Musée de Paris).

11. S. ANALIS, n. sp.

Mâle. Long. 19 mill.; env. 45 mill.

Male. Mandibules droites, offrant sur leur bord triturant deux dents mousses, peu sensibles, comme dans la *S. æquatorialis*. Post-écusson bituberculeux. Métathorax strié en travers, biépineux. Abdomen sans épines ni tubercules en dessous. Insecte noir; mandibules et antennes ferrugineuses, ces dernières noires en dessus; chaperon très allongé, épais, offrant une échancrure parfaitement angulaire, d'un jaune orangé, ainsi que le premier article des antennes, la bordure des yeux jusque dans leur sinus rentrant, et un triangle sur le front. Les deux premiers segments de l'abdomen, seuls, noirs, tous les autres d'un jaune orangé brillant. Pattes noires. Ailes violettes.

Rapp. et diff. Cette espèce est très voisine de la *S. æquatorialis*, mais elle s'en distingue à première vue, ainsi que de toutes les espèces noires à abdomen jaune au bout, par le troisième segment de l'abdomen, qui est jaune, et non noir comme dans ces dernières.

Fem. Inconnue.

Habite : L'Abyssinie. (Musée de Paris.)

IIIᵉ DIVISION.

Pl. V, fig. 2 d.

Langue portant à son extrémité quatre points cornés indistincts. Palpes maxillaires de cinq articles. Mandibules droites dans les mâles, formant un bec par leur réunion.

12. S. Pentameria, n. sp.

Mâle. Long. 17 1|2 mill.; env. 38 mill.

Fem. Inconnue.

Male. Noir. Chaperon jaune orangé, terminé par deux petites dents. Antennes ferrugineuses, mandibules brunes, droites, sans dents, mais avec deux petites échancrures. Post-écusson faiblement bituberculé. Métathorax bidenté, rugueux, sans stries transversales. Les trois premiers anneaux de l'abdomen, noirs; les autres jaunes. Ailes violettes; deuxième cellule cubitale en trapèze, son bord radial grand.

Rapp. et diff. Très voisine de la *S. Abyssinica*, dont elle ne se distingue guère que par le cinquième article des palpes maxillaires.

Habite : Le Cap de Bonne-Espérance. (Collect. de M. Guérin-Méneville.)

Nota. Cette espèce forme la transition au genre Odynerus; en effet, l'*O. synagroides* pourrait facilement être pris pour une Synagre, dont il ne diffère que par la plus grande brièveté de sa langue, par le sixième article des palpes maxillaires, et par un quatrième article rudimentaire aux palpes labiaux.

Genre MONTEZUMIA (1). (Mihi).

Pl. V, fig. 3.

Lèvre médiocrement allongée, un peu plumeuse. Palpes labiaux de trois articles, le premier le plus long, presque droit, le troisième armé de poils roides.

Mâchoire. Galéa de même longueur que la partie basilaire. Palpe un peu plus long, de cinq articles diminuant successivement de longueur du premier au dernier, le premier gros.

1. Les insectes qui composent ce genre affectent deux formes qui nous ont conduit à le partager en deux divisions, la première caractérisée par un abdomen pédicellé, la seconde, au contraire, par un abdomen sessile. Ces deux formes se retrouvent dans les *Polistes*, genre avec lequel le présent semble avoir été confondu quoiqu'il s'en éloigne notablement, car les *Polistes* ont les palpes labiaux triarticulés et les palpes maxillaires de six articles, mais pour le facies ils se ressemblent singulièrement; non seulement le genre *Polistes* offre des formes correspondantes à celles des *Montezumia*, mais il existe entre les espèces de ces deux genres un parallélisme frappant; celles qui proviennent d'un même pays sont souvent identiques pour la distribution des couleurs; les espèces, en particulier, dont l'abdomen est pédicellé, ont toutes une teinte d'un bleu noirâtre, soit dans l'un, soit dans l'autre de ces genres; cependant les *Polistes* de cette division sont faciles à distinguer à leur corselet fortement rétréci en avant, et non large, carré et anguleux comme celui des *Montezumia*. J'appellerai plus particulièrement l'attention des entomologistes sur ces analogies dans la *Monographie des Guêpes sociales*, à laquelle je travaille dans ce moment.

Mandibules médiocrement longues, triangulaires, un peu crochues, portant plusieurs dents arrondies sur leur bord interne, et formant par leur réunion un bec aigu.

Antennes insérées à peu près au milieu de la hauteur de la tête; le treizième article, dans les mâles, en forme de crochet.

Tête grosse, concave du côté postérieur. Yeux ne couvrant pas entièrement les côtés de cette dernière.

Corselet nullement rétréci en avant, sillon du métathorax peu profond.

Abdomen. Premier segment en cloche, un peu (souvent à peine) pédicellé, emboîtant le deuxième, et portant presque toujours sur son côté dorsal un point enfoncé, submarginal.

Ailes. Cellule radiale n'atteignant pas près du bout de l'aile, et indistinctement appendiculée.

Insectes tous américains.

Ce genre lie les *Zethus* aux *Odynerus* par l'intermédiaire du genre *Monobia*. En effet, il a de commun avec les premiers les palpes labiaux triarticulés, et avec ces derniers, les palpes maxillaires de cinq articles.

Ire DIVISION.

Pédicelle distinct, occupant près de la moitié de la longueur du premier segment abdominal.

1. M. RUFIDENTATA, n. sp.

Noire, à reflets violets, bouche rousse, ailes violettes.
Fem. Long. 17 mill.; env. 40 mill.

FEM. Insecte d'un noir violet. Antennes noires, ferrugineuses en dessous à l'extrémité. Chaperon et mandibules roux; le premier un peu échancré, les secondes noires à l'extrémité. Tête et corselet ponctués. Ce dernier nullement rétréci en avant. Ailes violettes, moins sombres que dans l'espèce suivante; deuxième cellule cubitale fortement rétrécie, son bord radial très court, mais distinct. Nervure externe de la troisième discoïdale à peu près droite.

MALE. Inconnu.

Rapp et diff. Très voisine de la *M. azureipennis;* elle s'en distingue par l'absence de roux sur l'écusson. On pourrait aussi la confondre avec la *M. morosa;* elle en diffère par son abdomen distinctement pédicellé, et par son thorax aussi large en avant qu'au milieu. Très voisin aussi de la *M. rubritarsis.* (Voir la description de cette espèce.)

Habite : Rio-Janeiro. (Musée de Paris).

2. M. Azureipennis, n. sp.

Corps noir à reflets verdâtres, bouche et bordure de l'écusson roux. Ailes violettes.
Fem. Long. 18 mill.; env. 38 mill.

Fem. Tête et corselet à reflets verdâtres; chaperon très peu échancré, roux, avec sa partie supérieure de la même couleur que la tête; mandibules, fossettes des antennes et dessous de la tête, roux; antennes noires; écusson et post-écusson bordés de roux en arrière. Abdomen noir à reflets un peu bleuâtres. Pétiole portant de chaque côté une ligne jaunâtre brisée presque à angle droit. Pattes noires; épines de la troisième paire et dernier article des tarses de la première, ferrugineux. Ailes brunes à reflets violets ; deuxième cellule cubitale fortement rétrécie, son bord radial égal à un quart du bord postérieur.

Male. Inconnu.

Rapp. et diff. Très voisine de l'espèce précédente, elle s'en distingue par la bordure rousse de l'écusson et par sa teinte verdâtre. Elle pourrait cependant n'en être qu'une variété.

Habite : Le Brésil. (Musée de Genève.)

3. M. Rufipes, n. sp.

Noire, avec le dernier article des tarses, roux. Ailes violettes.
Fem. Long. 19 mill.; env. 46 mill.

Fem. Chaperon un peu échancré, offrant de chaque côté de l'échancrure une petite dent ; lisse, sauf le bas, qui est un peu tuberculeux. Tête et corselet finement rugueux ; abdomen couvert de petits poils soyeux, couchés longitudinalement ; le deuxième segment formant en dessous un ventre très prononcé ; l'enfoncement dorsal du premier à peu près nul. Premier article des antennes égal au tiers de la longueur totale de ces organes. Insecte noir; antennes un peu ferrugineuses en dessous ; écusson bordé de roux en arrière ; premier segment de l'abdomen portant de chaque côté une ligne jaunâtre brisée presque à angle droit; dernier article des tarses de toutes les pattes et armure des tibias de la troisième paire, roux. Ailes noires, avec des reflets violets ; cellules comme dans la *M. azureipennis*, le bord externe de la troisième discoïdale presque droit.

Male. Inconnu.

Rapp. et diff. Très voisine des *M. azureipennis* et *rubritarsis*, mais distincte de la première, par ses tarses roux et sa bouche noire; de la deuxième, par l'absence de dépression dorsale sur le premier segment de l'abdomen, et par sa bouche noire.

Habite : Le Brésil? (Collect. de M. de Romand.)

4. M. Rubritarsis, n. sp.

Noire, avec les mandibules et les tarses roux. Ailes violettes.
Fem. Long. 18 mill.; env. 45 mill.

Fem. Très voisine de la *M. rufipes*, dont elle diffère par les caractères suivants : le chaperon un peu moins échancré, roux à son extrémité, ainsi que les mandibules. Le premier article des antennes moins long. Une forte dépression dorsale sur le premier segment de l'abdomen, et une cannelure indistincte, transversale, sur le deuxième, très près de sa base ; ce segment moins ventru en dessous. Le corselet un peu bleuâtre ; pas de bordure rousse au post-écusson, et pas de ligne jaunâtre latérale, au premier segment de l'abdomen. Elle diffère de la *M. rufidentata* par ses tarses d'un roux ferrugineux.

Male. Inconnu.

Habite : Le Brésil, les Campos. (Collect. de M. de Romand.)

5. M. Coerulea, n. sp.

D'un noir-violet, avec les ailes violettes.
Fem. Long. 19 mill. ; env. 45 mill.

Fem. Insecte entièrement d'un noir violet. Mandibules, antennes et pattes, noires. Chaperon légèrement échancré. Corselet nullement rétréci en avant, granuleux, ainsi que la tête. Premier segment abdominal en demi-poire, sa moitié antérieure rétrécie en pédicelle. Le deuxième beaucoup plus large que long. Ocelles un peu écartées, sur un front oblique. Ailes violettes ; deuxième cellule cubitale rétrécie, son bord radial égal à un tiers de son bord postérieur. Nervure externe de la troisième discoïdale sensiblement convexe en dehors.

Male. Inconnu.

Rapp. et diff. Cette espèce est distincte par sa bouche noire.

Habite : La Guyane. (Musée de Paris.)

IIe DIVISION.

Premier segment de l'abdomen presque entièrement en forme de cloche, son pédicelle presque nul, ou nul.

6. M. Morosa, n. sp.

Noire, avec la bouche rousse. Ailes violettes.
Fem. Long. 16 mill.; env. 56 mill.

Fem. Insecte noir, un peu grisâtre, grâce aux poils fins dont il est couvert. Mandibules rousses, avec l'extrémité noire ; chaperon très peu échancré, roux, avec deux petites taches noires linéaires. Antennes noires. Un point un peu enfoncé sur le front. Corselet un peu moins large en avant qu'au milieu ; métathorax arrondi, rugueux, argenté dans le sillon. Tête et corselet ponctués. Deuxième segment abdominal presque aussi long que large. Pattes noires ; tarses de la première paire, roux. Ailes brunes , le bout n'étant pas transparent ; deuxième cellule cubitale subtriangulaire, son bord radial presque nul.

MALE. Chaperon terminé par deux petites dents.

Rapp. et diff. Cette espèce se distingue facilement des autres par sa couleur noire et l'absence de pédicelle sensible.

Habite : L'Amérique du Sud? (Musée de Paris.)

7. M. FERRUGINEA, n. sp.

D'un jaune ferrugineux. Ailes d'un brun ferrugineux.
Mâle et fem. Long. 16 mill.; env. 32 mill.

FEM. Insecte long et grêle. Tête renflée en arrière des yeux et du vertex ; mandibules très longues ; chaperon bidenté ; ocelles en triangle équilatéral. Corselet très allongé , presque trois fois aussi long que large ; disque du mésothorax un peu plus long que large ; écusson carré ; métathorax prolongé en arrière , presque horizontal. Abdomen très grêle ; le premier segment subsessile, en cloche allongée, presque en entonnoir, plus long que large, et portant en dessus un sillon longitudinal profond. Insecte d'un jaune ferrugineux, tête et corselet un peu veloutés ; abdomen satiné ; sur le vertex, un croissant d'un ferrugineux plus foncé, la concavité tournée en avant ; antennes grises en dessus ; mandibules, corselet et base des segments de l'abdomen d'un ferrugineux un peu plus foncé que la tête ; le bord de ces derniers, au contraire, un peu plus jaune. Pattes ferrugineuses ; tarses et une partie des tibias un peu jaunâtres. Ailes d'un brun ferrugineux, plus foncées à la base que vers le bout, et portant à l'extrémité de la troisième cellule discoïdale une tache enfumée peu sensible.

MALE. Moins grêle que la femelle, corselet moins allongé ; deuxième segment de l'abdomen plus large que long , distinctement bordé de jaune ; vertex roux, avec deux taches obliques d'un ferrugineux plus clair, ainsi que le milieu du prothorax et l'écaille.

Rapp. et diff. Cette belle espèce pourrait être confondue avec la *M. mexicana* ; elle s'en distingue par son chaperon fortement bidenté, par son corselet beaucoup plus allongé, par le premier segment de l'abdomen, qui porte une très forte dépression occupant toute la longueur du segment, etc. Elle ressemble étonnamment à certains *Polistes*, mais elle s'en distingue par ses mandibules allongées formant un bec par leur réunion, et par les caractères sus-mentionnés.

Habite : L'Amérique du Sud. (Musée de Paris.)

8. M. Anceps, n. sp.

Noire , avec les ailes brunes, transparentes au bout.
Fem. Long. 14 mill.; env. 30 mill.

Très voisine de la *M. morosa*, mais bien distincte. Elle en diffère par les caractères suivants :

Chaperon sensiblement plus long que large, concave à son bord antérieur, *noir* ; mandibules noires, un peu roussâtres vers le bout ; écaille brunâtre. Prothorax concave en avant , ses angles un peu épineux ; mésothorax plus court ; métathorax plus vertical. Ailes noires, le long de la côte et à la base, mais parfaitement transparentes dans leur tiers externe ; nervure externe de la troisième cellule discoïdale, droite.

Habite : Le Chili ? (Musée de Paris.)

9. M. Platinia, n. sp.

Noire, avec les ailes brunes ; chaperon et mandibules ferrugineux.
Fem. Long. 15 mill.; env. 32 mill.

Insecte très voisin de la *M. morosa*, et n'en différant que par les caractères suivants :

Chaperon bombé et non plat ; un peu plus large que long , et plus largement échancré. Corselet plus allongé. Premier segment de l'abdomen plus long , moins large ; le deuxième s'élargissant d'avant en arrière ; deuxième cellule cubitale en trapèze ; son bord radial égal au tiers de son bord postérieur.

Habite : Buénos-Ayres. (Collect. de M. Guérin-Méneville.) Peut-être une variété de la *M. morosa* ?

10. M. Cortesia, n. sp.

Noire , avec les ailes transparentes.
Fem. Long. 16 mill.; env. 37 mill.

Fem. Chaperon pyriforme , concave à son bord inférieur ; tête et corselet veloutés , granuleux. Abdomen couvert de ponctuations très fines et distantes. Premier segment de l'abdomen allongé , de moitié moins large que le deuxième ; sa dépression grande et peu profonde. Insecte noir ; le bord du chaperon de chaque côté, et le bord triturant des mandibules, ainsi qu'un point à leur base, d'un roux de brique pâle. Antennes ferrugineuses dans leur moitié externe. Ailes transparentes, avec une très faible teinte brune, et comme enduites d'un vernis luisant ; nervures brunes.

MALE. Inconnu.

Habite : Le Mexique. (Collect. de M. de Romand.)

11. M. PELAGICA, n. sp.

Noire, avec l'écusson, le post-écusson et le milieu du métathorax, jaunes.
Ailes transparentes.

Fem. Long. 15 1|2 mill. ; env. 26 mill.

FEM. Insecte noir, ponctué sur la tête, le prothorax et le pétiole. Chaperon échancré. Labre linéaire très allongé. Ecusson, post-écusson, et, sur le milieu du métathorax, une large bande qui couvre tout le sillon, d'un jaune d'ocre. Pétiole court, sa dépression large et peu profonde, noir et bordé d'un cordon jaune submarginal. Abdomen un peu poilu. Pattes noires à reflets grisâtres. Ailes transparentes, brunâtres, surtout le long de la côte ; deuxième cellule cubitale non entièrement rétrécie vers la radiale, mais présentant un bord court.

Var. Ailes transparentes, avec une teinte ferrugineuse.

MALE. Chaperon terminé par deux petites dents, jaune ; antennes ferrugineuses en dessous ; mésothorax bordé de jaune antérieurement, et orné d'une tache jaune en avant de l'écusson.

Habite :......? L'Amérique. (Musée de Paris.)

12. M. SPINOLAE, n. sp.

Brune, avec la tête, le mésothorax et l'abdomen, sauf le premier segment, noirs.
'Ailes enfumées.

Fem. Long. 15 mill. ; env. 35 mill.
Mâle, Long. 15 mill. ; env. 35 mill.

Tête noire ; chaperon aussi large que long, tronqué droit, avec une petite dent de chaque côté de son bord antérieur. Corselet ferrugineux ; prothorax fortement anguleux ; mésothorax noir ; écusson et post-écusson partagés par un sillon longitudinal ; métathorax finement pubescent, à reflets presque dorés. Abdomen noirâtre, un peu ferrugineux vers le bout. Pattes ferrugineuses. Ailes enfumées.

MALE. Premier segment de l'abdomen satiné, portant une bordure d'un fauve pâle, et une teinte noirâtre en avant de cette dernière, sur le point enfoncé.

13. M. Dimidiata, n. sp.

Tête et corselet noirs, abdomen ferrugineux. Ailes transparentes.

Syn. Oliv. *Vespa dimidiata.* Encycl. vi. 675.

Fabr. *Eumenes infundibuliformis.* Syst. Piez. 288.

Fem. Long. 15 mill.; env. 37 mill.

Fem. Tête et corselet noirs, ponctués, le corselet plus finement que la tête, et couvert d'un duvet court à reflets dorés; mandibules noires, longues; chaperon légèrement échancré, noir, avec une bordure d'un rouge de brique, s'étendant le long du bord interne des yeux; antennes noires. Corselet peu ou pas rétréci en avant, anguleux. Abdomen ferrugineux; premier segment portant deux taches noires, irrégulières, qui convergent sur le pédicelle. Pattes noires. Ailes entièrement transparentes; deuxième cellule cubitale large, entièrement rétrécie vers la radiale; son bord radial, nul.

Male. Inconnu.

Habite : Cayenne? (Musée de Paris.)

14. M. Mexicana, n. sp.

Brune, avec quelques points noirs. Ailes brunes.

Fem. Long. 15 mill.; env, 31 mill.

Fem. Insecte d'un brun ferrugineux. Mandibules bordées ; un peu de noir au-dessus du chaperon ; antennes ferrugineuses en dessous et à leur base, noires en dessus à partir du troisième article. Corselet un peu plus étroit en avant qu'au milieu, portant un peu de noir autour de l'écusson et dans le sillon du métathorax. Abdomen déprimé ; premier segment en cloche dans ses deux tiers postérieurs , son tiers antérieur en pédicelle. Pattes brunes comme le corps. Ailes brunes, enfumées, à reflets jaunâtres , bord radial de la deuxième cellule cubitale égal au tiers de son bord postérieur.

Male. Inconnu.

Habite : Le Mexique. (Musée de Paris.)

Genre MONOBIA. (Mihi.)

Pl. VI. fig. 2.

Syn. *Odynerus.* Lepel. Guérin.

Car. *Palpes labiaux* de trois ou quatre articles; le quatrième rudimentaire lorsqu'il existe, et armé de poils roides.

Palpes maxillaires de cinq articles, de même longueur que la partie basilaire de la mâchoire, ou à peu près.

Le reste comme dans le genre *Odynerus.*

Abdomen sessile ou subsessile, le premier segment large.

Tableau pour faciliter la détermination des espèces.

1 { Métathorax biépineux. . . . . 2.
  { Métathorax sans épines. . . . . 4.

2 { Métathorax entièrement noir, ses bords tranchants. . . . . *quadridens.*
  { Métathorax jaune et noir. . . . . 3.

3 { Post-écusson jaune, abdomen sessile. . . . . *cyanipennis.*
  { Post-écusson noir, abdomen un peu pédicellé. . . . . . . *angulosa.*

4 { Abdomen noir. . . . . 5.
  { Abdomen noir et jaune. . . . . *sylvatica.*

5 { Bout des ailes blanc. . . . . *apicalipennis.*
  { Ailes entièrement brunes. . . . . *anomala.*

Ire DIVISION.

Palpes labiaux de trois articles, le troisième rudimentaire. Palpes maxillaires de cinq articles (1), *les deux derniers, petits, le dernier comme tronqué au bout. Métathorax tronqué, droit; post-écusson participant à la troncature du métathorax. Abdomen sessile.*

1. M. SYLVATICA. n. sp.

FEM. Noire ; tête et corselet assez finement ponctués ; chaperon pyriforme, tronqué, presque droit à son bord antérieur, ses angles arrondis. Mandibules, première moitié des antennes, une tache derrière chaque œil, une autre entre les antennes, et chaperon, ferrugineux; ce dernier un peu noirâtre. Corselet nullement anguleux en avant; métathorax plat, ses bords mousses et rugueux; dessus du prothorax, écaille, et une tache sur chacun des angles postérieurs de l'écusson, d'un ferrugineux obscur; une petite tache de la même couleur sur le post-écusson, et une autre, jaune, sur le milieu du prothorax. Premier segment abdominal aussi large que le deuxième, orné d'une bordure jaune un peu échancrée au milieu et presque subitement élargie sur les côtés ; cette bordure à son tour ornée d'un liseré brun marginal; deuxième segment carré, un peu bordé de brun, creusé le long de sa bordure, et offrant en ce point une zone fortement ponctuée. Pattes jaunes ; hanches et cuisses, dans presque toute leur étendue, noires. Ailes brunes, avec des reflets violets.

Habite : Le Brésil. (Musée de Paris.)

IIe DIVISION.

Palpes labiaux de trois articles, le troisième assez grand, à peine cou-

___
1. Un examen attentif au microscope révèle la présence d'un sixième article rudimentaire, imperceptible. Pour bien le voir, il est bon d'examiner la mâchoire, d'abord par transparence, puis par réflexion.

vert de poils rares. Palpes maxillaires grêles. Mandibules presque dé-
pourvues de dents, un peu crochues. Abdomen sessile.

A. Métathorax biépineux.

2. M. CYANIPENNIS.

Noire, chaperon, milieu du prothorax, post-écusson, angles du métathorax et premier
segment de l'abdomen d'un jaune pâle. Ailes violettes.

Syn. Guér. *Odynerus cyanipennis.* Voy. Coq. Ins. 264. pl. IX. fig. 5.

Mâle. Long. 14 mill.; env. 29 mill.

Fem. Inconnue.

Male. Insecte déprimé. Mandibules un peu crochues au bout, sans
dents sensibles. Chaperon arrondi, un peu concave à son bord antérieur;
un tubercule saillant entre les antennes. Corselet en carré long; mésothorax aussi large que long; métathorax concave, lisse au milieu, offrant
de chaque côté une crête mousse et une assez forte épine. Premier
segment de l'abdomen aussi large que le deuxième, tronqué droit du
côté antérieur, et traversé en dessus par un sillon longitudinal insensible. Tête et corselet densément ponctués. Treizième article des antennes formant un crochet assez allongé. Insecte noir; chaperon,
devant du premier article des antennes, une ligne interrompue sur le
milieu du prothorax, post-écusson, angles du métathorax et tout le
dessus du premier segment de l'abdomen, d'un jaune pâle. Pattes
noires. Ailes brunes, avec des reflets violets, presque transparentes le
long des bords.

Habite : Le Chili, Payta. (Collect. de M. Guérin-Méneville.)

B. Métathorax arrondi, sans angles saillants.

3. M. ANOMALA. n. sp.

Noire; chaperon et bord antérieur du corselet, roux. Ailes fortement enfumées.

Mâle. Long. 15 mill.; env. 28 mill.

Fem. Inconnue.

Male. Facies des *Rhygchium.* Chaperon un peu échancré et bituberculeux à son extrémité inférieure. Corselet un peu concave et rebordé
antérieurement, assez lisse, couvert de points enfoncés distants les
uns des autres. Métathorax concave au milieu, arrondi et fortement
ponctué sur ses angles. Abdomen lisse, un peu satiné; premier segment moins large que le deuxième, tronqué droit à son bord antérieur,
et portant une dépression dorsale presque insensible; bord postérieur
des deuxième et troisième segments lisse, luisant. Insecte noir : chaperon, un point entre les antennes, devant du premier article de ces

dernières, et bordure postérieure des orbites, roux, ainsi qu'une bordure étroite le long du bord antérieur du corselet. Pattes noires; la première paire presque entièrement ferrugineuse, ainsi que les tarses des autres, et une tache sur le devant des cuisses de la deuxième paire. Ailes enfumées; presque noires le long de la côte; deuxième cellule cubitale subtriangulaire.

Rapp. et diff. Cette espèce ressemble beaucoup à certains *Rhygchium* asiatiques, tels que les *R. metallicum, argentatum*, etc. Elle s'en distingue par la couleur rousse de son chaperon et de la bordure du prothorax. On pourrait aussi la confondre avec certaines *Montezumia*, mais dans ces dernières le premier segment de l'abdomen est arrondi, et non tronqué droit du côté antérieur. Enfin, si l'on omettait de consulter le caractère tiré de la nervation des ailes, on la confondrait avec l'*Alastor melanosoma.*

Habite : Le Brésil. (Collect. de M. Guérin-Méneville.)

IIIᵉ DIVISION.

Palpes labiaux de quatre articles, le quatrième rudimentaire, (difficile à distinguer, se confondant avec le troisième), et portant un pinceau de poils roides.

α. Abdomen sessile.

4. M. QUADRIDENS (1).

Noire, deux grandes taches sur le prothorax, post-écusson et dessus du premier segment de l'abdomen, d'un jaune blanchâtre. Ailes noires à reflets violets.

SYN. Linn. *Vespa quadridens.* Syst. Nat. II. 951. — *Id.* Amoen. Acad. VI. 413.

Fabr. *Vespa uncinata.* Syst. Ent. 367. — Spec. Ins. I. 463. — Mant. Ins. I. 289. — Ent. Syst. II. 264. — Syst. Piez. 259.

Degeer. *Vespa cincta nigra*, etc. Mém. Ins. III. 583. Nᵒ 8. pl. 29. fig. 12.

Christ. *Vespa quadridens.* Hym. 234.

Oliv. *Vespa uncinata.* Encycl. VI. 685.

Lep. St-Farg. *Odynerus uncinatus.* Hym. II. 619.

Pour la description de l'espèce, voyez Lepeletier de Saint-Fargeau, loc. cit.

Fem. Long. 17 mill.; env. 40 mill.

Mâle. Long. 16 mill.; env. 34 mill.

Habite : L'Amérique du Nord, la Caroline. (Musée de Paris.)

1. Je répète ici ce que j'ai dit à propos des *Synagris*, il n'y a en réalité que deux épines au métathorax, les deux autres ne sont que les angles qui emboîtent la base du premier segment de l'abdomen.

5. M. APICALIPENNIS. n. sp.

Noire, chaperon roux. Ailes noires avec le bout blanc.
Fem. Long. 20 mill.; env. 38 mill.

FEM. Chaperon un peu échancré, caréné sur les côtés, et terminé par deux petites dents. Tête et corselet rugueusement ponctués; écusson lisse, à ponctuations distantes; métathorax concave, lisse, sans stries, ses bords arrondis, granuleux. Insecte noir; chaperon, un point entre les antennes, dessous du premier article de ces dernières, mandibules, et tout l'espace en arrière des yeux, roux. Pattes noires. Ailes noires, avec le bout blanc.

MALE. Inconnu.

Rapp. et diff. Cette espèce est très distincte par la coloration de ses ailes; ce caractère pourrait la faire confondre avec la *Vespa apicalis* de Fabricius, mais ses mandibules longues, formant un bec par leur réunion, l'en distinguent très nettement.

Habite : L'Algérie? (Collect. de M. de Romand.)

β. Abdomen un peu pédicellé.

6. M. ANGULOSA. n. sp.

Noire, angles du métathorax et un trait de chaque côté du premier segment de l'abdomen, orangés. Ailes violettes.
Fem. Long. 17 mill.; env. 36 mill.

FEM. Métathorax anguleux, lisse au milieu, ses bords un peu émoussés, et formant de chaque côté une forte épine. Insecte noir, couvert de poils courts. Chaperon un peu échancré, portant des ponctuations fines et distantes. Ponctuations de la tête et du corselet également assez fines et distantes, et imitant des stries longitudinales. Métathorax orné de chaque côté d'une grande tache d'un orangé pâle, qui s'étend sur l'angle supérieur et postérieur du métathorax sans couvrir ses côtés; entre les deux taches, une bande noire. Abdomen luisant, à peine ponctué; premier segment un peu plus large que long, moins large que le suivant, un peu pédicellé, et orné de chaque côté d'un trait orangé. La courbe des bords de l'abdomen assez régulière; pas d'étranglement en arrière du premier segment. Pattes noires. Ailes brunes, à reflets violets, assez transparentes le long des bords.

Habite : Le Brésil. (Musée de Paris.)

Genre MONEREBIA. (Mihi.)

Pl. VI, fig. 2.

CAR. *Lèvre* courte, large, le lobe médian sans points cornés à l'extrémité. Palpes labiaux gros et courts, de trois articles ; le quatrième remplacé par un ou plusieurs gros poils ; le premier fortement renflé à l'extrémité.

Mâchoires grosses ; galéa de même longueur que la partie basilaire ; palpe plus court, de six articles, tous très petits, sauf le premier qui est aussi long que les trois ou quatre suivants réunis, et très fortement renflé.

Mandibules très longues, un peu crochues au bout.

Tête allongée, plus haute que large ; yeux ne couvrant que la partie antérieure de ses côtés.

Corselet rétréci en avant ; post-écusson tridenté.

Abdomen sessile ; le premier segment portant en dessus un petit tubercule.

Ailes : deuxième cellule cubitale presque entièrement rétrécie vers la radiale ; bord externe de la troisième discoïdale fortement sinué en S.

Antennes des mâles simples (1).

D'après la méthode de Latreille, ce genre serait très voisin des *Synagris*, car les palpes maxillaires sont plus courts que les galéa des mâchoires ; nous croyons qu'il s'en rapproche à d'autres égards, comme, par exemple, par ses palpes labiaux triarticulés et terminés par de longs poils, par l'état rudimentaire ou nul des points cornés du lobe médian de la lèvre, par le post-écusson épineux, et par les mandibules du mâle qui ont une forme plus ou moins cylindrique et un peu arquée ; mais comme d'un autre côté ils ont les palpes maxillaires composés de six articles, et que leurs formes rappellent celle des *Odynerus*, il est impossible de méconnaître leur affinité avec ces insectes (2), et nous voyons en eux un chaînon qui rattache ces deux genres l'un à l'autre.

1. M. SPLENDIDA (3) !

Noire et orangée, tous les segments de l'abdomen bordés d'orangé. Ailes jaunâtres, brunes vers le bout.

SYN. Guér. *Odynerus splendidus.* Voy. de la Coq. Ins. 265.

Mâle. Long. 25 mill ; env. 51 mill.

MALE. Tête petite, beaucoup plus haute que large ; chaperon plus

1. Je ne connais pas le mâle de la *M. ephippium,* mais je ne crois pas qu'il puisse, sous ce rapport, différer de celui de la *M. splendida.*

2. A n'en juger que par le facies, les *Monerebia* sont infiniment voisines des *Odynerus,* mais si l'on s'en tient aux caractères zoologiques, elles s'en écartent beaucoup plus que des *Synagris.*

3. C'est bien un mâle et non une femelle que M. Guérin-Méneville a décrit dans le voyage de la Coquille ; l'individu type a sept anneaux à l'abdomen.

large en bas qu'à son sommet, portant de chaque côté une épine longue d'un millimètre ; mandibules longues, droites, bidentées en leur milieu ; ocelles en triangle équilatéral, entre les sommets des yeux, l'antérieure la plus grande ; le vertex et le haut de la tête fortement renflés en arrière des yeux. Echancrure des yeux linéaire. Corselet étroit en avant ; écusson en carré large ; post-écusson armé de trois tubercules, dont deux sur ses angles, mousses, et un au milieu, très fort et spiniforme ; métathorax concave, strié en travers, ses bords assez tranchants et formant de chaque côté un angle mousse. Abdomen ovale, bombé, le premier segment arrondi. Tout l'insecte fortement velouté, couvert d'un duvet de poils fauves. Insecte noir : chaperon, lèvre, mandibules, une ligne entre les antennes, bordure des yeux, et l'espace situé en arrière de ces derniers, orangés ; antennes orangées, un peu grises en dessus. Prothorax orangé en dessus, avec une teinte grise vers ses angles postérieurs ; écaille noire, un peu jaunâtre vers son bord externe ; métathorax orné de chaque côté d'une tache triangulaire qui couvre le dessus de ses angles. Premier segment de l'abdomen orné d'une bordure orangée un peu élargie de chaque côté ; les autres portant tous, tant en dessus qu'en dessous, une large bordure orangée ; anus ferrugineux. Pattes grosses, de couleur orangée ; hanches, base des cuisses, et le côté interne des tibias et des tarses de la troisième paire, noirs. Ailes transparentes, jaunâtres, avec l'extrémité noirâtre ; deuxième cellule cubitale subtriangulaire ; ses bords fortement sinués.

Habite : La Tasmanie. (Musée de Paris, collect. de M. Guérin-Méneville.)

2. M. Ephippium. n. sp.

Orangée, avec le mésothorax et le deuxième segment de l'abdomen, noirs; ailes rousses, violettes au bout.

Syn. Fabr. *Vespa ephippium*. Syst. Ent. 362. — Spec. Ins. i. 254. — Mant. Ins. 287. — Ent. Syst. ii. 253. — Syst. Piez. 254.
Christ. *Id.* Hym. 237.
Oliv. *Id.* Encycl. vi. 677.

Fem. Long. 25 mill.; env. 48 mill.

Fem. Chaperon arrondi en haut, plus large à sa base qu'à l'extrémité, portant à son bord inférieur une échancrure arrondie, de chaque côté de laquelle est une dent mousse. Mandibules un peu dentelées ; échancrure des yeux triangulaire. Corselet indistinctement rebordé à son bord antérieur ; mésothorax traversé par deux très forts sillons longitudinaux ; écusson muni d'une carène longitudinale ; post-écusson tridenté ; métathorax strié en travers, armé de chaque côté d'une forte épine. Abdomen conique, le premier segment un peu moins large que le second, plus carré en dessus que dans la *M. splendida.*

Tête et corselet granuleux. Tête d'un roux ferrugineux un peu orangé; mandibules un peu plus foncées, noirâtres vers le bout; antennes, sauf le premier article, ferrugineuses. Corselet noir; prothorax, partie antérieure du mésothorax sur les flancs, écusson, et angles supérieurs du métathorax, jusqu'à l'épine inclusivement, de même couleur que la tête; écaille noirâtre, un peu ferrugineuse le long de son bord externe. Premier segment de l'abdomen d'un orangé roussâtre, comme la tête, avec sa base et une partie de sa face métathoracique, noires; deuxième segment entièrement noir; les autres d'un orangé ferrugineux un peu velouté. Pattes orangées. Ailes d'un jaune roussâtre, le bout noir, avec des reflets violets.

Habite : La Nouvelle-Hollande. Rapportée par M. Verreaux. (Musée de Paris.)

Genre RYGCHIUM.

Syn. *Vespa* Fabr. Panz. *Rygchium*, Spinol. Latr. Lepel.

Car. *Lèvre* allongée; palpes labiaux assez gros, armés de poils roides, de quatre articles, dont le dernier très petit.

Mâchoires : galéa de même longeur que la partie basilaire de la mâchoire; palpes maxillaires de six articles, le premier gros, les autres grêles; les trois premiers à peu près d'égale longueur, les trois derniers très petits, ensemble à peine aussi longs que le troisième (1).

Mandibules, comme dans les *Odynerus*.

Tête, comme dans les *Odynerus*; antennes filiformes, insérées au milieu de la hauteur de la tête. Chaperon pyriforme, plus long que large, terminé angulairement du côté inférieur.

Thorax déprimé; post-écusson bituberculé; métathorax concave.

Abdomen sessile, conique; premier segment en général aussi large que le second; pas d'étranglement en arrière du premier.

Ailes, comme dans les *Odynerus*.

Nota. Les insectes qui composent ce genre ressemblent étonnamment à certains *Odynerus*, on ne peut les en distinguer que par la dissection de la bouche, encore le caractère tiré des palpes est-il sujet à caution; j'ai cependant cru devoir conserver ce groupe, à cause du grand nombre d'espèces, toutes très voisines, qui rendent l'étude du genre *Odynerus* si difficile.

Le tableau suivant est destiné à faciliter la détermination des espèces.

---

1. Je ne sais par quelle erreur Lepeletier de Saint-Fargeau dans son Manuel (Suites à Buffon) dit que le quatrième article est aussi long que les trois premiers.

1	Ailes violettes le long de la côte, transparentes postérieurement.	5
	Ailes brunes ou violettes dans toute leur étendue.	2
	Ailes brunes à la base, transparentes ou ferrugineuses au bout, ou entièrement ferrugineuses.	9
	Ailes transparentes à la base, violettes au bout.	8
2	Abdomen entièrement noir.	3
	Abdomen noir et jaune ou noir et brun.	6
3	Métathorax fortement anguleux en arrière.	*nitidulum.* . . . 5.
	Métathorax arrondi en arrière.	4
4	Ailes entièrement brunes et violettes.	10
	Ailes transparentes en arrière, corps argenté.	*metallicum.* . . 21.
5	Métathorax fortement anguleux.	*nitidulum.* . . . 5.
	Métathorax arrondi.	11
6	Deuxième segment orné de deux taches orangées, le reste noir.	*auromaculatum.* 4.
	Les trois ou quatre derniers segments orangés, les autres noirs.	*synagroides.* . 1. / *abyssinicum.* . 2. / *ardens.* . . . 3.
	Abdomen orangé ou ferrugineux dans presque toute son étendue.	7
7	Premier segment noir, le reste orangé.	*Mellyi* . . . . 24.
	Premier et deuxième segments marqués de noir.	18
	Premier segment et anus marqués de noir.	*transversum.* . 26.
8	Premier segment de l'abdomen ferrugineux, le reste noir.	*cyanopterum.* . 9. / *africanum.* . . 10.
	Abdomen jaune et noir.	*oculatum* . . . 8.
9	Abdomen entièrement noir.	12
	Abdomen de deux couleurs.	13
10	Pattes noires.	*argentatum.* . 22.
	Pattes ferrugineuses.	*rufipes.* . . . 23.
11	Pattes noires.	*metallicum.* . 21.
	Pattes ferrugineuses.	*rufipes.* . . . 23.
12	Antennes ferrugineuses.	*atrum.* . . . 11.
	Antennes noires.	*madecasse.* . . 15.
13	Premier segment de l'abdomen entièrement noir.	15
	Premier segment de l'abdomen n'étant pas entièrement noir.	14
14	Abdomen noir, les segments bordés de rouge orangé ou de ferrugineux.	16
	Abdomen ferrugineux, un peu de noir à la base des segments.	17
15	Segments bordés de rouge, ailes noires à la base.	*hemorrhoidale.* 12. / *sanguineum.* . 13. / *parentissimum* . 14.
	Segments bordés de jaune, ailes jaunâtres à la base.	*superbum.* . . 18.
16	Prothorax jaune, métathorax noir.	*mirabile* . . . 6.
	Corselet entièrement noir.	*zonale.* . . . 19.
	Angles du métathorax et du prothorax, roux.	19
17	Les deux premiers segments noirs, bordés de ferrugineux.	*brunneum.* . . 16.
	Abdomen ferrugineux, un peu de noir à la base du deuxième segment.	*carnaticum.* . 17.
18	Abdomen ferrugineux, premier segment bordé de noir.	*dichotomum.* . 25.
	Abdomen brun, premier segment bordé de jaune.	*louisianum.* . 7.
19	Segments de l'abdomen bordés de rouge, les bordures régulières.	*Alecto.* . . . 20.
	Segments de l'abdomen bordés de ferrugineux, bordure du premier segment élargie sur les côtés.	*limbatum.* . 27.

Iʳᵉ DIVISION.

Mandibules droites, aiguës, formant un bec par leur réunion; sans dents, mais offrant souvent une forte échancrure en leur milieu. Abdomen ovalo-conique, son premier segment en cloche, moins large que le deuxième. (Facies des Synagris.)

1. R. Synagroides. n. sp.

Noir, avec le bout de l'abdomen jaune. Ailes violettes.

Mâle. Long. 14 mill.; env. 33 mill.

Fem. Inconnue.

Male. Mandibules longues, aiguës, leur bord triturant découpé, portant au-dessus du milieu une forte échancrure, en dessus et en dessous de laquelle, une forte dent. Chaperon presque aussi large que long, terminé par deux petites épines. Tête et corselet rugueux, veloutés; écusson et post-écusson saillants; métathorax concave, strié en travers, armé de chaque côté de deux petites épines. Insecte noir : chaperon, mandibules et dessous des antennes, ainsi que leur premier article, d'un brun ferrugineux obscur. Les trois premiers segments de l'abdomen, noirs; les autres d'un orangé brillant. Pattes noires. Ailes brunes, avec des reflets violets ou verdâtres.

Rapp. et diff. Très voisin du R. *ardens* et du R. *abyssinicum*, il s'en distingue par l'échancrure de ses mandibules, par ses deux petites épines au métathorax, etc.

Habite : Le Gabon et l'Afrique tropicale. (Collect. de M. Sichel.)

2. R. Abyssinicum, n. sp.

Noir, avec le bout de l'abdomen jaune. Ailes violettes.

Fem. Long. 17 mill.; env. 34 mill.

Fem. Mandibules portant trois échancrures, mais sans dents sensibles. Chaperon pyriforme, très peu échancré au bout. Corselet finement rugueux, un peu strié longitudinalement; écusson et post-écusson saillants, ce dernier offrant une petite carène transversale interrompue au milieu; métathorax concave, strié en travers, portant de chaque côté un tubercule spiniforme. Tête d'un ferrugineux obscur, avec le vertex et le front noirâtres. Antennes ferrugineuses, un peu obscures en dessus. Corselet d'un noir velouté ; mésothorax un peu brunâtre. Les trois premiers segments de l'abdomen noirs, les autres d'un jaune orangé vif; en dessous : le quatrième noir, et le cinquième brunâtre. Pattes d'un ferrugineux noirâtre. Ailes brunes, avec des reflets violets.

Male. Inconnu.

Rapp. et diff. **Très voisin du** *R. ardens* **; il s'en distingue surtout par sa plus grande taille, son métathorax strié en travers, plus anguleux, son chaperon plus allongé, etc. Très voisin aussi du** *R. synagroides.* **(Voir les affinités de cette espèce.)**

Habite **: L'Abyssinie. (Musée de Paris.)**

3. R. ARDENS. !

Noir, avec le bout de l'abdomen jaune. Ailes brunes à reflets verdâtres.
Mâle. Long. 12 1|2 mill ; env. 28 mill.

SYN. Guér. *Odynerus ardens.* **Voy. en Abyss. de Lefèvre. 362. pl. VIII. fig. 9.**

FEM. Inconnue.

MALE. Chaperon coupé droit et un peu arrondi à son bord antérieur. Mandibules sans dents sensibles. Tête et corselet densément ponctués, un peu rugueux ; métathorax arrondi, sans épines. Tête d'un ferrugineux obscur, avec le vertex et le front noirs ; antennes ferrugineuses, noirâtres en dessus. Corselet d'un noir velouté ; métathorax un peu ferrugineux. Les trois premiers segments de l'abdomen noirs, les autres d'un jaune orangé vif. Pattes d'un ferrugineux noirâtre. Ailes brunes, avec de beaux reflets verdâtres ou violets.

Rapp. et diff. **Très voisin du** *R. abyssinicum* **et du** *R. synagroides.* **(Voir les affinités de ces espèces.)**

Habite **: L'Abyssinie. (Collect. de M. Guérin-Méneville.)**

4. R. AURO-MACULATUM, n. sp.

Noir, avec deux grandes taches orangées sur le deuxième segment de l'abdomen.
Ailes violettes.

Fem. Long. 15 mill. ; env. 32 mill.
Mâle. Long. 11 mill.; env. 26 mill.

FEM. Insecte noir. Chaperon arrondi, très légèrement échancré, un peu sillonné le long de son bord inférieur, et finement ponctué. Antennes ferrugineuses, obscures en dessus. Corselet un peu rugueux, couvert de poils très courts et très serrés ; métathorax peu concave, son bord latéral offrant de chaque côté une petite épine. Abdomen en ovale allongé ; le premier segment aussi long, ou plus long que large ; le deuxième portant de chaque côté une grande tache ronde, d'un rouge orangé, qui atteint la base du segment, mais non son extrémité ; l'espace compris entre ces deux taches, un peu ferrugineux. Pattes noires, avec quelques reflets dorés. Ailes brunes, avec des reflets violets.

Male. Chaperon fortement échancré; mandibules et pattes ferrugineuses.

Habite : Java et le Sénégal ? (Musée de Paris.)

IIᵉ DIVISION.

Mandibules un peu crochues, mousses au bout et armées de dents mousses. Abdomen conique ou ovalo-conique, le premier segment en général aussi large que le deuxième.

A. *Métathorax offrant de chaque côté une côte saillante.*

5. R. Nitidulum.

D'un noir argenté ; ailes violettes le long de la côte ; métathorax fortement bidenté.

Syn. Fabr. ¹*Vespa nitidula.* Ent. Syst. Suppl. 262. — Syst. Piez. 260.

Fem. Long. 14 mill.; env. 27 mill.
Mâle. Long. 14 mill.; env. 29 mill.

Fem. D'un noir argenté. Chaperon à peine échancré, terminé par deux petites dents. Corselet sans poils, rugueusement ponctué; métathorax fortement concave, ses bords formant des arêtes à angle vif, et ses angles supérieurs prolongés de chaque côté en une forte épine qui emboîte l'abdomen ; ces angles, d'un blanc argenté en dessus. Ecusson, et surtout post-écusson, très rugueux et fortement saillants. Abdomen satiné, luisant, les segments, à partir du deuxième, portant près de leur bord postérieur une zone de ponctuations, mais terminés par une bande lisse marginale. Tout le corps luisant de beaux reflets argentés. Pattes noires. Ailes transparentes, un peu enfumées dans leur moitié postérieure, et portant une bande noire à reflets violets qui couvre la côte jusque près du bout de l'aile.

Male. Chaperon jaune dans sa moitié supérieure, ses dents terminales, distantes. Un trait jaune sur le devant du premier article des antennes.

Rapp. et diff. Cette espèce ressemble :

1º Au *R. argentatum*; elle s'en distingue par ses ailes transparentes dans leur moitié postérieure, par ses reflets argentés, et surtout par les angles saillants de son métathorax.

2º Au *R. metallicum*, dont elle diffère par sa plus grande taille et par son métathorax anguleux et terminé par deux épines.

Habite : Les Indes-Orientales; le Bengale. (Musée de Paris.)

6. R. Mirabile, n. sp.

Noir, avec le bas du chaperon, une tache sur le front, le prothorax et les bords de tous les segments de l'abdomen, jaunes. Ailes jaunâtres.

Fem. Long. 20 mill.; env. 45 mill.

Fem. Tête noire; chaperon pyriforme, un peu caréné le long de ses bords, très légèrement échancré, traversé par un sillon longitudinal, de couleur rousse avec le haut jaune; mandibules ferrugineuses; antennes, un triangle entre leurs insertions, bordure des yeux et une grande tache en arrière de ces derniers, d'un jaune orangé. Corselet noir, finement ponctué; prothorax jaune en dessus; métathorax strié en travers, portant de chaque côté une petite épine. Abdomen mat, légèrement velouté noir, le premier segment orné d'une bordure régulière très étroite, et les autres, d'une plus large, orangées. Anus orangé. Pattes orangées; hanches et base des cuisses noires. Ailes fortement ferrugineuses, jaunes; l'extrémité un peu grisâtre.

Male. Inconnu.

Habite : La Tasmanie. (Musée de Paris.)

7. R. Louisianum, n. sp.

Roux et noir, les deux premiers segments de l'abdomen bordés de jaune. Ailes brunes, avec des reflets violets.

Fem. Long. 17 mill.; env. 38 mill.

Fem. Insecte lourd. Chaperon aussi large que long, tronqué droit à son bord antérieur. Corselet court; post-écusson très saillant, crénelé, fortement tronqué; métathorax un peu concave, velouté, strié en travers et offrant de chaque côté un bord assez tranchant qui forme au milieu de sa hauteur un angle prononcé, souvent presque spiniforme. Premier segment de l'abdomen aussi large que le deuxième, un peu arrondi du côté antérieur. Insecte d'un roux sombre. Tête et corselet fortement chagrinés; antennes noires dans leur moitié externe; un peu de noir au bout des mandibules, ainsi que dans la fossette d'insertion des antennes; sur le vertex un triangle noir dont le sommet est dirigé en arrière et comprend les ocelles, tandis que sa base couvre la partie supérieure du front; mésothorax noir avec une tache rousse échancrée au milieu; cette tache figure deux drapeaux, dont les hampes se croisent ou se touchent par leurs extrémités inférieures; dessous du corselet, une partie des flancs et le milieu du métathorax, noirs. Abdomen un peu satiné, le premier segment lisse, le deuxième finement ponctué, mais son bord postérieur un peu cannelé et très fortement rugueux, ainsi que les segments suivants. Base des segments, noire; le premier et le deuxième offrant, en outre, sur leur partie dorsale un prolongement de même couleur; le premier bordé d'une assez large bande jaune, et le second d'une autre, moins large, parfois indistincte. Pattes ferrugineuses. Ailes d'un brun foncé, avec des reflets violets.

MALE. Inconnu.

Habite : La Louisiane. Nouv. Orléans. (Collect. de M. Guérin-Méneville et de M. de Romand.)

B. *Métathorax plus ou moins arrondi sur ses bords, sans arétes tranchantes.*

1. Ailes transparentes à la base, brunes ou violettes vers le bout.

8. R. OCULATUM.

Chaperon entier, abdomen taché de jaune. Ailes brunes dans leur moitié externe.

SYN. Fabr. *Vespa oculata*. Spec. Ins. I. 463. — Mant. Ins. I. 289. — Ent. Syst. II. 265. — Syst. Piez. 260. — *Vespa marginella*. Ent. Syst. II. 263. — Syst. Piez. 259.

Oliv. *Vespa oculata*. Encycl. VI. 685.

Rossi. *Vespa oculata*. Faun. Etrusc. II. 85.

Spinol. *Rhygchium europæum*. Ins. Lig. I. 86.

Latr. *Rhygchium europæum*. Gen. Crust. et Ins. IV. 139.

Lep. St.-Farg. *Rhygchium oculatum*. Hym. II. 680. — *R. Lefevrei*. II. 679. (var.)

Descr. de l'Egypt. Hym. (par Savigny). pl. IX. fig. 10.

Fem. Long. 14 1|2 mill.; env. 32 1|2 mill.
Mâle. Long. 13 mill.; env. 28 mill.

FEM. Tête d'un brun ferrugineux; chaperon entier, terminé angulairement, d'un ferrugineux clair, ainsi qu'une tache entre les antennes. Antennes ferrugineuses. Corselet ferrugineux; disque du mésothorax noir. Dessus de l'abdomen : premier segment ferrugineux; deuxième d'un noir ferrugineux, avec une tache jaune de chaque côté; les autres ferrugineux, avec quelques teintes obscures. Pattes ferrugineuses. Ailes jaunâtres dans leur première moitié, brunes avec des reflets brillants dans le reste de leur étendue.

Var. A. Taches jaunes du deuxième segment grandes et se prolongeant le long du bord postérieur, de façon à imiter une bordure interrompue au milieu. Les segments suivants portant de chaque côté une tache jaune.

Var. B. Abdomen jaune; le premier segment d'un ferrugineux clair, le second orné d'une tache brune en triangle tronqué; les trois suivants

portant chacun une tache brune au milieu. Taches des ailes offrant des reflets violets.

Var. C. Tache du second segment triangulaire, noire; les parties jaunes de l'abdomen bariolées de taches ferrugineuses; le premier segment portant une tache noire (*R. Lefevrei*, Lep.). Sicile, Egypte. (*Vespa marginella*, Fabr.).

Male. Chaperon et une tache entre les antennes, jaunes; le reste comme dans la femelle.

Habite : Le Midi de l'Europe, l'Egypte, etc. (Musée de Paris.)

9. R. Cyanopterum, n. sp.

Tête et corselet ferrugineux, abdomen noir avec le premier segment ferrugineux. Ailes violettes, jaunes à la base.

Fem. Long. 15 mill.; env. 37 mill.
Mâle. Long. 14 mill.; env. 35 mill.

Descr. de l'Egypt. Hym. (par Savigny). pl. ix. fig. 9.

Fem. Chaperon portant une très petite échancrure située entre deux petites dents. Tête et corselet d'un brun marron ; antennes ferrugineuses ; mésothorax portant de chaque côté un petit trait, et sur son milieu une ligne noire longitudinale ; très finement ponctué, glabre, luisant, ainsi que l'écusson. Abdomen noir ; le premier segment d'un brun obscur ; les autres brunâtres le long de leur bord postérieur. Pattes ferrugineuses comme le corselet. Ailes brunes avec des reflets violets, dans presque toute leur étendue, la base seulement, jaunâtre.

Male. Chaperon tronqué presque droit, d'un jaune pâle, ainsi qu'un point entre les antennes. La tache des ailes n'occupant que leur moitié externe. (Egypte.)

. *Var.* Deuxième segment de l'abdomen brun ou ferrugineux dans sa moitié antérieure.

Rapp. et diff. Très voisin du *R. oculatum*. Il en diffère par son corselet moins densément ponctué, son abdomen noir, sans jaune, son chaperon un peu échancré, etc.

Habite : Le Sénégal, l'Egypte, les Indes? (Musée de Paris.)

10. R. Africanum.

Abdomen noir, avec deux bandes jaunes longitudinales. Ailes violettes dans leur moitié externe.

Syn. Fabr. *Vespa africana*. Syst. Piez. 257.

Fem. Long. 15 mill.; env. 32 mill.

Fem. Tête ferrugineuse; chaperon portant un sillon longitudinal, et terminé par deux dents insensibles; antennes ferrugineuses; front, jusqu'aux ocelles, noir. Corselet ferrugineux, avec des teintes noirâtres en dessous; disque du mésothorax et écusson, d'un noir luisant, le dernier bordé de roux; post-écusson séparé de l'écusson par une ligne noire; métathorax obscur dans son sillon. Abdomen noir, orné de chaque côté d'une large bande longitudinale d'un jaune clair, qui s'étend sur tous les segments; anus ferrugineux. Pattes ferrugineuses, noirâtres à la base. Ailes ferrugineuses dans leur première moitié, obscures et brillant de beaux reflets violets dans leur moitié externe.

Var. Premier segment de l'abdomen noir, un peu brunâtre sur les côtés, avec deux points jaunes.

Habite : L'Afrique équinoxiale, le Gabon. (**Musée** de Paris.)

2. Ailes noires à la base, ferrugineuses au bout, ou entièrement ferrugineuses.

11. R. Atrum, n. sp.

Noir, chaperon ferrugineux. Ailes ferrugineuses, brunes à la base.
Fem. Long. 20 mill.; env. 42 mill.
Mâle. Long. 17 mill.; env. 30 mill.

Fem. Chaperon entier, pyriforme, portant un sillon longitudinal. Mandibules mousses. Corselet ponctué dans la partie antérieure , lisse dans la partie postérieure du mésothorax, et sur l'écusson. Post-écusson anguleux, saillant en arrière. Métathorax strié en travers, offrant de chaque côté une côte assez saillante, dentée ou hérissée de petites épines. Abdomen conique, finement ponctué dans toute son étendue. Insecte noir, avec les mandibules, le chaperon, une tache entre l'insertion des antennes, la tête en arrière des yeux, et la partie antérieure du prothorax, d'un roux ferrugineux. Antennes ferrugineuses. Pattes noires; tibias et cuisses de la première paire et une tache à l'extrémité des cuisses de la deuxième, du côté antérieur, d'un roux ferrugineux. Ailes jaunâtres au bout, brunes à la base.

Var. Prothorax roux sur le milieu seulement.

Male. Chaperon un peu tronqué droit à son bord antérieur, jaune.

Habite : Les Indes Orientales, les Iles de la Sonde, la Nouvelle-Guinée, [Warou]. (Musée de Paris.)

12. R. Hæmorrhoidale.

Noir, avec le chaperon, les antennes, le prothorax et la bordure de tous les segments de l'abdomen, sauf le premier, roux. Ailes jaunâtres, brunes à la base.

Syn. Fabr. *Vespa hæmorrhoidalis.* Syst. Ent. i. 366. — Spec. Ins. i.

463. — Mant. Ins. i. 280. — Ent. Syst. ii. 263. — Syst. Piez. 259.

Oliv. *Vespa hœmorrhoidalis*. Encycl. vi. 683.

Christ. *Vespa hœmorrhoidalis*. Hymen. p. 242.

Guér. *Odynerus dimidiatus*. Voy. aux Ind. Or. de Bélanger. Zool. 503. pl. 4. fig. 4.

Fem. Long. 18 mill.; env. 41 mill.

Mâle. Long. 14 mill.; env. 31 mill.

Fem. Noir. Chaperon très légèrement échancré, presque terminé en pointe, d'un roux obscur, ainsi que la bordure des orbites, la tête en arrière des yeux, un triangle entre les antennes. Antennes noirâtres, avec une teinte obscure en dessus. Corselet noir, luisant en dessus, portant des ponctuations fines et distantes ; prothorax et un point sous l'aile, d'un roux obscur ; écusson plat, luisant ; post-écusson armé de chaque côté d'un tubercule mousse ; métathorax luisant, strié en travers, même sur ses angles supérieurs, et armé le long de ses bords d'une série de très petites épines. Abdomen noir, tous les segments, sauf le premier, ornés d'une bordure régulière d'un rouge de brique ; anus de la même couleur. (Lorsque les anneaux sont un peu contractés, on n'aperçoit pas le noir de la base des segments.) Extrémité postérieure du deuxième segment offrant en dessus un demi-ovale un peu enfoncé, et ponctué, ainsi que la base des segments qui suivent. Pattes noires ; la première paire presque entièrement d'un roux obscur. Ailes jaunâtres, brunâtres à la base.

Male. Chaperon, une tache entre les antennes, et devant de leur premier article, orangés. Antennes ferrugineuses en dessous, brunes en dessus ; tubercules du post-écusson assez saillants.

Rapp. et diff. Cette espèce ressemble : 1o étonnamment au *R. parentissimum*. Elle s'en distingue par ses ailes sans teinte brune au bout, par son prothorax entièrement roux, par son métathorax strié sur ses angles et par sa plus grande taille ; 2o au *R. sanguineum*. Elle en diffère par son métathorax, son écusson et son post-écusson, noirs et non roux, etc.

Habite : Les Indes Orientales, et, selon Fabricius, aussi le Cap de Bonne-Espérance.? (Musée de Paris.)

13. R. Sanguineum, n. sp.

Tête et corselet ferrugineux, avec le front et le mésothorax, noirs. Abdomen noir, tous les anneaux, sauf le premier, bordés de rouge. Ailes jaunâtres, brunes à la base.
Un peu moins grand que le précédent.

Fem. Tête d'un roux ferrugineux, avec une partie du vertex et le front, noirs. Antennes et un triangle entre leurs insertions, de même couleur que la tête. Corselet d'un roux ferrugineux, noir en dessous ; mésothorax noir, luisant ; écusson luisant ; post-écusson bituberculé ; métathorax à bords arrondis , rugueux ; un peu de noir sur le milieu de la plaque. Abdomen noir ; tous les segments, sauf le premier, ornés d'une bordure régulière d'un rouge de brique ; anus rouge ; le premier segment liseré de roux. Pattes noires ; la première paire d'un roux obscur. Ailes jaunâtres, noires à la base.

Male. Chaperon et un point entre les antennes, d'un jaune orangé pâle. Antennes noirâtres en dessus. Mésothorax orné de deux taches rousses arquées. Métathorax anguleux ; premier segment de l'abdomen entièrement noir.

Rapp. et diff. Il ressemble surtout au *R. hœmorrhoidale* et au *R. parentissimum.* (Voir les affinités de ces espèces.).

Habite : Java. (Collect. de M. Sichel.)

14. R. Parentissimum.

Noir, avec le chaperon, la bordure du prothorax et celle de tous les anneaux de l'abdomen, sauf le premier, roux. Ailes jaunâtres, brunes à la base.

Fem. Long. 14 mill.; env. 50 mill.

Très voisin du *R. hœmorrhoidale.* Il en diffère : par la couleur du chaperon, qui est noirâtre à son sommet ; par les bordures des orbites qui sont plus étroites ; par le prothorax qui est noir, avec une bordure rousse régulière, et sans tache sous l'aile ; par le métathorax strié en travers dans le milieu seulement, et granuleux sur ses angles supérieurs, et par le bout des ailes, qui est bordé de gris.

Le mâle a le chaperon d'un jaune pâle et le prothorax roux en partie.

Cette espèce diffère du *R. sanguineum* par les mêmes caractères que le *R. hœmorrhoidale* diffère de cette espèce.

Habite : Java. (Musée de Paris.)

15. R. Madecasse, n. sp.

Noir. Ailes brunes dans leur moitié interne, transparentes dans le reste de leur étendue.

Fem. Long. 16 mill.; env. 32 mill.

Fem. Chaperon pyriforme, pointu au bout, très faiblement échancré. Post-écusson saillant, tronqué postérieurement et crénelé. Métathorax concave, strié transversalement ; ses bords arrondis , un peu crénelés. Abdomen ovale , le premier segment arrondi en forme de cupule. Tête et corselet couverts de points enfoncés et denses ; abdomen finement ponctué. Insecte noir ; tarses et tibias un peu ferrugineux. Ailes brunes dans leur première moitié, transparentes, un peu ferrugineuses dans le reste de leur étendue.

Rapp. et diff. Cette espèce ressemble au *R. atrum*, mais elle en diffère par son abdomen ovale et non conique, par ses antennes noires, par l'absence de roux sur le thorax, etc. Par ses ailes transparentes au bout, elle se distingue du *R. argentatum* et du *R. metallicum*.

Habite : Madagascar. (Musée de Paris.)

16. R. Brunneum.

Roux, base des segments de l'abdomen, noire. Ailes ferrugineuses, brunes à la base et au bout.

Syn. Fabr. *Vespa brunnea*. Ent. Syst. ii. 264. — Syst. Piez. 260.

Fem. Long. 17 mill.; env. 35 mill.

Mâle. Long. 13 mill.; env. 26 mill.

Fem. Insecte d'un roux ferrugineux. Chaperon pyriforme, coupé droit, et portant un sillon longitudinal à sa partie inférieure. Un point noir entre les antennes, un trait noir longitudinal sur le front, et de chaque côté, une tache noire triangulaire qui pénètre dans le sinus des yeux. Antennes d'un ferrugineux clair. Mésothorax portant antérieurement une tache triangulaire, et le long de l'écusson une teinte, noires; milieu du métathorax, première moitié du premier segment de l'abdomen, et les deux tiers antérieurs du second, noirs; le reste ferrugineux. (La base des segments est noire, mais cette couleur ne se voit que lorsque les anneaux de l'abdomen sont fortement écartés.) Dessous du corselet et des premiers anneaux de l'abdomen, noir. Tête et thorax finement et densément, abdomen moins densément, ponctués. Pattes brunes, hanches et base des cuisses, noires. Ailes transparentes, ferrugineuses, brunes à la base et un peu bordées de brun à l'extrémité.

Var. Deuxième segment de l'abdomen noir dans sa première moitié seulement; teintes brunes des ailes peu marquées. (Long. 14 1|2 mill.)

Male. Chaperon échancré, d'un jaune pâle, ainsi qu'une tache entre les antennes. Pattes du milieu, noires.

Habite : Le Bengale. (Musée de Paris.)

17. R. Carnaticum.

Ferrugineux, avec la base du second segment de l'abdomen, noire. Ailes ferrugineuses, un peu bordées de brun.

Syn. Fabr. *Vespa carnatica*. Ent. Syst. Suppl. 261.—Syst. Piez. 258.

Fem. Long. 15 mill.; env. 29 mill.

Mâle. Long. 12 mill.; env. 25 mill.

Fem. Insecte ferrugineux. Chaperon très légèrement échancré, et offrant un sillon longitudinal dans sa partie inférieure. Yeux bordés de rouge de brique clair. Un trait noir dans le sinus des yeux. Deuxième segment abdominal noir à sa base. Pattes ferrugineuses. Ailes ferrugineuses, un peu bordées de brun.

Male. Chaperon, et une tache entre les antennes, d'un jaune pâle, front, et une bande longitudinale sur le mésothorax, noirs.

Rapp. et diff. Assez semblable au *R. brunneum*, dont il diffère surtout par le premier segment de l'abdomen, qui est entièrement ferrugineux, et par les ailes, dont la base n'est pas brune, mais seulement ferrugineuse.

Habite : Le Bengale. (Musée de Paris.)

18. R. SUPERBUM, n. sp.

Noir, avec le vertex, le front, le prothorax et la bordure de tous les segments de l'abdomen, sauf le premier, jaunes. Ailes jaunâtres.

Fem. Long. 17 mill.; env. 37 mill.

Fem. Il a exactement les mêmes formes que le *R. mirabile*, mais le métathorax n'est pas si fortement anguleux, et est dépourvu d'angles spiniformes, au lieu desquels il offre trois petites épines.

Insecte noir : Tête, en arrière des yeux, vertex et front, jaunes, avec un ovale noir sur le vertex, renfermant les ocelles. Sinus des yeux noirs avec une bordure jaune le long de leur bord inférieur. Chaperon jaune, sa moitié inférieure rousse, bordée de noir. Mandibules d'un ferrugineux obscur, noires à l'extrémité. Antennes ferrugineuses. Prothorax jaune. Ecaille ferrugineuse. Tous les segments de l'abdomen, sauf le premier, ornés d'une large bordure jaune ; les trois premières festonnées ; anus jaune. Pattes ferrugineuses, avec les hanches et la base des cuisses, noires ; celles des dernières, presque entièrement noires. Ailes jaunâtres, un peu grises vers le bout.

Rapp. et diff. Cette espèce est très voisine du *R. mirabile*, mais elle s'en distingue aisément par le premier segment de l'abdomen, qui est entièrement noir.

Habite : La Nouvelle-Hollande. (Musée de Paris.)

19. R. ZONALE, n. sp.

Noir ; antennes et bordure de tous les segments de l'abdomen, orangées. Ailes jaunâtres

Fem. Long. 15 mill.; env. 29 mill.

Mâle. Long. 11 mill.; env. 12 mill.

Fem. Chaperon ponctué, peu ou pas échancré. Tête noire, avec les mandibules et un point entre les antennes, bruns. Antennes ferrugineuses. Corselet noir, finement ponctué, luisant. Abdomen noir, tous les segments bordés, en dessus seulement, d'une bande d'un rouge de brique; anus noir. Pattes ferrugineuses; hanches et base des cuisses, noires. Ailes transparentes, ferrugineuses, avec un léger nuage gris à l'extrémité.

MALE. Chaperon, un point entre les antennes, et orbites, d'un jaune pâle. Ailes un peu plus grises vers le bout.

Rapp. et diff. Se distingue facilement du *R. brunneum* par son thorax, son chaperon, et son anus, noirs.

Habite : La Nouvelle-Guinée. (Musée de Paris.)

20. R. ALECTO.!

Noir, tous les segments de l'abdomen bordés de roux ; prothorax, écusson et métathorax tachés de roux. Ailes jaunâtres.

Fem. Long 14 mill.; env. 30 mill.

SYN. Lep. St-Farg. *Odynerus Alecto* Hymén. II. 647.

Pour la description de l'espèce, voir Lepeletier de Saint-Fargeau, loc. cit.

Rapp. et diff. Très voisin du *R. zonale*, dont il diffère : par le premier segment de l'abdomen, qui est moins large que le second, et subpédicellé ; par le disque du mésothorax, qui est beaucoup plus allongé, et qui atteint le bord antérieur du prothorax, de façon à partager ce dernier en deux ; enfin par les ornements roux du corselet, etc.

Habite : La Nouvelle-Hollande. (Musée de Paris.)

3. Ailes brunes, violettes le long de la côte, transparentes postérieurement.

21. R. METALLICUM, n. sp.

D'un noir argenté ; métathorax arrondi. Ailes violettes le long de la côte.

Fem. Long. 12 mill.; env. 26 mill.
Mâle. Long. 11 mill.; env. 23 mill.

FEM. D'un noir argenté. Chaperon un peu échancré. Corselet fortement ponctué, rugueux ; écusson et post-écusson ne formant pas de saillie ; métathorax arrondi sur ses bords. Abdomen lisse. Pattes noires. Ailes enfumées, noires le long de la côte, avec des reflets violets ; la postérieure transparente. Corps offrant quelques reflets argentés; devant de la tête et du corselet fortement argenté.

MALE. Chaperon un peu bidenté, offrant à son sommet un demicercle, parfois seulement deux taches, d'un jaune orangé pâle.

Rapp. et diff. Très voisin du *R. argentatum.* (Voir les affinités de cette espèce.)

4. Ailes entièrement violettes.

22. R. ARGENTATUM.

Noir, métathorax arrondi. Ailes brunes avec des reflets violets.

SYN. Fabr. *Vespa argentata.* Syst. Piez. 260.

Fem. Long. 14 mill.; env. 32 mill.
Mâle. Long. 12 mill.; env. 26 mill.

FEM. Noir. Chaperon pyriforme, tronqué droit à l'extrémité, un peu cannelé sur ses bords, et terminé par deux très petites dents. Corselet un peu poilu, d'un noir de velours mat, un peu rugueux; métathorax arrondi, rugueux sur ses angles, sans aucune trace d'un bord ou d'une épine, saillants. Abdomen lisse; second segment, offrant une zone de points enfoncés, près de son bord postérieur, et un peu brunâtre sur les côtés. Pattes noires. Ailes brunes à reflets violets.

MALE. Chaperon distinctement bidenté, d'un blanc jaunâtre, ainsi que le devant du premier article des antennes.

Rapp. et diff. Cette espèce est très voisine : 1º du *R. nitidulum*, dont elle se distingue par son métathorax arrondi.

2º Du *R. metallicum*, dont elle diffère par l'absence de poils argentés sur tout le corps, et par ses ailes entièrement brunes, et non *transparentes dans leur moitié postérieure.*

Habite : Les Indes Orientales. Le Bengale. (Musée de Paris.)

23. R. RUFIPES.

Noir, mandibules, chaperon et pattes, ferrugineux. Ailes enfumées, un peu violettes.

SYN. Fabr. *Vespa rufipes.* Syst. Ent. 367. 23. — Spec. Ins. I. 463. —
Mant. Ins. I. 289. — Ent. Syst. II. 264. — Syst. Piez. 259.
Christ. *Vespa rufipes.* Hymen. 240.
Oliv. *Vespa rufipes.* Encycl. 685.
Guér. *Odynerus rufipes.* ! Voy. de la Coq. Ins. 265.

Fem. Long. 12 1|2 mill.; env. 27 mill.

FEM. Chaperon ovale, un peu échancré; tête luisante, densément ponctuée. Corselet lisse, luisant, un peu rebordé à son bord antérieur, couvert de ponctuations distantes, plus serrées vers le prothorax. Méta-thorax concave, un peu anguleux de chaque côté. Premier segment de l'abdomen tronqué droit à son bord antérieur, moins large que le deuxième. Insecte d'un noir brillant, avec le dessous des antennes, un point entre leurs insertions, le quart inférieur du chaperon, les mandibules et les pattes, ferrugineux; les hanches noires. Ecaille un peu brunâtre. Ailes violettes.

MALE. Inconnu.

Habite : L'Ile d'Otahiti et la Nouvelle-Guinée. (Collect. de M. Guérin-Méneville. [Individu type]. (Musée de Paris.)

24. R. MELLYI, n. sp.

Tête, corselet et premier segment de l'abdomen, noirs, le reste orangé.
Fem. Long. 17 mill.; env. 38 mill.

FEM. Grand. Chaperon légèrement échancré. Tête noire, avec un point jaune transversal entre les antennes, et une dépression triangulaire en arrière des ocelles, la pointe du triangle tournée en arrière. Corselet et premier segment de l'abdomen, noirs; une petite tache marginale de chaque côté de ce dernier, et le reste de l'abdomen d'un orangé obscur. Tête et corselet distinctement, abdomen très finement, ponctués, portant des poils courts; le long du bord postérieur de chaque anneau, une zone assez large, couverte de ponctuations grossières, très distinctes à l'œil nu. Pattes noires. Ailes brunes à reflets violets.

Var. Un peu de noir à la base du deuxième segment de l'abdomen, dessous de ce dernier et une partie de celui du troisième, noirs.

MALE. Inconnu.

Habite : Les Indes, la Chine. (Musée de Paris et ma collection.)

25. R. DICHOTOMUM, n. sp.

Tête et corselet noirs. Abdomen ferrugineux, avec deux taches noires. Ailes violettes.
Fem. Long. 15 mill. ; env. 33 mill.
Mâle. Long. 12 mill; env. 27 mill.

FEM. Chaperon pyriforme, un peu fendu au bout. Tête et corselet noirs. Abdomen ferrugineux ; premier segment offrant une bordure noire qui n'atteint pas les côtés, et le deuxième un point noir marginal sur le milieu du côté dorsal. Antennes noires, un peu ferrugineuses en dessous. Pattes noires. Ailes brunes avec des reflets violets; leur couleur médiocrement foncée.

MALE. Chaperon échancré, d'un jaune pâle, ainsi que le devant du premier article des antennes, lesquelles sont d'un ferrugineux clair en dessous. Bordure du premier segment de l'abdomen souvent un peu élargie au milieu.

Var. Cette bordure envoyant un prolongement noir, médian, jusqu'à la base du segment, de façon à le partager par le milieu. Tache du deuxième segment assez large ; tous les autres portant une tache noire marginale sur la ligne médiane. Anus noir.

Rapp. et diff. Cette espèce est très voisine du *R. transversum*, mais elle en diffère par la tache noire du deuxième segment abdominal ; ce caractère ayant été reconnu comme constant, j'ai cru devoir faire une espèce différente des insectes qui le présentent.

Habite : Les Indes Orientales. (Musée de Paris.)

26. R. TRANSVERSUM.

Tête et corselet, noirs, abdomen orangé, avec le bord du premier segment et l'anus, noirs. Ailes violettes.

SYN. Fabr. *Vespa transversa.* Syst. Piez. 257.

Fem. Long. 17 mill.; env. 34 mill.

FEM. Chaperon pyriforme, un peu échancré. Corselet velouté ; métathorax concave, ses bords, hérissés d'une série de petites épines. Tête et corselet d'un noir profond ; abdomen d'un orangé vif, avec une tache transversale qui occupe presque tout le bord postérieur du premier segment ; anus, et dessous des derniers anneaux, noirs. Pattes noires. Ailes violettes.

MALE. Inconnu.

Rapp. et diff. Très voisin du *R. dichotomum.* Voir les affinités de cette espèce.

Habite : Madagascar ? Les Indes Orientales. (Collect. de M. de Romand.)

27. R. LIMBATUM, n. sp.

Noir, avec le chaperon, le prothorax et la bordure des segments de l'abdomen, orangés. Ailes jaunâtres.

Fem. Long. 15 mill.; env. 29 mill.

FEM. Chaperon pyriforme, tronqué droit à son bord inférieur. Tête, corselet et abdomen un peu rugueux, veloutés ; métathorax arrondi, sans épines ; disque du mésothorax étroit en avant. Insecte noir ; mandibules, chaperon, une tache au dessus de l'insertion des antennes, une autre en arrière des yeux, et antennes, d'un ferrugineux orangé. Prothorax presque en entier, écaille, un point sur chaque angle du métathorax, bordure de tous les segments de l'abdomen et anus, d'un jaune orangé ; ces bordures assez larges et régulières, le premier segment presque entièrement orangé en dessus, échancré de noir au milieu. Pattes orangées ; base des cuisses et hanches, noires ; un point sur chaque hanche, jaune. Ailes d'un jaune doré, un peu obscures vers le bout.

MALE. Inconnu.

Habite : L'Amérique.? (Collection de M. de Romand.)

Species non visa.

R. ANNULIFERUM, Boisd.

SYN. Boisd. *Rygchium annuliferum.* Voy. de l'Astrol. VI. 2ᵉ part. 654. Ins. pl. 12, fig. 3.

D'un noir foncé. Antennes jaunâtres, un peu plus obscures à leur base. Les cinq anneaux de l'abdomen bordés de jaune. Pattes noirâtres, avec les tarses jaunâtres. Ailes d'un jaune roussâtre, transparentes.

Habite : Le Havre Carteret.

Nota. Cet insecte, à en juger d'après la figure qui en a été donnée, ne me semble pas être un *Rhygchium.*

Genre ODYNERUS.

Pl. VI, fig. 4, et pl. VII, fig. 1, 2, 3.

SYN. *Vespa* Linn. Fabr. Christ. Oliv. — *Odynerus* Latr. Wesm. Lepel.

CAR. *Lèvre* médiocrement allongée. Palpes labiaux gros, quadriarticulés et garnis de poils roides ; le quatrième article, très petit ; le premier le plus long, renflé au bout.

Mâchoires. Galéa aussi long, ou plus long que la partie basilaire. Palpe maxillaire plus long que le galéa ; de six articles de longueur inégale, diminuant plus ou moins régulièrement du premier au dernier, celui-ci souvent plus long que le cinquième ; les trois derniers ensemble, sensiblement plus longs que le troisième.

Mandibules mousses, souvent striées et portant des dents mousses.

Tête variable. Antennes des mâles simples, ou terminées par un crochet, ou enroulées en spirale à l'extrémité.

Corselet et *abdomen* très variables ; le premier anguleux ou arrondi ; le second ovale ou conique, sessile ou pédicellé ; le premier segment rétréci en pédicelle dans certaines espèces, mais jamais aussi parfaitement que dans les *Eumenes*, emboîtant toujours plus ou moins le deuxième segment.

Genre comprenant des insectes de toutes les parties du monde.

De tous les genres qui composent la grande tribu des Guêpes solitaires, c'est ici le plus vaste, le moins défini, et par cela même, celui dont les abords sont le plus hérissés de difficultés.

Ces difficultés sont complexes et méritent d'être examinées en détail. Elles tiennent d'abord au nombre considérable des espèces que renferme le genre, et ensuite à la distance qui sépare les types extrêmes.

Les auteurs ont échoué devant cet obstacle, dont nous ne nous dissimulons pas la gravité. Il sape par la base toute diagnose uniforme du genre *Odynerus*, décaractérise le groupe, et trompe un œil peu exercé. La variété des formes permet, il est vrai, d'introduire des coupes dans le genre même ; mais on ne tarde pas à découvrir, entre les types les plus tranchés et les plus éloignés en apparence, un nombre considérable d'intermédiaires qui les unissent par une suite de transitions presque insensibles ; la loupe tombe des mains, et l'on aperçoit, comme dernière conséquence d'un travail ingrat et difficile, l'impossibilité d'arriver à aucun résultat positif.

M. Wesmaël, dans son excellent mémoire sur les Odynères de Belgique, a classé les espèces qui lui étaient connues en trois groupes distincts et parfaitement caractérisés. Mais ce savant base ses groupes sur neuf espèces seulement, prises dans les termes extrêmes de la série, et que de difficultés ne rencontre-t-on pas lorsqu'on cherche à faire cadrer dans ses sections l'innombrable cohorte des espèces exotiques !

Lepeletier de Saint-Fargeau, tout en démontrant l'insuffisance des caractères de M. Wesmaël, n'échappe pas au même reproche, dès que l'on envisage un plus grand nombre d'individus qu'il n'a pu le faire. Sa méthode, et par suite ses divisions, basées sur la forme du métathorax, présentent ce double défaut, d'être généralement d'une application difficile et relative ; de séparer les espèces les plus voisines, originaires des mêmes contrées, pour grouper entre eux les éléments les plus divers. Le caractère même de la présence ou de l'absence d'une suture transversale sur le premier segment de l'abdomen, si net et si concluant dans la grande majorité des cas, se nuance, dans certaines espèces, d'une manière insensible, et devient une source de confusion.

C'est après avoir senti l'insuffisance des groupes établis jusqu'à ce jour, et cherché vainement des caractères qui fussent à la fois précis et d'une observation facile, que nous crûmes pouvoir tourner, plutôt que trancher la difficulté, en puisant dans la distribution géographique des espèces, un des principaux éléments de notre classification ; mais ici encore les difficultés abondent, car au milieu des espèces d'un aspect uniforme, en apparaissent d'autres qui échappent à la règle.

Nous nous sommes donc vu dans la nécessité de nous laisser guider par le coup d'œil autant que par les caractères, sans nous flatter d'avoir mieux réussi que nos devanciers, ni d'avoir établi des groupes parfaitement faciles à saisir.

Ainsi, première difficulté, résultant de l'impossibilité de trouver des caractères tranchés, et par suite d'établir des divisions régulières. Une seconde, qu'il est important de signaler, consiste dans la confusion où sont tombés les entomologistes relativement à la synonymie des espèces incomplètement décrites par les anciens auteurs.

Il ne pouvait guère en être autrement, puisqu'il s'agit d'un genre dont les espèces se touchent, espèces qui atteignent un nombre considérable, et dont les différences sont trop faibles pour avoir été saisies par les anciens. Aussi, les définitions spécifiques qu'ils nous ont laissées, s'appliquent-elles indifféremment à une douzaine d'espèces parfaitement distinctes en elles-mêmes. M. Wesmaël, avec l'admirable patience qui lui est propre, est parvenu à rétablir la véritable synonymie des Odynères du nord de l'Europe ; à ce titre, il a droit à la gratitude de l'entomologiste ; mais il reste encore beaucoup à faire, beaucoup à rayer, beaucoup à ajouter ; jusque-là, à combien de confusion ne doit-on pas s'attendre ?

Enfin, il faut mentionner une dernière difficulté, et celle-là est certainement la plus grave, parce qu'elle a sa source dans le genre lui-même, dans son extrême complexité, qui ne permet pas de lui assigner des limites fixes et déterminées. M. le marquis Spinola, frappé de la connexité de ce genre et du genre *Eumenes*, semblerait disposé à les fondre l'un dans l'autre. A cela nous répondrons que si les liens qui les unissent sont étroits, le fossé qui sépare les termes extrêmes est trop large. Et puis, que de difficultés pour l'étude, dans la fusion de deux genres déjà si inextricables par la quantité des espèces qu'ils renferment ! D'ailleurs, un certain nombre des intermédiaires dont parle M. Spinola, et où il cherche un passage entre les *Eumenes* et les *Odynerus* nous semble appartenir au genre *Montezumia*, et, par conséquent, s'écarter également des deux autres. Bien que le genre *Odynerus* ne soit pas défini, nous croyons pouvoir classer sous le nom d'*Eumenes* toutes les espèces dont le premier segment de l'abdomen tout entier est transformé en un long pétiole et n'emboîte pas le second ; et sous le nom d'*Odynerus*, toutes les espèces, pédicellées ou non, chez lesquelles ce caractère n'est pas parfaitement développé (1). Nous ajouterons de plus que dans les Odynerus les mandibules sont en général striées et dentées, que les yeux ne couvrent pas entièrement les côtés de la tête, tandis que chez les Eumenes les mandibules sont en général lisses, sans dents sensibles, et les yeux cachent entièrement les côtés de la tête. Enfin, si l'on cédait au désir de M. Spinola, si l'on réunissait les Odynerus aux Eumenes, il faudrait à plus forte raison y réunir le genre *Rhygchium* de cet auteur, genre bien autrement indéfini, le genre *Pterochilus*, qui se nuance avec les Odynerus

---

1. Nous faisons ici abstraction des genres dans lesquels nous avons été obligé de fractionner celui des *Odynerus*. (*Monobia*, *Monerebia* et *Leptochilus*.)

par le *P. glabripalpis;* nous ne pourrions même en séparer le genre *Alastor,* qui s'enchaîne naturellement au même groupe par les *Odynerus alastoroides* et *alastoripennis.* Que conclure de tout cela , sinon que les insectes de la tribu des Euméniens, quoique formant une série non discontinue, sont en nombre trop considérable et affectent des formes trop diverses pour que l'étude en soit possible sans y introduire des coupes? Ces coupes paraissent arbitraires et le sont en effet, parce que la nature n'a pas placé de barrière entre les groupes que nous sommes forcé d'établir. Mais la faute n'en est point au naturaliste; elle n'accuse que la faiblesse de notre esprit, trop imparfait pour concevoir les mystérieuses harmonies de la création, et qui les assimile forcément à ses règles étroites et symétriques; elle n'accuse que cette admirable complication de la nature , qui , tout en diversifiant ses œuvres, les enchaîne et les rapproche pour en former un réseau aussi simple dans son plan qu'il est complexe dans ses détails.

Le genre *Odynerus* peut se diviser en quatre sous-genres :

I. Une suture transversale sur le premier segment de l'abdomen.	Antennes des mâles simples. . .	SYMMORPHUS.[1]
	Antennes des mâles terminées par un crochet.	ANCISTROCERUS.
II. Pas de suture transversale sur le premier segment de l'abdomen.	Antennes des mâles terminées par un crochet. Pas d'éperon aux mandibules.	LEIONOTUS.
	Antennes des mâles enroulées en spirale à l'extrémité. Mandibules des mâles armées d'un éperon. .	OPLOPUS.

I. PREMIER SEGMENT DE L'ABDOMEN PORTANT EN DESSUS UNE SUTURE TRANSVERSALE (1).

Tableau pour servir à la détermination des espèces de cette section.

1	Ailes brunes avec des reflets violets.	2	
	Ailes transparentes ou enfumées.	5	
2	Corps entièrement noir.	*aterrimus.*	. . 7.
	Corps jaune et noir.	3	
3	Une seule bande jaune à l'abdomen.	*unifasciatus.*	. . 21.
	Deux bandes jaunes à l'abdomen.	4	
4	Métathorax taché de jaune, ailes brunes.	*Bellone.*	. . . 32.
	Métathorax noir, ailes transparentes..	*biphaleratus.*	. . 14.
5	Deuxième cellule cubitale triangulaire, subpédonculée. .	19	
	Deuxième cellule cubitale en trapèze, son bord radial sensible.	6	
6	Deux taches jaunes sur le deuxième segment de l'abdomen.	7	
	Pas de taches jaunes sur le deuxième segment de l'abdomen.	8	

1. Cette suture apparaît sous la forme d'une ligne élevée, très prononcée dans certains cas, peu distincte dans d'autres.

7 { Métathorax noir. . . . . *salcularis*.. . . 26.
  { Métathorax taché de jaune. . . . . *ammonia*. . . 30.

8 { Abdomen noir et jaune, ou entièrement ferrugineux. . 9
  { Abdomen noir et rouge. 21

9 { Deuxième segment de l'abdomen ferrugineux avec sa base
     noire, son bord postérieur fortement relevé. , . . . *tuberculocephalus*. 22.
  { Deuxième segment de l'abdomen noir et janne. . . . 22

10 { Premier segment de l'abdomen à moitié aussi large que le
      deuxième. . . . . *difformis*. . . . 31.
   { Premier segment de l'abdomen plus de moitié aussi large
      que le deuxième. 12

11 { Deux ou trois bandes jaunes à l'abdomen. . . . . . { *bifasciatus*. . . 3.
                                                       { *vernalis*. . . 35.
   { Tous les segments bordés de jaune. . . . . . . { *crassicornis*. . 1.
                                                    { *gracilis*. . . 2.
                                                    { *elegans*. . . 4.

12 { Deuxième segment fortement rebordé. . . . . . { *incommodus*. . 29.
                                                   { *fuscipes*. . . 28.
   { Deuxième segment sans rebord sensible. 13

13 { Deux bandes jaunes à l'abdomen. 14
   { Trois bandes jaunes à l'abdomen. 25
   { Plusieurs bandes jaunes à l'abdomen. 16

14 { Les bordures, d'un jaune vif; ailes un peu violettes le long
      de la côte. . . . . *biphaleratus*. . 14.
   { Les bordures, d'un jaune blanchâtre. 15

15 { Abdomen chagriné. . . . . *scabriusculus*. . 24.
   { Abdomen lisse. 20

16 { Angles du métathorax, jaunes. . . . . { *renimacula*. . . 8.*
                                                 { *birenimaculatus* . 16.
   { Angles du métathorax, noirs. 17

17 { Bordure du premier segment de l'abdomen, régulière. . 18
   {   { *parietum*. . . 10.
   { Bordure du premier segment de l'abdomen, élargie sur les { *fastidiosusculus*. . 19.
      côtés. . . . . { *oviventris*. . 12.
                                           { *ochlerus*. . . . 11.

18 { Taille très petite. . . . . *adiabatus*. . . 20.
   { Taille grande ou moyenne. 26

19 { Métathorax fortement bidenté. . . . . *alastoroides*. . 33.
   { Métathorax (1) arrondi. . . . . *alastoripennis*. . 34.

20 { Chaperon fortement échancré dans la femelle. . . . *vernalis*. . . . 35.
   { Chaperon peu ou pas échancré dans la femelle. . . { *Bustillos*. . 25.
                                                       { *ambiguus*. . 23.

21 { Ecusson rouge. . . . . *rubropictus*. . . 37.
   { Ecusson noir. . . . . { *hæmalodes*. . 36.
                                           { *madœra*. . . 38.

22 { Base du deuxième segment de l'abdomen, jaune. . . *Atropos*. . . . 15.
   { Base du deuxième segment de l'abdomen, noire. . . 23

23 { Deux lignes ou points jaunes sur le premier segment de
      l'abdomen. . . . . *flavipes*. . . . 2
   { Pas de lignes ni de points jaunes sur le premier segment
      de l'abdomen. 24

24 { Une dépression longitudinale sur le premier segment de
      l'abdomen. 11
   { Pas de dépression longitudinale sur le premier segment de
      l'abdomen. 27

---

1. Cette espèce offre deux lignes suturales sur le premier segment de l'abdomen, mais toutes deux très indistinctes.

$25 \begin{cases}$ Bandes larges. . . . . *trifasciatus.* . . 9.
Bandes très étroites. . . . . *campestris.* . . 18. $\end{cases}$

$26 \begin{cases}$ Quatre bandes jaunes à l'abdomen. . . . . . . $\begin{cases}$ *Catskill.* . . . 17.
antilope. . . . 13. $\end{cases}$
Cinq bandes jaunes à l'abdomen. . . . . . $\begin{cases}$ *antilope.* . . . 13.
oviventris. . . 12.
fastidiosusculus . 19. $\end{cases}$ $\end{cases}$

$27 \begin{cases}$ Une suture sur le premier segment de l'abdomen. . . 10
Deux sutures sur le premier segment de l'abdomen. . . $\begin{cases}$ *imbecillus.* . . 5.
bisuturalis. . . **6.** $\end{cases}$ $\end{cases}$

Sous-genre SYMMORPHUS, Wesm.

Pl. vii, fig. 1.

Premier segment de l'abdomen portant en dessus une suture trans-versale. Abdomen un peu pédicellé ; le premier segment en entonnoir, plus long que large, et portant sur sa face dorsale un sillon longitudinal.

Antennes des mâles, simples.

Insectes européens.

1. O. CRASSICORNIS.

Noir ; haut du chaperon, devant du premier article des antennes, angles du prothorax, écaille, une tache sous l'aile, deux points sur l'écusson, bordure de tous les segments de l'abdomen, tibias, tarses et bout des cuisses, jaunes. Ailes transparentes. (Mâle.) Chaperon jaune.

SYN.? Linn. *Vespa muraria* (1). Syst. Nat. 950. — Faun. Suec. 1674.
Panz. *V. crassicornis.* Faun. Germ. fasc. 53. tab. 9.
Fabr. *V. parietum.* Ent. Syst. ii. 265. — Syst. Piez. 261.
Schrank. *V. parietum* . Faun. Boïc. ii. 253. 2208.
Latr. *Odynerus parietum.* Hist. Ins. et Crust. xiii. 347.
Spin. *O. parietum,* Ins. Lig. fasc. 3. 181.
Wesm. *O. crassicornis.* Monogr. Odyn. Belg. p. 39.
? Herr.-Schaff. *O. murarius.* Faun. Germ. fasc. 173. p. 26.
Lep. Saint-Farg. *O. crassicornis.* Hymen. ii. 663.

Fem. Long. 12 mill. ; env. 26 mill.
Mâle. Long. 10 mill. ; env. 21 mill.

Pour la description de l'espèce , voir Lepeletier de Saint-Fargeau , loc. cit.

Var. femelle. Bordure du premier segment de l'abdomen festonnée ; celle du deuxième fortement et irrégulièrement élargie sur les côtés. Une tache jaune sous l'aile.

1. M. Wesmaël a démontré, à mon avis, de la manière la plus positive , que la *Vespa muraria* de Linné n'est qu'une variété de l'*O. crassicornis.* Nous attendons cependant, avant de changer le nom de cette espèce, d'avoir pu vérifier par nous même que la *Vespa crassicornis* n'est pas une espèce distincte. (Voyez Wesm. Monogr. Odyn. Belg 2ᵉ suppl. Bullet. Acad. Brux. IV, nᵒ 9. 1857.)

Rapp. et diff. Cette espèce est très voisine des *O. antilope, oviventris, parietum* et *renimacula*. Elle en diffère par le premier segment de l'abdomen, qui est infundibuliforme , sensiblement moins large que le deuxième, et partagé par un sillon longitudinal.

Elle se distingue des *O. gracilis* et *bifasciatus* par sa plus grande taille, et en outre du deuxième par les bandes jaunes des troisième et cinquième segments de l'abdomen.

Habite : L'Europe. (Musée de Paris).

2. O. GRACILIS, Brullé. !

Noir, avec le chaperon, un point sur le front, le devant du premier article des antennes, deux taches sur le prothorax, deux sur l'écusson, un point sous l'aile, et la bordure de tous les segments de l'abdomen, jaunes. Ailes transparentes.

SYN. Brullé. *Odynerus gracilis.* Exp. Sc. Morée. Ins. Ire part. 362. pl. L. fig. 3. Mâle.
Wesmaël. *O. elegans.* ! Monogr. Odyn. Belg. p. 42.
Lep. St-Farg. *O. elegans.* ! Hym. ii. 664.

Mâle et fem. Long. 10 mill.; env. 20 mill.

Pour la description de l'espèce, voir Lepeletier de Saint-Fargeau, loc. cit.

Var. Deux points jaunes sur le post-écusson.

Rapp. et diff. Il a des formes très grêles, le premier segment de l'abdomen est pédicellé, allongé, et séparé du deuxième par un fort étranglement.

Très voisin de l'*O. bifasciatus*, dont il diffère par les segments de l'abdomen qui sont tous bordés de jaune, tandis que dans l'*O. bifasciatus* ce ne sont que les segments 1, 2 et 4 ; par l'écaille jaune ou tachée de jaune, et non noire ou brune. Très voisin aussi de l'*O. crassicornis*, dont il se distingue surtout par sa petite taille.

Habite : L'Europe. (Musée de Paris.)

3. O. BIFASCIATUS.

Noir, avec deux taches sur le prothorax , deux sur l'écusson , et le bord des segments 1, 2 et 4 de l'abdomen, jaunes. Ailes transparentes.

SYN. Linn. *Vespa bifasciata.* Faun. Sw. 1683. — S. N. 14.
Rossi. *V. bifasciata.* Faun. Etr. 143.
Fabr. *V. sinuata.* Ent. Syst. ii. 270. — Syst. Piez. 264. — *V. bifasciata.* Ent. Syst. ii. 269. — Syst. Piez. 264. — *V. minuta.* Ent. Syst. Suppl, 262. — Syst. Piez 268.

Christ. *V. bifasciata* Hymen. 234.

Oliv. *V. bifasciata.* Encycl. vi. 687.

Spinol. *Odynerus bifasciatus.* Ins. Lig. fasc. 5. 184.

Herr.-Scæhff. *O. bifasciatns.* Faun. Germ. fasc. 154. tab. 16. (Var. A. Mâle.)— *O. fuscipes.* Id. fasc. 184. tab. 18. (Var. B. Fem.) — *O. parvulus.* Id. fasc. 154. tab. 19. (Var. B. Mâle.)

Wesm. *O. bifasciatus.* Monogr. Odyn. Belg. p. 45.

Lep. St–Farg. *O. bifasciatus.* Hymen. ii. 665.

Pour la description de l'espèce, voir Lepeletier de Saint-Fargeau, loc. cit.

Var. A. Corselet entièrement noir.

Var. B. Une bande jaune au quatrième segment de l'abdomen.

Nota. Les taches jaunes du prothorax manquent souvent; celles placées sous l'aile et sur l'écusson, sont presque toujours nulles, la tête et les antennes sont souvent entièrement noires. L'écaille est noire, brune, parfois jaunâtre.

Rapp. et diff. Très voisin de l'*O. gracilis.* Voir les affinités de cette espèce.

Habite : L'Europe. (Musée de Paris.)

4. O. Elegans, Herr.-Scæhff.

Syn. Herr.-Schæff. *Odynerus elegans.* Faun. Germ. fasc. 154. tab. 17.

Longueur totale : 12 1\|2 mill.

A en juger par la figure qu'en donne l'auteur, cette espèce me semble être distincte des précédentes. Je ne l'ai jamais vue.

Niger, antennarum art.-1 subtus, punctis-2 inter antennas, squamulis, macula sub alis, duabus colli et scutelli, margineque segmentorum 1-5 (6) late flavis tibiis, anterioribus intus macula nigra, tarsis ferrugineis.

Mas. Clypeo flavo, margine flavo segmenti primi lateribus dilatato; tibiis posticis ante apicem intus macula nigra.

Foem. Clypei basi late flava, margine flavo segmenti primi latissimo, antice bilobo, tibiis posticis apice late ferrugineis.

Cette espèce est très voisine de l'*O. crassicornis*, elle s'en distingue par ses mandibules noires dans le mâle, et surtout par les bandes jaunes de l'abdomen, qui sont très larges.

Habite : La Bavière.

|Sous-genre ANCISTROCERUS. Wesm.

Face dorsale du premier segment de l'abdomen portant une suture transversale.

Quatrième article des palpes labiaux assez grand, sixième article des palpes maxillaires plus long que le cinquième. Antennes des mâles terminées par un crochet. Premier segment de l'abdomen ne portant pas de sillon longitudinal.

1re DIVISION.

Premier segment de l'abdomen portant sur sa face dorsale deux sutures transversales. Deuxième cellule cubitale en trapèze, son bord radial, sensible.

5. O. Imbecillus, n. sp.

Petit, noir, orné de jaune, deux sutures transversales sur le premier segment de l'abdomen, deux épines au métathorax; deux bandes jaunes à l'abdomen, et l'extrémité de ce dernier rousse.

Mâle, Long. 7 mill.; env. 14 mill.

Fem. Inconnue.

Male. Chaperon échancré, bidenté. Corselet un peu chagriné; métathorax se prolongeant horizontalement un peu en arrière du post-écusson, puis subitement tronqué; un peu ponctué en ce point, offrant de chaque côté un bord tranchant et un angle spiniforme. Premier segment de l'abdomen un peu pédicellé, en forme de cloche, très finement ponctué. Un étranglement médiocrement marqué entre le premier et le deuxième segment. Antennes assez renflées.

Insecte noir; chaperon, devant du premier article des antennes, un point entre leurs insertions, et un autre très petit au fond du sinus des yeux, jaunes. Antennes ferrugineuses en dessous, avec le crochet jaune. Deux taches sur le devant du prothorax, situées entre la ligne mèdiane et les épaules; post-écusson et une bordure régulière sur les deux premiers segments de l'abdomen, jaunes; bordure du second segment un peu plus large que celle du premier; écaille jaune, avec une tache rousse; tous les segments de l'abdomen, à partir du troisième inclusivement, d'un roux obscur; anus noir. Pattes d'un jaune ferrugineux, hanches noires. Ailes transparentes, avec une tache brune dans la cellule radiale.

Habite : Java. (Musée de Paris.)

6. O. Bisuturalis, n. sp.

Noir, bord antérieur du corselet, deux points sur le post-écusson et bord postérieur des deux premiers segments de l'abdomen , jaunes ; ailes transparentes ; premier segment de l'abdomen ayant une forme presque pétiolaire, et portant deux sutures transversales.

Mâle Long. 6 1|2 mill.; env. 12 mill.

Fem. Inconnue.]

Male. Formes grêles. Mandibules aiguës. Chaperon ovale, à peine échancré. Echancrure des yeux en demicercle, située à moitié hauteur de ces organes. Corselet anguleux en avant; écusson carré, saillant; métathorax arrondi, offrant un sillon médian. Abdomen allongé; premier segment en entonnoir; des deux sutures , l'antérieure est très fortement prononcée, la postérieure moins distincte; deuxième segment un peu plus long que large, armé en dessous d'un tubercule sensible, situé près de sa base. La forme de cet insecte est presque intermédiaire entre celle des *Eumenes* et celle des *Odynerus* proprement dits. Insecte noir; tête et corselet régulièrement chagrinés. Mandibules jaunes, avec le bout ferrugineux; chaperon , labre, un point entre les antennes, et devant du premier article de ces dernières, jaunes. Antennes brunes, ferrugineuses en dessous. Corselet finement liseré de jaune le long de son bord antérieur; la partie moyenne du liseré, rousse; post–écusson orné de deux très petits points jaunes; écaille roussâtre. Premier et deuxième segments de l'abdomen, liseré de jaune, les autres un peu roussâtres. Pattes rousses, devant des hanches, une ligne sur les cuisses et sur les tibias, jaunes. Ailes parfaitement transparentes, avec le bout de la cellule radiale, brun.

Rapp. et diff. Cette espèce est très voisine de l'*O. imbecillus* , mais elle s'en distingue par l'absence de bordure jaune des orbites; par l'échancrure des yeux, située plus bas que dans l'espèce en question, par son métathorax qui n'est pas tronqué à angles vifs, par la forme presque pétiolaire du premier segment de l'abdomen, etc.

Habite : Le Sénégal.? (Collect. de M. Westwood.)

IIᵉ DIVISION.

Premier segment de l'abdomen portant une seule suture dorsale, cette dernière en général très saillante. Métathorax tronqué verticalement au niveau du post-écusson , ou fort peu prolongé en arrière. Deuxième cellule cubitale en trapèze, son bord radial plus ou moins grand.

A. *Espèces de l'ancien continent. Premier segment de l'abdomen tronqué du côté antérieur , un peu moins large que le deuxième , plus large que long. Post-écusson en général tronqué du côté postérieur.*

a. Métathorax lisse au milieu, fortement rugueux sur les bords.

7. O. ATERRIMUS, n. sp.

Entièrement noir, granuleux. Ailes brunes.

Fem. Long. 15 mill.; env, 32 mill.

Fem. Chaperon concave à son bord antérieur, un peu bidenté ; sur le vertex une dépression cordiforme, ou en forme de V. Corselet moins large en avant qu'au milieu : post-écusson un peu saillant, mais nullement tronqué ; métathorax un peu concave, ses bords, tranchants vers le bas, arrondis et très rugueux vers le haut, sa concavité striée transversalement, mal terminée sur ses bords. Abdomen sessile, premier segment tronqué droit du côté antérieur, son côté dorsal en carré large, formant avec la face métathoracique un angle droit; deuxième segment aussi long que large, s'élargissant d'avant en arrière, son bord postérieur un peu relevé en dehors. Insecte noir, fortement ponctué, granuleux ; chaperon et abdomen, sauf le premier segment, un peu plus finement ponctués. Pattes noires ; les cuisses seules un peu brunâtres. Ailes brunes, avec quelques reflets violets.

Rapp. et diff. Cet *Odynerus* ressemble beaucoup au *Rhygchium argentatum*, mais il s'en distingue facilement par la suture transversale du premier segment de l'abdomen, et par la forme de ce dernier, qui, chez l'*O. aterrimus*, est moins large que le second. Il en diffère aussi par les granulations beaucoup plus fortes de son corps, par son métathorax concave au milieu, par ses cuisses brunes, par ses ailes beaucoup moins violettes, etc.

Habite : La Chine. (Musée de Paris.)

b. Métathorax concave au milieu ; la concavité entourée d'un rebord saillant, ou offrant de chaque côté un bord tranchant.

8. O. RENIMACULA , Lep. !

Noir, avec le chaperon, le devant du premier article des antennes, la bordure du prothorax, l'écaille, deux taches sur l'écusson, le post-écusson, deux taches sur le métathorax, la bordure de tous les anneaux de l'abdomen, et les pattes, jaunes.

Syn. Lep. St-Farg. *Odynerus renimacula.* Hymen. ii. 654.

Fem. Long. 11 mill.; env. 24 mill.

Mâle. Long. 8 mill. ; env. 18 mill.

Pour la description de l'espèce, voir Lepeletier de Saint-Fargeau, loc. cit.

Rapp. et diff. Cette espèce est facile à distinguer à ses taches jaunes du métathorax et au premier segment de l'abdomen, entièrement jaune en dessus, fort peu échancré de noir au milieu. On pourrait la confondre avec l'*O. birenimaculatus*, mais dans cette espèce on voit de chaque côté une tache roussâtre sur le jaune de la bordure du premier segment de l'abdomen, l'échancrure noire de ce segment est en carré large, et les angles du prothorax sont un peu épineux.

Habite : L'Algérie, Oran. (Musée de Paris, collect. St-Farg.)

9. O. Trifasciatus.

Noir, avec deux taches sous le chaperon, un point entre les antennes, le devant du premier article, le bord du corselet, l'écaille, une bande interrompue sur l'écusson, et la bordure des trois premiers segments de l'abdomen, jaunes.

Syn. Fabr. *Vespa trifasciata*. Mant. Ins. i. 290. — Ent. Syst. ii. 270. Syst. Piez. 264. — *V. quadricincta*. Ent. Syst. ii. 266. — Syst. Piez. 262.

    Panz. *V. gazella*. Faun. Germ. fasc. 5 6-10.

    Oliv. *V. trifasciata*. Encycl. vi. 688.

    Christ. *V. yuncea*. Hymen.

    Wesm. *Odynerus trifasciatus*. Monogr. Odyn. Belg. Suppl. p. 7.

    Lep. St-Farg. *O. trifasciatus*.! Hymen. ii. 653.

Fem. Long. 10 mill.; env. 22 mill.

Mâle. Long. 8 mill.; env. 17 mill.

Pour la description de l'espèce, voir Lepeletier de Saint-Fargeau, loc. cit.

Var. fem. Un point jaune sous l'aile. Chaperon jaune, avec une tache noire triangulaire au milieu.

Rapp. et diff. Cette espèce est distincte par son abdomen, dont les trois premiers segments seuls sont bordés de jaune ; le dessus du premier, entièrement jaune, avec une échancrure noire en demi-cercle, ou en triangle dans la femelle, plus petite et souvent étroite dans le mâle. Les formes de cet *Odynerus* sont les mêmes que celles de l'*O. parietum*, si ce n'est que le premier segment de l'abdomen est plus large.

Habite : La France, la Belgique. (Musée de Paris.)

10. O. Parietum.

Noir, avec le haut du chaperon, un point entre les antennes, le bord du corselet, un point sous l'aile, l'écaille, deux taches sur l'écusson et la bordure de tous les segments de l'abdomen , jaunes. Ailes transparentes.

Syn. Linn. *Vespa parietum*. Syst. Nat. 949. — Faun. Suec. 1673. — *V. parietina*. Faun. Suec. 1679.

?Rossi. *Vespa parietum*. Faun. Etr. ii. 141. — ? *V. sexfasciata*. Id. 144.

Schrank. *V. sexcincta*. Fn. Boï. ii. 356. — *V. sexfasciata*. Id. 358. — *V. parietina*. Id. 353.

Panz. *V. quadrata*. Faun. Germ. 63. tab. 3. —*V. aucta*. Id. 81. tab. 17.

Fabr. *V. aucta*. Ent. Syst. ii. 272. — Syst. Piez. 267. — *V. emarginata*. Ent. Syst. ii. 267. — Syst. Piez. 263. — ?*V. parietum*. Ent. Syst. ii. 265. — Syst. Piez. 261. — *V. simplex*. Ent. Syst. ii. 267. — Syst. Piez. 263. — ?*V. sexfasciata*. Ent. Syst. ii. 268. — Syst. Piez. 263.

Geoffr. *Vespa*. n⁰ 9.

Oliv. *V. parietum*. Encycl. vi. 686. — *V. trifasciata*. Id. vi. 688. — ? *V. sexfasciata*. Id. 689.

Christ. *Vespa parietum?* Hym. 287. — *V. sexpunctata*. Hym. 241. tab. 22. fig. 6. — *V. œneipennis*. Id. 245. tab. 23. fig. 3.

Zetterst. *Odynerus parietum*. Ins. Lapp. 455. — *O. 4-fasciatus*. Id. 456.

Wesm. *O. parietum*. Monogr. Odyn. Belg. p. 16.—Suppl. p. 4.

Herr.-Schæff. *O. affinis*. Faun. Germ. fasc. 173. p. 21. tab. 24. (Var.) (1). — *O. auctus*. fasc. 173. p. 22.— *O. quadricinctus*. Id. p. 24.

Lep. St-Farg. *O. parietum*. Hymen. ii. 656.

Blanch. *O. murarius*. Règne An. Illustr. Ins. pl. 124. fig. 3.

Fem. Long. 12 mill.; env. 26 mill.
Mâle. Long. 8 mill.; env. 19 mill.

Pour la description de l'espèce, voir Lepeletier de Saint-Fargeau, loc. cit.

Cette espèce est sujette à varier à l'infini, tant pour la taille, que pour les formes et les couleurs :

Proportions : Le premier segment de l'abdomen est plus ou moins allongé ; souvent il est aussi large que le deuxième , souvent, au contraire, il l'est beaucoup moins.

Dimensions : Minimum de taille : Long. 6-7 mill. ; env. 13-14 mill.

Couleurs : Deux, trois ou quatre taches, ou une bande jaune sur l'écusson. — Ecusson entièrement noir. — Tache sous l'aile nulle ou grande.

---

1. Cette variété, caractérisée par la couleur noirâtre des tibias et des tarses, a été signalée par M. Wesmaël.

— Chaperon jaune, ou jaune bordé ou taché de noir , ou noir avec deux marques jaunes. — Pénultième segment de l'abdomen entièrement noir. — Anus noir. — Pattes postérieures noirâtres ou seulement obscures (1).

Rapp. et diff. Cette espèce se distingue facilement de l'*O. renimacula* par son métathorax noir ; de l'*O. trifasciatus* par ses cinq bandes jaunes à l'abdomen ; par contre elle est très voisine :

1° de l'*O. antilope*. (Voir les affinités de cette espèce.)

2° De l'*O. oviventris*, mais ce dernier en diffère par son écusson moins saillant, dont la crête est moins tranchante ; par les bordures de l'abdomen moins larges, et régulières, la première peu ou pas élargie sur les côtés ; par la deuxième cellule cubitale, qui est moins rétrécie vers la radiale , son bord radial étant égal à plus du tiers de son bord postérieur, tandis que dans l'*O. parietum*, il est égal, ou plus petit que le tiers de ce dernier. Le côté dorsal du premier segment est aussi plus large et moins long à proportion ; mais toutes ces différences sont d'une appréciation très difficile.

3° De l'*O. ochlerus*. (Voir les affinités de cette espèce.)

Habite : L'Europe. (Musée de Paris.)

11. O. Ochlerus, n. sp.

Noir, orné de jaune , tous les segments de l'abdomen bordés de jaune, dessus du premier segment, jaune, avec une échancrure triangulaire, noire. Ailes transparentes.

Fem. Long. 12 mill.; env. 25 mill.

Fem. Insecte noir. Chaperon aussi large que long, circulaire, échancré, et terminé par deux petites épines ; d'un jaune ferrugineux, avec une tache noire triangulaire au milieu. Mandibules noires avec une tache jaune près de leur base. Un point ferrugineux entre les antennes. Devant du premier article des antennes, une tache en arrière des yeux, bordure antérieure du corselet, un peu élargie sur les côtés, un point sous l'aile, une bande sur la partie postérieure de l'écusson et du postécusson, anus et la bordure de tous les segments de l'abdomen, jaunes, avec des teintes ferrugineuses. Ecaille jaune avec un point ferrugineux. Dessus du premier segment de l'abdomen entièrement jaune, avec un triangle équilatéral, noir, à sa partie antérieure ; les autres bordures, régulières. Mésothorax offrant trois petits sillons indistincts, vers son bord antérieur. Bords du métathorax portant chacun deux tubercules

---

1. Ces différences rendent la détermination de l'espèce très difficile ; on la reconnaît, en général, à son premier segment abdominal, jaune en dessus , avec une échancrure noire carrée.

mousses. Pattes jaunes, avec les hanches et les cuisses presque tout en-
tières noires. Ailes parfaitement transparentes, avec une légère teinte
jaune le long de la côte, et une tache brune qui occupe la moitié externe de la cellule radiale, et se continue un peu le long de la courbure
de l'aile.

Var. Ecusson noir; bande du post-écusson interrompue au milieu,
les parties jaunes, d'un jaune vif.

MALE. Inconnu.

Rapp. et diff. Cette espèce est assez distincte par la forme triangulaire de l'échancrure noire du premier segment de l'abdomen, et par
ses ailes entièrement transparentes. Les angles antérieurs du corselet
ne sont pas épineux comme dans l'*O. parietum*, mais seulement anguleux. Le dessus du premier segment de l'abdomen est comme dans
l'*O. trifasciatus*, mais un peu plus allongé.

Serait-ce une variété de l'*O. parietum*?

Habite : L'Ile de Madère. (Musée de Paris.)

12. O. OVIVENTRIS, Wesm.!

Noir, avec deux points sur le chaperon, le bord du corselet, l'écaille, deux points sur
l'écusson, la bordure des cinq premiers segments de l'abdomen et les tibias, jaunes. Ailes
transparentes.

SYN. Wesm. *Odynerus oviventris.* Monogr. Odyn. Belg. Suppl. p. 2.
Lep. St-Farg. *Odynerus oviventris.* Hymen. II. 651.

Fem. Long. 10 mill.; env. 13 mill.
Mâle Long. 8 mill.; env. 17 mill.

Pour la description de l'espèce, voir Lepeletier de Saint-Fargeau,
loc. cit.

Rapp. et diff. Très voisin des *O. antilope* et *parietum*. (Voir les affinités de ces espèces.) Il diffère de l'*O. ochlerus* par les mêmes caractères
que de l'*O. parietum*; son écusson noir et ses épines métathoraciques
servent à le distinguer de quelques autres espèces.

13. O. ANTILOPE.

Noir, avec le haut du chaperon, les angles du prothorax, deux taches sur l'écusson, la
bordure des quatre premiers segments de l'abdomen, une tache sur les deux autres, et les
tibias, jaunes. Ailes transparentes.

SYN. Panz. *Vespa antilope.* Faun. Germ. fasc. 53. tab. 9. — ? *V. parietina.* Id. fasc. 49. tab. 24.

? Fabr. *V. parietina.* Ent. Syst. II. 268. — Syst. Piez. 263.

Spinol. *Odynerus biglumis*. Ins. Etr. fasc. I. 89. — Fasc. 3.
186. 4°.

Herr.-Schæff. *O. viduus*. Faun. Germ. fasc. 173. p. 28.

Wesm. *O. antilope*. Monogr. Odyn. Belg. 32. — Supplém. p. 8.

Lep. St-Farg. *O. antilope*. Hymen. II. 649.

Fem. Long. 13 mill.; env. 28 mill.

Pour la description de l'espèce, voir Lepeletier de Saint-Fargeau,
loc. cit.

Var. fem. Chaperon jaune, avec deux taches noires.

Rapp. et diff. Il se distingue facilement de l'*O. crassicornis* par l'absence de dépression profonde sur le premier segment de l'abdomen,
mais il ressemble singulièrement à presque toutes les espèces de la division dont il fait partie. On ne peut le confondre ni avec l'*O. renimacula* ni avec l'*O. trifasciatus*, ni avec l'*O. birenimaculatus*, mais il est
très difficile à distinguer :

1° De l'*O. parietum*, dont il diffère par sa taille un peu plus grande,
par le chaperon, qui est noir, avec deux taches jaunes obliques à son
sommet, sans taches vers le bas (cependant il y a de rares exceptions
qui ne présentent pas ce caractère différentiel), par son corselet plus
allongé, dont le bord antérieur est un peu plus concave, et dont les angles sont plus épineux ; par le post-écusson, qui est dépourvu de taches
jaunes et qui est plus plat, sans crête tranchante, tandis que dans l'*O.
parietum* il est tronqué à angle vif ; par la forme plus ovale de l'abdomen ; surtout par la bordure du premier segment, qui n'est pas élargie
sur les côtés (sauf dans de rares exceptions), souvent parfaitement
régulière, et offrant au milieu une petite échancrure noire linéaire qui
correspond à une dépression insensible ; enfin, par la bordure du cinquième segment, qui est nulle ou incomplète, et par l'anus, qui est
noir. Aucun de ces caractères n'est absolu, mais c'est en les considérant
dans leur ensemble qu'on arrive à la distinction des espèces.

2° De l'*O. oviventris* par les mêmes caractères, si ce n'est que la bordure du premier segment de l'abdomen est régulière dans l'*O. oviventris*, mais la ligne suturale est moins distincte dans cette espèce que
dans l'*O. antilope*, et les angles du métathorax sont un peu plus épineux ; la deuxième cellule cubitale est aussi plus fortement rétrécie
vers la radiale, et le flagellum des antennes est entièrement noir en
dessous.

3° Des autres espèces non mentionnées de ce groupe, par les mêmes caractères.

Habite : L'Europe. (Musée de Paris.)

14. O. Biphaleratus, n. sp.

Noir, orné de jaune ; deux larges bandes jaunes à l'abdomen. Ailes un peu violettes
le long de la côte.

Fem. Long. 10 1[2 mill. ; env. 22 mill.

Fem. Chaperon fortement granuleux, à peine échancré. Corselet un peu anguleux en avant ; métathorax offrant de chaque côté une petite épine. Abdomen fortement déprimé, subpédicellé, le premier segment aussi large que le second. Tête et corselet très velus et densément ponctués ; premier segment de l'abdomen également velu et ponctué, mais moins que le corselet ; deuxième segment finement ponctué.

Insecte noir : de chaque côté du chaperon une faible tache ferrugineuse ; un point entre les antennes et un autre très petit en arrière des yeux, jaunes ; antennes noires, avec le devant du premier article, et le dessous des suivants, ferrugineux. Corselet antérieurement bordé de jaune ; écaille ferrugineuse. *Les deux premiers segments de l'abdomen ornés chacun d'une large bordure jaune* ; la première concave du côté antérieur, la seconde assez régulière, un peu échancrée en deux points, tant en dessus qu'en dessous. Pattes jaunes, un peu ferrugineuses, hanches et cuisses, sauf le bout, noires. Ailes transparentes, enfumées et un peu violettes le long de la côte.

Var. Chaperon noir, pas de taches en arrière des yeux.

Male. Chaperon entièrement jaune.

Rapp. et diff. Cette espèce est très distincte par la forme déprimée de son abdomen, par sa tête plate, par l'absence de tache jaune sur l'écusson et sous l'aile, par son abdomen orné de deux bandes jaunes seulement, et par ses ailes violettes le long de la côte. Elle ressemble à l'*O.* *Megaera*, mais elle en diffère par l'absence de tache sous l'aile, et par ses ailes, qui ne sont pas enfumées dans toute leur étendue.

Habite : L'Egypte. (Musée de Paris.)

Nota. Cette espèce n'a pas été figurée par M. Savigny dans la description de l'Egypte.

a. Angles du métathorax un peu arrondis.

15. O. Atropos, Lepel. !

Noir, avec le haut du chaperon, une tache derrière les yeux, le bord du corselet, l'écusson, le bord du post-écusson, l'écaille, une tache sous l'aile, deux sur le métathorax, la base du deuxième et la bordure de tous les segments de l'abdomen, sauf le premier, jaunes.

Syn. Lep. St-Farg. *Odynerus Atropos.* Hymen. ii. 661.

Fem. Long. 7 mill.; env. 14 mill.

Mâle. Long. 5 1|2 mill.; env. 10 mill.

Pour la description de l'espèce, voir Lepeletier de Saint-Fargeau , loc. cit.

Rapp. et diff. Cette espèce est très distincte par sa petite taille, et le deuxième segment de l'abdomen, qui est entièrement jaune, avec une bande noire transversale sur son milieu, en sorte que sa base est jaune.

Habite : L'Algérie. (Musée de Paris. Collect. St-Farg.)

B. *Espèces américaines.*

1. Suture du premier segment de l'abdomen distincte. Métathorax ne se prolongeant pas sensiblement en arrière du post-écusson.

a. Premier segment de l'abdomen comme dans la division A, tronqué du côté antérieur. Métathorax n'étant pas sensiblement prolongé en arrière du post-écusson. Deuxième segment de l'abdomen n'étant pas rebordé à son bord postérieur.

16. O. BIRENIMACULATUS, n. sp.

Noir, orné de jaune, deux taches réniformes sur le métathorax ; le premier segment de l'abdomen portant de chaque côté une tache rousse.

Fem. Long. 10 mill.; env. 19 mill.

FEM. Chaperon un peu plus large que long, à peine échancré. Corselet anguleux en avant, un peu moins large en ce point qu'au milieu ; métathorax lisse au milieu, la plaque un peu rebordée. Abdomen sessile , tronqué droit du côté antérieur, un peu moins large que le deuxième , lequel est plus large que long , et bombé en dessus ; tête, corselet et premier segment de l'abdomen finement et densément, abdomen très finement, ponctués. Insecte noir ; chaperon jaune, un peu ferrugineux et portant au milieu une tache noire ; devant du premier article des antennes, et dessous des autres, jaune ; une tache entre leurs insertions , une sur le haut des mandibules et une en arrière des yeux , jaunes. Deux taches sur le prothorax , réunies au milieu, un point sous l'aile , une bande interrompue sur l'écusson, et la moitié postérieure du post-écusson, jaunes, ainsi que deux taches réniformes sur les côtés du métathorax. Tous les segments de l'abdomen portant une bordure régulière, jaune, et en outre le premier de chaque côté une tache rousse qui se fond avec la bordure. Anus noir, avec un point jaune au bout. Pattes jaunes ; hanches noires, tachées de jaune ; base des cuisses, noirâtre. Ailes transparentes, un peu enfumées vers le bout de la cellule radiale.

Rapp. et diff. Il est entièrement semblable à l'*O. renimacula*, à part les deux taches rousses du premier segment de l'abdomen.

Habite : La Caroline. (Musée de Paris.)

17. O. Catskill, n. sp.

Noir, orné de jaune, quatre bandes jaunes à l'abdomen. Ailes un peu ferrugineuses.

Fem. Long. 10 mill.; env. 21 mill.
Mâle. Long. 7 mill.; env. 15 mill.

Fem. Formes de l'*O. parietum*, mais le corselet plus court, et le métathorax plus arrondi. Chaperon plus large que long, à peine échancré. Abdomen ovale. Tête et corselet ponctués, velus; abdomen lisse.

Insecte noir; chaperon jaune, avec un triangle noir, et un peu de noir à son extrémité inférieure. Antennes noires; le premier article ferrugineux en dessous, et jaune en devant; un point entre les antennes, et un plus petit en arrière de chaque œil, jaunes. Bord antérieur du corselet, un point sous l'aile, écaille, une bande interrompue sur l'écusson et un très petit point (souvent imperceptible) sur chacun des angles du métathorax, jaunes. Les quatre premiers segments de l'abdomen, tous ornés d'une bordure jaune, régulière; en dessous, la première est entière, la deuxième deux fois interrompue, et les autres nulles. Pattes jaunes; hanches, cuisses, sauf le bout, et une tache sur le derrière des tibias de la première paire, noires. Ailes un peu ferrugineuses et couvertes d'un léger nuage gris.

Male (1). Chaperon bidenté, jaune, ainsi que les mandibules, bout et dessous des antennes, ferrugineux. Ecaille jaune, avec un point noir; tibias de la première paire de pattes, sans tache noire; écusson noir, avec deux points jaunes; post-écusson liseré de jaune; tous les segments de l'abdomen bordés de jaune, tant en dessus qu'en dessous. Ailes avec quelques reflets violets.

Rapp. et diff. Cette espèce est difficile à distinguer des *O. parietum*, *oviventris*, etc., mais elle est distincte des espèces américaines; elle diffère de l'*O. birenimaculatus* par son métathorax sans taches jaunes, et de l'*O. campestris* par son métathorax plus arrondi, par sa quatrième bande jaune à l'abdomen, par son chaperon qui n'est pas bidenté, etc.

Habite : L'Amerique boréale. Catskill. (Collect. de M. Guérin-Méneville.)

1. C'est avec doute que je rapporte ce mâle a la même espèce que la femelle.

18. O. Campestris, n. sp.

Noir, orné de jaune, métathorax noir parfaitement arrondi; les deux premiers segments de
l'abdomen bordés, le troisième finement liseré, de jaune. Ailes enfumées.

Fem. Long. 10 1|2 mill. ; env. 23 mill.

Fem. Facies de l'*O. parietum.* Chaperon un peu plus large que long,
et faiblement bidenté. Corselet tronqué droit à son bord antérieur,
sans angles spiniformes ; métathorax parfaitement arrondi. Abdomen
tronqué du côté antérieur ; le premier segment en carré large en dessus, moins large que le deuxième ; ce dernier un peu cannelé à son bord
postérieur, et offrant une zone de ponctuations fortes. Tout l'insecte
couvert de poils roux ; tête et corselet couverts de ponctuations régulières ; deuxième segment de l'abdomen, lisse, son bord postérieur et
les segments suivants ponctués. Insecte noir. Un point entre les antennes, et un plus petit en arrière des yeux, jaunes ; chaperon jaune, avec
un triangle noir au milieu ; antennes noires, ferrugineuses en dessous,
avec une ligne jaune sur le devant du premier article. Bord antérieur
du prothorax, un point sous l'aile, deux points sur l'écusson, et post-
écusson, jaunes ; écaille ferrugineuse, avec deux points jaunes. Premier segment de l'abdomen orné d'une bordure jaune ferrugineuse, un
peu élargie au milieu, et presque confondue avec un point jaune qui se
trouve de chaque côté du segment ; deuxième segment portant une
bordure assez large, et régulière, qui en fait tout le tour ; troisième
segment finement liseré de jaune en dessus seulement ; les autres noirs.
Pattes jaunes ; hanches et cuisses, sauf le bout, noires. Ailes enfumées, brillant de quelques reflets violets.

Rapp. et diff. Cette espèce est très distincte par son métathorax parfaitement arrondi, et sans taches jaunes.

Habite : La Caroline. (Collect. de M. Guérin-Méneville.)

19. O. Fastidiosusculus, n. sp.

Noir, orné de jaune, les quatre premiers segments de l'abdomen bordés de jaune. Ailes
transparentes.

Fem. Long. 8 1|2 mill. ; env. 18 mill.

Fem. Facies de l'*O. parietum.* Chaperon tronqué presque droit, un peu
caréné sur les côtés. Corselet et abdomen finement ponctués ; le premier
segment de ce dernier tronqué droit du côté antérieur. Insecte noir ; de
chaque côté du haut du chaperon, une tache jaune arquée ; une autre
entre les antennes, le devant du premier article de ces dernières et
un petit point derrière les yeux, jaunes. Antennes un peu ferrugineuses
en dessous. Corselet anguleux, ses angles antérieurs formant deux

petites épines; son bord antérieur, un point sous l'aile, l'écaille, une bande interrompue sur l'écusson, et le bord postérieur du post-écusson, jaunes, ainsi que la bordure des quatre premiers segments de l'abdomen; les bordures, régulières, la deuxième plus large que les suivantes, la première plus large sur les côtés qu'au milieu. Pattes jaunes, hanches et la moitié des cuisses, noires. Ailes transparentes, un peu enfumées dans la cellule radiale.

Rapp. et diff. Très voisin de l'*O. parictum*, dont il ne serait pas possible de le distinguer, si l'on n'en connaissait le lieu de provenance; sa taille est plus petite.

Habite : Le Brésil. (Musée de Paris.)

20. O. ADIABATUS, n. sp.

Noir, avec le chaperon, le bord du corselet et la bordure des segments de l'abdomen, jaunes. Ailes transparentes.

Mâle. Long. 6 mill.; env. 13 mill.

FEM. Inconnue.

MALE. Petit, noir. Chaperon échancré, terminé par deux petites dents. Corselet ponctué; métathorax oblique, concave au milieu, la concavité un peu rebordée; de chaque côté, une petite épine; les angles supérieurs ne participant pas à la troncature et ponctués. Premier segment de l'abdomen allongé, en cloche, finement ponctué. Abdomen grêle et déprimé. Chaperon, mandibules, devant du premier article des antennes, un point entre ces dernières et un autre très petit en arrière des yeux, jaunes, ainsi qu'un liseré au bord antérieur du corselet, l'écaille, un petit point sous l'aile, et le bord des segments de l'abdomen; les bordures régulières et étroites. Antennes ferrugineuses en dessous. Pattes jaunes; cuisses noires; hanches jaunes. Ailes transparentes, irisées; la deuxième nervure récurrente s'insérant sur le point de séparation de la deuxième et de la troisième cellule cubitales. (Le bout de l'abdomen est incomplet.)

Habite : La Caroline. (Musée de Paris, Bosc.)

21. O. UNIFASCIATUS, n. sp.

Noir, avec le milieu du prothorax et la bordure du premier segment de l'abdomen, jaunes. Ailes violettes.

Fem. Long. 13 mill.; env. 27 mill.

FEM. Chaperon échancré, un peu bidenté; ocelles presque en ligne droite. Corselet poilu, finement ponctué, les ponctuations distantes;

métathorax arrondi et rugueux sur les bords, un peu concave au milieu et strié en travers. Abdomen ovale, lisse; le premier segment coupé un peu carrément en avant; le deuxième offrant à son bord postérieur une zone fortement ponctuée. Insecte noir; dessous et base des antennes, ferrugineux; une tache sur la partie médiane du prothorax, les deux angles du post-écusson, et la bordure postérieure du premier segment de l'abdomen, jaunes; cette dernière un peu élargie sur les côtés. Pattes ferrugineuses, hanches et cuisses noires. Ailes brunes, médiocrement foncées, à reflets violets.

Var. Une tache ronde de chaque côté du chaperon, et une entre les antennes, jaunes; post-écusson presque entièrement jaune.

Rapp. et diff. Cette espèce est distincte par son abdomen noir, avec une seule bande jaune; on ne pourrait la confondre qu'avec la *Monobia sylvatica*, mais elle en diffère par son prothorax noir, son métathorax arrondi et non tronqué carrément au niveau du post-écusson, par ses formes beaucoup plus grêles, par son abdomen cylindrique et non déprimé, par ses antennes noires dans toute leur étendue, etc.

Habite : La Caroline. (Musée de Paris. Collect. Bosc.)

b. Abdomen comme dans la division précédente; le premier segment tronqué à son bord antérieur; le deuxième relevé à son bord postérieur.

22. O. Tuberculocephalus, n. sp.

Roux, noir et jaune, un tubercule luisant sur le vertex. Ailes jaunâtres.

Fem. Long. 11 mill.; env. 26 mill.
Mâle. Long. 8 mill; env. 19 mill.

Fem. Métathorax anguleux, strié transversalement et un peu concave au milieu; deuxième segment abdominal très fortement canaliculé et rebordé à son extrémité postérieure, son bord relevé en dehors. Chaperon arrondi, faiblement échancré. Insecte assez velu, même sur l'abdomen. Tête noire; chaperon, mandibules, et une tache entre les antennes, d'un jaune-ferrugineux. Antennes roussâtres; les deux tiers externes noirs en dessus, côté postérieur des orbites, et deux lignes aux angles supérieurs des yeux, roux. Sur le vertex, immédiatement en arrière des ocelles, un tubercule noir, lisse et saillant. Corselet noir, couvert de poils roux; prothorax, écaille, un point sous l'aile, deux lignes longitudinales sur le métathorax, écusson, post-écusson, et la partie supérieure des angles du métathorax, roux. Abdomen roux; le premier segment portant une forte suture transversale, et un peu rebordé à son bord postérieur, noir sur sa face antérieure, et bordé de jaune, ainsi que le deuxième segment; les suivants, d'un jaune ferrugineux. Pattes rousses, hanches et base des cuisses, noires. Ailes rous-sâtres, un peu grises vers le bout.

MALE. Plus petit. Chaperon pentagone, un peu bidenté, jaune, ainsi que les mandibules et un triangle entre les antennes. Vertex et méso-thorax sans lignes rousses. Premier article des antennes un peu noirâtre en dessus. Anneaux de l'abdomen noirs à la base.

Habite : Le Mexique. (Collect. de M. de Romand.)

ç. **Premier segment de l'abdomen en cloche arrondie, n'étant pas tronquée du côté antérieur. Formes grêles.**

23. O. AMBIGUUS, Spin.!

Noir, avec la bordure du corselet, l'écaille, un point sous l'aile, le bord de l'écusson et des deux premiers segments de l'abdomen, d'un jaune blanchâtre.

SYN. Spinol. *Odynerus ambiguus.* Fauna Chilena. Zool. VI. p. 264.

Fem. Long. 8 mill.; env. 16 mill.

FEM. Chaperon pyriforme, un peu échancré à sa base : antennes insérées au-dessous du milieu de la hauteur de la tête ; tête et corselet assez finement et densément ponctués ; métathorax fortement concave, et lisse au milieu ; la concavité un peu rebordée ; post-écusson portant une arête transversale. Abdomen en ovale allongé, avec un faible étran-glement entre le premier et le deuxième segments ; le premier, en cloche, un peu pédicellé ; la suture transversale formant au milieu un angle obtus dirigé en arrière ; on voit, en outre, une suture longitudi-nale qui s'étend de la base du segment au sommet de l'angle sutural ; le deuxième segment un peu plus long que large, lisse ; les suivants un peu ponctués. Insecte noir ; deux petits points sur le bas du chaperon, un autre en arrière de chaque œil, bordure antérieure du corselet, écaille, un point sous l'aile, une bande sur le bord postérieur de l'écus-son, et une sur celui des deux premiers segments de l'abdomen, d'un jaune blanchâtre. Pattes noires ; tarses et une teinte sur les tibias, fer-rugineux. Ailes transparentes, un peu rousses le long de la côte ; deuxième cellule cubitale en trapèze.

Rapp. et diff. Très voisin de l'*O. scabriusculus.* (Voir les affinités de cette espèce.)

Habite : Le Chili. Rapporté par M. Gay. (Musée de Paris.)

24. O. SCABRIUSCULUS, Spin.!

Noir, bord du prothorax, écaille, post-écusson et deux bandes à l'abdomen, d'un blanc jaunâtre ; abdomen ponctué. Ailes transparentes.

SYN. Spinol. *Odynerus scabriusculus.* Fauna Chilena. Zool. VI. 262.

Mâle et Fem. Long. 6 1|2 mill.; env. e5 mill.

Fém. Formes grêles ; chaperon pyriforme, à peine un peu concave à son bord antérieur. Corselet ferrugineux ; prothorax anguleux ; métathorax fortement concave. Abdomen allongé ; le premier segment sessile, en cloche, aussi long que large ; le deuxième long, à peine plus large que le premier ; tout l'abdomen chagriné, surtout le premier segment, qui est presque rugueux. Insecte noir : antennes ferrugineuses en dessous ; un petit point entre leurs insertions, un autre sous l'aile, bord du prothorax, écaille, post-écusson, et le bord postérieur des deux premiers segments de l'abdomen, d'un jaune blanchâtre ; un point noir sur le bord interne de l'écaille. Pattes noires, avec une ligne blanchâtre sur le côté externe des tibias. Ailes transparentes ; la quatrième cellule cubitale plus de deux fois aussi grande que la troisième.

Male. Chaperon échancré, d'un blanc jaunâtre, ainsi qu'un point entre les antennes, le devant du premier article de ces dernières, et la bordure interne des orbites. Antennes ferrugineuses en dessous, avec le bout noir.

Rapp. et diff. Très voisin de l'*O. ambiguus*, dont il se distingue par son abdomen ponctué, par son post-écusson jaune, par sa plus petite taille, etc.

Habite : Le Chili. Rapporté par M. Gay. (Musée de Paris.)

25. O. Bustillos, n. sp.

Noir, avec le bord du corselet et des deux premiers segments de l'abdomen, blancs. Dessous des antennes et tibias, ferrugineux. Ailes transparentes, roussâtres le long de la côte.

Mâle. Long. 6 mill.; env. 11 mill.

Fem. Inconnue.

Male. Chaperon circulaire, à peine échancré ; insertion des antennes très basse ; ocelles en triangle très large ; tête rugueuse ; corselet couvert de ponctuations fines et distantes ; métathorax fortement concave, offrant de chaque côté un bord tranchant dirigé en arrière. Abdomen très finement ponctué, luisant, le premier segment très peu pédicellé, en cloche, sa suture transversale saillante ; un étranglenent insensible entre le premier et le deuxième segments ; ce dernier aussi large que long, armé en dessous d'un tubercule saillant. Insecte noir, sans longs poils ; écaille brunâtre ; chaperon, une lisière le long du bord antérieur du corselet, et la bordure des deux premiers segments de l'abdomen, blancs ou un peu jaunâtres. Antennes noires, ferrugineuses en dessous, le crochet très petit. Pattes ferrugineuses ; hanches et cuisses noires. Ailes transparentes, un peu ferrugineuses le long de la côte, à peine enfumées dans la cellule radiale ; deuxième cellule cubitale en trapèze, ses deux bords latéraux arqués ; la quatrième deux fois aussi grande que la troisième.

Rapp. et diff. Il est surtout voisin de l'*O. scabriusculus*, mais distinct par son écaille et son post-écusson noirs, par son abdomen lisse et non chagriné, par son métathorax tronqué droit, etc.

Habite : Le Chili. Rapporté par M. Gay. (Musée de Paris.)

26. O. SÆCULARIS, n. sp.

Noir, orné de jaune, premier et deuxième segments de l'abdomen portant chacun deux taches jaunes.

Long. 8 mill.; env. 16 mill.

Petit. Corselet couvert de ponctuations distantes ; deux sillons longitudinaux sur le mésothorax ; métathorax concave, ponctué. Abdomen distinctement ponctué ; le premier segment un peu plus large que long ; entre le premier et le deuxième un assez fort étranglement. Insecte noir : (chaperon et antennes inconnus). Un point en arrière des yeux, bord antérieur du corselet, écaille, un point sous l'aile, un autre plus petit en avant de l'écusson, post-écusson, bordure des deux premiers segments de l'abdomen, deux taches transversales sur le premier segment figurant une ligne interrompue au milieu, et une tache ronde de chaque côté de la base du deuxième, jaunes. (Le reste de l'abdomen inconnu.) Pattes jaunes, avec la hanche et la majeure partie des cuisses noires. Ailes transparentes, un peu enfumées, brunâtres le long de la côte, et brillant de quelques reflets irisés.

Rapp. et diff. Très voisin de l'*O. flavipes*, mais distinct par les deux taches jaunes du deuxième segment de l'abdomen. On pourrait le confondre avec l'*O. ammonia*, dont il se distingue par ses formes plus lourdes, ses ornements, jaunes et non roussâtres, son métathorax entièrement noir, et les taches du premier segment de l'abdomen sont séparées de la bordure.

Habite : La Caroline. (Musée de Paris. Bosc.)

27. O. FLAVIPES. !

Noir, orné de jaune, deux taches de cette couleur sur le premier segment de l'abdomen. Ailes enfumées.

SYN. Fabr. *Vespa flavipes.* Syst. Ent. 369. — Spec. Ins. I. 466. = Mant. Ins. I. 292. — Ent. Syst. II. 273. — Syst. Piez. 268.
Oliv. *Vespa flavipes.* Encycl. VI. 690.
Lep. St.-Farg. *Odynerus flavipes.* Hymen. II. 659.

Mâle et Fem. Long. 10 mill.; env. 20 mill.

FEM. Formes grêles; chaperon pyriforme, tronqué droit; corselet carré en avant; métathorax un peu anguleux; premier segment de l'abdomen en cloche, arrondi à sa base, aussi long que large. Corselet assez fortement, abdomen plus finement ponctués, mais les ponctuations distinctement visibles à l'œil nu, surtout sur le premier segment; ce dernier aussi large que le deuxième; sa suture peu distincte. Insecte noir : haut du chaperon, devant du premier article des antennes, un point à leur insertion, un autre derrière chaque œil, bord antérieur du corselet, écaille, une tache sous l'aile, post-écusson, et les bords anguleux du métathorax, ainsi que la bordure des deux premiers segments de l'abdomen, et une tache étroite et oblique de chaque côté du premier, jaunes. Ailes un peu enfumées.

MALE. Chaperon jaune.

Var. Métathorax noir; taches du premier segment de l'abdomen formant deux lignes obliques.

Rapp. et diff. Cette espèce se distingue de toutes les autres de cette division par son abdomen chagriné, dont le deuxième segment offre à son bord postérieur une zone fortement rugueuse et canaliculée transversalement, en sorte que son bord est un peu replié en dehors; par le premier segment qui est aussi long que large, etc.

Habite : La Caroline. (Musée de Paris. Bosc.)

28. O. FUSCIPES, n. sp.

Comme le précédent; deux taches jaunes sur le prothorax.

Mâle. Long. 7 mill.; env. 14 mill.

FEM. Inconnue.

MALE. Entièrement semblable à l'*O. flavipes* pour la forme et la coloration, sauf les caractères distinctifs suivants, qui ne suffisent peut-être pas pour établir une espèce.

Taille plus petite; métathorax un peu plus arrondi sur ses bords. Prothorax noir, avec deux points jaunes en dedans des épaulettes; premier segment de l'abdomen noir, bordé de jaune, sans taches latérales; devant des hanches du milieu et de la troisième paire, taché de jaune.

Habite : L'Amérique boréale. (Collect. de M. Guérin-Méneville.)

29. O. INCOMMODUS, n. sp.

Noir, orné de jaune, deux bandes jaunes à l'abdomen, le deuxième segment fortement rebordé. Ailes enfumées.

Mâle. Long. 9 mill ; env. 17 mill.

Fem. Inconnue.

Male. Facies de l'*O. gracilis*. Chaperon très allongé, fortement bidenté. Corselet fortement anguleux en avant ; troncature du métathorax plate, ses bords tranchants. Abdómen un peu pédicellé ; le premier segment en entonnoir, plus long que large ; le second aussi long que large, son bord postérieur fortement canaliculé transversalement et rebordé, le rebord comme relevé en dehors ; le côté dorsal de ce segment, renflé. Tête et corselet rugueusement, abdomen plus finement, mais très distinctement, ponctués, les ponctuations visibles à l'œil nu. Insecte noir : chaperon, une ligne entre les antennes, bordure des orbites jusque dans le sinus des yeux, une petite ligne en arrière de ces dernières, et le dessous des antennes dans toute leur étendue, sauf les deux derniers articles, jaunes. Prothorax bordé de jaune le long de son bord antérieur et de son bord postérieur. Ecaille ferrugineuse, avec un point jaune à son angle interne. Une tache sous l'aile, post-écusson, et une ligne de chaque côté de la plaque du métathorax, le long de son bord tranchant, jaunes. Les deux premiers segments de l'abdomen bordés de jaune. Pattes noires ; hanches du côté antérieur, articulations et tibias, jaunes. Ailes transparentes, brunes le long de la côte et dans la cellule radiale.

Rapp. et diff. Pour la forme, il est très voisin des *O. gracilis* et *bifasciatus*, ainsi que de l'*O. ammonia*, etc., mais il en diffère par son système de coloration, par la troncature de son métathorax, qui est plate et non concave, par ce même métathorax, lequel est prolongé horizontalement, un peu en arrière du post-écusson, etc.

Habite : La Colombie. (Musée de Paris.)

30. O. Ammonia, n. sp.

Noir, orné de jaune orangé, angles du métathorax orangés. Deux points jaunes sur le deuxième segment de l'abdomen.

Fem. Long. 8 mill.; env. 14 mill.

Fem. Chaperon coupé droit à son bord antérieur, portant une dépression triangulaire qui pourrait être prise pour une échancrure. Corselet allongé ; métathorax concave, ses bords tranchants et ponctués. Abdomen étranglé entre le premier et le deuxième segments ; le premier en cloche, un peu pédicellé, le reste ovalo-conique. Chaperon finement ponctué, tête un peu chagrinée, corselet couvert de points enfoncés assez rapprochés ; abdomen lisse, le premier segment ponctué. Insecte noir ; mandibules brunes, avec un point jaune vers le haut ; une ligne demi-circulaire au haut du chaperon, un point entre les antennes, un autre en arrière de chaque œil, et la bordure des yeux jusqu'au fond du sinus, orangés. (Antennes, inconnues.) Deux taches sur le devant du prothorax, écaille, un point sous l'aile, post-écusson et angles du métathorax, orangés. Dessus du premier segment de l'abdomen rouge-orangé, avec une tache noire presque triangulaire; deuxième segment orné d'une bordure orangée régulière, et, de chaque côté, d'un point de la même couleur. Pattes noires; bout des cuisses, tibias et tarses, orangés; ces derniers un peu grisâtres au bout. Ailes un peu enfumées, brunes dans la cellule radiale.

Male. Inconnu.

Rapp. et diff. Cette espèce est distincte par la couleur orangée de ses ornements, et surtout par les angles du métathorax, et le premier segment de l'abdomen, qui sont rougeâtres. Elle ressemble à l'*O. histrio*, mais comme ce dernier n'a pas de suture sur le premier segment de l'abdomen, on ne saurait les confondre. L'*O. secularis* lui ressemble beaucoup aussi; voyez la description de cette espèce (N° 27).

Habite : L'Amérique du Nord. La Caroline. (Musée de Paris. Bosc.)

2. Métathorax prolongé horizontalement en arrière du post-écusson , puis subitement tronqué. Suture du premier segment de l'abdomen très indistincte.

31. O. Difformis, n. sp.

Noir, orné de jaune; antennes insérées au tiers inférieur de la tête; premier segment de l'abdomen, étroit.

? Descrip. de l'Egypte. Ins. Hymen. (par Savigny), pl. 8. fig. 11.

Mâle. Long. 6 1|2 mill.; env. 11 mill.

Fem. Inconnue.

Male. Facies d'un *Leptochilus*. Antennes insérées *au tiers inférieur de la tête*. Chaperon à peine échancré. Corselet coupé droit à son bord antérieur; métathorax un peu prolongé en arrière de l'écusson, offrant au milieu un enfoncement circulaire dont les bords sont arrondis. Abdomen étranglé à sa base; le premier segment en entonnoir, à peine à moitié aussi large que le deuxième; un peu rebordé, portant sa suture près de sa base, et en arrière de cette dernière, un petit tubercule; le deuxième en cloche allongée, et un peu rebordée. Tête et corselet argentés, fortement ponctués; abdomen moins fortement ponctué. Insecte noir. Chaperon, devant du premier article des antennes et mandibules, jaunes. Post-écusson et écaille, jaunes; prothorax portant deux taches jaunes qui se touchent presque sur la ligne médiane , larges au milieu , et rétrécies sur les épaulettes. Premier segment de l'abdomen portant une bordure jaune un peu élargie au milieu; le deuxième orné d'une bordure un peu festonnée, qui en fait tout le tour, le troisième portant seulement une tache sur son milieu. Antennes noires, avec le bout ferrugineux. Pattes jaunes; hanches noires, tachées de jaune du côté antérieur; cuisses de la dernière paire, et base des autres, noirâtres. Ailes transparentes.

Rapp. et diff. Il a les formes des *O. bisuturalis* et *imbecillus*, mais il s'en distingue par son premier segment abdominal, qui ne porte qu'une seule suture dorsale, et par le bout de son abdomen qui est noir.

Il se distingue de toutes les autres espèces de cette division par le premier segment de l'abdomen, qui est fortement rétréci.

Habite : Le Sénégal. (Collect. de M. Guérin-Méneville.)

32. O. BELLONE, Lep. !

Noir, avec le bord du prothorax, le post-écusson, les côtés du métathorax et la bordure des deux premiers anneaux de l'abdomen, d'un jaune pâle. Premier segment de l'abdomen aussi large que le second et tronqué droit à son bord antérieur. Ailes violettes.

Syn. Lep. St-Farg. *Odynerus Bellone.* Hymen. II. 660.

Fem. Long. 14 mill.; env. 30 mill.
Mâle. Long. 14 mill.; env. 31 mill.

Pour la description de l'espèce, voir Lepeletier de Saint-Fargeau, loc. cit (1).

Var. fem. Chaperon bordé à sa base de deux lignes jaunes; un point jaune entre les antennes, un ou deux autres sur l'écaille, et deux sur l'écusson.

Rapp. et diff. La suture du premier segment de l'abdomen est si indistincte, qu'on pourrait placer cette espèce dans le sous-genre *Leionotus*, mais la forme de son métathorax permet de la reconnaître facilement. Sur le vertex, en arrière des ocelles, se voient dans la femelle deux tubercules pointus, de couleur ferrugineuse. Le corselet est un peu anguleux en avant, lisse, et couvert de points enfoncés. Le premier segment de l'abdomen est aussi large que le deuxième, tronqué carrément du côté antérieur, et le deuxième est insensiblement tuberculé en dessus.

Habite : La Caroline. (Musée de Paris. Bosc.)

IIe DIVISION.

Premier segment de l'abdomen ne portant sur sa face dorsale qu'une

---

1. Le premier article des antennes est jaune en dessous.

seule suture transversale. Deuxième cellule cubitale entièrement rétrécie vers la radiale et subpédonculée, ou très brièvement pédonculée.

[Insectes exotiques.]

33. O. ALASTOROIDES , n. sp.

Noir, orné de jaune, mésothorax bordé de jaune, deux longues épines au métathorax. Ailes enfumées; deuxième cubitale subpédonculée.

Mâle. Long. 8 1[2 mill.; env. 18 mill.

FEM. Inconnue.

MALE. Chaperon bidenté ; corselet aussi large en avant qu'au milieu, coupé carrément; disque du mésothorax plus long que large ; post-écusson saillant, bituberculé ; métathorax concave, ses bords très tranchants, et formant de chaque côté un angle qui se prolonge en une longue épine. Abdomen ovale , insensiblement étranglé entre les deux premiers segments de l'abdomen; le premier segment en forme de cupule, portant en dessus un sillon longitudinal indistinct; le deuxième plus large que long. *Deuxième cellule cubitale triangulaire, entièrement rétrécie vers la radiale, et subpédonculée.* Tête et corselet granuleux , abdomen satiné. Insecte noir ; chaperon, une tache à la base des mandibules, un point entre les antennes, bordure des orbites jusqu'au fond du sinus, jaunes; mandibules et antennes, brunes ; ces dernières noires en dessus dans presque toute leur étendue, leur premier article portant une ligne jaune ; une tache en arrière des yeux, et la bordure supérieure des orbites depuis la tache jusqu'au fond du sinus des yeux , rousses. Prothorax orné d'une ligne jaune un peu roussâtre à son bord postérieur, le long de la courbe du mésothorax; écaille brune , un peu bordée de jaune ; écusson jaune, avec son bord antérieur noir ; post-écusson un peu roux; un point sous l'aile, épines du métathorax, et une ligne sur le tranchant de ses bords, en dessous des épines, jaunes. Les deux premiers segments de l'abdomen ornés d'une bordure jaune parfaitement régulière; le troisième liseré de jaune; les suivants noirs , avec quelques teintes brunes. Pattes brunes , cuisses et jambes ornées d'une ligne jaune. Ailes enfumées, surtout dans la radiale.

Habite : Commune à Monte-Video. Rapportée par **M.** d'Orbigny. (Musée de Paris.)

34. O. ALASTORIPENNIS, n. sp.

Noir, deux points sur le prothorax, deux sur l'écusson, une tache sous l'aile, et la bordure des deux premiers segments de l'abdomen , d'un jaune pâle. Deuxième cellule cubitale subpédonculée.

Fem. Long. 10 mill.; env. 20 mill.

Formes et couleurs presque identiques à celles de l'*O. vernalis* (N° 35), dont il ne diffère que par les caractères suivants : Chaperon à peine échancré (ses angles arrondis), noir, avec une marque transversale sur le haut, d'un jaune pâle ; pas de tache jaune entre les antennes ; deux points jaunes sur le prothorax, ce dernier arrondi, sans angles saillants ; angles du métathorax arrondis ; abdomen offrant en dessus et en dessous un tubercule distinct. Ailes insérées assez en arrière ; la deuxième cellule cubitale, subpédonculée.

Rapp. et diff. On pourrait le confondre avec l'*Alastor tuberculatus* et les espèces voisines, mais il en diffère par la deuxième cellule cubitale, qui n'offre pas de pédoncule distinct.

Habite : La Tasmanie. (Musée de Paris.)

IIIe DIVISION.

Suture du premier segment de l'abdomen, très indistincte ; ce dernier arrondi. Métathorax arrondi, sans bord saillant (1).

[Insectes exotiques.]

35. O. Vernalis, n. sp.

Noir ; une bande interrompue sur le prothorax, deux points sur l'écusson, un sous l'aile, et la bordure des deux premiers segments de l'abdomen, jaunes.

Fem. Long. 12 mill. ; env. 24 mill.

Fem. Il ressemble beaucoup à l'*Alastor tuberculatus*, dont il a absolument les couleurs.

Chaperon circulaire, échancré au bout, et terminé par deux fortes dents. Corselet large et carré en avant, ses angles presque épineux ; métathorax étroit, concave au milieu, ses bords un peu tranchants, et portant de chaque côté un petit tubercule. Abdomen allongé, le premier segment pédicellé, beaucoup moins large que le deuxième, et portant une dépression dorsale ; deuxième segment offrant sur le milieu de son côté dorsal un tubercule assez sensible. Insecte velouté, d'un noir profond ; un point entre les antennes, et une tache de chaque côté du haut du chaperon, d'un jaune pâle. Corselet, orné le long de son bord antérieur, d'une bande jaune interrompue au milieu ; un point jaune marginal de chaque côté de l'écusson, et un autre sous l'aile ; écaille noire bordée de brun ; les deux premiers segments de l'abdomen, ornés d'une bordure jaune étroite et régulière. Pattes noires ; tibias et tarses ferrugineux. Ailes transparentes, enfumées le long de la côte ; deuxième cellule cubitale offrant un bord radial sensible.

1. Les espèces de cette division pourraient aussi rentrer dans le sous-genre *Leionotus*.

Rapp. et diff. Pour la couleur, cet Odynère est identique avec plusieurs *Alastor*; dans le genre *Odynerus*, il est quelques espèces du Chili qui lui ressemblent singulièrement, même pour les formes, mais qui s'en distinguent cependant par leurs ailes rousses le long de la côte. On pourrait aussi le confondre avec plusieurs espèces européennes , s'il ne se distinguait de ces dernières par son abdomen velouté et par le tubercule qu'il porte sur le second segment. Enfin il est très difficile à distinguer de l'*O. alastoripennis.* (Voir la description de cette espèce. (N° 34.)

Habite : La Tasmanie. (Musée de Paris.)

36. O. HÆMATODES, Brullé!

Noir, avec un point entre les antennes, la bordure antérieure du corselet, et celle des deux premiers segments de l'abdomen , rouges ; pattes noires. Ailes transparentes.

SYN. Brullé. *Odynerus hæmatodes.* Hist. Natur. des Iles Çanaries. Ins. p. 89.

Fem. Long. 11 mill.; env. 22 mill.

FEM. Noir. Tête et corselet velus. Chaperon un peu caréné sur les côtés, à peine tronqué à son bord antérieur , noir, luisant et ponctué. Un point entre les antennes, et un autre en arrière des yeux, rouges. Corselet fortement anguleux, presque épineux et un peu concave à son bord antérieur , bordé de rouge en ce point, la bordure presque interrompue au milieu , et atteignant les côtés du corselet. Métathorax arrondi, un peu concave, au milieu seulement, et offrant sur chaque bord une petite épine assez distincte, et, en dessous de cette dernière, un tubercule mousse. Abdomen finement ponctué, le premier segment beaucoup plus grossièrement ponctué que le deuxième, un peu pédicellé, à peu près aussi large que long , mais moins que le deuxième, orné d'une bordure rouge un peu élargie sur les côtés; deuxième segment étranglé à sa base et un peu rétréci en arrière, orné d'une bordure rouge régulière , un peu échancrée en deux points, mais sans sillon et sans zone fortement granuleuse comme dans l'*O. hæmatodes.* Vu de profil, ce segment est un peu plus saillant que le premier. *Pattes noires,* le sommet des tibias de la première paire seulement, ferrugineux. Ailes transparentes, le bout un peu brunâtre le long de la marge; radius , noir.

MALE. Chaperon jaune?

Rapp. et diff. Très voisin des *O. reflexus , madœra* et *rubropictus.* (Voir les affinités de ces espèces.)

Habite : Les Iles Canaries. (Musée de Paris. (Le type.)

37. O. Rubropictus (1), n. sp.

Noir, avec un point entre les antennes, la bordure du corselet et des deux premiers
segments de l'abdomen et l'écusson, rouges. Ailes transparentes.

Syn. Brullé. *Odynerus hæmatodes*. Var.! Hist. Nat. des Iles Canaries.
Ins. p. 89.

Fem. Long. 10 mill. ; env. 21 mill.

Fem. Très voisin de l'*O. reflexus* (voir les affinités de cette espèce);
mais il s'en distingue à première vue par son corselet anguleux, presque
épineux en avant, avec ses angles rouges ; par son écusson et un point
entre les antennes, rouges.

Très voisin de l'*O. hæmatodes*, dont il a exactement les formes, et
dont il diffère : 1° par son écusson rouge bordé de noir en avant; 2° par
la bordure du premier segment de l'abdomen, qui n'est pas élargie subitement sur les côtés, mais qui est concave à son bord antérieur; 3° par
ses pattes, dont tous les tibias sont rouges.

Male. Inconnu.

Habite : Les Iles Canaries. (Musée de Paris.)

38. O. Madæra, n. sp.

Noir, deux points sur le chaperon, un entre les antennes, bord antérieur du corselet et
deux bandes à l'abdomen, rouges. Ailes enfumées.

Fem. Long. 10 1|2 mill. ; env. 22 mill.

Fem. Cet Odynère est très facile à confondre avec l'*O. hæmatodes*,
dont il a exactement la coloration ; il s'en distingue par les caractères
suivants :

Deux points rouges sur l'écusson ; corselet ne formant pas de chaque
côté de son bord antérieur un angle spiniforme, et plus allongé que
dans l'*O. hæmatodes*; abdomen beaucoup plus grêle, en ovale allongé,
n'étant pas fortement déprimé, n'offrant pas de fort étranglement entre
les deux premiers segments, et couvert de poils plus roides ; le premier
anneau en cloche, n'étant pas fortement ponctué, mais aussi lisse que le
deuxième, ce dernier plus long que large, ne s'élargissant pas subitement à sa base, et nullement rétréci en arrière ; bordures des deux premiers segments de l'abdomen plus étroites, et régulières, Pattes entièrement noires ; la première paire sans tache orangée. Ailes un peu plus
enfumées.

Habite : L'île de Madère. (Collect. de M. Guérin-Méneville.)

---

1. Cette espèce a été confondue par M. Brullé avec l'*O. hæmatodes*, mais elle en est
très distincte.

II. Pas de suture transversale sur le premier segment de l'abdomen (1).

Sous-Genre LEIONOTUS (Mihi).

Premier segment de l'abdomen sans suture transversale ; mandibules des mâles simples ; antennes des mâles terminées par un crochet (2).

Tableau pour servir à la détermination des espèces de ce sous-genre (3).

1	Abdomen entièrement noir, avec une ou plusieurs bandes jaunes ou blanches.	28
	Abdomen autrement coloré, c'est-à-dire n'ayant pas de bandes jaunes, ou offrant, outre le noir et le jaune, encore d'autres couleurs, telles que, roux, orangé, rouge, etc. (4), ou le jaune n'étant pas disposé en bordures.	2
2	Corselet entièrement noir.	3
	Corselet n'étant pas entièrement noir.	6
3	Abdomen entièrement orangé ; la base du premier segment seule, noire.	*Guerini.* . . . 68.
	Abdomen noir et orangé	4
4	Les trois premiers segments de l'abdomen, noirs. . . .	*synagroides.* . 99.
	Le premier segment de l'abdomen seul, noir en dessus. .	5
5	Deux fortes épines au métathorax.	*clipeatus.* . . 101.
	Pas d'épines au métathorax.	*concolor.* . . 104. / *diemensis.* . . 103.
6	Insecte entièrement d'un jaune clair.	*testaceus.* . . 94.
	Insecte n'étant pas entièrement d'un jaune clair. . .	7
7	Deux bandes rouge de sang à l'abdomen.	8
	Abdomen noir et jaune, ou orangé, ou brun.	10
8	Ecusson rouge.	*rubropictus.* . 37.
	Ecusson noir.	9
9	Deuxième segment de l'abdomen, cannelé à son bord postérieur.	*reflexus.* . . 83.
	Deuxième segment de l'abdomen nullement cannelé . .	*hœmatodes.* . 36. / *Madœra.* . . 38.
10	Premier segment de l'abdomen d'une seule couleur en dessus.	11
	Premier segment de l'abdomen de deux ou plusieurs couleurs en dessus.	21
11	Corselet brun, ailes transparentes, avec une tache au bout.	*maculipennis.* . 114. / *punctatipennis.* 115
	Corselet de deux couleurs.	12

1. Il ne faut pas confondre avec une suture, la côte transversale qui résulte souvent de la rencontre de la face antérieure ou métathoracique du premier segment de l'abdomen avec sa face dorsale.

2. Dans certaines espèces, on remarque un commencement d'enroulement.

3. Ce tableau seul ne conduira pas toujours à la détermination certaine de l'espèce, il est indispensable de se laisser guider aussi par la subdivision des groupes.

4. Il est bien entendu qu'il ne s'agit pas ici de jaune un peu ferrugineux, ou de jaune qui aurait passé au ferrugineux, ni des points ferrugineux que l'on voit souvent de chaque côté du premier segment de l'abdomen, et qui ne sont qu'une modification du jaune de la bordure.

12 { Prothorax entièrement noir; ailes mipartites. . . . . . *Enyo.* . . . 81.
{ Prothorax orangé, jaune, ou brun. 13

13 { 2ᵉ segment de l'abdomen entièrement noir en dessus. . . 14
{ 2ᵉ segment de l'abdomen n'étant pas entièrement noir en
dessus. 15

14 { Mésothorax noir. . . . . { *tasmanensis.* . 100.
{ *synagroides.* . 99.
{ Mésothorax noir et orangé. . . . . *nigrocinctus.* . 102.

15 { Deuxième segment de l'abdomen ferrugineux. 16
{ Deuxième segment de l'abdomen presque entièrement noir. 18

16 { Mésothorax noir. . . . . *filipalpis.* . . 97.
{ Mésothorax noir et orangé. 17

17 { Deuxième segment de l'abdomen un peu rebordé. . . . *sessilis.* . . 98.
{ Deuxième segment de l'abdomen plat à son bord postérieur. 84

18 { Prothorax entièrement orangé. 19
{ Prothorax obscur ou bordé de roux ou d'orangé. . . . 20

19 { Mésothorax noir. . . . . *alaris.* . . . 106.
{ Mésothorax noir et orangé. . . . . *nigrocinctus.* . 102.

20 { Angles du métathorax très tranchants. . . . . . . *Erynnis.* . . 70.
{ Angles du métathorax un peu arrondis . . . . . . *histrio.* . . . 112.

21 { Métathorax portant de chaque côté une tache jaune ou
orangée. 22
{ Métathorax sans taches jaunes. 25

22 { Métathorax portant de chaque côté un angle spiniforme . 23
{ Métathorax sans angles spiniformes. 24

23 { 2 bandes jaunes à l'abdomen, ses derniers segments, roux. *cubensis.* . . 75.
{ Plusieurs bandes jaunes à l'abdomen, écusson roux. . . *rhynchoides.* . 64.

24 { Premier segment de l'abdomen rougeâtre en dessus, bordé
de jaune, trois bandes jaunes à l'abdomen. . . . . *Boscii.* . . . 69.
{ Premier segment orangé et noir, tous les segments bordés
d'orangé. 79
{ Abdomen orangé et jaune. . . . . *bellatulus.* . . 116.

25 { Abdomen portant de chaque côté une bande jaune longitudinale. . . . . *truncatus.* . . 67.
{ Abdomen portant des bandes jaunes transversales. . . 26

26 { Métathorax et post-écusson, noirs. . . . . *tamarinus.* . 105.
{ Métathorax roux. 27

27 { Post-écusson roux. . . . . *tropicalis.* . . 121.
{ Post-écusson jaune. . . . . *multicolor.* . . 113.

28 { Premier segment de l'abdomen entièrement noir. . . . 29
{ Premier segment de l'abdomen bordé de jaune ou de blanc. 30

29 { Tous les autres segments bordés de jaune, le premier aussi { *nasidens.* . . 61.
{ *brevithorax.* . 62.
large que le deuxième. . . . . { *diabolicus.* . 60.
{ Le deuxième segment seul bordé de blanc. . . . . . *villosus.* . . 53.
{ Abdomen sans bordures jaunes; brun au bout. . . . *melanus.* . . 44.

30 { Prothorax entièrement jaune. 31
{ Prothorax entièrement roux. 32
{ Prothorax noir, ou noir et jaune. 34

31 { Abdomen pédicellé, faciès d'un *Eumenes.* . . . . . *intermedius.* . 39.
{ Abdomen sessile ou subsessile. 58

32 { Métathorax offrant deux bords tranchants. . . . . *chilensis.* . . 54.
{ Métathorax arrondi. 33

33 { Post-écusson noir. . . . . *ruficollis.* . . 57.
{ Post-écusson jaune . . . . *tuberculatus.* . 50.

34 { Abdomen portant une ou deux bandes jaunes. 35
   { Abdomen portant plus de deux bandes jaunes. 59

35 { Métathorax taché de jaune. 36
   { Métathorax entièrement noir. 39

36 { Derniers segments l'abdomen, roux . . . . . *cubensis.* . . . 75.
   { Derniers segments de l'abdomen, noirs 37

37 { Corselet aussi large que long , post-écusson jaune. . . *Gayi.* . . . 59.
   { Corselet allongé. 38

38 { 1er segment de l'abdomen aussi large que le 2e. 55
   { 1er segment de l'abdomen petit, pédicellé. . . . . *bizonatus.* . . 40.

39 { Corselet entièrement noir 40
   { Corselet noir et jaune. 44

40 { Ailes brunes, avec des reflets violets. . . . . . *obscuripennis.* . 52.
   { Ailes rousses, le bout seulement brun , avec des reflets vio-
     lets. 41
   { Ailes transparentes. . . . . *bivittatus.* . . 117.

41 { Ecailles des ailes , noires. . . . . *Chiliotus.* . . 56.
   { Ecailles des ailes ferrugineuses. 42

42 { Antennes ferrugineuses , abdomen sessile, sans tubercule
     en dessus. 43
   { Antennes noires, abdomen pédicellé, un fort tubercule sur { *excipiendus.* . 47.
     le 2e segment. . . . . { *Colocolo.* . . 46.

43 { Deux lignes blanchâtres à l'abdomen. . . . . . *Maipinus.* . . 58.
   { Une ligne blanchâtre à l'abdomen. . . . . . . *Autuco.* . . . 55.

44 { Post-écusson jaune, le reste noir. . . . . . . *Tisiphone.* . . 77.
   { Post-écusson jaune ou noir, le reste n'étant pas entièrement
     noir. 45

45 { 2e cellule cubitale subpédonculée, son bord radial nul. . *alastoripennis* . 34.
   { 2e cellule cubitale en trapèze, son bord radial sensible. . 46

46 { Ecaille rousse ou jaune. 50
   { Ecaille noire, ou un peu tachée de jaune 47

47 { Post-écusson jaune. 49
   { Post-écusson noir. 48

48 { Tibias noirs, ailes enfumées. . . . . *Romandinus.* . 79.
   { Tibias ferrugineux, ailes transparentes. . . . . { *vernalis.* . . 35.
                                                        { *bispinosus.* . . 109.

49 { Ecaille noire, ailes brunes. . . . . *Megœra.* . . 74.
   { Ecaille tachée de jaune, ailes très peu enfumées. . . *dyscherus.* . . 66.

50 { Antennes noires. 51
   { Antennes ferrugineuses. 54

51 { Abdomen longuement pédicellé, ailes roussâtres, brunes au
     bout. 52
   { Abdomen sessile ou subsessile, ailes transparentes ou enfu-
     mées. 53

52 { Un petit trait jaune au milieu du prothorax, abdomen por-
     tant un fort tubercule. . . . . *excipiendus.* . 47.
   { Mésothorax plus ou moins bordé de jaune, abdomen sans
     tubercule en dessus. . . . . *arcuatus.* . . 45.

53 { Bordures des segments de l'abdomen, larges, corselet velu. *biphaleratus.* . 14.
   { Bordures des segments de l'abdomen, étroites, corselet peu { *bivittatus.* . . 117.
     ou pas velu. . . . . { *minutus.* . . 110.
                                            { *bispinosus.* . . 109.

54 { Bord antérieur du prothorax orné d'une ligne jaune, ab-
     domen un peu pédicellé. 56
   { Bord postérieur du prothorax orné d'une ligne jaune , ab-
     domen parfaitement sessile. . . . . *hirsutulus.* . . 118.

55 { Ailes violettes, ... *Bellone.* . . . 32.
{ Ailes enfumées, rousses le long de la côte. . . . . . *tibialis.* . . . 78.

56 { Post-écusson jaune. . . . . *tuberculiventris.* 49.
{ Post-écusson noir. 57

57 { Insecte grand, abdomen brièvement pédicellé. . . . . *Lachesis.* . . . 51.
{ Insecte assez petit, abdomen longuement pédicellé. . . *subpetiolatus.* . . 48.

58 { Bandes de l'abdomen régulières. . . . . *guadulpensis.* . 76.
{ Bandes de l'abdomen festonnées. . . . . . . { *parvulus.* . . . 91.
{ *crenatus.* . . . 89.

59 { Métathorax noir. 71
{ Métathorax taché de jaune. 60

60 { Prothorax entièrement jaune. 61
{ Angles postérieurs du prothorax noirs ou roux. . . . 62

61 { Métathorax anguleux sur ses bords. . . . . . { *crenatus.* . . 89.
{ *parvulus.* . . 91.
{ Métathorax arrondi sur ses bords. . . . . . . *columbaris.* . 42.

62 { Deux taches libres sur le 2e segment de l'abdomen. . . 63
{ Pas de taches libres sur le 2e segment de l'abdomen. . . 64

63 { Cuisses noires à la base. 82
{ Cuisses jaunes. . . . . { *bacu.* . . . . 80.
{ *ovalis.* . . . 122.

64 { Bordure du 2e segment de l'abdomen festonnée, et élargie
sur les côtés. 65
{ Bordure du 2e segment de l'abdomen, régulière. . . . 68

65 { Prothorax noir et jaune. 66
{ Prothorax roux et jaune, écusson et métathorax roux. . *rhynchoides.* . 64.

66 { Post-écusson noir, abdomen sessile. . . . . . . { *Dantici.* . . . 90.
{ *fastidiosus.* . 85.
{ *rhyngiformis.* . 65.
{ Post-écusson jaune ou taché de jaune. 67

67 { Les trois premiers segments de l'abdomen portant seuls du
jaune. . . . . *dubius.* . . . 92.
{ Tous les segments bordés de jaune. 83

68 { Post-écusson noir ; bord postérieur du deuxième segment
de l'abdomen, cannelé et grossièrement ponctué. . . *castigatus.* . . 71.
{ Post-écusson jaune, bord postérieur du deuxième segment
de l'abdomen, sans cannelure 69

69 { Prothorax à peine liseré de jaune. . . . . . . *brachygaster.* . 63.
{ Prothorax largement bordé de jaune. 70

70 { Deux points jaunes sur le métathorax, échancrure noire du { *foraminatus.* . 73.
premier segment de l'abdomen, trilobée. . . . . { *trilobus.* . . 82.
{ Angles du métathorax presque entièrement jaune. . . . *innumerabilis* . 86.

71 { Un point libre de chaque côté du 2e segment de l'abdomen. *nigripes.* . . 87.
{ Pas de point libre de chaque côté du 2e segm. de l'abdomen. 72

72 { Trois lignes jaunes à l'abdomen. . . . . *bidentatus.* . 84.
{ Quatre ou cinq lignes jaunes à l'abdomen. . . . . *posticus.* . . . 120.

73 { Écaille rousse. 80
{ Écaille jaune, ou jaune avec un point ferrugineux ou noir. 74

74 { Métathorax arrondi sur ses bords. 75
{ Métathorax offrant des angles tranchants. 76

75 { Bandes de l'abdomen, blanchâtres. . . . . . . { *luteolus.* . . . 123.
{ *Fairmairii.* . . 124.
{ Bandes de l'abdomen, jaunes. 81

76 { Post-écusson jaune. 77
{ Post-écusson noir . . . . *bidentatus* . . 84.

77	Bordure antérieure du corselet, ferrugineuse, à peine sensible. . . . . *brachygaster.*	63.
	Bordure antérieure du corselet, jaune, sensible. . . . 78	
78	Bord postérieur du 2e segment de l'abdomen, grossièrement ponctué, un peu cannelé. . . . . *rugosus.*	72.
	Bord postérieur du 2e segment de l'abdomen, plat, sans cannelures. . . . . *Lindenii.*	93.
79	Prothorax entier, orangé en dessus, 1er segment de l'abdomen, orangé, échancré de noir à sa base. . . . . *succinctus.*	107.
	Prothorax et 1er segment de l'abdomen, noirs, bordés d'orangé. . . . . *caledonus.*	108.
80	Angles du métathorax arrondis. . . . . *Silaos.*	119.
	Angles du métathorax tranchants. . . . . . . *brachygaster.*	63.
81	Une tache sous l'aile, bordure du 1er segment de l'abdomen, élargie sur les côtés. . . . . *trilobus.* / *Fairmairii*	82. / 124.
	Pas de tache sous l'aile, bordure du 1er segment de l'abdomen, régulière. . . . . *Rossii.*	111.
82	1er segment de l'abdomen formant un pédicelle court. . . *mactæ.* / *exilis.*	43. / 41.
	Abdomen sessile. . . . . *floricola* / *graphicus.*	95. / 88.
83	Abdomen pédicellé, chaperon noir et jaune. . . . . *exilis.*	41.
	Abdomen subsessile, chaperon jaune. . . . . *parvulus.* / *ovalis.*	91. / 122.
84	2e segment de l'abdomen orangé, avec un grand dessin jaune. *bellatulus.*	116.
	2o segment de l'abdomen ferrugineux, avec trois points noirs. *tripunctatus.*	96.

Ire DIVISION (1).

Corselet allongé ; post-écusson plat, n'étant pas tronqué à son bord postérieur ; abdomen plus ou moins pédicellé, le premier segment ne plaquant pas bien contre le métathorax, un fort étranglement entre les deux premiers segments de l'abdomen.

1. Premier segment de l'abdomen assez longuement pédicellé, plus de moitié moins large que le deuxième, en cloche très allongée. Facies d'un *Eumenes.*

39. O. INTERMEDIUS, n. sp.

Noir, orné de jaune, ailes ferrugineuses.

Fem. Long. 16 mill.; env. 32 mill.

FEM. Facies d'un *Eumenes* de la première division, et particulièrement de l'*E. Amedei*, mais le premier segment de l'abdomen ayant moins la forme d'un pétiole. Mandibules fortement dentelées, un peu crochues au bout. Chaperon pyriforme, allongé, terminé par deux petites dents. Sinus des yeux étroits et angulaires. Corselet ovale, écusson et post-écusson plats, nullement saillants ; métathorax plat, oblique, portant un sillon longitudinal au milieu, et formant de chaque côté un

1. Voyez IIe division. Plusieurs des insectes de cette dernière pourraient rentrer dans première ; mais il serait difficile de les éloigner des autres espèces du Chili.

angle droit. Premier segment de l'abdomen ayant une forme pétiolaire, son premier quart, linéaire, le reste en forme de cloche allongée, avec un sillon dorsal, un petit tubercule de chaque côté, et une saillie dorsale en dessus de sa base. Il est à peu près de même longueur que le deuxième segment, et n'a que le tiers de sa largeur. Le reste de l'abdomen ovalo-conique. Tête, corselet, et pétiole, finement ponctués. Insecte noir. Mandibules brunâtres; chaperon, une tache entre les antennes, et une, allongée en arrière de chaque œil, jaunes. Antennes jaunes, premier article portant en dessus une ligne brune; dessous du flagellum orangé, et son dessus noirâtre. Prothorax, une tache sous l'aile, écaille, une bande interrompue sur l'écusson, et une tache de chaque côté du métathorax, jaunes. Pétiole portant à son bord postérieur une tache échancrée, marginale, et de chaque côté une grande tache, jaunes. Deuxième segment de l'abdomen orné d'une large bande jaune marginale; deux taches carrées de la même couleur près de sa base; troisième et quatrième segments portant une bordure biéchancrée, et le quatrième une tache en dessus, jaunes. Dessous de l'abdomen entièrement noir, le deuxième segment seul portant de chaque côté une tache marginale jaune. Pattes jaunes; hanches et base des cuisses, noires. Ailes jaunâtres.

Rapp. et diff. Cette espèce ne pourrait être confondue avec aucun *Odynerus*, mais très facilement avec l'*Eumenes Amedei*; elle s'en distingue par son chaperon étroit et bidenté, par ses mandibules noires et fortement dentées, par ses yeux qui ne couvrent pas entièrement les côtés de la tête, par son métathorax, qui offre de chaque côté un angle droit, par son pétiole moins long, plus large et emboîtant un peu le second segment, par les grandes taches et la bordure incomplète du pétiole, etc., etc.

Nota. On pourrait aussi bien nommer cette espèce *Eumenes intermedia*, etc.

Habite : La France méridionale ou l'Algérie. (Musée de Paris. Collect. Saint-Fargeau.)

2. Corselet très allongé; abdomen grêle, le premier segment pédicellé, de moitié moins large que le deuxième, et portant en dessus une bosse saillante (1).

40. O. Bizonatus, Boisd.!

Noir, orné de jaune, deux bandes jaunes à l'abdomen. Ailes enfumées.

SYN. Boisduv. *Odynerus bizonatus!* Voy. de l'Astrol. Entomol, II⁰ Part. p. 659. (Mâle.)

1. On pourrait presque ranger dans cette section l'*O. vernalis* (N° 35), dont les formes sont un peu moins grêles.

Fem. Long. 10 mill.; env. 21 mill.
Mâle. Long. 8 mill.; env. 18 mill.

Fem. Chaperon pyriforme, coupé droit à son bord antérieur, et offrant deux carènes un peu saillantes vers le bas. Corselet allongé; écusson et post-écusson, plats. Métathorax prolongé presque horizontalement sur ses angles, concave au milieu seulement, ses angles mousses. Abdomen grêle; premier segment un peu pédicellé, plus de moitié moins large que le deuxième, et fortement renflé en dessus; deuxième segment offrant en dessus un tubercule assez sensible. Tête et corselet ponctués. Insecte noir : un point entre les antennes, et deux au haut du chaperon, jaunes; antennes noires; sur le prothorax deux taches jaunes qui couvrent ses angles; un point sous l'aile, l'écaille, une bande interrompue sur l'écusson, et les deux angles du métathorax en dessus, jaunes; les deux premiers segments de l'abdomen ornés d'une bordure jaune régulière et étroite, la seconde passant sous l'abdomen et un peu interrompue au milieu. Pattes *entièrement ferrugineuses*, les hanches noires, avec leurs extrémités à l'insertion des cuisses, ferrugineuses. Ailes enfumées.

Male. Chaperon un peu bidenté, jaune.

Var. Pattes noires.

Rapp. et diff. Cette espèce se rapproche, pour les formes, de l'*O. crassicornis*, mais le premier segment de l'abdomen est beaucoup plus renflé en dessus, et n'a pas de sillon dorsal.

Habite : Les îles de l'Océan pacifique; selon Fabricius, la Nouvelle-Hollande. (Musée de Paris.)

3. Corselet anguleux; premier segment de l'abdomen arrondi, en forme de cupule, brièvement pédicellé.

41. O. Exilis, n. sp.

Noir, orné d'orangé, abdomen pédicellé; deux taches sur le métathorax, et le bord de tous les segments de l'abdomen, orangés.

Fem. Long. 10 mill.; env. 21 mill.

Chaperon allongé, tronqué droit à son bord antérieur; corselet carré et anguleux en avant; métathorax arrondi, à peine concave au milieu, abdomen pédicellé; le premier segment linéaire à sa base, puis subitement élargi en cloche; de chaque côté un petit tubercule spiniforme à la partie antérieure de la cloche, ce qui la rend anguleuse en avant, et en dessus une ligne enfoncée peu distincte; deuxième segment en cloche, deux fois aussi large que le premier. Tête et corselet rugueux; le premier segment de l'abdomen ponctué; les autres un peu villeux et finement ponctués. Insecte noir : chaperon bordé en haut et sur les côtés d'une ligne jaune, en fer à cheval ; une tache sur le front, une petite dans le sinus de chaque œil, un point à l'angle supérieur, et une tache allongée en arrière de chacun d'eux, ainsi que les mandibules, jaunes. Antennes ferrugineuses, noires en dessus. Bord antérieur du corselet, écaille, une tache triangulaire sur la partie postérieure du mésothorax, deux points ronds sur l'écusson, angles du métathorax, une tache sous l'aile, et écaille, jaunes. Pétiole jaune, avec la base et une tache presque triangulaire en dessus, noires. Tous les autres segments régulièrement, le deuxième largement, bordés de jaune; la deuxième bordure se prolonge sur les côtés par une ligne qui va rejoindre deux taches jaunes situées près de la base du segment. Anus jaune. (Les parties jaunes, un peu orangées.) Pattes jaunes; base des cuisses et hanches, noires ; ces dernières tachées de jaune. Ailes ferrugineuses, avec un peu de brun dans la radiale.

Habite : La Tasmanie. (Musée de Paris.)

42. O. Columbaris , n. sp.

Noir, orné de jaune orangé ; bord postérieur du deuxième segment de l'abdomen un peu relevé; prothorax entièrement jaune, angles du métathorax , écusson, post-écusson, et bordure de tous les segments de l'abdomen, d'un orangé pâle.

Fem. Long. 8 1⟨2 mill.; env. 17 mill.

Fem. Facies d'un *Leptochilus* et de l'*O. Rossii*. Chaperon un peu plus long que large, faiblement échancré, un peu bidenté. Corselet fortement anguleux en avant; disque du métathorax presque triangulaire; métathorax faiblement concave, rugueux et un peu tranchant sur ses bords. Abdomen subpédicellé, étranglé entre le premier et le deuxième segment; ce dernier plus large que long, un peu canaliculé et rebordé à son bord postérieur. Tête et corselet ponctués; premier segment abdominal plus finement, et les autres très finement, ponctués. Insecte noir, la tête un peu argentée, surtout le sinus des yeux ; tiers supérieur du chaperon, un point entre les antennes, un dans le sinus des yeux, devant du premier article des antennes, et un point en arrière des yeux, jaunes. Prothorax, un point sous l'aile, écusson, post-écusson, et angles du métathorax, jaunes ; écaille ferrugineuse. Tous les segments de l'abdomen ornés d'une bordure jaune régulière, dont les deux premières, surtout la seconde, larges ; anus jaunâtre. Pattes noires, articulations et devant des tibias, jaunes. Ailes transparentes, ferrugineuses le long de la côte, un peu grises vers le bout, surtout dans la radiale.

Habite : La Colombie. (Musée de Paris.)

43. O. Mactae, Lepel.

Noir, orné de jaune. Abdomen ponctué, un étranglement assez sensible entre le premier et le deuxième segments de l'abdomen, tous les segments bordés de jaune, bordure des deux premiers, complète, toutes les autres raccourcies sur les côtés.

Syn. Lep. St-Farg. *Odynerus Mactæ*. Hymen. ii. 639.
Lucas. *O. Mactæ*. Expl. Scient. d'Alger. Ins. iii. p. 236.

Mâle. Long. 6-7 mill.; env. 16 mill.

Pour la description de l'espèce, voir Lepeletier de Saint-Fargeau, loc. cit.

Rapp. et diff. Cette espèce se distingue surtout par l'étranglement qui sépare les deux premiers segments de l'abdomen, et par les bordures jaunes des suivants, qui sont toutes raccourcies sur les côtés et ne couvrent que le milieu des segments; le premier anneau est un peu rebordé, un peu pédicellé, lisse à sa base et ponctué postérieurement; le deuxième est plus large que long et assez fortement ponctué. Par la taille, cet insecte ressemble à l'*O. Rossii*, mais il a des formes moins allongées.

Habite : L'Algérie. (Musée de Paris.)

4. Premier segment de l'abdomen tronqué droit du côté antérieur; sa face dorsale en forme de carré large.

44. O. Melanus, n. sp.

Noir, corselet chagriné, abdomen satiné, ferrugineux au bout. Ailes brunes.
Fem. Long. 11 mill.; env. 20 mill.

Fem. Chaperon aussi large que long, un peu concave à son bord antérieur, ses angles un peu proéminents. Corselet bombé, sans angles saillants au prothorax; métathorax à bords arrondis. Tête et corselet fortement ponctués, glabres, sauf le métathorax qui est finement soyeux. Premier segment de l'abdomen tronqué droit antérieurement, en carré large en dessus, c'est-à-dire ne s'élargissant pas d'avant en arrière, deux ou trois fois plus large que long; deuxième segment séparé du premier par un petit étranglement, beaucoup plus large que le premier, ovale. Insecte noir; premier segment de l'abdomen très finement liseré de blanc, ou portant seulement une ligne luisante; bord postérieur du deuxième, brun; les suivants et l'anus, bruns; le deuxième et le troisième liserés d'une couleur un peu plus claire. Pattes noires. Ailes enfumées, avec quelques reflets violets; deuxième cellule cubitale presque triangulaire.

Habite : Madagascar. (Musée de Paris.)

IIe DIVISION.

*Insectes du Chili et du versant occidental des Cordilières. Ailes entiè-
rement brunes, avec des reflets violets, ou rousses, avec le bout violet.
Abdomen pédicellé ou sessile ; le premier segment en forme de pétiole,
triangulaire, et portant une bosse dorsale ; ou sessile, le premier segment
offrant une crête transversale qui résulte de la rencontre de deux faces,
dont l'une métathoracique, de forme triangulaire, l'autre dorsale, en rec-
tangle très large, et partagée par un sillon dorsal. Corselet en général
velu. Antennes des mâles terminées en crochet, ou un peu enroulées.*

1. *Abdomen pédicellé ; métathorax arrondi sur ses angles.
Ailes rousses le long de la côte.*

45. O. ARCUATUS, n. sp.

Noir, écaille et pattes rousses, bordure postérieure du prothorax et des deux premiers
segments de l'abdomen, d'un blanc jaunâtre.

Fem. Long. 13 mill.; env. 28 mill.
Mâle. Long. 12 mill. ; env. 25 mill.

FEM. Chaperon pyriforme, tronqué presque droit au bout, un peu
caréné sur les côtés ; corselet très finement ponctué, peu velu ; la tête,
surtout le front, portant des touffes de poils laineux. Mésothorax glabre,
lisse, offrant à sa partie postérieure deux sillons longitudinaux. Premier
segment de l'abdomen allongé, pédicellé, de moitié moins large que le
deuxième, sa ligne de séparation des deux faces, mousse. Insecte noir ;
dessous des premiers articles des antennes, ferrugineux ; mandibules
un peu brunâtres vers le bout ; écaille ferrugineuse ; prothorax orné
tout le long de son bord postérieur, le long de la courbe antérieure du
mésothorax, d'un cordon blanc jaunâtre. Premier et deuxième segments
de l'abdomen ornés d'une bordure régulière d'un jaune blanchâtre.
Ailes roussâtres, le bout un peu brunâtre, avec des reflets violets. Pattes
ferrugineuses ; hanches du côté postérieur, et base des cuisses, noires.

MALE. Chaperon échancré, bidenté, jaune ; crochet des antennes
ferrugineux.

Var. Bordure du côté postérieur du prothorax incomplète sur les
côtés, ne subsistant souvent qu'au milieu.

Rapp. et diff. Pour la coloration, il ressemble à l'*O. hirsutulus*, mais il
s'en distingue par son abdomen pédicellé.

Habite : Le Chili. St. Rosa. (Musée de Paris.)

46. O. Colocolo.

Noir, avec les deux premiers segments de l'abdomen, bordés de jaune blanchâtre ;
écaille, pattes et ailes rousses.

Syn. Sauss. *Odynerus colocolo.* Fauna Chilena. Zool. vi. Suppl.

Fem. Long. 14 mill.; env. 52 mill.
Mâle, Long. 12 mill. ; env. 25 mill.

Fem. Espèce très voisine de l'*O. arcuatus*, et dont elle diffère par les caractères suivants : Corselet aussi large que long ; disque du mésothorax de même. Tête, corselet et pétiole, couverts de poils longs et noirs. Bosse du pétiole plus forte, et deuxième segment plus large que long, portant en dessus sur son milieu un fort tubercule. Mandibules et corselet entièrement noirs ; hanches et base des cuisses, noires ; bordure du deuxième segment de l'abdomen plus étroite, ne faisant pas le tour du ventre, mais nulle en dessous, tandis que dans l'*O. arcuatus* elle est complète.

Var. Un petit trait jaune transversal sur le milieu du mésothorax.

Male. Chaperon moins distinctement bidenté ; crochet des antennes, noir ; formes plus allongées que dans la femelle ; dessus du deuxième segment de l'abdomen offrant de chaque côté un petit trait jaune.

Habite : Le Chili. Rapporté par M. Gay. (Musée de Paris.)

47. O. Excipiendus.

Noir, les deux premiers segments de l'abdomen liserés de jaune ; écaille et pattes
ferrugineuses; ailes rousses, brunes au bout.

Syn. Spinol. *Eumenes excipienda.*! Fauna Chilena. Zool. vi. 266.

Fem. Long. 14 mill.; env. 28 mill.
Mâle Long. 13 mill.; env. 26 mill.

Fem. Chaperon lisse, échancré, portant des ponctuations fines et distantes. Tête plate en avant. Corselet finement rugueux ; métathorax arrondi, ses arêtes insensibles. Premier segment de l'abdomen formant un pétiole court, triangulaire, et offrant une forte bosse en dessus, sans crête transversale tranchante ; en arrière de la bosse se voit un point rond enfoncé. Deuxième segment en cloche, déprimé, et armé en dessus d'un fort tubercule. Tête, corselet et pétiole, fortement velus. Insecte noir ; dessous des antennes un peu ferrugineux ; le premier et le deuxième segments de l'abdomen liserés de jaune blanchâtre. Ecaille et pattes rousses, hanche et base des cuisses, noires. Ailes rousses, avec le bout brunâtre à reflets violacés.

Var. Les liserés jaunes de l'abdomen presque nuls.

Male. Chaperon d'un jaune pâle. Un rudiment de ligne jaune au milieu du prothorax.

Rapp. et diff. Il est très voisin, pour la coloration, de l'*O. obscuripennis*, mais il s'en distingue facilement par son métathorax arrondi, sans arêtes saillantes, par le premier segment de l'abdomen qui, dans l'espèce citée, est plus large que long, par ses écailles et ses ailes roussâtres.

Habite : Le Chili. (Musée de Paris.)

48. O. Subpetiolatus, n. sp.

Noir, velu, antennes, écaille et pattes, rousses, bord du corselet et des deux premiers segments de l'abdomen, jaunâtre; abdomen pédicellé.

Mâle. Long. 9 mill. ; env. 18 mill.

Fem. Inconnue.

Male. Chaperon ovale, un peu échancré et faiblement bidenté. Corselet globuleux, plus large en avant qu'au milieu, finement rugueux, velu comme la tête; métathorax offrant au milieu un sillon médian, renflé et arrondi sur les côtés, et très finement strié en travers, au milieu. Abdomen pédicellé, le premier segment en entonnoir, offrant une forte saillie transversale mousse, avec une petite ligne longitudinale; sa forme est presque pétiolaire; à son bord postérieur, il est à moitié aussi large que le deuxième. Insecte noir; antennes rousses, noirâtres en dessus vers le bout; écaille et pattes rousses; hanches et base des cuisses, noires. Chaperon, une bande étroite sur le bord antérieur du corselet, et une un peu plus large sur le bord postérieur des deux premiers segments de l'abdomen, d'un jaune-blanchâtre. Ailes roussâtres.

Rapp. et diff. Voisin de l'*O. Lachesis*, mais sensiblement plus petit, et l'abdomen plus longuement pédicellé.

Habite : Le Chili. (Musée de Paris.)

49. O. Tuberculiventris.

Noir, orné de jaune, deuxième segment de l'abdomen portant en dessous un fort tubercule, pattes et antennes rousses, les deux premiers segments de l'abdomen bordés de jaune.

Syn. Spinol. *Eumenes tuberculiventris.*! Fauna Chilena. VI. 267.

Fem. Long. 8 mill.; env. 21 mill.
Mâle. Long. 7 mill.; env. 18 mill.

Fem. Chaperon un peu échancré, presque aussi large que long, finement ponctué; tête plate; les yeux couvrant entièrement ses côtés. Corselet presque glabre, finement rugueux; post-écusson un peu arrondi en arrière; métathorax concave et lisse au milieu, arrondi et rugueux sur ses bords. Premier segment de l'abdomen formant presque un pétiole, sa face métathoracique en triangle allongé, pédicellé; sa face supérieure en carré large, portant un point enfoncé; la ligne de séparation des deux faces formant presque une crête transversale; un étranglement entre le premier et le deuxième segments; ce dernier ovale, sensiblement plus long que large, offrant en dessous un fort tubercule. Insecte noir : un petit point entre les antennes, une bande régulière le long du bord antérieur du prothorax, une tache sous l'aile, l'écaille, une petite ligne au-dessus de l'aile postérieure, le bord postérieur du post-écusson, et la bordure des deux premiers segments de l'abdomen, d'un jaune blanchâtre. Un point sur l'écaille, les antennes et les pattes, ferrugineuses ; une teinte au bout des antennes, les hanches et les cuisses, sauf le bout, noires. Ailes transparentes, brillant de reflets nacrés roses ; radius et cubitus ferrugineux, et une faible tache brune dans la cellule radiale; deuxième cubitale en trapèze, ses bords presque droits.

Male. Chaperon jaune; dessus du premier article des antennes, obscur.

Habite : Le Chili. Coquimbo, Tucapel. (Musée de Paris.)

50. O. Tuberculatus, n. sp.

Noir, avec le prothorax, les antennes et les pattes, roux ; les deux premiers segments de l'abdomen bordés de jaune. Ailes brunes et rousses.

Fem. Long 15 mill.; env. 32 mill.

Mâle. Long. 15 mill; env. 28 mill.

Fem. Très voisin de l'*O. Chilensis.* Chaperon pyriforme, un peu échancré, plat, glabre, et offrant deux carènes latérales; échancrure des yeux plus étroite que dans l'*O. Chilensis.* Corselet comme chez ce dernier, rugueux et poilu, mais le métathorax sans angles saillants, arrondi, fortement rugueux, sans stries transversales. Premier segment de l'abdomen infundibuliforme, lorsqu'il est écarté du métathorax; son dessus carré, mais trois fois aussi large que long, avec un sillon longitudinal médian et un petit tubercule en avant de ce sillon. Deuxième segment séparé du premier par un fort étranglement, beaucoup plus large que le premier, ovale. Insecte noir; antennes ferrugineuses, avec le bout noir; derrière des orbites liseré de jaune; mandibules ferrugineuses. Ecaille et prothorax entièrement ferrugineux. Une ligne sur le milieu du prothorax, post-écusson et bordure des deux premiers segments de l'abdomen, d'un jaune pâle. Pattes ferrugineuses, hanches noires. Ailes brunes ; la côte rousse, la cellule radiale d'un brun foncé.

MALE. Chaperon jaune, terminé par deux dents courtes ; treizième article des antennes, en forme de crochet ; échancrure des yeux très étroite, linéaire. Post-écusson noir.

Nota. Ce mâle pourrait former une espèce distincte, c'est avec doute que je le rapporte à celle-ci.

Rapp. et diff. Cette espèce est très distincte de l'*O. Chilensis*, auquel elle ressemble entièrement pour le facies et les couleurs ; on la reconnaît facilement à son métathorax arrondi, au tubercule que porte le premier segment de l'abdomen ; puis la femelle au post-écusson jaune, et le mâle à ses antennes terminées par un crochet et non enroulées en spirale à l'extrémité.

Habite : Le Chili. Rapportée par M. Gay. (Musée de Paris.)

51. O. LACHESIS, Lep.!

Noir, avec le chaperon, les mandibules, les antennes, l'écaille et les pattes, roux ; la bordure du corselet et des deux premiers segments de l'abdomen, jaunâtre. Ailes brunes au bout, rousses le long de la côte

SYN. Lep. St.-Farg. *Odynerus Lachesis.!* Hymen. II. 667.
  Spinol. *Odynerus marginicollis.!* Fauna Chilena. Zool. VI.
   p. 256.

    Fem. Long. 15 mill. ; env. 30 mill.
    Mâle. Long. 12 mill.; env. 24 mill.

FEM. Chaperon pyriforme, légèrement concave à son bord antérieur, ses angles arrondis. Tête et corselet très velus, finement ponctués, d'un noir mat. Mandibules, chaperon, antennes et écaille des ailes, ferrugineux, le bord antérieur du corselet orné d'une bordure d'un jaune pâle, rétrécie et terminée en pointe sur les côtés. Premier segment de l'abdomen court, moins large que le deuxième, sa face métathoracique en triangle équilatéral, et la ligne de séparation des deux faces, assez saillante. Abdomen noir ; le premier et le deuxième segments, ornés chacun d'une bordure régulière d'un jaune blanchâtre, celle du deuxième seule se prolongeant en dessous. Pattes ferrugineuses ; hanches noires, avec un petit point jaune du côté externe. Ailes roussâtres, avec le bout brun et irisé.

MALE. Chaperon d'un jaune pâle, couvert d'un duvet laineux argenté. Premier segment de l'abdomen un peu pédicellé.

Habite : Le Chili. (Musée de Paris.)

2. *Abdomen sessile ou subsessile.*

A. Métathorax offrant de chaque côté une arête tranchante.

a. Ailes violettes.

52. O. Obscuripennis, Spin.!

Syn. Spinol. *Odynerus obscuripennis.* Fauna Chilena. Zool. vi. p. 259.
Sauss. *O. coquimbensis.* Fauna Chilena. Zool. vi. Suppl.

Noir, velu, pattes roussâtres, les deux premiers segments de l'abdomen ornés d'une bordure jaunâtre. Ailes obscures, avec des reflets violets.

Fem. Long. 15 mill.; env. 33 mill.

Fem. Un peu moins grand que l'*O. Chilensis.* (Tête incomplète.) Disque du mésothorax aussi large que long; écusson et post-écusson saillants; métathorax assez fortement concave, offrant de chaque côté une arête très tranchante. Tout le corselet fortement rugueux, même la partie supérieure de la concavité du métathorax, et couvert de poils noirs, longs et serrés. Abdomen fortement déprimé, large, lisse et luisant; le premier segment moins large que le deuxième, mais plus large que long, un peu poilu, et offrant en dessus une ligne enfoncée. Insecte d'un noir profond, les deux premiers segments de l'abdomen ornés chacun d'une bordure régulière, d'un jaune blanchâtre. Pattes roussâtres; hanches noires. Ailes obscures, brunes, avec quelques reflets violets.

Male. Inconnu.

Rapp. et diff. Pour la couleur, cette espèce ressemble à l'*O. excipiendus,* mais il s'en distingue aisément à ses ailes obscures et non rousses; à son abdomen sessile et sans tubercule en dessus, etc.

Habite : Le Chili. Rapporté par M. Gay. (Musée de Paris.)

53. O. Villosus, Sauss.

Noir, velu, avec les deux premiers segments de l'abdomen bordés de jaune; antennes ferrugineuses. Ailes brunes, violettes.

Syn. Sauss. *Odynerus villosus.* Fauna Chilena. Zool. vi. Suppl.

Fem. Long. 13 1|2 mill.; env. 29 mill.
Mâle. Long. 13 mill.; env. 26 mill.

Fem. Très voisin, pour les formes, de l'*O. hirsutulus.* Chaperon allongé, un peu concave à son bord inférieur. Tête plate. Disque du mésothorax aussi large que long; post-écusson saillant; métathorax concave, à peine rugueux au milieu, et formant de chaque côté une côte saillante. Abdomen court, large, subsessile; le premier segment à peu près aussi large qne le deuxième, la ligne de séparation des deux faces, mousse ; deuxième segment plus large que long, offrant en dessous une bosse saillante vers sa base. Abdomen velouté ; tête et corselet veloutés, rugueux. Tout l'insecte couvert de longs poils noirs, surtout le corselet et la tête. Tout le corps d'un noir profond ; mandibules et antennes ferrugineuses ; écaille obscure ; le premier segment de l'abdomen liseré, et le deuxième orné d'une bordure étroite et régulière, de jaune-blanchâtre ; en dessous seulement une tache marginale de chaque côté du segment. Pattes d'un ferrugineux obscur ; hanches et cuisses, sauf le bout, noires. Ailes obscures, avec quelques reflets violets.

Var. Premier segment de l'abdomen à peine liseré de jaune.

MALE. Inconnu.

Rapp. et diff. Très voisin de l'*O. hirsutulus*, dont il se distingue par son métathorax anguleux, ses ailes obscures et non rousses le long de la côte, son abdomen velouté, etc. Il ressemble à l'*O. obscuripennis* par ses ailes obscures, mais il s'en distingue par son abdomen velu et non lisse et luisant, par ses cuisses noirâtres, son écaille brune, son écusson nullement saillant, etc.

Habite : Le Chili. Sta. Rosa. Rapporté par M. Gay. (Musée de Paris.)

b. Ailes rousses le long de la côte, violettes au bout.

54. O. CHILENSIS, Lep !

Grand, noir, corselet rugueux, couvert de poils ferrugineux ; métathorax anguleux ; premier segment de l'abdomen portant en dessus une dépression longitudinale ; prothorax et pattes, roux ; les deux premiers segments de l'abdomen, bordés de jaune blanchâtre ; ailes rousses, avec le bout brun, changeant en violet.

SYN. Lep. St.-Farg. *Odynerus chilensis*. Hymen. II. 643.
Spinol. *O. chilensis*. Fauna Chilena. Zool. VI. p. 255.

Fem. Long. 20 mill. ; env. 42 mill.
Mâle. Long. 18 mill. ; env. 38 mill.

Pour la description de l'espèce, voir Lepeletier de Saint-Fargeau. Loc. cit.

MALE. Formes plus grêles. Antennes enroulées à l'extrémité. Chaperon fortement échancré, bidenté, d'un jaune pâle. Premier segment abdominal assez étroit et allongé. Ailes plus transparentes, brunâtres vers le bout, avec une tache dans la radiale.

Rapp. et diff. Très voisin de l'*O. tuberculatus.* (Voir les affinités de cette espèce.)

Habite : Le Chili. (Musée de Paris.)

55. O. Autuco, Sauss.

Noir, velu ; abdomen sessile ; chaperon, antennes, écaille et pattes, ferrugineuses ; premier segment de l'abdomen, bordé de jaune blanchâtre ; ailes rousses, avec le bout obscur.

Syn. Sauss. *Odynerus Autuco.* Fauna Chilena. Zool. VI. Suppl.

Fem. Long. 13 mill.; env. 28 mill.

Fem. Formes et grandeur de l'*O. hirsutulus.* Chaperon pyriforme, à peine échancré. Corselet gros, carré ; disque du mésothorax aussi large que long ; métathorax un peu concave, avec de chaque côté une ligne saillante, mousse, et nullement proéminente. Abdomen sessile, le premier segment très large, portant une dépression dorsale, sa face méta-thoracique en triangle équilatéral, sans concavité, comme dans l'*O. hirsutulus*; la ligne de séparation de cette dernière avec la dorsale, mousse ; deuxième segment ovale, portant en dessus, vers sa base, un petit tubercule. Tête et corselet fortement rugueux et villeux, même la partie concave du métathorax ; premier segment de l'abdomen couvert de poils longs, les autres veloutés et moins velus, le deuxième luisant. Insecte noir ; mandibules, chaperon, antennes, écaille et pattes, ferru-gineux ; hanches et base des cuisses, noires ; le premier segment de l'abdomen seul, orné d'une bordure étroite et un peu raccourcie sur les côtés, d'un jaune-blanchâtre. Ailes rousses, avec le bout obscur, brillant de reflets violets.

Male. Inconnu.

Rapp. et diff. Distincte de toutes les espèces chiliennes par son uni-que bande jaunâtre à l'abdomen. Ses formes sont identiques avec celles des *O. Maipinus, hirsutulus* et *villosus.*

Habite : Le Chili. Rapporté par M. Gay. (Musée de Paris.)

56. O. Chiliotus, Sauss.

Noir, antennes et pattes, rousses ; les deux premiers segments de l'abdomen, bordés de jaune blanchâtre ; ailes un peu enfumées, ferrugineuses le long de la côte.

Syn. Sauss. *Odynerus chiliotus.* Fauna Chilena. Zool. VI. Suppl.

Mâle. Long. 8 mill.; env. 18 mill.

Fem. Inconnue.

Male. Facies de l'*O. excipiendus*, mais plus petit. Antennes terminées en crochet. Chaperon un peu échancré, terminé par deux petites dents un peu divergentes. Corselet très court ; disque du mésothorax en demicercle, *sensiblement plus large que long* ; post-écusson un peu sail-lant ; métathorax entièrement concave, indistinctement sculpté sur sa concavité, portant de chaque côté un bord très tranchant, et vers la partie supérieure de ce dernier une grosse épine mousse. Abdomen sessile; la suture du premier segment assez indistincte, dessinant un demi cercle sur sa face antérieure; la face dorsale séparée de cette dernière par un bourrelet transversal saillant au milieu, et partagée par un sillon longitudinal profond, qui s'étend dans toute la longueur de la face dorsale, et partage le bourrelet situé à son bord antérieur; la face dorsale aussi large que le deuxième segment. Insecte d'un noir velouté; tête, corselet, et premier segment de l'abdomen, couverts de longs poils noirs. Chaperon d'un jaune blanchâtre, satiné, les deux premiers segments de l'abdomen ornés d'une bordure régulière et étroite, d'un jaune blanchâtre. Antennes et pattes ferrugineuses; hanches, cuisses, sauf le bout, et dernier article des tarses, noirâtres. Ailes un peu enfumées, ferrugineuses le long de la côte, brillant de reflets dorés et irisés; deuxième cellule cubitale en trapèze, ses bords presque droits.

Rapp. et diff. Il se distingue des *O. Lachesis, Molinus, hirsutulus,* dont il a les formes, par son corselet entièrement noir, par ses écailles noires, par la présence de ses épines métathoraciques, etc.; des *O. Autuco* et *Maipinus,* par ses écailles noires, ses épines métathoraciques, ses ailes sans taches noires au bout, etc.; de l'*O. villosus,* par ses épines métathoraciques, ses ailes subtransparentes, et non violettes, etc.

Habite : Le Chili. Rapporté par M. Gay. (Musée de Paris.)

B. Métathorax un peu arrondi.

57. O. RUFICOLLIS, Spin.!

Noir; chaperon, antennes, pattes et prothorax, roux; deux bandes blanchâtres à l'abdomen.

SYN. Spinol. *Odynerus ruficollis.* Fauna Chilena. Zool. VI. 259.

Fem. Long. 9 mill.; env. 18 mill.

FEM. Tête plus large que longue, plate; chaperon pyriforme, un peu échancré au bout. Corselet carré et large en avant, ponctué, velu, ainsi que la tête; métathorax plat, vertical; ses angles arrondis, très finement granuleux. Premier segment de l'abdomen offrant une crête transversale déterminée par la rencontre de la face métathoracique, qui est triangulaire, et de la face dorsale, qui est en carré large, avec une ligne enfoncée sur son milieu. Un petit étranglement entre le premier et le deuxième segments, lequel présente en dessous à sa base une saillie assez forte. Insecte noir; chaperon roux, avec ses bords noirs, antennes, prothorax, écailles et pattes, roux; les deux premiers segments de l'abdomen ornés chacun d'une bordure régulière assez large, d'un jaune blanchâtre. Ailes roussâtres, un peu enfumées vers le bout.

Rapp. et diff. Voisin de l'*O. Chilensis* pour la coloration, mais distinct par sa petite taille et son métathorax sans arêtes.

Habite : Le Chili. (Musée de Paris.)

58. O. MAIPINUS, n. sp.

Noir, avec les deux premiers segments de l'abdomen, bordés de jaune, l'écaille, les pattes et les ailes, rousses ; ces dernières brunes au bout.

Mâle. Long. 11 mill.; env. 23 mill.

FEM. Inconnue.

MALE. Chaperon échancré, un peu bidenté. Disque du mésothorax arrondi en avant, large et court ; métathorax concave au milieu, offrant de chaque côté un bord mousse. Abdomen sessile ; premier segment presque aussi large que le deuxième, un peu froncé vers le bord antérieur, à la face dorsale, et portant un point enfoncé sur sa face métathoracique, qui est en triangle équilatéral ; deuxième segment aussi large que long. Insecte très velu, noir ; chaperon satiné, d'un jaune blanchâtre ; premier et deuxième segments de l'abdomen liserés de jaune blanchâtre ; la bordure du premier segment un peu plus large que celle du deuxième. Antennes, écaille, et pattes, ferrugineuses ; hanches noires ; antennes portant un crochet terminal. Ailes rousses, noirâtres vers le bout, avec quelques reflets violets.

Rapp. et diff. Il a les mêmes formes que les *O. hirsutulus, villosus, Autuco*, mais il en diffère par son métathorax arrondi.

Habite : Le Chili. Rapporté par M. Gay. (Musée de Paris.)

IIIᵉ DIVISION.

Abdomen sessile ; son premier segment large, tronqué droit du côté antérieur. Ailes transparentes ou obscures.

I. *Tête plate. Corselet carré, aussi large que long, ou à peine un peu plus long que large. Abdomen parfaitement sessile, fortement conique, le premier segment aussi large que le deuxième, ou même un peu plus, tronqué droit du côté antérieur ; aucune trace d'étranglement entre les deux premiers segments.*

1. De chaque côté du métathorax un angle tranchant.

a. Espèces américaines. }

59. O. GAYI (1), Spin.!

Noir, orné de jaune blanchâtre , l'abdomen portant deux bandes de même couleur.
Ailes roussâtres.

SYN. Spinol. *Odynerus Gayi*. Fauna Chilena. Zool. VI. 260.

Mâle. Long. 9 mill.; env. 19 mill.

FEM. Inconnue.

MALE. Antennes simples. Chaperon très faiblement échancré, terminé
par deux dents insensibles ; corselet court, carré, ponctué ; métathorax
plat, lisse, offrant de chaque côté un angle mousse. Abdomen conique,
tronqué droit du côté antérieur ; le premier segment beaucoup plus
large que long, aussi large que le deuxième ; ce dernier plus large que
long. Insecte noir ; chaperon, devant du premier article des antennes,
un point transversal un peu bidenté, une ligne dans le sinus des yeux,
le long de leur bord inférieur, d'un jaune pâle. Ecaille de même couleur, avec un point ferrugineux au milieu ; bord antérieur du corselet
orné d'une bande d'un blanc jaunâtre, nullement échancrée au milieu ;
le bord postérieur du prothorax, qui circonscrit le disque du mésothorax
orné d'un liseré très fin de la même couleur, ainsi qu'une tache sous
l'aile, le post-écusson et une tache presque triangulaire de chaque côté
de ce dernier, sur les angles supérieurs du métathorax. Les deux premiers segments de l'abdomen ornés chacun d'une bande d'un blanc
jaunâtre, assez large et régulière, à peine élargie sur les côtés. Pattes
noires. Ailes transparentes, un peu roussâtres, et légèrement enfumées
vers le bout.

Rapp. et diff. Assez distinct par son métathorax plat et lisse, son
abdomen parfaitement sessile, large en avant, et le liseré jaune qui borde
le côté antérieur du mésothorax. Il a la coloration des espèces de la
IIe division ; les parties jaunes sont plutôt blanchâtres.

Habite : Le Chili. (Musée de Paris.)

1. Cette espèce fait exception à la règle, les antennes du mâle ne sont pas terminées par
un crochet.

60. O. Diabolicus, n. sp.

Noir, tous les segments de l'abdomen, sauf le premier, bordés de jaune; ailes subtransparentes.
Mâle Long. 9 mill.; env. 18 mill.

Fem. Inconnue.

Male. Facies d'un *Rhygchium*. Chaperon hexagone, à peine échancré
au bout. Corselet court, mais sensiblement plus long que large, carré,
un peu concave à son bord antérieur, ses angles un peu épineux; disque
du mésothorax aussi long que large, presque angulaire en avant. Post-
écusson saillant, crénelé; métathorax entièrement concave, un peu
cannelé sur ses angles en dessus, et armé de chaque côté d'une assez
longue épine. Abdomen conique; le premier segment aussi large que
le suivant, tronqué à son bord antérieur. Tête et corselet rugueux,
noirs, avec le chaperon, un point entre les antennes, une ligne sur le
devant du premier article de ces dernières, et une dans le sillon des
yeux, d'un jaune pâle. Abdomen noir; tous les segments, sauf le premier, ornés d'une assez large bordure jaune; les premières régulières,
les suivantes un peu festonnées, anus jaune au bout. Pattes noires,
tarses un peu ferrugineux. Ailes transparentes, un peu jaunâtres;
deuxième cellule cubitale très fortement rétrécie vers la radiale, son
bord radial moindre que le quart de son bord postérieur.

Rapp. et diff. Pour les formes, il est très voisin des *O. rhynchiformis,
rhynchoïdes, dyscherus, nasidens*, etc. Il se distingue aisément de toutes
ces espèces par son corselet entièrement noir.

Habite : L'Amérique. (Collect. de M. de Romand.)

61. O. Nasidens (1), Latr.

Noir, orné de jaune; tous les segments de l'abdomen, sauf le premier, bordés de jaune.
Ailes jaunâtres.

Syn. Latr. *Odynerus nasidens*. Voy. aux Rég. Equinox. Humbold et
Bomplan. Zool. ii. 112. pl. xv. fig. 1-2.

Fem. Long. 9 mill.; env. 20 mill.
Mâle. Long. 8 mill.; env. 16 mill.

Fem. Insecte gros, court. Tête plate. Chaperon pyriforme, un peu
caréné sur les côtés, et terminé par deux dents insensibles. Corselet

---

1. Cette espèce et la suivante pourraient amener une confusion avec le genre *Brachygaster*, la coloration et le facies de ces insectes sont les mêmes que ceux du *Brachygaster Lecheguana*, Perty, mais ils s'en distinguent aisément par le premier segment de l'abdomen, qui emboîte le second, tandis que dans le genre Brachygaster, il est presque nul,
et n'emboîte nullement ce dernier.

court, carré, très large et anguleux en avant ; disque du mésothorax aussi large que long ; métathorax concave, lisse, un peu strié en travers ; ses deux arêtes mousses, et formant de chaque côté un angle spiniforme. Abdomen conique ; le premier segment aussi large que le deuxième ; celui-ci plus large que long. Tête et corselet couverts de ponctuations un peu distantes ; abdomen lisse, finement satiné. Insecte noir ; antennes ferrugineuses en dessous ; une petite tache jaunâtre au haut des mandibules ; bordure des orbites et vertex, argentés. Bord postérieur du prothorax, le long de la courbe du mésothorax, orné d'un liséré jaune ; post-écusson et haut des bords du métathorax, un peu jaunâtres. Ecaille brunâtre. Premier segment de l'abdomen noir, tous les autres ornés d'une bordure régulière d'un jaune sombre ; anus noir, bordé de jaune tout le long de sa courbe postérieure ; les bandes jaunes complètes en dessous de l'abdomen. Pattes noires, avec une ligne jaune, sur les tibias, et couvertes de poils chatoyants. Ailes transparentes, jaunâtres, avec une légère teinte grise vers le bout ; deuxième cellule cubitale subtriangulaire, presque entièrement rétrécie vers la radiale.

MALE. Antennes simples. Chaperon polygonal, tronqué droit à son bord antérieur ; noir au milieu, bordé de jaune sur les côtés et à son bord antérieur, et couvert de poils argentés. Bordure interne des orbites et devant du premier article des antennes, jaunes. Corselet plus court que dans la femelle, à peine plus long que large, ses angles antérieurs, épineux ; disque du mésothorax plus large que long ; post-écusson et une ligne sur les angles du métathorax, jaunes. Anus noir, avec le bout jaune (1).

Rapp. et diff. Très voisin de l'*O. diabolicus.* (Voir les affinités de cette espèce.) Il a la forme des *O. rhynchiformis*, *cubensis*, etc. ; mais il s'en distingue par le premier segment de l'abdomen, qui est entièrement noir.

Habite : La Colombie. Caracas. (Musée de Paris.)

62. O. BREVITHORAX, n. sp.

Noir, tous les segments de l'abdomen, sauf le premier, bordés de jaune ; ailes enfumées, rousses le long de la côte.

Fem. Long. 10 mill.; env. 20 mill.

FEM. Très voisin de l'*O. nasidens*, dont il a les formes et les couleurs. Chaperon échancré, terminé par deux petites dents. Corselet carré, à peu près aussi large que long ; post-écusson tronqué, finement crénelé ; métathorax tronqué dans toute sa largeur ; sa troncature lisse, offrant

1. Ce mâle appartient-il bien à la même espèce ?

de chaque côté un bord tranchant qui donne naissance à un angle spiniforme. Abdomen conique, de même forme que dans l'*O. nasidens.* Tête et corselet assez fortement veloutés, couverts de poils soyeux; abdomen satiné. Insecte noir; les deux petites dents du chaperon, rousses; tous les segments de l'abdomen ornés d'une bordure jaune régulière, le premier entièrement noir. Pattes noires, tibias ferrugineux. Ailes rousses le long de la côte, enfumées vers le bout.

MALE. Inconnu.

Rapp. et diff. Il est très facile à confondre avec l'*O. nadisens,* dont il diffère par son corselet plus court, velu, et sans ornements jaunes. Il est encore plus voisin de l'*O. diabolicus,* dont il ne diffère que par son chaperon échancré et les teintes de ses ailes.

Habite : L'Amérique du Sud. (Musée de Paris.)

63. O. BRACHYGASTER (1), n. sp.

Noir, satiné; post-écusson et bordures de tous les segments de l'abdomen, jaunes; ailes jaunâtres.

Fem. Long. 10 mill.; env. 20 mill.

FEM. Chaperon large, un peu bidenté. Corselet carré, large en avant; mésothorax plus large que long, post-écusson linéaire, saillant; métathorax plus large que haut, concave dans toute sa largeur, ses bords tranchants, formant de chaque côté un angle. Abdomen court, sessile, le premier segment aussi large que le deuxième, tronqué droit du côté antérieur. Tête et corselet ponctués, un peu velus; chaperon un peu argenté; métathorax argenté; abdomen couvert de poils courts et couchés, un peu satiné, le bord postérieur du deuxième segment ponctué. Insecte noir. Mandibules ferrugineuses au bout; chaperon bordé de jaune latéralement, ses dents ferrugineuses. Corselet finement liseré de jaune à son bord antérieur; écaille jaunâtre; un point de chaque côté de l'écusson sur ses angles antérieurs, et post-écusson, jaunes, ainsi qu'un point sous l'aile, et de chaque côté une ligne arquée le long de la courbe supérieure du bord du métathorax. Tous les segments de l'abdomen ornés d'une bordure régulière jaune, tant en dessus qu'en dessous, la première seule ne passe pas sous l'abdomen, et est assez étroite; anus jaune au bout. Pattes noires, articulations ferrugineuses. Ailes transparentes, un peu jaunâtres le long de la côte, grises vers le bout, surtout dans la cellule radiale.

---

1. Cette espèce se rapproche beaucoup pour la coloration et pour la forme du *Chartergus chartarius*, Oliv., mais on l'en distingue facilement à ses mandibules assez longues pour former un bec par leur réunion, tandis que dans les *Chartergus* elles sont très courtes et se replient derrière le chaperon.

Var. Pas de points sous les ailes, ni sur l'écusson, taches du métathorax indistinctes. Articulations des pattes, noires.

Rapp. et diff. Il ressemble beaucoup à l'*O. nasidens*, mais il s'en distingue par la bordure jaune du premier segment de l'abdomen.

Habite : Le Para. (Musée de Paris.)

b. **Espèces de l'ancien continent.**

64. O. Rhynchoides, n. sp.

Corselet roux, orné de jaune ; angles du métathorax, jaunes ; abdomen noir et roux, tous les segments bordés de jaune ; bordure du deuxième fortement élargie sur les côtés.

Mâle. Long. 8 1{2 mill.; env. 18 mill.

Fem. Inconnue.

Male. Tête noire. Chaperon terminé par deux très petites dents, très rapprochées ; jaune, ainsi que le front, le sinus et la bordure des yeux, les antennes et les mandibules. Corselet carré, court, fortement ponctué, roux, avec la bordure du prothorax, l'écaille, et une grande tache triangulaire de chaque côté du métathorax, jaunes ; disque du mésothorax noir, avec son milieu roux. Abdomen noir, avec des teintes rousses ; premier segment roux, satiné, avec une bordure jaune qui s'élargit graduellement sur les côtés ; tous les autres segments bordés de jaune, la bordure du second subitement élargie sur les côtés, et atteignant presque le premier. Pattes jaunes, hanches rousses. Ailes transparentes ; deuxième cellule cubitale fortement rétrécie vers la radiale, son bord radial très court.

Habite : Le Sénégal. (Musée de Paris.)

65. O. Rhynchiformis, n. sp.

Noir, orné de jaune, deux taches jaunes au métathorax ; tous les segments de l'abdomen bordés de jaune ; bordure du deuxième se prolongeant sur les côtés.

Mâle. Long. 8 mill.; env. 17 mill.

Fem. Inconnue.

Male. Noir. Chaperon échancré, terminé par deux petites dents ; jaune, ainsi qu'un triangle entre les antennes, la bordure des orbites, et le devant du premier article des antennes. Mandibules ferrugineuses, avec un point jaune à leur base. Corselet carré, anguleux, presque aussi large que long ; abdomen conique, allongé. Bordure antérieure du corselet, écaille, deux taches aux angles postérieurs de l'écusson, une de chaque côté du métathorax du côté extérieur, et bordure de tous les segments de l'abdomen, jaunes; bordure du premier segment fortement élargie sur les côtés, celle du deuxième se continuant le long des côtes du segment jusqu'à atteindre le premier, où elle forme un feston arrondi, les autres un peu élargies au milieu. Post-écusson saillant, un peu crénelé. Ailes transparentes; deuxième cellule cubitale grande, son bord radial étendu.

Habite : Le Cap de Bonne-Espérance. (Musée de Paris.)

2. Angles du métathorax arrondis.

66. O. DYSCHERUS, n. sp.

Noir, orné de jaune; deux bandes jaunes à l'abdomen; deuxième cellule cubitale triangulaire, presque pédicellée.

Fem. Long. 11 mill.; env. 23 mill.

FEM. Facies d'un *Rhygchium* et de l'*O. trilobus,* avec lequel il a les plus grandes affinités. Tête plate, chaperon échancré, bidenté, plus large que long ; échancrure des yeux aiguë, triangulaire ; crête du post-écusson, et angles du métathorax, mousses; abdomen conique ; le premier segment très court, aussi large que le deuxième. Tête et corselet ponctués; abdomen lisse. Insecte noir : deux taches sur le haut du chaperon, bordure des orbites; deux taches sur le milieu du prothorax, se rejoignant presque sur la ligne médiane ; un point sous l'aile, un sur l'écaille, et dessus du post-écusson, ainsi que la bordure des deux premiers segments de l'abdomen, jaunes; ces dernières étroites, régulières, et nulles en dessous. Pattes noires, avec une ligne sur le bout des cuisses et une sur le haut des tibias, jaunes. Ailes un peu enfumées; la deuxième cellule cubitale, *triangulaire, et presque pédicellée,* son bord radial nul.

Habite : La Chine. Manille? (Musée de Paris.)

67. O. TRUNCATUS, n. sp.

Brun, antennes ferrugineuses, deux bandes jaunes longitudinales à l'abdomen; ailes brunes au bout.

Fem. Long. 11 mill.; env. 22 mill.
Mâle. Long. 10 mill.; env. 20 mill.

FEM. Tête et corselet fortement ponctués, d'un roux obscur. Chaperon aussi large que long, ponctué, se prolongeant angulairement à la base des yeux, à peine échancré, d'un roux obscur, ainsi que la tête ; le vertex seul noirâtre; antennes ferrugineuses, noirâtres vers le bout. Ecusson et post-écusson, plats, sans crénelures. Métathorax à bords arrondis, granuleux. Corselet brun ; mésothorax et écusson, noirs; prothorax, métathorax, écaille, et flancs, d'un brun rougeâtre. Abdomen conique, tronqué droit antérieurement ; premier segment aussi large que le second; tout l'abdomen roux en dessous, d'un noir un peu rougeâtre en dessus, et portant de chaque côté une bande longitudinale jaune, qui s'étend dans toute sa longueur, mais interrompue par la bordure roussâtre du premier segment. Pattes rousses. Ailes transparentes dans leur première moitié, enfumées dans leur moitié externe.

Var. Un point jaune sur l'angle supérieur du métathorax, de chaque côté du post-écusson.

MALE. Chaperon bidenté, d'un jaune obscur, ainsi que le tour des yeux, un triangle entre les antennes, et les mandibules.

Rapp. et diff. Sans sa couleur rougeâtre et sa petite taille, on pourrait confondre cet *Odynerus* avec le *Rhygchium africanum* ; mais ses palpes maxillaires sont ceux des *Odynerus*.

Habite : Le Sénégal. (Musée de Paris.)

68. O. GUERINII, n. sp.

Tête et corselet, noirs, abdomen orangé ; ailes transparentes.
Mâle. Long. 11 1[2 mill. ; env. 23 mill.

FEM. Inconnue.

MALE. Insecte gros, court. Chaperon arrondi, un peu bidenté ; ocelles sur la pente du vertex. Corselet carré, anguleux en avant ; disque du mésothorax un peu plus large que long; écusson et post-écusson très saillants, séparés par un sillon transversal, et partagés en deux par un autre sillon longitudinal, d'où il résulte quatre tubercules saillants. Métathorax concave, lisse, formant de chaque côté un angle spiniforme; en dessous de cet angle, le bord est tranchant et crénelé, en dessus, il est arrondi et granuleux. Abdomen conique, le premier segment tronqué droit du côté antérieur, parfaitement sessile, très court, aussi large que le deuxième, et partagé en dessus par un sillon insensible; le deuxième et les suivants portant le long de leur bord inférieur une zone un peu enfoncée, fortement ponctuée et insensiblement élargie au milieu. Tête et corselet fortement ponctués, noirs ; chaperon d'un jaune pâle; antennes obscures, ferrugineuses en dessous ; mandibules et bordures postérieures des yeux, d'un brun rougeâtre ; ces mêmes bordures dans les sinus, argentées ; corselet portant quelques teintes rougeâtres, surtout le prothorax, l'écusson et les flancs. Abdomen orangé, dessus du premier segment d'un jaune plus clair, avec une petite échancrure noire au milieu, et la face antérieure entièrement noire. Pattes d'un brun rougeâtre. Ailes transparentes, à peine un peu brunâtres ou jaunâtres; nervures brunes.

Habite : L'Afrique. (Collect. de M. Guérin-Méneville.)

II. *Corselet en carré long, anguleux ou non ; abdomen variable , son premier segment comme tronqué, plaquant contre le métathorax.*

I. *Espèces américaines. Abdomen en général conique.*

A. Une zone ponctuée le long du bord postérieur du deuxième segment de l'abdomen, ce dernier souvent excavé.

a. Métathorax concave au milieu, offrant de chaque côté un angle très vif.

69. O. Boscii, Lep.!

Noir, orné de roux et de jaune ; premier segment de l'abdomen roux, bordé de jaune. Ailes enfumées.

Syn. Lep. St-Farg. *Odynerus Boscii.* Hymen, II. 637.

Mâle. Long. 18 mill ; env. 23 mill.

Fem. Inconnue.

Male. Chaperon finement ponctué, tronqué droit, ou fort peu échancré, ses bords jaunes, ainsi que les mandibules, une tache entre les antennes et le devant du premier article de ces dernières. Antennes noires, avec le premier article roux, ainsi que le milieu du chaperon. Corselet couvert de ponctuations irrégulières, noir, avec une bande qui borde le prothorax, l'écaille, une tache de chaque côté de l'écusson, le post-écusson, deux taches sur les angles supérieurs du métathorax et une autre sous l'aile, d'un jaune orangé. Prothorax un peu roux de chaque côté, en arrière de la bande jaune. Abdomen noir; premier segment roux en dessus, avec une bordure régulière jaune; deuxième segment également bordé, et le troisième liseré de jaune; le quatrième porte aussi une ligne jaune indistincte. Premier segment lisse : second, finement ponctué, son bord postérieur et les suivants fortement ponctués. Pattes jaunes, hanches noires. Ailes transparentes, un peu enfumées; la côte et la cellule radiale, brunes.

Habite : La Caroline. (Musée de Paris. Coll. Bosc.)

70. O. ERYNNIS, Lep. !

Noir, avec la première moitié des antennes, le devant du prothorax, le post-écusson, les angles du métathorax, le premier segment de l'abdomen et la bordure du second, roux. Ailes enfumées.

SYN. Lep. St-Farg. *Odynerus Erynnis.* Hymen. II. 645.

Fem. Long. 13 mill.; env. 25 mill.

FEM. Noir. Chaperon tronqué, presque droit, et terminé par deux dents insensibles , couvert de ponctuations distantes. Tête et corselet densément et grossièrement ponctués ; métathorax un peu strié en travers. Abdomen lisse. Mandibules, bord antérieur et sommet du chaperon, un trait transversal au-dessus de l'insertion des antennes, partie antérieure du prothorax, écaille, post-écusson , angles du métathorax du côté extérieur, premier segment abdominal, bordure (régulière) du deuxième, petit bord du troisième et bout de l'anus, d'un roux obscur. Antennes rousses, noires en dessus à l'extrémité. Pattes ferrugineuses. Ailes un peu brunes, avec quelques reflets irisés.

Rapp. et diff. Cette espèce est distincte par ses couleurs, par les angles de son métathorax, qui sont très saillants et dirigés en arrière, par le premier segment de l'abdomen, qui est grand, aussi large que le second, et tronqué à angle vif du côté antérieur. Ses formes sont exactement les mêmes que celles de l'*O. Boscii.*

Habite : La Caroline. (Musée de Paris. Coll. Bosc.)

b. Métathorax assez plat, ses angles un peu arrondis.

71. O. CASTIGATUS, n. sp.

Noir, avec le chaperon, la bordure du corselet, l'écaille, deux taches sur l'écusson, deux sur le métathorax et la bordure des deux premiers segments de l'abdomen, jaunes. Ailes enfumées.

Fem. Long. 12 mill.; env. 24 mill.
Mâle. Long. 11 mill.; env. 23 mill.

FEM. Noir. Chaperon plus large que long, tronqué droit à son bord antérieur, les angles de ce bord un peu épineux. Premier article des antennes roux, son devant jaune, ainsi qu'une tache en arrière des yeux, sur la pente de la tête. Chaperon jaune, roux dans sa moitié inférieure, avec trois taches noires indistinctes. Corselet carré, très large en avant, régulièrement ponctué ; à son bord antérieur une bande jaune régulière, en arrière de laquelle une bande rousse. Une tache sous l'aile, écaille, les deux angles de l'écusson, et ceux du métathorax, jaunes ; un point sur l'écaille, et l'angle des taches jaunes de l'écusson, roux. Métathorax plat, très peu concave, lisse, presque anguleux, mais ses angles mousses et granuleux. Abdomen tronqué droit du coté antérieur; le premier segment aussi large que le deuxième, orné d'une bordure jaune subitement élargie sur les côtés, où elle est roussâtre; deuxième segment carré, offrant une bordure régulière d'un jaune ferrugineux, laquelle est creusée en gouttière et fortement ponctuée. Pattes jaunes; hanches noires avec une tache jaune du côté antérieur; base des cuisses, brune. Ailes enfumées surtout le long de la côte, avec des reflets violacés.

MALE. Chaperon jaune; dessous des antennes et le treizième article tout entier, ferrugineux; ce dernier très long. Angles du métathorax un peu roussâtres; deuxième segment de l'abdomen un peu rebordé; les suivants bordés de jaune.

Rapp. et diff. Il se distingue de l'*O. foraminatus* et de plusieurs espèces voisines par le bord du deuxième segment de l'abdomen, qui est cannelé et grossièrement ponctué. Il ressemble singulièrement à la *Monobia silvatica*, mais il en diffère par son corselet plus large en avant qu'à l'insertion des ailes, par son métathorax taché de jaune, par la bordure de son deuxième segment abdominal, etc.

Il est très voisin aussi de l'*O. rugosus*. (Voir les affinités de cette espèce.)

Habite : La Caroline. (Musée de Paris. Collect. Bosc.)

72. O. RUGOSUS, n. sp.

Noir, orné de jaune, tous les segments de l'abdomen bordés de jaune; bord antérieur du corselet orné d'un cordon jaune régulier. Ailes un peu enfumées.

Mâle. Long. 3 1|2 mill.; env. 10 mill.

FEM. Inconnue.

MALE. Formes de l'*O. castigatus*, mais les bords du métathorax moins tranchants et sans angles spiniformes; corselet plus rugueux et abdomen un peu plus fortement ponctué; bord postérieur de tous les segments de l'abdomen, sauf le premier, fortement rugueux; le premier portant en dessus un sillon longitudinal insensible. Insecte noir. Chaperon à peine échancré, jaune, ainsi que les mandibules, une tache triangulaire entre les antennes, et un petit point en arrière des yeux; crochet des antennes ferrugineux. Bord antérieur du corselet orné d'une bande jaune régulière, étroite et un peu interrompue au milieu; un point sous l'aile, post-écusson, écailles, et deux points imperceptibles sur les angles du métathorax, jaunes. Tous les segments de l'abdomen ornés d'une bordure jaune régulière, tant en dessus qu'en dessous, sauf le premier, dont la bordure est subitement élargie sur les côtés, et s'étend le long des trois bords de la face supérieure du segment. Pattes jaunes ; hanches noires, tachées de jaune ; cuisses noires à la base et du côté postérieur. Ailes transparentes, un peu enfumées, surtout le long de la côte.

Rapp. et diff. Cette espèce se distingue facilement de l'*O. castigatus* par son métathorax entièrement noir, et sans angles spiniformes.

Habite : L'Amérique boréale. (Collect. de M. Guérin–Méneville.)

73. O. Foraminatus , n. sp.

Noir, avec le haut du chaperon, le bord du corselet, l'écaille, une tache sous l'aile, le post-écusson, deux taches sur le métathorax, et la bordure des quatre premiers segments de l'abdomen, jaunes. Ailes enfumées.

Fem. Long. 12 mill.; env. 24 mill.
Mâle. Long. 11 mill. ; env. 22 mill.

Fem. Noir. Tête et corselet *très finement* ponctués ; chaperon pyriforme, un peu tronqué et muni d'une petite fossette à son bord antérieur ; corselet large en avant, mais nullement anguleux ; métathorax lisse, ses bords un peu anguleux à sa partie supérieure. Partie supérieure du chaperon, une marque au-dessus de l'insertion des antennes, devant du premier article de ces dernières, un point en arrière des yeux, bordure du corselet, écaille, un point sous l'aile, post-écusson, et un point de chaque côté de ce dernier sur la partie latérale du métathorax, jaunes. Au milieu de l'écaille un point ferrugineux. Abdomen un peu ovale, le premier segment un peu moins large que le deuxième, les premier et deuxième bordés, les troisième et quatrième liserés de jaune ; le premier porte en outre deux taches obliques qui se fondent avec la bordure sur les côtés. Pattes jaunes, leur base et les hanches, noires. Ailes transparentes, légèrement enfumées.

Male ? Chaperon un peu plus large que long, à peine échancré, jaune. Une tache jaune marginale de chaque côté de l'écusson, taches du premier segment de l'abdomen, roussâtres ; segments 3-5 liserés de jaune. Le treizième article des antennes formant un crochet arqué.

Rapp. et diff. Cette espèce est distincte de l'*O. castigatus* par son écusson jaune, par les angles de son métathorax et le bas de son chaperon qui sont noirs, par les granulations beaucoup plus fines de son corselet, etc.

A l'œil, elle ne peut être confondue avec l'*O. fastidiosusculus*, qui a des formes beaucoup plus grêles, mais sur une simple description, la confusion serait possible. Elle s'en distingue : 1º Par ses formes plus trapues. 2º Par son corselet et son abdomen beaucoup plus lisses.

3º Par le premier segment de l'abdomen qui est, vu à l'œil nu, sans aucunes ponctuations, et presque deux fois aussi large que long, tandis que dans l'espèce en question le premier et le deuxième sont distinctement ponctués, et le premier segment aussi long que large. 4º Par les taches du métathorax qui, dans l'*O. foraminatus*, sont petites et placées de chaque côté de l'écusson, ne descendant point le long de ses bords, tandis que dans l'*O. fastidiosusculus* elles couvrent précisément ses angles. 5º Par les taches du premier segment de l'abdomen qui, dans le premier, s'élargissent et se fondent avec la bordure, et qui, dans le second, sont de simples traits, séparés de la bordure par un espace noir. Son abdomen orné de deux bandes jaunes pourrait le faire confondre avec l'*O. cubensis*, si les derniers segments n'étaient noirs et non roux. (Voir les affinités de l'*O. Megœra.*)

Habite : La Caroline. (Musée de Paris. Collect. Bosc.)

74. O. Megæra, Lep.!

Noir, orné de jaune ; métathorax et pattes, noirs. Ailes enfumées.

Syn. Lep. St-Farg. *Odynerus Megœra.* Hymen. II. 636.

Fem. Long. 15 mill.; env. 27 mill.

Pour la description de l'espèce, voir Lepeletier de Saint-Fargeau. Loc. cit.

Nota. Le dessous du premier article des antennes est ferrugineux ; entre les antennes est un point d'un blanc jaunâtre. Les ailes sont fortement enfumées, avec un reflet violet. Le premier segment abdominal est tronqué droit ; aussi large que le deuxième, et sa bordure est subitement élargie sur les côtés.

Var. Taches du chaperon très petites.

Rapp. et diff. Cette espèce est distincte des *O. foraminatus, castigatus* et *cubensis*, par son métathorax noir.

Habite : La Caroline. (Musée de Paris. Collect. Bosc.)

B. Deuxième segment de l'abdomen sans zone fortement ponctuée.

a. Métathorax anguleux.

75. O. Cubensis, n. sp.

Noir, bariolé de jaune ; angles du métathorax et deux bandes à l'abdomen, jaunes, les derniers segments, roux. Ailes un peu ferrugineuses, avec une tache brune dans la radiale.

Fem. Long. 10 mill.; env. 22 mill.
Mâle. Long. 9 mill.; env. 18 mill.

Fem. Noir. Chaperon pyriforme, tronqué droit, ou à peine échancré, jaune; mandibules, un point entre les antennes, bordures des orbites dans leur sinus rentrant, un point en arrière des yeux, premier article des antennes, bordure du corselet, une tache sous l'aile, écaille, une bande interrompue sur l'écusson, post-écusson, une tache de chaque côté du métathorax et bordures des deux premiers segments de l'abdomen, jaunes; ces dernières en forme de bandes régulières, celle du deuxième segment la plus large, et de chaque côté du premier un point jaune qui se confond avec la bordure; troisième et quatrième segments bordés de roux, les trois derniers entièrement roux. Pattes (même les hanches) jaunes. Ailes transparentes, un peu ferrugineuses le long de la côte, brunes dans la cellule radiale.

Var. Ecusson jaune, ou noir avec une bande jaune; bordure du premier segment de l'abdomen élargie sur les côtés; hanches noires et jaunes; mandibules et cuisses ferrugineuses.

Male. Comme la femelle.

Rapp. et diff. Cette espèce se distingue de toutes les voisines, ornées comme elle de deux bandes jaunes à l'abdomen, par les derniers anneaux qui sont roux.

Habite : L'île de Cuba; commun. (Musée de Paris, et ma collection.)

76. O. Guadulpensis, n. sp.

Noir, bariolé de jaune, prothorax entièrement jaune, angles du métathorax et bord de tous les segments de l'abdomen, jaunes.

Fem. Long. 10 mill.; env. 20 mill.

Fem. Formes de l'*O. cubensis*, mais les bords du métathorax un peu moins vifs. Insecte noir. Mandibules brunes, avec un petit point jaune à leur base; chaperon jaune, avec une tache noire sur son milieu; devant du premier article des antennes, et un point entre leurs insertions, jaunes. *Prothorax entièrement jaune*; écaille, un point sous l'aile, un point marginal de chaque côté de l'écusson, post-écusson et angles du métathorax, jaunes. Premier et deuxième segments de l'abdomen ornés chacun d'une bordure jaune régulière, la première un peu élargie sur les côtés, les autres segments, tous liserés de jaune ou de roux; le dessous de ces segments portant une bordure jaune plus large que les liserés du côté dorsal; anus ferrugineux au bout. Pattes jaunes, hanches et cuisses noires, tarses ferrugineux. Ailes transparentes, un peu ferrugineuses le long de la côte, brunes dans la radiale. (Les parties jaunes sont d'un jaune vif.)

Rapp. et diff. C'est la seule espèce exotique noire et jaune dont le prothorax soit entièrement jaune, ce caractère permet de la distinguer facilement.

Habite : La Guadeloupe. (Musée de Paris.)

77. O. Tisiphone, Lep.!

Noir, post-écusson et bord du premier segment de l'abdomen, jaunes, le deuxième à peine
liseré de jaune ; pattes noires ; ailes enfumées ; formes grêles.

Fem. Long, 13 mill.; env. 25 mill.

Syn. Lep. St.-Farg. *Odynerus Tisiphone*. Hymen. ii. 646.

Pour la description de l'espèce, voir Lepeletier de Saint-Fergeau.
Loc. cit.

Rapp. et diff. Cette espèce est reconnaissable à ses formes grêles, à
sa tête entièrement noire, à son corselet noir également, le post-écusson
seul étant jaune. (Le deuxième segment de l'abdomen est liseré de
jaune. Le corselet est lisse, couvert de ponctuations fines et distantes.)

Habite : Très probablement la Caroline. (Musée de Paris.)   .

78. O. Tibialis, n. sp.

Noir orné de jaune ; deux bandes jaunes à l'abdomen ; cuisses et tarses noirs, tibias
jaunes du côté externe ; ailes roussâtres.

Fem. Long. 12 mill. ; env. 21 mill.

Fem. Chaperon un peu bidenté, portant en dessus deux carènes indistinctes. Corselet court, carré, anguleux et un peu concave en avant ;
métathorax entièrement concave et lisse, à bords tranchants, et offrant
de chaque côté un angle spiniforme. Abdomen conique ; le premier
segment aussi large que le deuxième, tronqué droit à son bord antérieur ; la ligne de séparation entre la face métathoracique et la face
dorsale nullement arrondie, mais tranchante ; deuxième segment un
peu moins large que le premier. Insecte noir ; tête et corselet très finement ponctués, un peu velus ; moitié supérieure du chaperon, un petit
point au haut des mandibules, un point sous l'aile, écaille, post-écusson
et les deux angles du métathorax en dessus, d'un jaune vif. Les deux
premiers segments de l'abdomen ornés chacun d'une bordure régulière
jaune. Pattes noires, avec une tache jaune qui occupe presque tout le
côté externe des tibias. Ailes transparentes, roussâtres le long de la
côte ; un peu enfumées vers le bout, surtout dans la radiale.

Male. Inconnu.

Rapp. et diff. Pour les formes il est très voisin de l'*O. cubensis* ; il se
distingue de ce dernier par son écusson, ses antennes et ses pattes,
noires, ainsi que les derniers anneaux de l'abdomen.

Ses pattes noires le font ressembler à l'*O. Megœra*, mais il s'en distingue à première vue par ses tibias et son métathorax fortement tachés

de jaune, par l'absence de taches entre les antennes et en arrière des yeux, par ses ailes ferrugineuses, et non d'un brun foncé.

Habite : La Colombie. Caracas. (Collect. de M. de Romand.)

b. Métathorax arrondi.

79. O. Romandinus, n. sp.

Noir, tête et corselet fortement poilus ; bord antérieur du corselet et deux bandes à l'abdomen, jaunes ; ailes fortement enfumées.

Fem. Long. 9 mill. ; env. 21 mill.
Mâle. Long. 8 mill.; env. 20 mill.

Fem. Chaperon pyriforme, à peine échancré au bout. Mésothorax un peu plus large que long ; métathorax concave au milieu, un peu oblique. Abdomen ovale ; le premier segment moins large que le deuxième, et suivi d'un étranglement insensible ; le deuxième armé en dessous, près de sa base, d'un fort tubercule. Insecte d'un noir profond. Tête et corselet couverts de longs poils bruns ; abdomen d'un noir velouté, portant aussi des poils longs, mais beaucoup moins denses. Deux petits points jaunes au bout du chaperon ; un liseré de même couleur le long du bord antérieur du corselet ; et une bande régulière d'un jaune brillant, bordant les deux premiers segments de l'abdomen. Pattes noires. Ailes brunes, fortement enfumées, avec des reflets d'un brun doré, et quelques teintes violettes ; deuxième cellule cubitale fortement rétrécie vers la radiale.

Male. Antennes terminées par un très petit crochet. Chaperon portant sur son milieu un enfoncement longitudinal, et terminé par deux dents, noir dans sa partie supérieure et sur les côtés ; jaune dans le reste de son étendue. Mésothorax un peu plus large que long ; angles du métathorax tranchants. Premier segment de l'abdomen ponctué, un peu pédicellé.

Rapp. et diff. Il a le facies des *Odynerus* du Chili ; on pourrait le confondre avec plusieurs d'entre eux par sa coloration et les longs poils de son corselet, mais il se distingue de presque toutes ces espèces par ses ailes brunes et non rousses ; on pourrait surtout le confondre avec les *O. villosus* et *Chiliotus*, mais il en diffère par ses antennes et ses pattes noires, et non rousses, par son corselet bordé de jaune, etc.

La forme du métathorax de cette espèce ressemble assez à celle de l'*O. antilope*. Par ses deux bandes jaunes à l'abdomen et ses pattes noires, on pourrait le rapprocher des *O. Megœra*, *tibialis*, etc.; mais il s'en distingue par son post-écusson et sa tête noirs.

Habite : La Colombie. Venezuela. (Collect. de M. de Romand.)

80. O. Bacu, n. sp.

Ponctué ; noir, orné de jaune ; angles du métathorax, et deux taches sur les côtés du deuxième segment de l'abdomen, jaunes ; tous les anneaux, sauf le troisième, bordés de jaune ; une petite saillie jaune en dedans de l'écaille.

Mâle. Long. 7 mill. ; env. 13 mill.

Male. Chaperon très faiblement bidenté ; mésothorax angulaire et étroit en avant ; métathorax plat, ses angles mousses. Abdomen faiblement étranglé entre le premier et le deuxième segments. Tout l'insecte ponctué, surtout sur le deuxième segment de l'abdomen, qui est rugueux et offre une zone de rugosités plus prononcées qui semblerait indiquer une suture transversale très indistincte. Insecte noir. Chaperon, mandibules, une tache triangulaire entre les antennes, une en arrière de chaque œil et bordure des orbites depuis le chaperon jusqu'au fond du sinus des yeux, jaunes. Antennes ferrugineuses, avec le premier article jaune, et leur moitié externe noire. Bord antérieur du corselet orné d'une large bande jaune ; écaille, un point sous l'aile, post-écusson et angles du métathorax, jaunes ; en dedans de l'écaille se trouvent deux petites dents couchées, de couleur jaune. Les deux premiers segments de l'abdomen ornés chacun d'une bande jaune régulière ; le premier portant en outre de chaque côté un point jaune, fondu avec la bordure, et le deuxième un point libre près de sa base ; le troisième, noir ; les quatrième, cinquième et sixième, ornés d'une bordure raccourcie sur les côtés ; anus noir. Pattes, même les hanches, jaunes. Ailes transparentes, un peu ferrugineuses le long de la côte.

Rapp. et diff. Distinct par le troisième segment de l'abdomen, qui est dépourvu de bordure jaune, par ses deux points libres sur le deuxième segment, par les deux saillies latérales de l'écaille (1), et par sa petite tai le.

Habite : L'île de Cuba. (Collect. de M. Guérin-Méneville.)

81. O. Enyo.

Syn. Guérin. *Odynerus elegans.* Icon. du Règn. Anim. Ins. pl. 70. fig. 5.

Lep. St.-Farg. *Odynerus Enyo.* Hymen. ii. 648.

Fem. Long. 11 mill. ; env. 21 mill.

Pour la description de l'espèce, voir Lepeletier de Saint-Fargeau. Loc. cit.

---

1. Ces saillies se trouvent encore dans l'*O. alaris* et dans quelques *alastor.*

Rapp. et diff. Les couleurs frappantes de cette belle espèce et sa forme allongée, ne permettent de la confondre avec aucune autre.

Habite : Cuba, le Pérou.

II. *Espèces de l'ancien Continent.*

1. Deuxième segment de l'abdomen offrant le long de son bord postérieur une zone fortement ponctuée. (Espèces africaines.)

82. O. Trilobus. !

Syn. Fabr. *Vespa triloba*. Mant. Ins. 1. 290. — Ent. Syst. ii. 268. — Syst. Piez. 263.
Oliv. *Vespa triloba*. Encycl. vi. 687. 86.
Lep. St.-Farg. *Odynerus trilobus*. Hymen. ii. 635.

Fem. Long. 11 1[2 mill. ; env. 24 mill.
Mâle. Long. 10 mill. ; env. 18 mill.

Pour la description de l'espèce, voir Lepeletier de Saint-Fargeau. Loc. cit.

Nota. La tête et le corselet sont granuleux ; l'abdomen est lisse, un peu ponctué ; son premier segment est presque aussi large que le deuxième. La bordure du prothorax est régulière, et interrompue au milieu par une ligne noire. L'écusson est en général noir ; les ailes sont enfumées, avec quelques reflets violets. La tache trilobée du premier segment de l'abdomen serait mieux définie, si l'on disait que la bordure jaune de ce segment est tri-échancrée.

Var. A. Femelle. De chaque côté du premier segment de l'abdomen une tache roussâtre.

Var. B. Sur le mésothorax deux lignes arquées, jaunes (Maurice).

Rapp. et diff. Cette espèce se reconnaît surtout à la forme tricuspide du noir de la partie dorsale du premier segment de l'abdomen. Elle ressemble cependant à beaucoup d'autres Odynères, particulièrement aux *O. Megœra* et *foraminatus* ; au premier, par l'espèce de rebord qui termine son deuxième segment abdominal, mais il s'en distingue par la bordure jaune des segments 3-5 de l'abdomen ; au second, par la tache trilobée du premier segment de l'abdomen, mais ce dernier a les tibias tachés de jaune, et le deuxième segment de l'abdomen ne porte pas de rebord sensible dans cette espèce.

Habite : L'île de France, l'île Maurice, Madagascar, le Cap de Bonne-Espérance, Ténériffe, et, selon Fabricius, aussi la Chine. (Musée de Paris.)

83. O. Reflexus, Brullé!

Noir, avec une tache en devant du corselet, l'écaille et la bordure des deux premiers
segments de l'abdomen, rouges. Ailes transparentes.

Syn. *Odynerus reflexus*, Brullé. Hist. Nat. des Iles Canar. Ins. p. 89.

Fem. Long. 12 mill.; env. 22 mill.

Fem. Noir. Chaperon entier, arrondi au bout, caréné sur les côtés,
lisse, ponctué. Tête et corselet velus. Une petite ligne en arrière des
yeux, bord antérieur du corselet, sur le milieu seulement, écaille des
ailes, et bordure des deux premiers segments de l'abdomen, rouges.
Métathorax presque entièrement concave, à bords arrondis, et portant
de chaque côté deux tubercules mousses. Abdomen un peu froncé, le
premier segment aussi large que le second, sa bordure un peu échancrée
au milieu; deuxième segment cannelé à son bord postérieur, et offrant
en ce point des ponctuations fortes et denses; sa bordure rouge, étroite
et régulière. Le troisième, et la base du quatrième, fortement ponctués.
Pattes noires, jambes ferrugineuses. Ailes transparentes, un peu enfumées, légèrement irisées.

Male. Incomplet. Chaperon presque blanc à sa base, bordure des
orbites jaunâtre.

Rapp. et diff. Cette espèce est très distincte par ses ornements d'un
beau rouge sombre, mais elle partage ce caractère : 1º avec l'O. *hœma-*
todes et l'O. *Madœra,* dont elle se distingue, indépendamment de ses différences de coloration, par son métathorax concave dans presque toute
sa largeur, et non au milieu seulement; par le premier segment de
l'abdomen qui est aussi large que le second, beaucoup plus large que
long, et lisse, sans ponctuations, ou du moins pas plus fortement
ponctué que le second, par le deuxième segment qui n'est pas étranglé
à sa base, et qui, vu de profil, n'offre pas de petite saillie au-dessus du
premier, mais qui présente un étranglement ou un fort sillon, fortement
granuleux à son bord postérieur. On peut ajouter à ces caractères très
distincts, sa plus grosse taille, ses formes plus lourdes, et la couleur
rouge de l'écaille des ailes.

2º Avec l'O. *rubropictus,* duquel elle se distingue par les mêmes caractères et par son écusson noir.

Habite . Les îles Canaries. (Musée de Paris.)

2. Deuxième segment de l'abdomen n'offrant pas de zone de fortes ponctuations le
long de son bord postérieur.

* Métathorax portant de chaque côté un angle tranchant.

84. O. BIDENTATUS, Lep. !

Grand, noir, orné de jaune ; trois bandes jaunes à l'abdomen, angles du métathorax
fortement épineux, noirs.

SYN. Lep. St.-Farg. *Odynerus bidentatus.* Hymen. II. 623.
Lucas. *O. bidentatus.* Expl. Sc. d'Alg. Ins. III. p. 233. pl. 11. fig. 7.

Fem. Long. 12 mill. ; env. 24 mill.

FEM. Noir. Chaperon coupé droit. Une tache entre les antennes, un
demi-cercle au haut du chaperon, devant du premier article des antennes, une bande sur le devant du prothorax, large sur ses côtés,
rétrécie, presque interrompue au milieu, écaille, et une bande interrompue sur l'écusson, jaunes ; écaille un peu ferrugineuse. Tête et
corselet couverts de poils noirs, qui manquent parfois. Post-écusson un
peu élevé, crénelé ; mésothorax portant, à partir de l'écusson, quatre
sillons longitudinaux, et l'écusson une petite carène médiane longitudinale. Angles du métathorax formant chacun une forte épine. Abdomen
noir ; premier segment jaune sur sa face supérieure, avec une échancrure noire, triangulaire au milieu ; deuxième et troisième segments
portant une bande jaune, assez régulière ; le quatrième souvent entièrement noir, souvent bordé d'une bande jaune étroite. Pattes jaunes ;
hanches et base des cuisses noires. Ailes transparentes, ferrugineuses
le long de la côte, un peu brunes vers le bout, avec quelques reflets
violacés. Les parties jaunes sont en général d'un jaune pâle.

Var. A. Cinquième et sixième segments de l'abdomen portant en
dessus une tache jaune : chaperon presque entièrement jaune.

Var. B. Ecusson entièrement noir.

MALE. Inconnu.

Rapp. et diff. Très voisin de l'*O. fastidiosus.* (Voir les affinités de
cette espèce.)

En général, il se reconnaît à son abdomen, qui ne porte que trois
bandes jaunes. (Les variétés font exception à cette règle.) La bordure
régulière du deuxième segment le distingue des *O. crenatus, Dantici,* etc.

Nota. L'*O. trifasciatus* (sous-genre ANCISTROCERUS) a exactement la
même coloration que l'*O. bidentatus,* mais la suture du premier segment
de l'abdomen, très distincte dans l'*O. trifasciatus,* ne peut permettre
aucune confusion entre ces deux espèces.

Habite : L'Algérie, Oran. (Musée de Paris. Collect. St.-Fargeau.)

85. O. Fastidiosus, n. sp.

Grand, noir, orné de jaune, métathorax biépineux, ses angles tachés de jaune, tous les segments de l'abdomen bordés de jaune.

Fem. Long. 12 mill.; env. 25 mill.

Fem. Noir. Chaperon jaune, tronqué droit, ou légèrement concave à son bord antérieur, lequel est brun ; une tache noire au milieu. Mandibules, une tache sur le front, bordure du sinus des yeux, une grande tache en arrière de ces derniers, devant du premier article des antennes, écaille des ailes et angles du métathorax en dessus, jaunes. Bordure antérieure du corselet large sur les côtes, étroite au milieu, une tache sous l'aile et deux sur l'écusson, d'un jaune ferrugineux. Tête et corselet glabres. Mésothorax densément et fortement ponctué, n'offrant que deux sillons rudimentaires. Post-écusson saillant, crénelé. Angles du métathorax formant une forte épine. Segments de l'abdomen tous bordés de jaune ; le premier entièrement jaune en dessus, avec un pentagone noir au milieu, qui échancre le jaune ; bordure du deuxième subitement élargie sur les côtés, mais n'atteignant pas le premier segment ; celles des quatrième et cinquième offrant chacune deux échancrures noires. Anus noir. Pattes jaunes ; base des cuisses noires ; hanches ferrugineuses. Ailes transparentes, un peu ferrugineuses le long de la côte, et brunes dans la cellule radiale. (Les parties jaunes sont d'un jaune pâle.)

Rapp. et diff. Il se distingue de l'*O. bidentatus* par son corselet glabre, son mésothorax plus fortement ponctué, sa tache rousse sur l'aile, la forme de l'échancrure noire sur le premier segment abdominal qui est en pentagone et non en triangle, par les taches jaunes du métathorax, par la bordure des deux derniers segments de l'abdomen, et par celle du deuxième, qui est élargie sur les côtés. Il ressemble beaucoup aussi pour la coloration aux *O. crenatus, Dantici, parvulus,* etc.; mais il s'en distingue par sa taille sensiblement plus grande.

Habite : L'Algérie. (Musée de Paris.)

86. O. Innumerabilis, n. sp.

Comme l'*O. fastidiosus*, mais le métathorax sans dents.

Mâle. Long. 10 mill. 1|2 ; env. 22 mill.

Fem. Inconnue.

Male. Formes de l'*O. fastidiosus*, mais les angles du métathorax un peu émoussés et sans angles spiniformes ; post-écusson moins saillant, et sans crénelures; le corselet plus anguleux en avant. Coloration la même que dans l'espèce sus-mentionnée, avec les différences suivantes :

Pas de bordure jaune dans le sinus des yeux; le point en arrière de ces derniers, très petit; taches de l'écusson très petites; post-écusson jaune. Premier segment de l'abdomen exactement coloré comme dans l'*O. fastidiosus*, bordure des autres, régulière; le sixième segment noir, ainsi que l'anus. Chaperon coupé presque droit, jaune, de même que les mandibules. Crochets des antennes, noirs.

Habite : L'Algérie. (Musée de Paris.)

87. O. Nigripes, Herr.-Schæff.

Noir, avec le haut du chaperon, une tache sur le front, le bord antérieur du corselet, l'écaille, une tache sous l'aile, deux taches sur l'écusson, le post-écusson, une tache de chaque côté du métathorax, la bordure de tous les segments de l'abdomen, et deux taches sur le deuxième segment, jaunes.

Syn. Herr.-Schæff. *Odynerus nigripes*. Faun. Germ. fasc. 173. p. 17. tab. 21. 22.

Lepel. St.-Farg. *Odynerus maculatus*. Hymen. II. 626.

Fem. Long. 11 mill.; env. 22 mill.

Pour la description de l'espèce, voir Lepeletier de Saint-Fargeau. Loc. cit.

Nota. Le premier segment de l'abdomen est jaune, avec une échancrure noire linéaire au milieu.

Male. Crochet des antennes ferrugineux; échancrure noire du premier segment de l'abdomen, trilobée; le cinquième segment bordé de jaune.

Rapp. et diff. Les deux taches libres du deuxième segment abdominal sont un caractère très distinct qui ne permet de confondre cette espèce qu'avec les *O. graphicus* et *floricola*; elle diffère du premier par sa forme moins déprimée, et par son métathorax dépourvu de taches jaunes; elle s'écarte du second par son métathorax noir, nullement épineux, et moins tranchant sur ses angles.

Habite : La France et l'Allemagne. (Musée de Paris. Collect. St.-Fargeau.) Rare.

88. O. Graphicus, n. sp.

Noir, bariolé de jaune, deux taches libres sur le deuxième segment de l'abdomen,
métathorax taché de jaune.

Fem. Long. 12 mill.; env. 22 mill.

Fem. Noir. Chaperon aussi large que long, fortement ponctué, un peu caréné sur les côtés, qui se terminent en pointe ; son bord antérieur très légèrement échancré. Tête et corselet presque rugueusement, abdomen plus finement, ponctués. Une bande semi-circulaire, au haut du chaperon, une tache triangulaire à la base des mandibules, une autre entre les antennes, un point en arrière des yeux, sur la pente du vertex, bordure antérieure du corselet élargie sur les côtés, une tache sous l'aile, écaille, une tache presque triangulaire de chaque côté de l'écusson, post-écusson, une tache triangulaire de chaque côté de ce dernier, sur la pente du métathorax, bordure des cinq premiers segments de l'abdomen, et deux taches libres sur le deuxième, jaunes; le premier noir sur son côté antérieur qui correspond au métathorax, entièrement jaune sur son côté supérieur, sauf le milieu, où se voit une échancrure noire à peu près carrée; les autres bordures, sous la forme de bandes assez régulières; les taches du deuxième irrégulières. Post-écusson plat, nullement saillant. Antennes noires. Pattes noires, avec le bout des cuisses, les tibias et les tarses jaunes. Ailes transparentes, un peu ferrugineuses le long de la côte.

Male. Inconnu.

Rapp. et diff. Très voisin de l'*O. nigripes*, dont il diffère par ses taches jaunes au métathorax, etc.; il est plus difficile à distinguer de l'*O. floricola*, dont il diffère par le deuxième segment abdominal, qui est plus large que long, par les taches jaunes de l'écusson, par le premier segment de l'abdomen qui est tronqué franchement du côté antérieur. Voyez la description de cette espèce.

Habite : Le midi de la France. (Musée de Paris.)

89. O. Crenatus, Lep.!

Noir, fortement bariolé de jaune, prothorax entièrement jaune, tous les segments de l'abdomen bordés de jaune; bordure du deuxième segment se prolongeant sur les côtés; anus et angles du métathorax, jaunes.

Syn. Lep. St.-Farg. *Odynerus crenatus.* Hymen. ii. 629.
    Fabr. *Vespa aucta?* Syst. Piez.
    Lucas. *Odynerus crenatus.* Expl. Sc. d'Alg. Ins. iii. p. 235.

Fem. Long. 10 mill.; env. 20 mill.
Mâle. Long. 7 1[2 mill.; env. 16 mill.

Pour la description de l'espèce, voir Lepeletier de Saint-Fargeau. Loc. cit.

Ajoutez : Abdomen conique; son premier segment tronqué droit antérieurement, jaune en dessus, avec une échancrure noire en forme de coupe, et portant un sillon longitudinal; bordure du deuxième segment fortement festonnée, élargie au milieu, le noir ayant une forme quadrilobée, le jaune de tous les autres segments échancré en deux points. Ailes transparentes, un peu brunes dans la cellule radiale.

Rapp. et diff. Cette espèce est très difficile à distinguer de plusieurs autres.

Elle diffère de l'*O. Dantici* par son prothorax entièrement jaune en dessus, son post-écusson bordé de jaune, et par les bordures des segments abdominaux qui sont beaucoup plus fortement festonnées que dans l'*O. Dantici* ; enfin, par son métathorax plus fortement tronqué, et portant de chaque côté un angle spiniforme.

Elle ressemble beaucoup aux espèces dont le deuxième segment offre une bordure fortement élargie et festonnée sur les côtés, telles que l'*O. parvulus*, dont elle diffère par sa plus grande taille et son métathorax entièrement plat, un peu concave, et fortement tranchant sur ses bords.

Sa plus petite taille, et son post-écusson jaune, la distinguent de l'*O. fastidiosus*.

Habite : L'Algérie (Musée de Paris. Collect. St.-Fargeau.)

90. O. Dantici (1).

Noir, bariolé de jaune, angles du métathorax jaunes; corselet et tous les segments de l'abdomen largement bordés de jaune, la bordure du deuxième segment fortement festonnée et se prolongeant sur les côtés; post-écusson noir.

Syn. Rossi. *Vespa Dantici.* Faun. Etr. ii. p. 89. tab. vi. f. 6.

Lep. St.-Farg. *Odynerus postscutellatus.!* Hymen. ii. 627·

? Lucas. *O. postscutellatus.* Expl. Sc. d'Alg. Ins. iii. p. 234. pl. xi. fig. 8.

Mâle et fem. Long. 10 mill.; env. 22 mill.

Pour la description de l'espèce, voir Lepeletier de Saint-Fargeau. Loc. cit.

Nota. Dans les individus que j'avais sous les yeux, l'écusson était orné d'une bande jaune interrompue au milieu. La bordure du premier segment de l'abdomen est peu, mais subitement élargie sur les côtés.

---

1. C'est bien ici la *Vespa Dantici*; le post-écusson est noir, le prothorax n'est pas entièrement jaune, et la grandeur de l'insecte est bien cinq lignes comme l'indique Rossi. Voyez la planche citée.

Les individus qui proviennent du midi ont les ailes plus rousses que ceux du nord.

Rapp. et diff. Très voisin des *O. crenatus* et *fastidiosus*, voir leurs affinités. Très facile à confondre avec l'*O. parvulus*, dont il diffère surtout par sa plus grande taille, et par son post-écusson noir.

Habite : La France, l'Italie, etc. (Musée de Paris.)

91. O. Parvulus, Lepel.!

Comme l'*O. Dantici*, mais le post-écusson jaune ; taille petite.

Syn. Herr.-Schæff. *Odynerus Dantici* (exc. synon.). Faun. Germ. fasc. 173. p. 14. tab. 23. (Mâle).

Lep. St.-Farg. *Odynerus parvulus* (1) (exc. synon.). Hymen. II. 631.

Lucas. *O. parvulus.* Expl. Sc. d'Alg. Ins. III. p. 236. pl. 11. fig. 9.

Fem. Long. 8 mill. ; env. 16 mill.
Mâle. Long. 5 mill. 1|2 ; env. 11 mill.

Pour la description de l'espèce, voir Lepeletier de Saint-Fargeau. Loc. cit.

Var.? Pas de bordure jaune autour des orbites. Post-écusson noir. Derniers segments de l'abdomen, ferrugineux.

Var. mâle? Post-écusson bituberculeux, bordure du troisième segment abdominal interrompue au milieu.

Rapp. et diff. Très voisin des *O. Dantici, crenatus* et *dubius*. (Voir les affinités de ces espèces.)

Habite : L'Algérie. (Musée de Paris. Collect. St.-Farg.)

92. O. Dubius, n. sp.

Comme l'*O. parvulus*, mais les segments de l'abdomen, à partir du troisième, noirs.

Fem. Long. 9 mill. ; env. 20 mill.

Fem. Il ressemble exactement à l'*O. parvulus*, si ce n'est que les taches jaunes sont moins étendues : devant de la tête noir, avec deux taches au haut du chaperon, une triangulaire entre les antennes, et un très petit point au fond du sinus de chaque œil, jaunes. Écusson noir, portant quelquefois deux points jaunes ; post-écusson jaune. Tous les

1. Il me semble que Lepeletier de Saint-Fargeau se trompe en rapportant cette espèce à la *Vespa Dantici* de Rossi ; car elle n'atteint jamais la taille de cinq lignes ; le post-écusson est jaune, ce qui n'est pas dans la figure de Rossi ; et l'espèce est africaine, tandis que l'*O. postscutellatus* semble être européen.

anneaux de l'abdomen, à partir du troisième inclusivement, noirs, sans bordures, si ce n'est le troisième qui porte parfois une tache transversale au milieu de son bord postérieur.

Ce n'est peut-être ici qu'une variété de l'*O. parvulus?*

Habite : La France méridionale. (Musée de Paris.)

93. O. Lindenii, Lepel.!

Noir, orné de jaune, abdomen distinctement ponctué ; tous les segments portant une bordure jaune, étroite et régulière.

Syn. Lep. St.-Farg. *Odynerus Lindenii*. Hymen. ii. 624.
Fabr. *Vespa quadrifasciata?* Syst. Picz. 262. 47.

Fem. Long. 10 mill. ; env. 22 mill.
Mâle. Long. 10 mill. ; env. 20 mill.

Fem. Formes allongées de l'*O. fastidiosusculus* ; chaperon un peu bidenté, ponctué. Corselet allongé. Angles du prothorax épineux ; métathorax concave, la concavité petite et rebordée dans ses contours ; premier segment de l'abdomen en cloche *arrondie*, sessile, aussi long que large, et aussi large que le deuxième ; ce dernier très long. Insecte noir. Tête, corselet et abdomen, également et distinctement ponctués. Deux points sur le bas du chaperon, un entre les antennes, une ligne sur le devant de leur premier article, deux taches presque réunies sur le devant du prothorax, écaille, un petit point sous l'aile, et post-écusson, jaunes ; un point brun sur l'écaille. Les quatre premiers segments de l'abdomen ornés d'une bordure jaune, étroite ; celle du premier un peu rétrécie sur les côtés, et très faiblement triéchancrée ; celle du deuxième un peu festonnée, les deux autres étroites ; en dessous, le deuxième segment seul est bordé, et le troisième porte un point jaune de chaque côté. Pattes noires ; bout des cuisses, tibias et tarses, jaunes. Ailes transparentes, un peu enfumées le long de la côte.

Var. Deux points jaunes sur le deuxième segment de l'abdomen.

Male. Bordure du prothorax étroite et régulière ; celle du premier segment de l'abdomen plus distinctement triéchancrée que dans la femelle.

Var. Bordure de tous les segments de l'abdomen régulière ; écusson entièrement noir.

Rapp. et diff. Le faciès et la forme du métathorax de cet Odynère sont absolument ceux des insectes de la division de l'*O. antilope* (sous-genre Ancistrocerus), mais le premier segment abdominal ne porte pas de suture transversale ; ses formes sont aussi celles de l'*O. floricola,* mais plus allongées encore. Il diffère de l'*O. floricola* par l'absence de taches jaunes sur le métathorax, etc.

Les bordures de l'abdomen sont régulières, la première seule est un peu trilobée', ce qui ne permet pas de le confondre avec les espèces précédentes ; malgré cela cette espèce est très difficile à distinguer, mais elle est certainement une espèce tranchée, et non une variété seulement.

Habite : L'Europe. (Musée de Paris. Collect. St.-Fargeau.)

94. O. TESTACEUS, n. sp.

Entièrement d'un jaune clair ; vertex un peu noirâtre ; ailes hyalines.

SYN. Descr. de l'Egypt. Hymen. (par Savigny). pl. x. fig. 1.

Fem. Long. 8 mill. ; env. 17 mill.

FEM. Mandibules longues, pointues ; chaperon en poire, large vers le haut, terminé en pointe arrondie vers le bas. Disque du mésothorax petit, presque circulaire ; métathorax concave et lisse au milieu, rugueux sur les côtés, et sa concavité bordée par des arêtes tranchantes. Abdomen sessile, le premier segment presque aussi large que le second, portant en dessus une dépression longitudinale insensible ; deuxième segment plus long que large. Insecte luisant, glabre, offrant à peine quelques poils vers le métathorax ; tête et corselet granuleux, la première portant en arrière des ocelles un petit enfoncement ; abdomen ponctué. Tête, corselet et abdomen, d'un jaune clair uniforme ; antennes orangées, avec le premier article jaune, (yeux bleu clair), ocelles et une ligne transversale sur le vertex, qui s'étend d'un œil à l'autre, noires ; un petit point brun sur l'écaille. Pattes de même couleur que le corps. Ailes parfaitement hyalines, nervures brunes, radius et cubitus ferrugineux.

Rapp. et diff. Cette jolie espèce ne ressemble à aucun autre *Odynerus*, mais elle est singulièrement voisine d'un *Chartergus* de l'Amérique du Sud. Ces deux insectes sont presque identiques pour la grandeur, les formes et la coloration, mais le *Chartergus* en question a les mandibules très courtes, incapables de former un bec par leur réunion, le mésothorax et les ailes brunâtres ; ce caractère tiré des mandibules est assez tranché pour que la confusion soit impossible.

Habite : L'Egypte. (Musée de Paris.)

* * Métathorax offrant le long de sa courbe inférieure une ligne tranchante.

95. O. Floricola, n. sp.

Noir, orné de jaune, deux taches libres sur le deuxième segment de l'abdomen.
Fem. Long. 9 mill.; env. 17 mill.

Fem. Chaperon un peu concave à son bord antérieur; corselet et abdomen finement ponctués. Métathorax très peu concave, assez lisse, oblique, offrant de chaque côté un bord tranchant, oblique, tout à fait latéral, dirigé transversalement, ne regardant point en arrière, et un peu velu; les deux bords saillants formant un demi-cercle par leur réunion; le post-écusson surplombant un peu sur le métathorax. Premier segment de l'abdomen tronqué droit du côté antérieur, un peu moins large que le deuxième. Insecte noir; une ligne semicirculaire au haut du chaperon, deux points sur son milieu, un point entre les antennes, une ligne sur le devant du premier article de ces dernières, et la bordure des orbites, jaunes. Antennes noires, ferrugineuses en dessous; mandibules brunes, avec une petite ligne jaune. Bordure antérieure du corselet, écaille, un point sous l'aile, deux petits points sur l'écusson, post-écusson, et les deux angles du métathorax, jaunes; les quatre premiers segments de l'abdomen ornés chacun d'une bordure jaune, la première très étroite, mais de chaque côté du segment est une tache assez large, dirigée obliquement vers le milieu de son bord antérieur, et qui, en arrière, se fond avec la bordure; celle du deuxième plus large, assez régulière; de chaque côté de ce segment, une tache libre à peu près carrée; le cinquième offrant seulement une marque jaune au milieu. Pattes jaunes, hanches et base des cuisses, noires. Ailes transparentes, avec une légère teinte brune dans la cellule radiale; la nervure externe de la troisième cellule discoïdale tombant presque sur celle de la deuxième cubitale.

Male. Inconnu.

Rapp. et diff. Cet Odynère ne peut être confondu qu'avec les *O. graphicus* et *nigripes*. (Voir les affinités de ces espèces.) Il est remarquable par son abdomen cylindrique et assez fortement ponctué.

Habite : L'Algérie? (Musée de Paris. Collect. St.-Fargeau.)

96. O. Tripunctatus, Lep.!

Noir, chaperon, antennes, prothorax, écaille, écusson, angles du métathorax, pattes et les deux premiers segments de l'abdomen, ferrugineux; trois points noirs sur le deuxième segment. Ailes enfumées.

Syn. Fabr. *Vespa tripunctata.* Mant. Ins. i. 290. — Ent. Syst. ii. 270. — Syst. Piez. 264.

Oliv. *V. tripunctata*. Encycl. VI. 688. 93.

Lep. St.-Farg. *Odynerus tripunctatus*. Hymen. II.620.

Desc. de l'Egypt. Hymen. (par Savigny) pl. IX. fig. 11.

Fem. Long. 11 mill.; env. 25 mill.

Mâle. Long. 9 mill. 1|2 ; env. 19 mill,

Pour la description de l'espèce, voir Lepeletier de Saint-Fargeau. Loc. cit.

Var. mâle. Les quatre derniers segments de l'abdomen noirâtres, ainsi que la base du deuxième.

Habite : L'Algérie. (Musée de Paris. Collect. St.-Fargeau.)

97. O. FILIPALPIS (1), n. sp.

Noir, avec le chaperon, le prothorax et les deux premiers segments de l'abdomen, roux, et deux taches noires sur ce dernier.

SYN. Descript. de l'Egypt. Ins. Hymen. (par Savigny). pl. IX. fig.

Fem. Long. 10 mill. ; env. 18 mill.

FEM. Palpes très grêles. Tête noire ; chaperon roux, pyriforme, terminé en pointe inférieurement. Mandibules, un trait entre les antennes, bordure incomplète des orbites, roux. Antennes rousses, avec l'extrémité noire en dessus. Corselet noir ; dessus du prothorax et écaille, roux ; métathorax présentant deux angles vifs, rugueux, et strié transversalement. Abdomen roux ; premier et deuxième segments noirs à la base, ce dernier portant deux points noirs près de son bord postérieur. Les suivants noirs, liserés de roux. Pattes rousses ; hanches noires. Ailes un peu enfumées, un peu bordées de brun, et ferrugineuses le long de la côte.

MALE. Inconnu.

Habite : L'Algérie. (Musée de Paris.)

98. O. SESSILIS (2), n. sp.

Noir et roux ; deuxième segment de l'abdomen rebordé ; ailes enfumées.

Fem. Long. 10 mill.; env. 21 mill.

FEM. Très voisin de l'*O. filipalpis*. Palpes grêles. Chaperon plus

---

1. Les palpes grêles de cette espèce nous avaient d'abord engagé à la placer, ainsi que la suivante, dans le genre *Leptochilus*, mais la forme allongée du chaperon, et l'abdomen entièrement sessile, nous obligent à les laisser parmi les *Odynerus*. La forme du deuxième segment abdominal pourrait presque les faire rentrer dans la section de ceux qui l'ont cannelé le long de son bord postérieur.

2. Le deuxième segment de l'abdomen, dont le bord postérieur est cannelé transversalement et un peu relevé, pourrait faire placer cette espèce dans la division I, avec les *O. triloba* et *reflexus*, mais il est impossible de la séparer des deux précédentes, desquelles elle se rapproche beaucoup.

allongé, à peine échancré; mandibules longues; post-écusson saillant; métathorax un peu concave au milieu, offrant de chaque côté un bord tranchant dirigé latéralement. Abdomen sessile ; premier segment tronqué presque droit du côté antérieur; un peu moins large que le deuxième, et plus large que long, en dessus. Deuxième segment un peu plus large que long, canaliculé transversalement à son bord postérieur, et un peu rebordé; ce bord formant une saillie qui regarde en dehors et en haut. Tête et corselet rugueux, noirs : chaperon, mandibules, un point entre les antennes, bordure des orbites jusqu'au fond du sinus rentrant, un point en arrière des yeux, antennes en dessus, et leur premier article en entier, d'un ferrugineux-roussâtre; prothorax, écaille, un point sous l'aile, réuni au prothorax, angles supérieurs du métathorax, bord postérieur de l'écusson, et post-écusson, presque entièrement de la même couleur ferrugineuse. Abdomen ferrugineux; le deuxième segment offrant des taches noirâtres très indistinctes, parmi lesquelles on remarque de chaque côté un point, et au milieu un T renversé. Bout de l'abdomen, à partir du quatrième segment, d'un noirâtre ferrugineux. Pattes ferrugineuses; hanches noires. Ailes fortement enfumées, transparentes à la base et vers le bord postérieur.

Rapp. et diff. A première vue on le confond avec l'*O. filipalpis*, mais il s'en distingue aisément au rebord du deuxième segment de l'abdomen, au post-écusson et aux angles du métathorax, qui sont roux, etc.

Habite : L'Espagne. (Collect. de M. Guérin-Méneville).

* * * Métathorax sans angles tranchants.

99. O. SYNAGROIDES, n. sp.

Tête et corselet bruns, abdomen noir, avec les trois derniers segments orangés.
Ailes violettes.

Fem. Long. 15 mill.; env. 33 mill.

FEM. Mandibules courtes, mousses, offrant des dentelures petites et arrondies. Tête d'un roux obscur; chaperon un peu concave à son bord antérieur, ses angles fort peu saillants; antennes insérées au fond de deux fossettes; vertex, une partie du front et bout des mandibules, noirs. Corselet de même couleur que la tête; mésothorax et une partie de l'écusson, noirs, le premier offrant deux lignes saillantes, et l'écusson portant une carène médiane, longitudinale; post-écusson fortement crénelé et armé de trois tubercules; bords du métathorax armés de chaque côté d'une épine. Abdomen lisse, les trois premiers segments noirs, (le premier présentant quelques teintes rousses), les trois derniers d'un jaune un peu orangé, le cinquième et l'anus offrant en dessus un sillon longitudinal. Pattes brunes, un peu ferrugineuses. Ailes violettes.

MALE. Inconnu.

Rapp. et diff. Cette espèce a le facies d'une *Synagris*, mais sa bouche est très différente des insectes de ce genre. Elle se distingue facilement de tous les Odynères, et ne présente de ressemblance qu'avec le *Rhygchium ardens* et les espèces voisines, dont la différencient son corselet d'un roux obscur, et ses mandibules grosses et courtes.

Habite : Le Sénégal. (Collect. de M. Sichel et Musée de Paris.)

III. *Espèces de la Nouvelle-Hollande et de l'Australie. Insectes noirs et orangés. Premier segment de l'abdomen, un peu moins large que le deuxième, en forme de cloche.*

1. Métathorax offrant de chaque côté une ligne tranchante.

100. O. TASMANIENSIS, n. sp.

Rouge de brique, avec le vertex, le mésothorax, le milieu du métathorax et le deuxième segment de l'abdomen, noirs. Ailes ferrugineuses, enfumées au bout.

Mâle. Long. 13 mill. ; env. 28 mill.

FEM. Inconnue.

MALE. Tête petite ; chaperon échancré et bidenté ; échancrure des yeux étroite ; disque du mésothorax aussi large que long, un peu trilobé en avant ; crête du post-écusson un peu enfoncée au milieu ; métathorax concave, strié en travers, formant de chaque côté un angle obtus. Abdomen assez gros ; le premier segment subpédicellé, arrondi, plus large que long ; le deuxième un peu plus large que long, et un peu plus large que le premier ; pas d'étranglement entre ces deux segments. Tête, corselet et abdomen couverts de ponctuations peu enfoncées. Insecte d'un rouge orangé ; chaperon et bas du front, jaunes ; un point au-dessus de l'insertion de chaque antenne à côté du sinus des yeux, un autre au haut du front enfermant l'ocelle antérieure, et vertex, noirs. Ecaille obscure ; mésothorax, le milieu des flancs, le côté postérieur du métathorax sauf ses angles, ainsi que la partie antérieure de l'écusson, et le deuxième segment de l'abdomen en entier, noirs. Antennes et pattes orangées. Ailes transparentes ; ferrugineuses le long de la côte ; enfumées au bout.

Rapp. et diff. Cette espèce est très distincte, elle n'a d'analogie qu'avec les *Alastor* de la Nouvelle-Hollande.

Habite : La Tasmanie, rapporté par M. Verreaux. (Musée de Paris.)

101. O. Clypeatus, n. sp.

Tête, corselet et premier segment de l'abdomen, noirs ; le reste de l'abdomen et les pattes, orangés. Ailes enfumées.

Fem. Long. 12 mill. ; env. 26 mill.
Mâle. Long. 12 mill. ; env. 26 mill.

Fem. Ce singulier insecte a le facies des *Alastor* de la Tasmanie. Le chaperon forme un carré deux fois aussi long que large, un peu plus large en haut qu'en bas, parfaitement plat, strié selon sa longueur, et tronqué presque droit au bout. Le corselet est très allongé, en carré long, et l'aile antérieure s'insère en son milieu, ou même un peu en arrière de ce point.

Corselet fortement anguleux en avant ; écusson et post-écusson indistinctement séparés, formant ensemble un carré ; métathorax prolongé horizontalement un peu en arrière du post-écusson, puis subitement tronqué ; la troncature fortement concave, lisse, luisante, à bords très tranchants ; ces derniers portant de chaque côté vers le bas une forte épine. Vers le bas, la concavité du métathorax devient oblique, et présente sur ce point deux trous très distincts. Tête et corselet fortement rugueux. Premier segment de l'abdomen ponctué ; entièrement sessile, moins large que le deuxième, et presque aussi long que large, portant en dessus un enfoncement insensible. Le deuxième plus long que large, un peu renflé en dessus en un tubercule indistinct. Tête, corselet et premier segment de l'abdomen, noirs. Le reste de ce dernier, orangé. Mandibules, base et bout des antennes un peu ferrugineux ; deuxième segment de l'abdomen presque entièrement noir en dessous et même un peu sur les côtés. Pattes orangées ; hanches et dessus des cuisses de la première paire, noirs. Ailes brunes, avec quelques reflets violets.

Male. Antennes munies d'un petit crochet à l'extrémité. Mandibules noires. Chaperon un peu concave à son bord antérieur, orangé, ainsi qu'un point entre les antennes et le devant du premier article de ces dernières. Pattes de la première paire noirâtres.

Rapp. et diff. Pour la coloration, il est identique avec les *O. concolor* et *diemensis*, mais il en diffère par son corselet prolongé en arrière du post-écusson avant d'être tronqué ; du premier par l'absence de tubercule sous le deuxième segment de l'abdomen, et du second par son chaperon un peu arrondi, nullement échancré à son bord antérieur ; par son métathorax un peu rugueux, son abdomen noir en dessous jusqu'à l'anus, etc.

Habite : La Tasmanie. (Musée de Paris.)

2. Métathorax arrondi, ou offrant de chaque côté une ligne mousse.

102. O. Nigrocinctus, n. sp.

Orangé, avec le vertex, une ceinture autour du corselet, et une autour de l'abdomen, noirs. Ailes roussâtres.

Mâle. Long. 11 mill.; env. 22 mill.

Fem. Inconnue.

Male. Chaperon échancré, longuement bidenté. Corselet large et anguleux en avant; métathorax un peu arrondi sur les bords, portant de chaque côté un angle spiniforme. Abdomen entièrement sessile, le premier segment un peu arrondi en arrière, presque aussi large que le deuxième. Insecte orangé ; chaperon, sinus des yeux, devant du premier article des antennes, jaunes. Une petite ligne oblique au-dessus de l'insertion de chaque antenne, et vertex, noirs ; la couleur de ce dernier échancrant le jaune du front. Corselet orné d'une ceinture noire oblique sur les flancs, passant sur la moitié postérieure du mésothorax et un peu sur le devant de l'écusson ; écaille orangée ; un peu de noir à l'angle antérieur du mésothorax et dans le milieu du métathorax. Base de l'abdomen et le deuxième segment tout entier, noirs, sauf le bord postérieur de ce dernier, qui est un peu orangé au milieu. Pattes orangées. Ailes jaunâtres, un peu grises vers le bout. Un très petit crochet au bout des antennes.

Rapp. et diff. Cette espèce est très voisine de l'*O. tasmaniensis*, mais elle s'en distingue à première vue, ainsi que des autres espèces tasmaniennes par son mésothorax orangé dans sa moitié antérieure et non entièrement noir.

Habite : La Tasmanie. (Musée de Paris.)

103. O. Diemensis, n. sp.

Noir, avec l'abdomen, sauf le premier segment, orangé. Ailes brunes, avec quelques reflets violets ; pas de tubercule sous l'abdomen.

Fem. Long. 11 mill.; env. 22 mill.

Fem. Chaperon pyriforme, légèrement concave à son bord antérieur. Corselet large à son bord antérieur, ce dernier un peu concave en avant, rebordé, ses angles presque épineux ; post-écusson bituberculeux ; métathorax plat ; la troncature occupant toute sa largeur, ses bords tranchants mais sans épines. Abdomen sessile ; le premier segment presque aussi large que le deuxième, tronqué du côté antérieur. Tête et corselet fortement rugueux ; noirs, avec deux petits points au haut du chaperon et un autre entre les antennes, orangés. Abdomen orangé avec le premier segment noir, ainsi qu'une bande qui s'étend en dessous, depuis ce dernier jusqu'à l'anus. Pattes d'un ferrugineux obscur ; hanches et base des cuisses, noires. Ailes brunes, surtout le long de la côte, avec quelques reflets violets.

Rapp. et diff. Très voisin de l'*O. concolor*. (Voir les affinités de cette espèce.) Très voisin aussi pour la coloration de l'*O. clypeatus*, dont il se distingue par son métathorax nullement épineux ; son chaperon un peu échancré et ponctué, son abdomen déprimé et non subtuberculeux en dessus, et le dessous noir jusqu'à l'anus et non à la base seulement, etc.

Habite : La Tasmanie. (Musée de Paris.)

104. O. Concolor, n. sp.

Noir, avec l'abdomen, sauf le premier segment, orangé. Ailes enfumées. Un tubercule sous le troisième segment de l'abdomen.

Fem. Long. 15 mill. ; env. 26 mill.

Fem. Chaperon large, bombé, granuleux, un peu bidenté. Tête grosse, bombée. Corselet très large en avant, ses angles antérieurs subépineux. Métathorax un peu oblique, offrant au milieu une petite fossette arrondie, mais sans angles vifs ; les bords mêmes du métathorax formant de chaque côté un angle prononcé. Abdomen subpédicellé, ovale ; le premier segment offrant en dessus une petite dépression ; le deuxième un fort tubercule en dessous, près de sa base. Tête et corselet fortement rugueux, couverts de poils courts et denses. Abdomen velouté ; les segments un peu ponctués vers leur partie postérieure, mais le bord lui-même, lisse. Tête et corselet noirs ; chaperon un peu argenté ; base du premier article des antennes et deux points sur le devant du prothorax, rougeâtres. Abdomen orangé ; le premier segment noir, ainsi que trois petits lobes à la base du deuxième en dessus, et que le dessous du deuxième et de la base du troisième. Pattes orangées ; hanches et cuisses de la première paire, noires. Ailes fortement enfumées, brunes dans la cellule radiale, et rousses le long de la côte.

Rapp. et diff. Presque identique pour la coloration avec les *O. clypea-*

tus et *diemensis*. Il en diffère par la présence de son tubercule sous le deuxième segment de l'abdomen, par ses taches sur le prothorax, par ses ailes rousses le long de la côte.

Habite : La Tasmanie. (Musée de Paris.)

105. O. Tamarinus; n. sp.

Noir ; chaperon, antennes, prothorax et bordure de tous les segments de l'abdomen, orangés. Ailes jaunâtres le long de la côte.

Fem. Long. 12 mill.; env. 24 mill.
Mâle. Long. 11 mill.; env. 22 mill.

Fem. Formes de l'*O. tasmaniensis*, mais le métathorax un peu arrondi et finement rugueux sur ses angles, offrant au milieu une fossette concave. Chaperon à peine échancré, pyriforme et large en haut. Tête et corselet noirs, veloutés, couverts de poils très fins et serrés. Antennes, un point bifurqué en dessus de leurs insertions ; chaperon, mandibules, une tache en arrière de l'œil et sinus des yeux, orangés ; le bas du chaperon et les mandibules un peu brunâtres. Prothorax orangé en dessus et un peu sur les côtés. Abdomen noir, satiné; tous les segments ornés d'une large bordure orangée presque régulière, celle du premier segment la plus large et offrant au milieu une échancrure noire carrée ou triangulaire. Anus orangé. Pattes orangées ; hanches et base des cuisses noires. Ailes jaunâtres, grises vers le bout.

Male. Antennes terminées par un crochet. Chaperon bidenté ; la tache en arrière des yeux, très petite, et leur sinus bordé le long du bord inférieur seulement; jaune du prothorax descendant moins bas ; le premier segment de l'abdomen orné d'une bordure élargie sur les côtés.

Habite : La Tasmanie. (Musée de Paris.)

106. O. Alaris, n. sp.

Orangé et noir; premier segment de l'abdomen orangé ; les autres noirs bordés d'orangé. Ailes enfumées.

Fem. Long. 13 mill.; env. 26 1|2 mill.
Mâle. Long. 12 mill.; env. 22 mill.

Fem. Formes, coloration et aspect de l'*Alastor Lachesis*, dont il ne diffère presque que par la nervation des ailes.

Chaperon grand, très long et très large en bas comme dans l'*O. clypeatus*, plat, lisse, un peu caréné de chaque côté, faiblement concave à son bord antérieur, et très finement ponctué. Corselet en carré long, son bord antérieur un peu concave en avant, les épaulettes subépineuses ; disque du mésothorax plus long que large ; post-écusson un peu triangulaire ; métathorax assez plat, ses bords médiocrement tranchants, offrant de chaque côté un angle mousse. *Ailes insérées un peu en arrière du milieu du corselet.* Abdomen assez allongé, subpédicellé ; le premier segment presque aussi large que le deuxième, tronqué droit du côté antérieur, et portant en dessus une ligne ou un point enfoncé, insensible ; deuxième segment plus long que large, offrant en dessous un tubercule assez prononcé. Tête et corselet rugueux, noirs ; mandibules ferrugineuses ou brunes avec une tache jaune à la base ; une ligne de chaque côté du haut du chaperon, formant par leur réunion un demi-cercle, un point entre les antennes, sinus des yeux, un point en arrière de ces derniers, et dessous du premier article des antennes, orangés. Prothorax, une tache sous l'aile, écaille, écusson et post-écusson, orangés, ainsi qu'un point en avant de l'écusson sur le métathorax ; métathorax velu, orangé, avec une bande noire verticale dans son sillon médian. En arrière de l'écaille, une petite saillie orangée en forme de dent. Abdomen noir, velouté ; premier segment orangé, sa base et le milieu de sa face métathoracique, noirs ; deuxième et troisième segments ornés chacun d'une bordure régulière d'un orangé brillant ; les autres d'un orangé ferrugineux, satinés. Pattes orangées ; hanches et base des cuisses, noires. Ailes enfumées à reflets brun-jaunâtre.

MALE. Chaperon échancré, bidenté, jaune. Un petit crochet au bout des antennes.

Var. mâle et fem. Pas de tache jaune sur le mésothorax.

Var. fem.? Le tubercule sous le deuxième segment de l'abdomen presque nul. Ailes un peu ferrugineuses le long de la côte. Troisième segment de l'abdomen orangé, avec une tache noire un peu bilobée, à sa base.

Habite : La Tasmanie. Rapporté par M. Verreaux. (Musée de Paris.)

107. O. SUCCINCTUS, n. sp.

Noir, orné d'orangé ; tous les segments de l'abdomen bordés d'orangé.

Fem. Long. 11 mill. ; env. 21 mill.

FEM. Formes de l'*O. tamarinus.* Chaperon un peu plus large, à peine échancré. Post-écusson assez saillant mais sans crête vive. Métathorax plat, un peu concave. Premier segment de l'abdomen un peu rebordé. Insecte noir ; chaperon, une tache entre les antennes, le fond du sinus des yeux, une grande tache en arrière de ces organes, orangés ; premier article des antennes orangé, avec un trait noir en dessus. Prothorax en dessus, une tache sous l'aile ; un point de chaque côté de l'écusson, écaille et angles du métathorax, orangés. Premier segment de l'abdomen orangé, avec sa base et une échancrure à angle aigu, noires. Les autres segments tous ornés d'une bordure régulière orangée, celle du deuxième très large. Anus orangé. Pattes orangées, hanches et base des cuisses, noires. Ailes transparentes, un peu enfumées, surtout le long de la côte.

Rapp. et diff. Cet Odynère est très voisin de l'*O. alaris*, mais son métathorax n'offre pas de chaque côté un angle saillant ; on l'en distingue surtout à son écusson noir avec deux points orangés, et à son post-écusson noir ; les taches du métathorax sont plus petites, et l'échancrure noire en dessus du deuxième segment de l'abdomen est un autre caractère distinctif qui sert à le faire reconnaître.

Habite : La Nouvelle-Hollande ou la Tasmanie. (Collect. de M. Guérin-Méneville.)

108. O. Caledonicus, Guér. !

Noir, orné de roux-orangé, écusson et métathorax tachés de roux; tous les segments bordés de roux, bordure du troisième et du quatrième, raccourcies sur les côtés. Ailes jaunâtres.

Syn. Guérin. *Odynerus Caledonicus.* Revue Zool. (1).

Mâle. Long. 11 mill.; env. 22 mill.

Fem. Inconnue.

Male. Formes de l'*O. tamarinus.* Chaperon allongé, échancré et bidenté ; métathorax concave au milieu, arrondi sur ses angles. Tête et corselet ponctués, veloutés ; abdomen mat, un peu soyeux à sa base ; deuxième segment un peu cannelé et fortement ponctué le long de son bord postérieur ; les suivants ponctués. Insecte noir : mandibules ferrugineuses ; chaperon roux ; antennes ferrugineuses, noirâtres en dessus, avec le premier article et le crochet entièrement ferrugineux ; un point en arrière des yeux, bord antérieur du prothorax, écaille, une bande à peine interrompue sur l'écusson et une tache sur chaque angle du métathorax, d'un roux orangé. Les deux premiers segments de l'abdomen bordés d'une bande large et régulière du même roux orangé ; le troisième d'une fine ligne raccourcie sur les côtés, le quatrième d'une bande étroite également raccourcie sur les côtés, de même couleur, ainsi que les suivants et l'anus en entier. Pattes ferrugineuses, hanches noires. Ailes ferrugineuses, un peu grisâtres vers le bout.

Var. Quelques points bruns sur le chaperon, bord inférieur du sinus des yeux orné d'une ligne orangée.

(1) Encore inédit. Sa description ne tardera pas à paraître dans un travail de M. Guérin sur une récolte d'insectes faite à la Nouvelle-Calédonie.

Rapp. et diff. Cette espèce ressemble à l'*O. tamarinus* et à l'*O. succinctus*, dont elle se distingue par le bord postérieur du deuxième segment de l'abdomen, qui est un peu cannelé, et par son prothorax qui n'est pas entièrement jaune en dessus ; elle diffère en outre du premier par son écusson et son métathorax tachés de rouge, et du second par le premier segment de l'abdomen, qui est simplement bordé d'orangé.

Habite : La Nouvelle-Calédonie. (Collect. de M. Guérin-Méneville.)

IVᵉ DIVISION.

Premier segment de l'abdomen arrondi en avant, ne plaquant pas bien contre le métathorax, subpédicellé ; un petit étranglement entre lui et le deuxième segment. Métathorax plus ou moins anguleux. Formes grêles.

109. O. BISPINOSUS, Lep. !

Noir, un point entre les antennes, devant du prothorax et les deux premiers segments de l'abdomen bordés de jaune ; écaille brune, pattes noires.

SYN. Lep. St–Farg. *Odynerus bispinosus*, Hymen. II. 622.
Lucas. *O. bispinosus*. Expl. Sc. d'Alg. Ins. III. p. 232. Hymen. pl. 11, fig. 6.

Fem. Long. 8 mill.; env. 16 mill.
Mâle. Long. 7 mill. ; env. 13 mill.

Pour la description de l'espèce, voir Lepeletier de Saint-Fargeau, loc. cit.

Rapp. et diff. Cet Odynère est assez facile à reconnaître à sa petite taille, et aux deux premiers segments de l'abdomen, les seuls qui portent à leur bord postérieur un cordon jaune régulier. On ne pourrait guère le confondre qu'avec les *O. bivittatus* et *minutus* ; il diffère de ces deux espèces par ses formes, par la bordure du prothorax qui est complète, par celles de l'abdomen qui sont plus larges, jaunes et non blanchâtres, et par ses pattes noirâtres. Il se distingue encore de l'*O. bivittatus* par ses formes moins grêles, par son chaperon moins large que long, par ses antennes insérées moins bas, et de l'*O. minutus* par son post-écusson noir, par ses écailles rousses et non blanchâtres. On pourrait prendre pour lui l'*O. bifasciatus*, si l'on négligeait de consulter le caractère de la suture transversale et du sillon longitudinal que ce dernier porte sur le premier segment abdominal. Enfin il ressemble à plusieurs espèces américaines (Chili) dont le lieu de provenance seul permet de le distinguer avec certitude.

Observ. La bordure antérieure du corselet est souvent rousse, ainsi que les taches de l'écusson ; les dernières manquent fréquemment.

Habite : L'Algérie. (Musée de Paris).

110. O. Minutus.

Noir, un point entre les antennes, deux sur le prothorax, post-écusson, écaille et le bord des deux premiers segments de l'abdomen, jaunes ou blanchâtres; tibias ferrugineux.

Syn. Fabr. *Vespa minuta*. Ent. Syst. suppl. 262. — Syst. Piez. 268. — *V. bifasciata?* Id. 264.

Rossi. *Vespa bifasciata*. Faun. Etr. ii. p. 86.

Lep. St-Farg. *Odynerus minutus*. Hymen. ii. 632.

Fem. Long. 7 mill.; env. 14 mill.

Pour la description de l'espèce, voir Lepeletier de Saint-Fargeau, loc. cit.

Var. Une bande jaune au quatrième segment de l'abdomen.

Rapp. et diff. Très voisin de l'*O. bispinosus*; voir les affinités de cette espèce. Voisin aussi, pour la coloration, de l'*O. bivittatus*, dont il diffère par la tache jaune sur le front, par l'insertion moins basse des antennes, par ses bordures de l'abdomen souvent plus larges, jaunes plutôt que blanches, par sa tête moins renflée, et ses formes moins grêles.

Observ. Les parties jaunes sont souvent blanchâtres dans cette espèce; l'écaille est en général blanchâtre avec un point brun au milieu, et le prothorax est souvent noir.

Habite : Le midi de l'Europe. (Collect. St-Farg. Musée de Paris.)

111. O. Rossii. Lep. !

Noir, avec deux taches sur le prothorax, l'écaille, le post-écusson et la bordure des quatre premiers segments de l'abdomen, jaunes. Ailes enfumées.

Syn. Lep. St-Farg. *Odynerus Rossii*. Hymen. ii. 633.

Fem. Long. 8 mill.; env. 16 mill.
Mâle. Long. 7 mill.; env. 15 mill.

Pour la description de l'espèce, voir Lepeletier de Saint-Fargeau, loc. cit.

Rapp. et diff. Il est très voisin pour la forme et la grandeur des *O. bispinosus* et *minutus*, mais il s'en distingue aisément par la présence de la bordure jaune des troisième, quatrième et cinquième segments de l'abdomen; sa petite taille, ses formes élancées, jointes aux caractères du sous-genre, le distinguent de toutes les autres espèces européennes.

Habite : L'Europe. (Musée de Paris.)

112. O. Histrio, Lep. !

Noir, avec le chaperon et la bordure du deuxième segment de l'abdomen, jaunes ; celle du corselet, l'écaille, le post-écusson, les angles du métathorax, le premier segment de l'abdomen et les pattes, roux. Ailes enfumées.

Syn. Lep. St-Farg. *Odynerus histrio.* Hymen. ii. 638.

Fem. Long. 8 mill. ; env. 15 mill.

Pour la description de l'espèce, voir Lepeletier de Saint-Fargeau, loc. cit.

Rapp. et diff. Cette espèce est distincte par la couleur rousse du premier segment de l'abdomen tout entier, ce qui pourrait la faire confondre avec l'*O. Erynnis*, si sa taille beaucoup plus petite, ses formes grêles, son métathorax moins anguleux ne l'en distinguaient. Les formes de l'insecte sont grêles, le corselet porte des ponctuations un peu distantes, et l'abdomen est également finement ponctué. Le métathorax est arrondi et ponctué sur les côtés, mais les bords de sa concavité sont un peu tranchants.

Habite : La Caroline. (Musée de Paris.)

Ve DIVISION.

Métathorax arrondi et convexe, sans angles tranchants (1) ; abdomen variable ; antennes des mâles terminées par un crochet ou enroulées à l'extrémité.

I. *Antennes des mâles terminées par un crochet ; leur chaperon plus ou moins pyriforme, allongé.*

A. Abdomen allongé, son premier segment en forme de cloche, un peu aplati en avant. Deuxième cellule cubitale très fortement rétrécie vers la radiale ; deuxième nervure récurrente s'insérant très près de la nervure de séparation de la troisième et de la quatrième cellule cubitale. Articles des palpes maxillaires réguliers.

α. Antennes insérées plus haut que le milieu de la tête.

1. Le métathorax offre bien parfois de chaque côté une ligne saillante, indistincte, mais le tranchant de cette dernière est alors dirigé latéralement, jamais en arrière.

113. O. Multicolor, n. sp.

Roux, brun et jaune; ailes transparentes, avec une tache dans la cellule radiale.

Fem. Long. 11 1|2 mill.; env. 23 mill.

Fem. Insecte grêle, allongé. Tête d'un roux ferrugineux; chaperon pyriforme, large, à peine échancré, jaune dans son tiers supérieur; un peu de jaune entre les antennes et le long du bord postérieur des orbites; un peu de noirâtre autour des ocelles, et au-dessus de l'insertion de chaque antenne. Corselet allongé, roux, couvert de petits points enfoncés; milieu du prothorax jaune, ainsi qu'une ligne indistincte le long de son bord postérieur; écaille jaune avec une grosse tache ferrugineuse; mésothorax d'un brun noirâtre avec deux lignes rousses longitudinales et un peu de roux à côté de l'écaille; écusson roux; post-écusson jaune; métathorax arrondi sur ses angles; un peu de noir sur les flancs entre le prothorax et le mésothorax. Abdomen sessile, allongé, cylindrique, d'un brun noirâtre et couvert de poils satinés très fins. Premier segment arrondi aussi large que le deuxième, portant un sillon longitudinal indistinct, d'un brun roussâtre avec une bordure jaune régulière; deuxième segment plus long que large, orné d'une bordure jaune subitement et très fortement élargie sur les côtés, et de chaque côté d'une tache rougeâtre fort indistincte. Les deux suivants ornés d'une bordure plus étroite, un peu festonnée, laquelle est précédée d'une zone roussâtre; les deux derniers ferrugineux; le cinquième noir à sa base. Pattes ferrugineuses. Ailes transparentes, un peu jaunâtres le long de la côte et portant une tache brune qui remplit la cellule radiale.

Male. Inconnu.

Habite : Le Sénégal. (Collect. de M. Guérin-Méneville.)

114. O. Punctum.

Brun; deuxième segment de l'abdomen brun à sa base; ailes tachées de brun dans la radiale.

Syn. Fabr. *Polistes punctum.* Syst. Piez. 273. 24.

Fem. Long. 12 mill.; env. 23 mill.

Fem. Formes grêles. Chaperon pyriforme, un peu échancré; corselet finement ponctué; post-écusson un peu saillant, arrondi en arrière; métathorax arrondi, couvert de poils argentés très courts. Premier segment de l'abdomen en cloche arrondie un peu moins large que le deuxième. Tête, corselet et premier segment de l'abdomen d'un brun ferrugineux; antennes presque orangées; un peu de noir le long de l'écusson. Deuxième segment de l'abdomen jaune avec une bande brune ou noire, arrondie et élargie au milieu, sur sa base ; les autres segments bruns comme le corselet ; le troisième noirâtre à sa base. Pattes de même couleur que le corselet. Ailes un peu ferrugineuses, légèrement enfumées vers le bout avec une tache brune ovale qui couvre le bout de la cellule radiale ; deuxième cubitale presque triangulaire.

Var. a. Une tache brune de chaque côté du deuxième segment de l'abdomen.

MALE. Inconnu.

Habite : Les Indes Orientales. (Musée de Paris.)

115. O. PUNCTATIPENNIS, n. sp.

Brun ; antennes jaunâtres ; corselet bordé de jaune, écaille et écusson jaunes ; abdomen brun et jaune ; ailes portant une tache brune dans la radiale.

Fem. Long. 12 mill. ; env. 23 mill.

FEM. Très voisin de l'*O. punctum.* Mêmes formes. Tête, corselet et premier segment de l'abdomen ferrugineux. Antennes et le devant de la tête d'un jaune un peu orangé ; front orné d'un V noir renversé, dont le sommet est tronqué et remplacé par un trait transversal. Prothorax liseré de jaune le long de son bord antérieur et de son bord postérieur ; écaille et post-écusson jaunes ; métathorax non argenté. Deuxième, troisième et quatrième segments de l'abdomen, jaunes ; le deuxième un peu noir à sa base et portant à son bord postérieur une grande tache transversale, élargie au milieu, brune. Le bout de l'abdomen d'un brun ferrugineux. Pattes jaunes, cuisses un peu orangées. Ailes jaunâtres avec une tache brune qui couvre le bout de la cellule radiale ; deuxième cellule cubitale presque triangulaire.

Habite : Les Indes Orientales ? (Musée de Paris.)

116. O. BELLATULUS (1), n. sp.

Roux, avec la tête, le corselet et l'abdomen ornés de jaune, ailes transparentes avec une tache au bout.

Descr. de l'Egypt. Hymen. (par Savigny), pl. IX, fig. 14.

Mâle. Long. 11 mill. ; env. 23 mill.

FEM. Inconnue.

MALE. Antennes portant un crochet terminal. Chaperon tronqué droit à son bord inférieur ; mandibules sans dents. Corselet globuleux,

1 Cette espèce n'a pas les formes grêles des précédentes.

large en avant; disque du mésothorax petit, un peu plus long que large; écusson et post-écusson saillants, séparés par un sillon très profond, et formant par leur réunion un carré plus long que large, un peu arrondi et rétréci en arrière. Métathorax fort peu concave au milieu, arrondi et rugueux sur ses bords. Abdomen ovalo-conique; le premier segment tronqué et arrondi à son bord antérieur, un peu moins large que le deuxième, ce dernier presque deux fois aussi large que long; aucun étranglement entre le premier et le deuxième. Tête et corselet ponctués, chagrinés; abdomen très finement chagriné. Insecte d'un roux ferrugineux. Mandibules un peu jaunâtres; front noir; chaperon, un ovale qui couvre presque tout le front, une large bordure des orbites du côté interne des yeux, remplissant presque entièrement le sinus et se prolongeant jusqu'au vertex, une tache en arrière des yeux, jaunes. Antennes d'un jaune un peu orangé; premier article jaune en devant. Une bande sur le bord antérieur du corselet, une tache sous l'aile, écaille, deux taches sur l'écusson, post-écusson et angles du métathorax, jaunes. Une tache sur le devant du mésothorax, pointue en arrière, noire ainsi que le bord postérieur de l'écusson et l'espace qui l'entoure. Abdomen orné sur le premier segment de deux taches jaunes ovales; le deuxième jaune avec une tache bilobée rousse figurant presque un Y renversé, dont la branche inférieure tournée vers le premier segment, est très courte, et s'élargit pour rejoindre les côtés qui sont également roux dans leur moitié antérieure. Les trois segments suivans, roux avec une bordure jaune un peu festonnée; le sixième avec trois petites taches jaunes; anus roux. Pattes rousses, bout des cuisses et tibias jaunes. Ailes transparentes un peu ferrugineuses le long de la côte, et portant une tache brune dans la cellule radiale.

Habite : Le Sénégal. [L'Egypte]. (Collect. de M. de Romand).

β. Tête bombée; antennes insérées plus bas que le milieu de la tête, et logées dans des fossettes.

117. O. BIVITTATUS, Lep.!

Petit, noir; chaperon échancré; deux points sur le prothorax, une ligne sur l'écaille, bordure des deux premiers segments de l'abdomen et tibias, jaunes. Ailes enfumées.

SYN. Lep. St-Farg. *Odynerus bivittatus.* Hymen. II. 617.
Lucas. *O. bivittatus.* Expl. sc. d'Alg. Ins. III. p. 231. Hymen pl. XI, fig. 5.

Fem. Long. 6 1|2 mill.; env. 13 mill.
Mâle. Long. 6 1|2 mill.; env. 13 mill.

Pour la description de l'espèce , voir Lepeletier de Saint-Fargeau' loc. cit.

Rapp. et diff. Cette petite espèce est facile à reconnaître à ses formes grêles, et à son abdomen noir qui ne porte que deux bandes étroites et régulières d'un jaune pâle ou blanches, bordant le premier et le second segment. On pourrait le confondre avec l'*O. minutus*, avec lequel il a les plus grands rapports, mais il s'en distingue par son corselet plus carré en avant, par son post-écusson noir, par sa dépression sur le premier segment de l'abdomen, par ses pattes noires avec les articulations seules ferrugineuses, par ses formes plus grêles, etc.; son métathorax est aussi plus arrondi; il est bien un peu concave au milieu, mais sa concavité n'est pas entourée par des bords tranchants. Il faut prendre garde aussi de le confondre avec l'*O. bifasciatus* et quelques autres espèces qui s'en distinguent bien nettement par la suture transversale du premier segment de l'abdomen.

Habite : L'Algérie, Oran. (Musée de Paris.)

B. Formes trapues, abdomen sessile, subovale; le premier segment tronqué et aplati du côté antérieur, plaquant bien contre le métathorax.

Deuxième article des palpes maxillaires très court; le sixième long.

118. O. HIRSUTULUS. Spin.!

Noir, avec les antennes, l'écaille et les pattes rousses, le bord postérieur du prothorax et des deux premiers segments de l'abdomen , blanchâtres. Ailes rousses et brunes.

SYN. Spinol. *Odynerus hirsutulus*. Fauna Chilena. Zool. VI. 23.

Fem. Long. 15 mill.; env. 28 mill.
Mâle. Long. 11 mill.; env. 26 mill.

FEM. Facies d'une *vespa*. Chaperon à peine échancré, allongé. Abdomen sessile, le premier segment aussi large que le deuxième, très court, un peu concave du côté antérieur, son côté supérieur presque nul, et offrant une petite ligne déprimée sur le milieu du côté dorsal. Le reste de l'abdomen ovale. Tout l'insecte couvert de longs poils, surtout la tête et le corselet. Insecte noir; mandibules, antennes et écaille des ailes, ferrugineuses; un point entre les antennes, bord postérieur du prothorax et des deux premiers segments de l'abdomen d'un jaune blanchâtre; celle du premier segment un peu rétrécie sur les côtés, celle du deuxième plus large et régulière. Pattes ferrugineuses, hanches noires; base des cuisses velue. Ailes rousses, brunâtres vers le bout, avec des reflets irisés.

Var. Bordure postérieure du prothorax indistincte.

MALE. Chaperon échancré, bidenté, jaune.

Var. Bordures jaunes de l'abdomen très étroites, ou même presque nulles. (Dans cette variété, le chaperon est un peu différent, il est plus étroit, et ses deux dents terminales ne sont pas divergentes comme dans le mâle type.)

Rapp. et diff. Pour la coloration il ressemble à l'*O. arcuatus*, mais il en diffère par son abdomen sessile. Très voisin de l'*O. villosus*, dont il se distingue par son métathorax parfaitement arrondi, sans aucune côte saillante et sans concavité au milieu.

Habite : Le Chili, Santa-Rosa. (Musée de Paris.)

C. Facies des Odynerus du sous-genre **OPLOPUS** ; abdomen ovale, le premier segmen[t] en forme de cupule ou de cuilleron. Chaperon pyriforme dans les mâles, plus long que large (1).

119. O. SILAOS, n. sp.

Noir ; bordure du corselet et des trois premiers segments de l'abdomen, jaune ; antennes, écaille, pattes et bout de l'abdomen ferrugineux. Ailes enfumées.

Mâle. Long. 8 mill.; env. 17 mill.

FEM. Formes de l'*O. spinipes*. Chaperon pyriforme, un peu échancré. Ocelles écartées, presque en ligne droite. Corselet globuleux, carré en avant; disque du mésothorax plus long que large; post-écusson saillant, bituberculeux. Abdomen ovale subsessile; le premier segment en forme de cupule ou de cuilleron; le deuxième aussi long que large; un faible étranglement entre le premier et le deuxième segments. Tout l'insecte finement chagriné, noir. Chaperon noir, bordé de jaune supérieurement; un point entre les antennes, bordure des yeux jusqu'au fond des sinus, et un petit point en arrière de chaque œil, jaunes. Labre, mandibules et antennes ferrugineuses, ces dernières noires en dessus vers l'extrémité. Prothorax orné d'une bordure régulière d'un jaune pâle. Ecaille ferrugineuse. Les deux premiers segments de l'abdomen portant chacun une bordure régulière jaune pâle; celle du premier, étroite; le troisième liseré de jaune, les suivants ferrugineux; anus noirâtre. Pattes ferrugineuses, hanches noires. Ailes transparentes, brunes le long de la côte.

---

1 Cette section commence la transition du sous-genre *Leionotus* au sous-genre *Oplopus* par la forme ovale de l'abdomen; c'est encore une des preuves de l'impossibilité presque totale qu'il y a à former des sections autres qu'arbitraires dans ce long enchaînement d'espèces. (Voy. la note de la section suivante, p. 216).

MALE. Chaperon aussi large que long, bidenté, les dents laissant entre elles une échancrure triangulaire; chaperon jaune.

Var. Post-écusson entièrement jaune, une marque jaune de chaque côté du métathorax.

Habite : L'île Bourbon. Le Cap de Bonne-Espérance (la variété.) (Musée de Paris et collect. de M. Guérin-Méneville.)

120. O. POSTICUS, n. sp.

Comme l'*O. silaos;* bout de l'abdomen noir; avec des bordures jaunes, raccourcies sur les côtés.

Mâle. Long. 9 mill.; env. 17 mill.

FEM. Inconnue.

MALE. Formes de l'*O. silaos*, mais un peu plus grêle. Chaperon pyriforme, bidenté. Abdomen un peu plus allongé et plus grêle; deuxième segment un peu rebordé à son bord postérieur. Antennes noires; le premier article jaune en devant; le reste un peu ferrugineux en dessous; le crochet ferrugineux. Bordure du prothorax raccourcie sur les côtés et interrompue au milieu. Les segments de l'abdomen à partir du troisième, noirs et non roux; le troisième liseré de jaune en dessus; les quatrième et cinquième bordés d'une ligne jaune au milieu seulement. Pattes ferrugineuses, tibias jaunâtres; hanches ferrugineuses. Ailes un peu enfumées.

Le reste comme dans l'*O. silaos.*

Habite : Le Cap de Bonne-Espérance. (Musée de Paris.)

121. O. TROPICALIS, n. sp.

Noir et roux, une tache sur le front, milieu du prothorax et les deux premiers segments de l'abdomen bordés de jaune. Ailes enfumées.

Fem. Long. 8 mill.; env. 17 mill.
Mâle. Long. 7 mill.; env. 18 mill.

FEM. Chaperon pyriforme, tronqué droit à son bord antérieur un peu strié. Post-écusson saillant portant de chaque côté un tubercule spiniforme. Métathorax arrondi, insensiblement concave et offrant en dessous du post-écusson deux petits tubercules. Abdomen ovale, un petit étranglement entre le premier et le deuxième segments. Le premier en forme de cupule ou d'entonnoir arrondi. Tout le corps ponctué, l'abdomen un peu moins fortement que le corselet. Insecte noir; mandibules, chaperon, une tache en arrière des yeux, prothorax, un point sous l'aile, écaille, écusson, post-écusson et métathorax, roux; au haut du chaperon deux taches obliques presque réunies au milieu, une tache sur le front, bordure interne des yeux, le fond de leur sinus, et une ligne sur le milieu du prothorax, jaunes. Abdomen roux, noir en dessus avec les côtés roux; premier segment liseré de jaune; le deuxième orné tant en dessus qu'en dessous d'une bordure jaune presque régulière; le troisième bordé de roux ou de jaunâtre; l'extrémité de l'abdomen entièrement rousse. Pattes rousses, avec la face externe des tibias, jaune; la première paire entièrement rousse. Antennes rousses, un peu noirâtres en dessus. Ailes enfumées, surtout vers le bout, et brillant de reflets violets indistincts.

MALE. Chaperon un peu bidenté, jaune. Crochet des antennes très petit.

Habite : L'Abyssinie. (Musée de Paris.)

122. O. OVALIS, n. sp.

Noir, bariolé de jaune, métathorax portant deux taches jaunes. Ailes transparentes.

Mâle. Long. 6 mill.; env. 15 mill.

FEM. Inconnue.

MALE. Chaperon un peu plus large que long, échancré au milieu. Crochet des antennes petit. Corselet court, large en avant; écusson et post-écusson obliques; métathorax de même forme que dans l'*O. variegatus*. Abdomen ovale. Insecte noir. Chaperon, mandibules, un grand triangle sur le front, sinus des yeux et une tache en arrière des orbites, jaunes. Antennes jaunes, le premier article portant en dessus et vers le bout une ligne noire; le flagellum brunâtre en dessus vers sa base. Corselet finement ponctué; prothorax jaune avec ses angles postérieurs noirs, et une interruption noire sur son milieu; une grande tache sous l'aile, presque réunie au jaune du prothorax, écaille, écusson, post-écusson et angles du métathorax, jaunes. Tous les segments de l'abdomen bordés de jaune; bordure du premier étroite, un peu élargie au milieu, et se confondant de chaque côté avec un point jaune latéral; la deuxième festonnée, élargie au milieu et rejoignant de chaque côté une tache située près de la base du segment, les deux suivantes un peu élargies sur les côtés et étroites, les autres régulières. Pattes jaunes, hanches jaunes en avant, noires en arrière. Ailes transparentes, à peine enfumées, avec un peu de brun dans la radiale.

Var. Entièrement roux, avec les mêmes ornements jaunes. La tache jaune du deuxième segment souvent libre.

Habite : Les Indes Orientales Pondichery. (Collection de M. Guérin-Méneville.)

II. *Antennes des mâles enroulées à l'extrémité, leur chaperon polygonal aussi large que long* (1).

123. O. Luteolus, Lepel. !

Noir; chaperon en heptagone régulier, blanchâtre. Bordure interrompue du thorax, écaille et bordure régulière des segments de l'abdomen, d'un jaune blanchâtre.

Syn. Lep. St-Farg. *Odynerus luteolus*. Hymen. II. 616.
  Lucas. *Id*. Exp. sc. d'Alg. Ins. II. 231. Hymen. pl. XI, fig. 4.
  (Les parties jaunes sont d'un jaune trop vif.)

Pour la description de l'espèce, voir Lepeletier de Saint-Fargeau, loc. cit.

Rapp. et diff. On pourrait confondre cette espèce avec l'*O. melanocephalus*, si elle n'était pas près de deux fois aussi grande. Elle est distincte par son chaperon polygonal régulier, tronqué droit à son bord inférieur, d'un jaune pâle, presque blanc, et par les bordures étroites et régulières des segments de l'abdomen, sauf la deuxième qui est un peu échancrée, etc.; mais l'espèce suivante en est si voisine que la confusion serait facilement possible.

Habite : L'Algérie. Oran. (Musée de Paris. Collect. St-Fargeau.)

124. O. Fairmairi, n. sp.

Noir, orné de jaune pâle ; tous les segments de l'abdomen bordés de cette couleur ; chaperon échancré.

Mâle. Long. 12 mill. ; env. 24 mill.

Fem. Inconnue.

Male. Formes de l'*O. luteolus*. Post-écusson tronqué; métathorax parfaitement arrondi, un peu rugueux, même au milieu; premier segment de l'abdomen en cupule ou en cuilleron, parfaitement arrondi; le deuxième plus large que long, etc. Chaperon, dans le mâle, pentagone et fortement échancré; l'échancrure en demi-cercle placée entre deux dents larges. Insecte noir; devant des mandibules, chaperon, une tache entre les antennes, bordure des yeux jusqu'au fond de leur sinus, et une petite ligne en arrière de chaque œil, d'un jaune pâle. Antennes noires; devant du premier article et le pénultième tout entier, jaunes ; le dernier noir, le onzième brun, avec ses bords jaunâtres. Deux taches triangulaires sur le prothorax, écaille et un point sous l'aile, jaune pâle; tous les segments de l'abdomen ornés d'une bordure presque régu-

1. Ici la transition au genre *Oplopus* devient plus sensible (voyez la note de la page 213), car outre la forme ovale de l'abdomen, l'enroulement des antennes, et l'élargissement du chaperon se font sentir.

lière, jaune ; la seconde un peu élargie sur les côtés ; anus portant deux points jaunes ; en dessous tous les segments portant une bordure jaune festonnée ; l'anus jaune. Pattes d'un jaune pâle ; base des cuisses et leur côté interne, noirs ; hanches noires, toutes tachées de jaune par devant. Ailes transparentes, un peu ferrugineuses.

Rapp. et diff. Cet Odynère est très voisin de l'*O. luteolus* ; il s'en distingue surtout par son métathorax convexe et arrondi sur ses angles, et par la forte échancrure du chaperon, puis par le pénultième article des antennes qui est jaune ; par l'absence de tache sur l'écusson ; par la bordure jaune de tous les segments de l'abdomen, en dessous, et par les hanches toutes tachées de jaune. Les parties jaunes sont aussi d'un jaune pâle, mais moins pâle que celles de l'*O. luteolus*, surtout les bordures des segments abdominaux.

Habite : L'Espagne. Madrid. (Collect. de M. Fairmaire.)

Sous-genre OPLOPUS, Wesm.

(Pl. VIII, fig. 3, a, b.)

Mandibules des mâles portant une grande échancrure surmontée d'un fort éperon. Antennes de ces derniers enroulées en spirale à l'extrémité ; leur chaperon aussi large ou plus large que long, fortement bidenté. Abdomen parfaitement ovale, déprimé, s'élargissant selon une courbe régulière depuis sa base jusqu'au bord postérieur du deuxième segment ; le premier anneau en forme de cupule ou de cuilleron, sensiblement moins large que le second. Cellule radiale courte, portant un petit appendice ; la deuxième nervure récurrente s'insérant très près de la nervure de séparation des deuxième et troisième cellules cubitales. Facies des *Pterochilus*.

Ce genre établit la transition des Odynères aux Ptérochiles.

On peut distinguer les espèces connues comme suit (1) :

FEMELLES.

1	Chaperon fortement bidenté.		2
	Chaperon entier ou faiblement échancré.		3
2	Prothorax bordé de jaune.	*lævipes.*	137.
	Prothorax entièrement roux en dessus.		8
3	Métathorax taché de jaune.	*velox.*	136.
		reniformis .	137.
	Métathorax noir.		4
4	Abdomen bordé de blanc.		10
	Abdomen bordé de jaune ou de ferrugineux.		5

1. Les deux sexes de toutes les espèces n'étant pas connus, ces tableaux sont nécessairement incomplets.

5 { Chaperon noir ou noir et jaune. 6
{ Bouche rousse. . . . . *senegalensis*. 125.

6 { Chaperon entier. . . . . { *notula*. . . 126.
{ { *variolosus* . 127.
{ { *rotundigaster*. 128.
{ Chaperon un peu échancré. 7

7 { Noir. 9
{ Noir et roux. . . . . *Reaumurii*. . 130.

8 { Ailes brunes, insecte brun et noir. . . . . *emortualis*. . 139.
{ Ailes à peine enfumées, insecte jaune et noir. . . . . *variegatus*. . 139.

9 { Abdomen ferrugineux et noir. . . . . *rufidulus*. . 129.
{ Abdomen noir avec des bordures jaunes . . . . . . *spinipes*. . 131.

10 { Prothorax noir. . . . . *Savignyi*. . 134.
{ Prothorax bordé de blanc. . . . . { *melanocephalus*.132.
{ { *alexandrinus*. 133.

MALES.

1 { Hanches du milieu armées chacune d'un éperon, cuisses lisses. 6
{ Hanches sans éperons. 2

2 { Cuisses du milieu dentées en scie. 3
{ Cuisses du milieu lisses. 4

3 { Segments de l'abdomen bordés de jaune. . . . . . . *spinipes* . . 131.
{ Segments de l'abdomen bordés de blanchâtre. . . . . *melanocephalus*.132.

4 { Ecusson et post-écusson d'un jaune roux. . . . . . *variegatus*. . 138.
{ Ecusson noir ou taché de jaune clair. 5

5 { Pas de tache jaune sous l'aile. . . . . { *lœvipes*. . . 137.
{ { *variolosus*. . 127.
{ Une tache jaune sous l'aile. . . . . *notula*. . . 126.

6 { Bandes de l'abdomen jaunes. . . . . { *Reaumurii* . 130.
{ { *reniformis*. . 135.
{ Bandes de l'abdomen blanches. . . . . *alexandrinus*. 133.

Lorsque les mâles de toutes les espèces seront connus, on pourra diviser ce sous-genre comme suit, en se basant sur les caractères tirés de ces derniers :

α. Hanches du milieu éperonnées (*Reaumurii, reniformis*, etc.).

β. Hanches du milieu sans éperon, cuisses du milieu dentées (*spinipes, melanocephalus*, etc.).

γ. Hanches du milieu sans éperon, cuisses du milieu lisses (*alexandrinus, notula, variolosus*, etc.).

Pour le moment, nous sommes obligé de nous arrêter aux divisions suivantes :

1. Chaperon entier, ou faiblement échancré dans la femelle

* Metathorax noir.

125. O. Senegalensis, n. sp.

Noir, avec la bouche et l'écaille rousses, le haut du chaperon, deux points sur le
prothorax et deux ou trois bandes à l'abdomen, jaunes.

Fem. Long. 10 mill. : env. 20 mill.

Fem. Chaperon aussi large que long, presque en losange, tronqué droit à son angle inférieur. Antennes insérées très bas. Post-écusson saillant. Abdomen ovale, cylindrique; son premier segment subpédicellé, en forme de cupule régulière, aussi long que large; le deuxième un peu saillant en dessous à sa base. Tête et corselet rugueux, un peu argentés. Abdomen finement ponctué, le premier segment assez fortement; le bord postérieur du deuxième offrant comme un dédoublement des téguments. Insecte noir; *bas du chaperon et mandibules, roux,* une bande sur le haut du chaperon, une ligne sur le premier article des antennes, et une tache transversale entre leurs insertions, jaunes. Prothorax orné d'une bande interrompue au milieu, mais n'atteignant pas ses côtés. Ecaille ferrugineuse. Premier segment de l'abdomen bordé d'un cordon jaune; le deuxième, d'une bande étroite et régulière qui fait tout le tour du segment; le troisième, d'un fin liseré jaune, en dessus seulement; les autres noirs. Pattes d'un brun ferrugineux, avec le devant des tibias et des tarses, jaunes. Ailes enfumées.

Male. Inconnu.

Rapp. et diff. Cette espèce est distincte par sa bouche rousse, par les derniers segments de l'abdomen noirs, et par la bande jaune qui n'occupe que le milieu du prothorax.

Habite : Le Sénégal. (Collect. de M. Guérin-Méneville.)

126. O. Notula (1). Lepel. !

Chaperon arrondi en avant, noir. Segments de l'abdomen largement bordés de jaune.

Syn. Fabr. *Vespa sexfasciata.* Syst. Piez. 264.
    Lepel. St-Farg. *Odynerus notula.* Hymen. ii. 612.
    Lucas. *Id.* Exp. sc. d'Alg. Ins. iii. 229. Hymen. pl. xi. fig. **2.**
    femelle.

Fem. Long. 10 mill.; env. 21 mill.
Mâle. Long 10 mill.; env. 21 mill.

Pour la description de l'espèce, voir Lepeletier de Saint-Fargeau, loc. cit.

---

1 Dans cette espèce, la spirale des antennes du mâle se resserre   ce ne sont que les derniers articles qui s'enroulent.

Var. femelle. Pas de point jaune sous l'aile, écusson noir avec deux très petits points jaunes. Chaperon entièrement noir.

Var. mâle. Deux points jaunes sur le post-écusson, et deux autres très petits sur le métathorax.

Rapp. et diff. Cette espèce est difficile à reconnaître, malgré sa grande taille et les angles du prothorax sub-épineux; les bordures des segments de l'abdomen sont larges et régulières, très peu élargies sur les côtés, celle du premier segment la plus large; ce dernier large, emboîtant le second, s'élargissant plus subitement que dans les espèces précédentes, et portant souvent dans le mâle un sillon longitudinal. La femelle n'a pas la bordure du deuxième segment fortement élargie, et son métathorax est noir, ce qui ne permettrait de la confondre que avec celle des *O. spinipes* et *variolosus*. Elle se distingue de la première par son chaperon orné d'une tache jaune (lorsqu'elle existe) et par la bordure du premier segment de l'abdomen qui est élargie sur les côtés, par les autres qui sont plus larges, etc. (Quant à l'*O. variolosus*, voyez les affinités de cette espèce.) Le mâle est facile à reconnaître à la spirale des antennes qui est ferrugineuse, à son chaperon aussi long que large, d'un jaune pâle, un peu rosé, et souvent couvert d'un duvet argenté indistinct, par son métathorax qui forme de chaque côté un angle mousse, par son post-écusson tronqué postérieurement, et surtout parce que les yeux sont fortement bordés de jaune pâle le long de leur bord interne, depuis le chaperon jusqu'au fond du sinus. C'est, avec l'*O. variegatus*, la seule espèce de ce groupe qui offre ce caractère, et ce caractère est le seul qui n'ait pas été mentionné par Lepeletier de Saint-Fargeau.

Habite : L'Algérie, Oran. (Musée de Paris, collect. St-Farg.)

127. O. Variolosus, Lepel.!

Petit, noir, corselet velu, segments de l'abdomen bordés de jaune.

Syn. Lepel. St-Farg. *Odynerus variolosus.* Hymen. ii. 613.
Lucas *Id.* Expl. sc. d'Alg. Ins. iii. 235.

Fem. Long. 7 1|2 mill.; env. 17 mill.
•Mâle. Long. 8 mill.; env. 17 mill.

Pour la description de l'espèce, voir Lepeletier de Saint-Fargeau, loc. cit.

Rapp. et diff. La petite taille de cette espèce et les bordures des segments abdominaux assez larges et régulières ne permettent presque de la confondre qu'avec l'*O. reniformis*, dont elle se distingue aisément par son chaperon entier. On pourrait cependant la confondre très facilement avec l'*O. notula*, dont elle diffère surtout par sa petite taille, et par le premier segment de l'abdomen qui est plus arrondi. Les mâles de ces deux espèces sont très différents, celui de l'*O. variolosus* a un chaperon beaucoup plus large que long, d'un jaune vif, son prothorax est anguleux, subépineux, la spirale des antennes est noire et non ferrugineuse, les bordures des orbites sont nulles, etc. Les hanches des deux dernières paires de pattes sont tachées de jaune du côté antérieur, mais sans épine, ce qui ne permet de le confondre qu'avec ceux des *O. spinipes* et *flavis*. Il diffère du premier par l'absence de dentelure aux cuisses du milieu, et du deuxième par son chaperon plus large que long, les bordures de l'abdomen presque régulières, etc., etc.

Habite : L'Algérie, Oran. (Musée de Paris, collect. St-Fargeau.)

128. O. Rotundigaster, n. sp.

Noir, orné de jaune. Antennes entièrement noires. Bordure du premier segment de l'abdomen, régulière.

Fem. Long. 9 1|2 mill.; env. 22 mill.

Fem. Tête et corselet comme dans l'*O. notula*, mais le dernier un peu plus court, le post-écusson plus saillant, tronqué du côté postérieur et offrant une crête transversale. Abdomen sessile, court, globuleux; le premier segment en forme de cupule arrondie, et portant en dessus une petite ligne enfoncée longitudinale; deuxième segment beaucoup plus large que long. Insecte noir, tête et corselet velus. Chaperon entier, arrondi. Une ligne transversale entre les antennes et un point en arrière de l'œil, jaunes. Antennes entièrement noires. Bord antérieur du corselet, un point sous l'aile, deux taches sur l'écusson, jaunes; écaille jaune avec un point ferrugineux. Les quatre premiers segments de l'abdomen ornés chacun d'une bordure jaune assez étroite; la première parfaitement régulière, la deuxième un peu festonnée, les suivantes régulières; cinquième segment orné seulement d'une tache jaune au milieu; anus noir. Abdomen noir en dessous; les deuxième et troisième segments portant seulement de chaque côté un point jaune. Pattes ferrugineuses, avec les hanches et les deux tiers internes des cuisses, noirs. Ailes ferrugineuses, un peu enfumées, surtout vers le bout.

Male. Inconnu.

Rapp. et diff. Cette espèce est assez distincte par son post-écusson fortement saillant, formant une crête transversale, et par son abdomen entièrement sessile. Ces caractères ne permettent de la confondre qu'avec les espèces algériennes, et particulièrement avec les *O. notula* et *variolosus*. Elle en diffère par son abdomen très court, dont le premier segment est parfaitement arrondi, et non un peu tronqué du

côté antérieur, par ses antennes entièrement noires, etc. ; puis, en outre, du premier par son chaperon sans tache jaune, et par la bordure
du prothorax qui est un peu raccourcie sur les côtés, par la bordure du
premier segment de l'abdomen qui n'est nullement élargie sur les côtés,
et par celle du cinquième, réduite à une simple tache, etc. ; du second
par ses formes beaucoup moins grêles, et par la bordure du premier
segment de l'abdomen, qui est une simple ligne et non une bande, etc.

Habite : Alger. (Collect. de M. Guérin-Méneville.)

129. O. RUFIDULUS, Lepel. !

Insecte noir, chaperon à peine échancré ; devant du prothorax, écaille, post-écusson et
les trois premiers segments de l'abdomen, ferrugineux ; ces derniers noirs à la base, et le
deuxième au milieu. Pattes ferrugineuses. Ailes brunes, un peu violettes.

SYN. Lepel. St-Farg. *Odynerus rufidulus.* Hymen. II. 641.
    Lucas. *Id.* Expl. sc. d'Alg. Ins. III. 238. Hymen. pl. XI, fig. 11.

Fem. Long. 9 mill.; env. 20 mill.

Pour la description de l'espèce, voir Lepeletier de Saint-Fargeau,
loc. cit.

Rapp. et diff. Cette espèce ressemble beaucoup à l'*O. flavus*, dont
elle a les formes et les couleurs, mais elle s'en distingue facilement par
le chaperon qui n'est pas bidenté, par les derniers segments de l'abdomen qui sont noirs, sans jaune, et par ses ailes un peu violettes.

Habite : L'Algérie. Oran. (Musée de Paris.)

130. REAUMURII (1) Duf. !

Noir, orné de jaune ; segments de l'abdomen assez largement bordés de jaune, bordure
du deuxième segment élargie sur les côtés ; chaperon noir, bordé de roux du côté supérieur.

SYN. Dufour. *Odynerus Reaumurii.* Ann. Sc. nat. 2e sér. t. XI. p. 90.
    Lep. St-Farg, *Odynerus Dufourii.* Hymen. II. 642.

Fem. Long. 9 mill.; env. 22 mill.
Mâle, Long. 8 1[2 mill.; env. 21 mill.

---

1. Cette espèce, découverte par M. Léon Dufour, n'est évidemment pas celle qu'observa
Réaumur (lisez sur ce sujet la lettre de M. Audouin, Ann. Sc. nat. 2e sér. t. XI. p. 104), et
quoique la dédicace qui en a été faite par Lepeletier de Saint-Fargeau soit bien méritée,
nous croyons devoir lui conserver son autre nom comme plus ancien et ayant par conséquent droit à la priorité.

Pour la description de l'espèce, voir Lepeletier de Saint-Fargeau, loc. cit.

MALE. Chaperon jaune, fortement échancré, terminé par deux dents saillantes; antennes jaunes en dessous et noires en dessus. Bordures des segments abdominaux moins larges que dans la femelle, régulières, sauf la deuxième, qui est un peu festonnée. Le mâle a les hanches du milieu armées d'un éperon, et la deuxième nervure récurrente de l'aile tombe exactement sur la nervure de séparation; la bordure du deuxième segment de l'abdomen est moins élargie sur les côtés que dans la femelle, et je ne vois aucun moyen de le distinguer avec certitude de ceux des *O. reniformis* et *lœvipes*.

Rapp. et diff. La bordure du deuxième segment de l'abdomen, très élargie sur les côtés, fait reconnaître cette espèce assez facilement; elle ressemble à l'*O. velox*, mais son métathorax entièrement noir sert à l'en distinguer. Elle diffère encore de l'*O. notula* par son chaperon bordé de roux du côté supérieur. Le chaperon est un peu échancré, ses angles sont arrondis, et il porte à sa base une ligne rousse; les bordures des segments de l'abdomen sont fortement élargies sur les côtés.

Habite : Il est commun dans le midi de la France. (Musée de Paris.)

131. O. SPINIPES (1).

Chaperon un peu échancré, noir, à angles arrondis dans la femelle; segments de l'abdomen tous ornés d'une étroite bordure jaune, régulière.

SYN. Linn. *Vespa spinipes.* Syst nat. II. 950. 10. — Faun. suec. 1682.
Réaum. *Guêpe solitaire.* Mém Ins. VI. Mém. 8. p. 251. pl. 26. fig. 2.
Panz. *Vespa spinipes.* Faun. Germ. fasc. 17. tal. 18.
Fabr. *Id.* Ent. syst. II. 268. — Syst. Piez. 263, etc. — *V. quinquefasciata.* Ent. syst. II. 267. — Syst. Piez. 262.
Christ.? *V. muraria.* Hymen. 233.

1. C'est bien ici l'espèce observée par Réaumur; Audouin en a examiné les nids, et les a trouvés conformes à la figure qu'en donne le célèbre observateur; ses mœurs, il est vrai, semblent lui être communes avec l'*O. Reaumurii* observé par M. L. Dufour, et avec l'*O. parietum* observé par Lepeletier Saint-Fargeau, mais la figure que Réaumur donne de son insecte est assez bonne pour décider la question : la forme ovale de l'abdomen qui se rétrécit en avant est bien celle de l'*O. spinipes*, et nullement de l'*O. parietum*, les bandes étroites et régulières de l'abdomen nous montrent qu'il ne s'agit pas ici du *Reaumurii*, qui les a au contraire elargies sur les côtés; il est vrai que les cuisses du milieu ne sont pas dentelées sur la figure, mais les nervures des ailes manquent également, les ailes postérieures sont figurées comme étant au-dessus des antérieures, et l'aile gauche est inversée, la côte regardant en arrière; il est donc évident qu'en présence de pareilles inexactitudes, nous ne devons pas être frappés de celle qui tient à la forme des pattes, et l'attribuer au manque d'habitude que les artistes de cette époque avaient dans l'art d'observer.

Rossi. *V. spinipes.* Faun. Etr. II. 143.

Spinol. *Odynerus spinipes.* Ins. Lig. fasc. 1. 89.

Latr. *O. spinipes.* Hist. Crust. et Ins. XIII. — *Odynerus mura-rius*, id.

Wesm. *O. spinipes.*! Monogr. Odyn. Belg. p. 6.

Lep. St-Farg. *O. spinipes.*! Hymen. II. 608.

Herr.-Schaeff. *Pterochilus spinipes* (1). Faun. Germ. fasc. 173, 16-18.

Fem. Long. 10 mill.; env. 23 mill.
Mâle. Long. 9 mill.; env. 20 mill.

Pour la description de l'espèce, voir Lepeletier de Saint-Fargeau, loc. cit.

Rapp. et diff. Dans cette espèce, les bordures des anneaux de l'abdomen sont très étroites et régulières dans les deux sexes; ce caractère, joint à sa taille, ne permet de la confondre qu'avec les *O. reniformis, lævipes* et *melanocephalus*. Elle diffère de ce dernier par ces mêmes bordures, qui sont jaunes et non blanchâtres; du second par un chaperon noir et à peine échancré dans la femelle, et du premier par l'absence de jaune sur le chaperon et le métathorax. Quant au mâle, il est très distinct par les cuisses du milieu, qui sont dentelées, caractère qu'il n'a de commun qu'avec l'*O. melanocephalus*, dont il se distingue par ses ornements jaunes et non blancs, et par la deuxième nervure récurrente des ailes, qui vient tomber juste sur la nervure de séparation des deuxième et troisième cubitale, tandis que dans le *melanocephalus* elle s'insère un peu plus en dedans de cette dernière.

Habite : L'Europe. (Musée de Paris et toutes les collections.)

132. MELANOCEPHALUS, n. sp.

Noir; segments de l'abdomen liserés de blanc jaunâtre.

SYN. Gmell. *Vespa melanocephala.* Edit. Linn. 1. 5. 2768. 96. fem.

Rossi. *V. albo-fasciata.* Faun. Etr. II. p. 143. 870.

Oliv. *V. spinipes.* Enc. VI. 687. mâle.

Wesm. *Odynerus melanocephalus*! Monogr. Odyn. Belg. 12.

Herr.-Schaeff. *Pterochilus dentipes.* Faun. Germ. fasc. 173. p. 3.

— *Pterochilus linniens.* Id. p. 6. tab. 16 (2). (le mâle).

Lep. St-Farg. *Odynerus melanocephalus.*! Hymen. II. 610.

Fem. Long. 8 mill.; env. 17 mill.
Mâle. Long. 7 1[2 mill.; env. 17 mill.

---

1. Il est impossible de se rendre compte de la raison qui a déterminé Herrich-Schæffer a faire passer tous les Odynères de ce sous-genre dans le genre *Pterochilus* !

2. La femelle pourrait appartenir à une autre espèce.

Pour la description de l'espèce , voir Lepeletier de Saint-Fargeau , loc. cit.

Rapp. et diff. Cette espèce est distincte de toutes les autres de cette division, par les liserés de son abdomen qui sont blanchâtres et non jaunes, sauf de l'*O. Alexandrinus*, avec lequel elle a les plus grands rapports ; la femelle en diffère par son écusson sans points blancs et par les liserés de l'abdomen qui sont plus étroits. Le mâle est plus facile à distinguer, car ses cuisses du milieu sont dentées et la hanche n'est pas armée d'un éperon, tandis que dans l' *O. Alexandrinus* c'est l'inverse, les cuisses sont lisses et la hanche du milieu est éperonnée.

Habite : L'Europe. (Musée de Paris, et toutes les collections.)

133. O ALEXANDRINUS , n. sp.

Noir ; segments de l'abdomen bordés de blanc.

Desc. de l'Eg. Hymen. (par Savigny). pl. VIII. fig. 10. Mâle et fem.

Mâle. Long. 8 mill. ; env. 16 mill.

MALE. Noir. Chaperon bidenté, jaune, un peu ferrugineux. Dessous des antennes, une tache entre leurs insertions, mandibules, bordure antérieure du corselet et post-écusson, jaunes. Angles du prothorax subépineux. Segments de l'abdomen portant tous une bordure un peu festonnée, d'un jaune blanchâtre, celle du premier anneau échancrée au milieu par une ligne noire enfoncée qui se trouve sur la partie postérieure de ce dernier. Abdomen n'étant pas aussi régulièrement ovale que dans l'espèce précédente, mais un peu rétréci en arrière du premier segment. Pattes noires ; hanches du milieu armées d'un éperon ; cuisses lisses, sans dents ; côté antérieur des hanches de la deuxième paire jaune , ainsi que les tibias de toutes les paires ; tarses ferrugineux. Ailes transparentes , un peu enfumées le long de leur bord externe.

FEM. Je ne l'ai pas vue , et je ne la caractérise que d'après les planches de la Description de l'Egypte. Un trait transversal sur le front, et une ligne arquée au haut du chaperon , ainsi qu'une ligne sur le devant du premier article des antennes, blanchâtres. Ecaille des ailes jaune ou blanche avec un point ferrugineux. Ecusson orné de deux points blanchâtres. Les cinq premiers segments de l'abdomen bordés de blanc ; la bordure du second fortement élargie sur les côtés, dépression du premier segment nulle.

Rapp. et diff. Cette espèce se distingue de toutes les précédentes par les bordures blanchâtres des anneaux de l'abdomen. Elle diffère de l'*O. melanocephalus* par ces mêmes bordures qui sont plus larges, un

15

peu festonnées et non de simples liserés ; par la dépression dorsale du premier segment de l'abdomen ; par son chaperon dont l'échancrure est plus étroite, et surtout par l'éperon des hanches du milieu , et par l'absence de dents aux cuisses correspondantes. (Il ne s'agit ici que du mâle.)

Habite : L'Egypte. (Musée de Paris.)

134. O. SAVIGNYI, n. sp.

Noir ; milieu du post-écusson et tous les segments de l'abdomen bordés de blanc.

Fem. Long. 9 mill.; env. 15 1|2 mill.

FEM. Formes de l'*O. melanocephalus*. Chaperon concave à son bord antérieur , et portant sur son milieu deux tubercules assez saillants. Abdomen large, le deuxième segment beaucoup plus large que long. Tête et corselet granuleux. Insecte noir; deux points entre les antennes, blancs; angles du prothorax portant deux très petits points blancs, ainsi que la tête en arrière des yeux ; post-écusson blanc au milieu seulement, tous les segments abdominaux ornés d'une bordure blanche régulière, nulle en dessous; le dessous du deuxième segment portant seulement un point blanc de chaque côté. Anus noir. Ailes un peu enfumées, leur bord externe lavé de brun. Pattes noires; genoux et des tibias, dessus blancs ; tarses ferrugineux.

MALE. Inconnu.

Rapp. et diff. Il diffère des *O. melanocephalus* et *Alexandrinus* par le bord du prothorax qui est noir; du premier par ses antennes et son chaperon entièrement noirs, et par ses pattes noires et blanches.

Habite : Djidda en Arabie. (Musée de Paris.)

* * Métathorax taché de jaune.

135. O. RENIFORMIS.

Noir, orné de jaune, chaperon bordé de jaune a sa base; deux points jaunes sur le métathorax.

Fem. Long. 10 mill. ; env. 20 mill.
Mâle. Long. 9 mill ; env. 20 mill.

SYN. Gmel. *Vespa reniformis*. Edit. Linn. I. Pars. v. 2760. 94 (fem.).
— ? *V. melanochra*. Id. 2760. 95 (mâle).

Spinol.? *Odynerus auctus*, Ins. Lig. fasc. 1. 88. 1. et fasc. 3.
   185. 1 (mâle).

.Wesm. *Odynerus reniformis.*! Monogr. Odyn. Belg. p. 1.

Herrich.-Schæff. *Pterochilus coxalis* (1). Faun. Germ. fasc. 173.
   p. 6. pl. 17 (mâle).

Lep. St-Farg. *Odynerus reniformis* (2). Hymen. ii. p. 607.
   (except. la femelle).

Fem. Chaperon un peu plus large que long, un peu concave à son
bord antérieur, fortement ponctué vers le bas, presque lisse à sa base,
et portant deux tubercules insensibles. Formes semblables à celles de
l'*O. spinipes*, mais le métathorax lisse et un peu strié transversalement.
Insecte noir; tête et corselet finement chagrinés, un peu velus Chaperon orné à sa base d'une ligne transversale jaune un peu triéchancrée à
son bord inférieur; un point entre les antennes, une ligne sur le devant de leur premier article et un point en arrière de chaque œil sur la
pente du vertex, jaunes. Prothorax orné d'une bordure jaune amincie
au milieu et dilatée sur les côtés. Ecaille jaune avec un point brun au
milieu, un point sous l'aile, post-écusson, et une tache de chaque côté
sur le haut du métathorax, jaunes. Les cinq premiers segments de l'abdomen ornés d'une bordure jaune assez régulière, dont la seconde, un
peu élargie sur les côtés. Anus noir. Pattes jaunes, avec les hanches et
la moitié basilaire des cuisses, noires. Ailes ferrugineuses, un peu grises
au bout

Male. Chaperon bidenté, jaune, ainsi que les mandibules; le dessous
des antennes, jaunâtre; le point sous l'aile et les taches du métathorax
très petits ou nuls. Le sixième segment abdominal portant une bordure
jaune raccourcie sur les côtés. Pattes presque entièrement jaunes, ainsi
que la hanche du milieu qui porte un éperon.

Rapp. et diff. La femelle ressemble surtout à l'*O. spinipes*, dont elle
diffère par la ligne jaune du chaperon et par les taches du métathorax;
ces mêmes caractères la distinguent des autres *Odynerus* de cette division, si ce n'est de l'*O. velox*, lequel est assez facile à distinguer à ses

1. Il est évident que c'est bien là l'espèce décrite par Herrich-Schæffer; car il dit que
la femelle a *deux taches jaunes sur le métathorax*, et le mâle a les hanches éperonnées.
La figure du reste est exacte et ne convient qu'à l'*O. reniformis*.

2. Lepeletier de Saint-Fargeau, à en juger par sa collection, n'a pas connu l'*O. reniformis*,
de Wesmaël; l'espèce qu'il décrit sous ce nom en est très distincte par son chaperon
bidenté et son métathorax noir. Voici ses propres termes: « Bord antérieur du chaperon
terminé par deux dents très aiguës, séparées par une forte échancrure en angle aigu. » Ce
caractère est celui de l'*O. lævipes* (*rubicola*, Dufour). Le mâle cependant me semble appartenir évidemment à l'*O. reniformis*. Lepeletier de Saint-Fargeau dit du reste avoir reçu
son *O. reniformis* de M. L. Dufour lui-même, ce qui est une preuve à ajouter aux précédentes, de l'identité de cet Odynère avec le *rubicola*.

bordures des anneaux de l'abdomen, qui sont toutes biéchancrées, et dont la seconde est très fortement élargie sur les côtés ; enfin par la grandeur des taches du métathorax et par la présence de celles de l'écusson, qui cependant n'existent pas constamment. Quant au mâle, voyez les *O. Reaumurii* et *lœvipes.*

Habite : La Belgique, la France. (Collect. de M. Guérin-Méneville.)

136. O. Velox, n. sp.

Noir et jaune ; métathorax portant deux grandes taches jaunes.
Fem. Long. 10 mill.; env. 23 mill.

Fem. Noir (tête incomplète). Bordure antérieure du prothorax, un point sous l'aile, écaille, deux points ou une bande interrompue sur l'écusson, post-écusson, *deux grandes taches sur les côtés du métathorax,* jaunes. Ecaille des ailes portant parfois un point noir. Premier segment abdominal un peu pédicellé, allongé, portant une dépression dorsale indistincte et une bordure jaune, un peu élargie sur ses côtés. Deuxième segment noir, avec une bordure jaune fortement élargie sur les côtés, les suivants avec une bordure un peu festonnée. Anus noir. Abdomen fortement déprimé. Pattes jaunes, hanches et base des cuisses noires. Ailes transparentes ferrugineuses le long de la côte, un peu enfumées et ornées d'une bordure brune le long de leur bord externe.

Male. Inconnu.

Rapp. et diff. Cette espèce est très distincte de toutes les autres voisines par son premier segment abdominal pédicellé et ses deux grandes taches jaunes sur le métathorax.

Habite : . . . . ? (Musée de Paris.)

Nota. Il est singulier que les trois individus que j'ai sous les yeux soient tous dépourvus de tête. L'un d'eux a l'écusson entièrement noir, je ne doute pas cependant qu'il n'appartienne à la même espèce.

II. Chaperon fortement échancré, et bidenté.

137. O. Lævipes, Shuck.

Noir, orné de jaune, chaperon bidenté dans la femelle, bandes de l'abdomen régulières.

Syn. Schuck. *Odgnerus lœvipes,* Loud. Mag. Nat. Hist. nov. sér. 1.490.
Dufour. *Odynerus rubicola.* Ann. Sc. nat. 2ᵉ sér. xi. p. 102.
Lep. St-Farg. *Odynerus reniformis.* ! Hymen. 606 (excepté le mâle).

Mâle et Fem. Long. 9 mill. ; env. 20 mill.

Pour la description de la femelle, voir Lepeletier de Saint-Fargeau, loc. cit.

MALE. Chaperon jaune, antennes noires, avec le devant du premier article jaune ; les trois pénultièmes articles ferrugineux ; le dernier noir. Sur le premier segment de l'abdomen une insensible dépression dorsale. Hanches du milieu sans éperon, jaunes en devant ; cuisses sans dents. la deuxième nervure récurrente ne s'insérant pas très près de la nervure de séparation des deuxième et troisième cubitales.

Rapp. et diff. La femelle de cette espèce ne peut être confondue qu'avec l'*O. variegatus*; elle s'en distingue par son chaperon noir, avec deux taches rousses, et non roux, par son prothorax simplement bordé de jaune et non entièrement roux, par son abdomen noir, avec quatre ou cinq bandes jaunes, et non d'un jaune ferrugineux avec des taches noires, etc.

Habite : La France. (Musée de Paris. Collect. St-Fargeau.)

138. O. VARIEGATUS.

Noir, chaperon échancré, prothorax et écusson, roux; abdomen orné de jaune.

SYN. Fabr. *Vespa variegata*. Ent. Syst. II. 269. — Syst. Piez. 264.
Lep. St-Farg. *Odynerus flavus*. ! Hymen. II. 615.
Lucas. *Id*. Expl. sc. d'Alg. Ins. II. 230. Hymen. pl. XI. fig. 3. (var. fem.)
Descr. de l'Egypt. Hymen. (par Savigny). pl. VIII. fig. 9 (mâle).

Fem. Long. 11 mill. ; env. 23 mill.
Mâle. Long. 10 mill. ; env. 22 mill.

Pour la description de l'espèce, voir Lepeletier de Saint-Fargeau, loc. cit.

Rapp. et diff. La femelle de cette espèce est très distincte par son chaperon terminé par deux petites dents écartées, entièrement roux, sauf son extrémité inférieure, ainsi que le prothorax, l'écusson et le post-écusson, par son abdomen dans lequel le jaune domine et non le noir comme dans les autres espèces ; ce jaune tirant sur le roux ; par ses cuisses entièrement rousses, etc. Le mâle est aussi très distinct par son écusson et son post-écusson d'un rouge orangé, par son chaperon jaune pâle, et par les orbites des yeux qui sont indistinctement bordées de jaune pâle jusqu'au fond du sinus. (Il ressemble un peu au mâle de l'*O. notula,* dont il diffère par la spirale des antennes qui est *noire*, et par les bordures fortement festonnées des segments abdominaux.)

Habite : L'Algérie. (Musée de Paris. Collect. St-Fargeau.)

139. O. Emortualis, n. sp.

Ferrugineux; vertex et mésothorax noirs; ailes brunes.
Fem. Long. 11 mill.; env. 22 mill.

Fem. Facies d'un *Pterochilus*. Chaperon concave à son bord antérieur; ocelles en triangle presque équilatéral; métathorax offrant de
chaque côté une ligne un peu saillante qui forme un tranchant dirigé
latéralement mais non en arrière. Abdomen ovale, subpédicellé; le
premier segment en forme de cuilleron, un peu rebordé; un petit
étranglement entre le premier et le deuxième; bord postérieur de ce
dernier insensiblement relevé. Cuisses de la deuxième paire de pattes
offrant en dessous vers l'extrémité deux fortes dentelures. Tête et corselet densément ponctués. Insecte d'un brun de feuille morte; antennes
noirâtres en dessus vers le bout; front, vertex, mésothorax, une bande
oblique sur les flancs entre le mésothorax et le métathorax, ainsi qu'une
ligne entre l'écusson et le post-écusson et une au fond du métathorax,
noirs. Premier segment de l'abdomen noir à sa base; tous les segments
jaunâtres le long de leur bord postérieur, noirâtres à leur base; le
deuxième offrant en outre en dessus une ligne noirâtre irrégulière et
sinuée, en avant de la partie jaunâtre de son bord postérieur. Pattes
ferrugineuses. Ailes brunes avec des reflets dorés.

Male. Inconnu.

Habite : L'Algérie? (Collect. de M. Guérin-Méneville.)

Species dubiæ, aut non visæ (1).

I. *Odynères du sous-genre Oplopus.*

O. consobrinus. Duf. Ann. Sc. Nat. 2e Série. XI. 91.

O. cognatus. Duf. id. 92.

Pterocheilus simplicipes. Herrich-Schæffer. Faun. Germ. fasc. 173.
p. 4. tab. 18. An *Pterochilus phaleratus?*

---

1. Nous n'avons pas copié les descriptions de toutes les espèces suivantes, tant pour ne
pas entasser des compilations inutiles, que parce que nous avons l'espoir d'en examiner
plusieurs, et d'en donner la description dans notre supplément.

Niger, linea transversa subinterrupta inter antennas, puncto in incisura oculorum, altero pone oculos, collo, margine squamae et segm. 1-5 (2 subtus) contiguo, femorum apice, tibiis et tarsis flavis; alis fuscis. Mas : mandibulis, clypeo et ant. art. 1. subtus flavis. Foem : arcu interrupto in basi clypei, et puncto sub alis flavo.

La bordure du premier et du deuxième segments de l'abdomen est un peu festonnée; le troisième a en dessous de chaque côté une tache marginale. Il diffère de l'*O. melanocephalus* par le point jaune dans le sinus des yeux, par la bordure jaune de l'écaille et par la teinte plus foncée de ses ailes; les antennes de la femelle sont entièrement noires, il y a un point jaune sous l'aile. Le mâle a les cuisses cylindriques. (Autriche.)

Pterocheilus tinniens. Herr.-Schaeff. Faun. Germ. fasc. 173. p. 6. (la femelle). Caractérisé par la bordure interne des yeux, qui est jaune ; le mâle me fait l'effet d'appartenir à l'*O. melanocephalus* (Autriche.)

Pterocheilus laetus. Herr.-Schæff. Faun. Germ. fasc. 173. p. 8. Caractérisé par le sinus des yeux, qui est entièrement jaune

Pterocheilus interruptus (1). Herr.-Schaeff. Faun. Germ. fasc. 173. p. 9.
Cette espèce appartient peut-être au genre *Pterochilus*, mais il est impossible de rien dire de positif sur ses affinités; des descriptions ou plutôt des définitions du genre de celles que donne Herrich-Schaffer, n'ont à mon avis pour seul résultat que d'engendrer le doute et la confusion. Voici la description qu'en donne l'auteur :

Pt. scapo subtus, clypeo, punctis 2 inter antennas, linea in sinu oculorum et occipitale; collo et margine postico segmentorum 1-6 flavo, in 1-3 interrupto; squamis et pedibus ferrugineis, femorum solum basi nigra ; alis fuscis.

Deux fois aussi grand que le *Pt. phaleratus*, avec lequel il a les plus grands rapports pour les bandes de l'abdomen, mais la bordure du premier segment n'est pas élargie sur les côtés, et celle du deuxième est trois fois interrompue en dessous; les ailes sont ferrugineuses.

Habite : La Grèce.

---

(1) Ne confondez pas cette espèce avec le *Pterochilus interruptus*, Klug., qui n'a que la taille de l'*O. spinipes*, il s'agit probablement ici du *Polistes interruptus*, Brullé. (Exp. Morée), qui n'est pas un *Polistes*, mais un *Odynerus*. J'en parlerai dans mon supplément.

II. *Odynères dont nous ne connaissons pas la division.*

a. Espèces européennes.

Odynerus constans. Herr.-Schaeff. Faun. Germ. fasc. 173. p. 25. Les antennes de cette espèce sont entièrement noires. (Autriche).

Voyez encore dans le même fascicule :

O. tricinctus (lequel n'est pas l'*O. trifasciatus*, car ses antennes sont noires ainsi que le chaperon), et *O. quadrifasciatus* (an species?)

O. quadrifasciatus. Herr.-Schaeff. Faun. Germ. fasc. 173. p. 19. tab. 20.

O. variegatus. Herr.-Schaeff. Faun. Germ. fasc. 173. p. 16. tab. 19.

O. egregius. Id. Id. Id. p. 15. Ne serait-ce pas l'*O. parvulus*? (Espagne.)

O. xanthomelas. Herr.–Schaeff. Faun. Germ. Fasc. 173. 29. Peut-être l'*O. bivittatus.*

O. pictus, id. 30. — *O. exilis,* id. 32.

O. alternans. Zetterst. Faun. Lapp. 457. 8. (An *O. bifasciatus*?)

O. muticus. Zetterst. Faun. Lapp. 456. 4. Voisin de l'*O. spinipes,* mais ses orbites sont bordées de jaune.

O. albotricinctus. Zetterst. Faun. Lapp. p. 457. 7.

O. ichneumonidea. Ratzburg. Forstinsect. III. 525. pl. IV. fig. 5. Grandeur et forme de l'*O. minutus*, mais le corselet entièrement noir; les trois premiers segments de l'abdomen bordés de jaune; le crochet des antennes dans le mâle, ferrugineux. Cette espèce, à en juger d'après la figure, pourrait être l'*O. bifasciatus*; la bande jaune du milieu semble placée sur le troisième et non sur le deuxième segment de l'abdomen, comme cela a lieu dans l'espèce mentionnée. — (Prusse.)

b. Espèces américaines.

Odynerus annulatus. Say. Exped. to the sources of St-Peter's River. Append. p. 79. (Pensylvanie.)

Eumenes anormis. Say. Exped. to the sources of St-Peter's River. Append. p. 78. (Pensylvanie.) Cet insecte me paraît devoir rentrer dans les Odynères plutôt que dans les Eumènes.

c. Espèces africaines.

Ici viennent se placer plusieurs Odynères figurés dans la Description de l'Egypte, mais que nous n'avons pas retrouvés dans les collections.

Voyez Hyménopt. pl. IX, fig. **2, 3, 4, 7, 8, 13,** La figure 17 représente certainement une espèce nouvelle. Sa coloration semble se rapprocher du *Rhygchium oculatum*; toutes les bandes de l'abdomen sont interrompues au milieu.

•

Genre LEPTOCHILUS. (Mihi.)

(Pl. VI, fig. 5.)

CAR. *Lèvre* longue, linéaire. Palpes labiaux sensiblement plus courts que la languette, de quatre articles, *très grêles,* presque glabres ; le premier très long, le quatrième très petit.

Mâchoires et mandibules. Comme dans le genre *Pterochilus*, mais les palpes très grêles.

Chaperon aussi large, ou plus large que long, arrondi en dessus. Le reste comme dans le genre en question.

A. *Palpes maxillaires très grêles, premier segment de l'abdomen un peu pédicellé, et rétréci, beaucoup moins large que le deuxième.*

1. L. MAURITANICUS. Lepel. !

Noir, chaperon, bordure du prothorax, post-écusson et bordure du second segment, d'un blanc jaunâtre ; premier segment abdominal roux avec une tache noire.

SYN. Lep. St-Farg. *Pterochilus mauritanicus.* Hymen. II. 675.
Lucas. *Id.* Expl. sc. d'Alg. Ins. III. 242. Hymen. pl. VII. fig. 2.

Fem. Long. 9 mill. ; env. 20 mill.
Mâle. Long. 9 mill.; env. 19 mill.

Pour la description de l'espèce, voir Lepeletier de Saint-Fargeau, loc. cit.

Habite : L'Algérie, Oran. (Musée de Paris. Collect. St-Farg.)

2. L. Fallax, n. sp.

Noir et roux, deux taches rousses sur le deuxième segment de l'abdomen. Ailes transparentes, avec une tache dans la radiale.

Mâle Long. 9 mill.; env. 17 mill.

Fem. Inconnue.

Male. Chaperon arrondi, terminé par deux petits tubercules. Corselet large en avant, un peu anguleux; écusson carré, à peu près aussi long que large; métathorax fortement concave au milieu; arrondi et très granuleux sur ses angles; la concavité même, chagrinée. Abdomen à peine pédicellé, mais le premier segment un peu en entonnoir s'élargissant d'avant en arrière, arrondi, sensiblement moins large que le deuxième; entre lui et ce dernier, se trouve un étranglement sensible. Deuxième segment un peu plus large que long et rebordé à son bord postérieur. Tête et corselet fortement, abdomen finement, ponctués; le premier segment et le bord postérieur du second, plus fortement rugueux. Insecte noir. Chaperon, bordure des yeux jusque dans le sinus rentrant, un point en arrière des yeux et une tache entre les antennes, d'un jaune un peu pâle. Antennes ferrugineuses en dessous et à leur base, noires en dessus, avec une ligne jaune sur le premier article. Mandibules brunes. Ecaille, un point sous l'aile, post-écusson, une teinte sur les côtés du métathorax et prothorax, roux; ce dernier bordé d'orangé à son bord antérieur. Premier segment de l'abdomen roux, un peu noirâtre à sa base et sur son milieu, et bordé de jaune orangé; de chaque côté de la base du second segment un point roux, la bordure de ce dernier régulière, jaune; les deux suivants liserés de jaune, les autres noirs. Pattes rousses. Ailes transparentes, à peine enfumées, brunes dans la radiale.

Var.? Prothorax noir bordé de jaune le long de son bord antérieur, et liseré de jaune le long de la courbe du mésothorax. Post-écusson jaune. Premier segment de l'abdomen noir, bordé de jaune, et un peu roux sur les cotés, points roux du deuxième segment jaunes. Pattes un peu jaunâtres.

Habite : L'Amérique. (Collect. de M. de Romand.)

3. L. Modestus, n. sp.

Noir, orné de jaune, écaille et pattes ferrugineuses; ailes transparentes.

Fem. Long. 7 1|2 mill.; env. 13 mill.

Fem. Chaperon un peu plus large que long; un peu échancré; les angles de l'échancrure formant deux petites dents. Corselet court, très large en avant, se rétrécissant un peu d'avant en arrière ; l'écusson et le post-écusson en pente ; ce dernier presque vertical et saillant; métathorax assez arrondi. Abdomen court; premier segment un peu pédicellé à sa base, ensuite élargi en un entonnoir un peu arrondi, plus large que long et un peu rebordé; deuxième segment en cloche, presque en grelot, aussi large que long et offrant à son bord postérieur comme un dédoublement des téguments. Entre le premier et le deuxième segment, un fort étranglement. Insecte noir, rugueux sur la tête et le corselet, un peu froncé sur l'abdomen. Prothorax orné d'une bande d'un jaune blanchâtre brièvement interrompue au milieu ; écaille ferrugineuse ; bord postérieur de l'écusson portant une bande ou seulement deux points jaunâtres ; bord postérieur du post-écusson orné de roux. Les deux premiers segments de l'abdomen bordés de jaune ; la bordure du premier un peu élargie sur les côtés, celle du deuxième assez régulière, nulle en dessous. Pattes noires; bout des cuisses, tibias et tarses ferrugineux. Ailes transparentes, un peu enfumées le long de la côte ; deuxième cellule cubitale plus longue que large.

Var. Milieu du chaperon portant une tache rousse; devant du premier article des antennes orné d'une ligne ferrugineuse.

Male. Inconnu.

Rapp. et diff. Cette espèce pourrait être confondue avec l'*Odynerus minutus* et les petites espèces d'*Odynerus* en général; elle en diffère par un fort étranglement entre les deux premiers segments de l'abdomen ; par son post-écusson placé sur la pente du métathorax ; par sa deuxième cellule cubitale moins large que longue, etc.

Habite : L'Algérie. (Musée de Paris. Collect. St-Fargeau.)

4. L. Cruentatus.

Noir, avec l'écaille des ailes et le premier segment de l'abdomen, roux.

Syn. Brullé. *Discoelius cruentatus!* Hist. nat. des îles Canaries. Ins. II. part. 2e. p. 89. pl. III. fig. 15.

Fem. Long. 8 mill. ; env. 15 mill.

Fem. Insecte noir. Chaperon entier, arrondi à son bord antérieur, un peu plus long que large, fortement ponctué. Mandibules un peu ferrugineuses au bout. Devant du premier article des antennes, l'écaille des ailes, et le premier anneau de l'abdomen d'un rouge de brique; ce dernier rebordé, un peu pédicellé et noir à sa base. Tête et corselet régulièrement et densément ; abdomen plus finement, ponctués. Pattes noires jusqu'au milieu des cuisses, ferrugineuses dans le reste de leur étendue. Ailes transparentes un peu enfumées.

Male, Inconnu.

Habite : Les îles Canaries. (Musée de Paris.)

Nota. M. Brullé a fait de cette espèce un *Discoelius*, mais elle s'éloigne d'une manière très distincte de ce genre par ses mandibules pointues et non tronquées obliquement, par les palpes maxillaires plus longs que les mâchoires et très grêles, le second article plus de deux fois aussi long que le premier ; par le premier segment de l'abdomen à peine pédicellé, etc.

5. L. Oraniensis.

Noir, avec l'écaille, le premier segment de l'abdomen, la bordure du second, et les pattes, roux. Ailes transparentes.

Syn. Lep. St-Farg. *Odynerus oraniensis.* Hymen. ii. 640.

Lucas. *Id.* Expl. sc. d'Alg. Ins. iii, 237. Hymen. pl. xi. fig. 10.

Fem. Long. 9 mill. ; env. 18 mill.

Pour la description de l'espèce, voir Lepeletier de Saint-Fargeau. Loc. cit.

Habite : L'Algérie. Oran. (Collect. St-Farg. Musée de Paris.)

B. *Chaperon pyriforme un peu plus long que large. Palpes maxillaires médiocrement grêles, le premier article renflé. Premier segment abdominal sessile, presque aussi large que le deuxième.*

6. L. Ornatus, n. sp.

Noir, avec le chaperon, le bord du prothorax, une tache sous l'aile, et le bord des trois premiers segments de l'abdomen, orangés ; le premier roux. Ailes transparentes.

Fem. Long. 8 mill.; env. 15 mill.
Mâle. Long. 7 1[2 mill.; env. 15 mill.

Fem. Chaperon presque cordiforme, la pointe tournée en haut, plus large que long. Mandibules fortement crochues ; post-écusson tronqué en arrière et offrant une crête saillante. Métathorax oblique, concave au milieu, arrondi et rugueux sur les bords. Tête et corselet fortement ponctués. Premier segment de l'abdomen un peu pédicellé, et légèrement rebordé à son bord postérieur ; un très fort étranglement entre le premier et le deuxième segment ; ce dernier presque deux fois aussi large que long, offrant un bourrelet indistinct le long de son bord postérieur. Le premier segment fortement, le deuxième plus finement, ponctués. Insecte noir. Mandibules et premier article des antennes, d'un brun obscur ; chaperon orangé, son bord inférieur noir ; bord antérieur du corselet, une tache sous l'aile , écaille, une bande interrompue sur l'écusson, d'un jaune orangé. Premier segment de l'abdomen d'un rougeâtre obscur ; les trois premiers anneaux liscrés d'orangé, les autres offrant aussi des liserés inappréciables bruns. Pattes jaunâtres, hanches et cuisses brunes. Ailes transparentes, un peu enfumées.

Male. Chaperon presque entièrement jaune ainsi que le premier article des antennes.

Habite : La Caroline. (Musée de Paris. Bosc.)

Species non visae

L. Exiguus, n. sp.

Descr. de l'Egypte. Hymen. (par Savigny). pl. viii. fig. 11. Mâle et femelle.

L. Parvulus, n. sp.

Descr. de l'Egypte. Hymen. (par Savigny). pl. viii. fig. 14, mâle, et tête de la femelle.

Genre PTEROCHILUS.

(Pl. VII, fig. 4 et 5.)

Syn. *Pterochilus*. Klng. Latr. Lepel.

Car. *Lèvre* très longue ; menton court et épais ; languette grêle, linéaire. Palpes labiaux très grands (beaucoup plus longs que la lèvre), très gros, comprimés ; de trois articles, le premier grêle à sa base et fortement renflé au bout, les deux autres plumeux, munis de deux rangées de longs poils (1).

Mâchoires courtes, le galéa près de deux fois aussi long que la partie basilaire. Palpe maxillaire un peu plus long que le galéa, de six articles, grêle (2).

1. Il y a une exception à ce caractère ; le caractère le plus précis consiste dans la grosseur et dans la forme comprimée des palpes labiaux.

2. Klug ne donne que cinq articles aux palpes maxillaires dans la diagnose de son genre ; nous croyons qu'il y a erreur dans cette assertion, car nous sommes certain d'en avoir observé six (voy. la planche), et Savigny en a figuré six aussi dans la Description de l'Egypte, Hymen., pl. VIII. Dans la préparation dont M. Klug s'est servi pour faire faire le dessin des parties buccales, le sixième article avait probablement été cassé.

Mandibules comme tordues sur elles-mêmes, larges, très tranchantes, aiguës, un peu arquées, se croisant en ciseaux, mais pouvant à peine former un bec par leur réunion à cause de leur forme arquée, *plus larges à leur tiers supérieur qu'à leur base*, et munies du côté externe d'une rangée de longs poils.

Tête un peu concave en arrière ; antennes en massue très allongée, insérées au milieu de la hauteur de la tête, celles des mâles munies d'un crochet terminal. Yeux ne couvrant pas entièrement les côtés de la tête. Chaperon plus large que long, angulaire du côté supérieur.

Corselet carré, anguleux en avant ; métathorax très oblique, presque vertical, lisse, sans sillon distinct.

Abdomen ovale, le premier segment campanulé, ou en pétiole.

Tableau pour servir à la détermination des espèces.

1	Abdomen pédicellé.		10
	Abdomen sessile ou subsessile.		2
2	Abdomen jaune et noir.		3
	Abdomen ferrugineux et noir.		9
3	Bordures de l'abdomen interrompues au milieu.	*interruptus*.	11.
	Bordures de l'abdomen entières.		4
4	Blanchâtres ; 2 taches sur le 1ᵉʳ et 2 sur le 2ᵉ segment.	*Pallasii*	10.
	Jaunes ; pas de taches rousses.		5
5	Métathorax anguleux, taché de jaune.		6
	Métathorax arrondi, noir.	*biglumis*.	6.
6	Segments abdominaux noirs, bordés de jaune.		8
	Segments abdom. jaunes, tachés de noir, chaperon entier.		7
7	Mandibules noires.	*latipalpis*.	2.
	Mandibules jaunes.		11
8	Chaperon coupé droit à son bord antérieur.	*phaleratus*	5.
	Chaperon un peu échancré.	*numida*.	8.
9	Premier segment de l'abdomen entièrement noir.	*unipunctatus*.	3.
	Premier segment de l'abdomen ferrugineux à sa base.	*ornatus*.	4.
10	Premier segment de l'abdomen entièrement pétiolaire.	*pilipalpis*.	13.
	Premier segment de l'abdomen élargi en arrière.	*glabripalpis*	1
11	Métathorax arrondi.	*major*.	7.
	Métathorax anguleux.	*grandis*.	9.

Iʳᵉ DIVISION (1).

Palpes labiaux grands, mais nullement plumeux, portant seulement des poils roides. Mandibules courtes. Abdomen pédicellé, le premier segment linéaire à sa base, fortement élargi et déprimé en arrière.

1. L'espèce qui constitue cette division décaractérise entièrement le genre, mais nous ne saurions où la placer ailleurs.

1. P. Glabripalpis (1), n. sp.

Bariolé de jaune, de noir et de roux. Ailes transparentes.
Fem. Long. 17 mill.; env. 36 mill.

Fem. Mandibules courtes, dentelées, mousses, presque tronquées obliquement à l'extrémité. Chaperon plus large que long, un peu tronqué à son bord antérieur. Corselet court, globuleux ; mésothorax formant en avant un demicercle ; écusson et post-écusson saillants, un peu obliques ; métathorax nullement concave, offrant au milieu un sillon peu profond ; vu par derrière il a presque la forme d'un demicercle, dont la convexité serait tournée en bas ; le long de cette courbe il forme un bord tranchant. Abdomen pédicellé, ovale, fortement déprimé ; le premier segment forme un pédicelle court, très fortement déprimé, un peu convexe du côté dorsal, et vu par dessus, il a une forme presque triangulaire ; en dessous, son bord postérieur est convexe en arrière. Deuxième segment beaucoup plus large que long. Tête et corselet assez finement ponctués, le mésothorax seul un peu rugueux et velouté, abdomen très finement chagriné. Tête noire ; mandibules ferrugineuses, un peu noirâtres au bout ; chaperon jaune ; un peu ferrugineux au milieu et vers le bas ; une tache sur le front, sinus des yeux, leur bordure le long du bord interne, et tout l'espace placé en arrière d'eux, d'un jaune roussâtre. Antennes ferrugineuses, jaunes sur le devant du premier article, noires en dessus dans leur moitié externe. Corselet noir : prothorax jaune, ainsi qu'une grande tache sous l'aile, qui s'unit au jaune du prothorax ; ces parties jaunes, un peu bordées de roux ; écaille rousse ; sur le devant du mésothorax, de chaque côté, une tache arquée, en chevron brisé, jaunes dans leur moitié externe, d'un beau roux dans leur moitié interne, ainsi que deux autres taches allongées et latérales qui s'étendent en arrière des premières jusqu'à l'écusson ; ce dernier roux, avec deux taches jaunes ; post-écusson jaune : métathorax jaune, son sillon noir. Abdomen noir ; premier segment jaune dans sa moitié antérieure, avec un peu de noir à sa base, roux dans sa moitié

---

1. Cette belle espèce est un exemple parlant de l'impossibilité qu'il y a à faire passer la nature sous les lois que notre esprit systématique lui forge. Par la forme de son pétiole et de son abdomen, cet insecte a le facies d'une *Pachymenes*, mais ses mandibules courtes, ses palpes labiaux énormes et triarticulés, sa lèvre très longue, dont les lobes médians sont plumeux et sans points corués distincts, le menton très court, nous obligent malgré nous de l'imposer au genre *Pterochylus*, qu'il décaractérise d'une manière si regrettable. Mais c'est là l'inévitable résultat qu'amènent de nouvelles découvertes, et nous sommes toujours placé entre ces deux alternatives : ou décaractériser les genres par l'introduction de types qui échappent à la règle, ou en créer de nouveaux. Nous ne doutons pas, du reste, que le genre *Pterochilus* ne soit divisé d'ici à peu de temps, mais comme ses espèces sont peu nombreuses et d'une distinction facile, nous n'avons pas voulu porter la main à son démembrement.

postérieure, avec trois taches noires, et orné d'une étroite bordure jaune. Deuxième segment orné en arrière et sur les côtés d'une étroite bordure rousse, sur laquelle se voient des taches jaunes, et de deux points roux sur sa partie dorsale. Les autres segments portant chacun deux points roux marginaux, parfois un peu mêlés de jaune. Anus roux, avec un triangle noir en dessus. Dessous de l'abdomen noir, avec le premier segment et deux grandes taches latérales sur le deuxième, jaunes; les autres portant des taches ferrugineuses, marginales. Pattes ferrugineuses, la première paire en partie jaune. Ailes transparentes, un peu jaunâtres le long de la côte, et bordées du côté externe par une bande d'un brun clair.

Habite : Le Sénégal. (Collect. de M. de Romand.)

IIe DIVISION.

Palpes labiaux plumeux. Mandibules longues. Abdomen sessile ou subsessile, ovale ; son premier segment en forme de cupule.

(Pl. VII, fig. 5.)

I. *Mandibules fortement dentées, un peu crochues au bout.*

A. Métathorax anguleux.

2. P. Latipalpis (1), Lepel.!

Grand. Tête noire, chaperon et orbites jaunes ; corselet noir ; prothorax et angles du métathorax, jaunes ; abdomen jaune, segments bordés de blanchâtre, et portant des bandes noires transversales.

Syn. Lep. St-Farg. *Pterochilus latipalpis.* Hymen. ii. 678.

Fem. Long. 16 mill.; env. 35 mill.

Fem. Insecte grand. Chaperon entier ou insensiblement tronqué au milieu de son bord inférieur, distinctement ponctué, et portant au milieu une dépression longitudinale, large et peu profonde ; jaune, avec son bord antérieur gris. Mandibules fortes, d'un brun noirâtre, garnies de longs poils jaunes sur leur bord externe. Langue dépassant de beaucoup les mandibules. Palpes labiaux très grands, ferrugineux. Antennes

---

1. La description que Lepeletier de Saint-Fargeau donne de ce magnifique insecte est très incomplète.

noires, avec du jaune sur leur premier article. Le reste de la tête d'un brun noirâtre, avec la bordure interne des yeux et une grande tache en arrière de ceux-ci, jaunes. Corselet ponctué, noir, avec presque tout le dessus du prothorax, deux taches sur l'écusson, le post-écusson, deux larges taches occupant les angles du métathorax, et une petite sous chaque aile, jaunes; écailles jaunes dans leurs bords, rousses au milieu; mésothorax partagé en trois parties par deux sillons longitudinaux. Abdomen ovale, sans étranglement marqué en arrière du premier segment, lequel est presque aussi large que le second, d'un jaune sombre dans la plus grande partie de son étendue, orné d'une bordure régulière et étroite de jaune clair, en avant de laquelle on voit une bande noire, qui se fond sur ses bords avec le jaune. Second segment coloré de même, mais la bordure jaune plus large sur les côtés, la bande noire plus large aussi, n'atteignant pas les côtés de l'anneau, et s'élargissant un peu au milieu. Les autres segments noirs, ornés d'une bordure de jaune pâle; anus noir. Pattes ferrugineuses, hanches noires, avec un point jaune chacune. Ailes transparentes, un peu ferrugineuses.

Var. Le noir des premier et second segments de l'abdomen étant mal terminé, il est probable qu'il se trouvera des variétés dans lesquelles cette couleur se prolongera au milieu et partagera le jaune de façon à en former deux taches latérales.

Male. Inconnu.

Habite : La Crimée. (Musée de Paris, collect. de M. Spinola.)

3. P. Pallash (1), Klug.

Noir, orné de jaune; tous les segments de l'abdomen bordés de jaune blanchâtre, et les deux premiers ornés de deux grandes taches rougeâtres.
Abdomen maculis quatuor fulvis, segmentorumque marginibus albis.

Syn. Klug. *Pterochilus Pallasii.* Beitr. z. Naturk. Weber und Mohr. i. p. 150. pl. iii. fig. 1-3.

Fem. Long. 14 mill.; env. 30 mill.

Fem. Taille et formes de l'*O. luteolus.* Chaperon très large, tronqué droit. Tête faiblement ponctuée, couverte de poils fins, noire, avec une grande tache en arrière des yeux, la bordure des orbites depuis le chaperon jusqu'au fond du sinus des yeux, et une tache sur la base des mandibules, jaunes; chaperon jaune, bordé de noir à son bord inférieur; palpes labiaux bruns; antennes noires, rousses en dessous, avec une ligne orangée sur le devant du premier article. Corselet noir, ponctué; devant du prothorax, et un point sous l'aile, jaunes; écaille jaune, avec

1. J'ai pris la description de cette espèce dans l'excellent mémoire de M. Klug.

un point ferrugineux ; deux points sur l'écusson et post-écusson, d'un jaune brunâtre ; métathorax orné de deux taches jaunes ou ferrugineuses. Abdomen noir, satiné ; tous les segments ornés d'une bordure régulière d'un jaune blanchâtre ; le premier et le deuxième portant, en outre, chacun deux grandes taches libres, rousses ou orangées ; celles du premier segment, circulaires ; celles du deuxième atteignant la base du segment. Anus noir. Pattes roussâtres, variées de jaune ; cuisses et hanches noires, les quatre postérieures tachées de jaune. Ailes transparentes, avec un léger nuage brun ; ferrugineuses le long de la côte, et un peu enfumées au bout.

Var. Mandibules jaunes, avec le bout noir ; prothorax ne portant que deux taches jaunes, souvent rougeâtre ; souvent le prothorax entièrement jaune. Bordure du deuxième segment de l'abdomen fortement élargie sur les côtés, se fondant avec le point roux, atteignant souvent le bord du premier segment, et ne laissant parfois sur le dos qu'un trapèze ou un triangle noir; sur les côtés du jaune, un point noir tout-à-fait latéral.

Male. Inconnu.

Habite : La Russie méridionale, l'Asie Mineure, Smyrne. (Collect. de M. Spinola)

B. Métathorax arrondi.

4. P. Unipunctatus, Lepel.!

Noir ; second segment roux avec une tache noire au milieu. Ailes transparentes.

Syn. Lep. St.-Farg. *Pterochilus unipunctatus.* Hymen. ii. 676.
Lucas. *Id.* Expl. Sc. d'Alg. Ins. iiv. 243. Pl. xii. fig. 3.

Fem. Long. 10 mill. ; env. 41 mill.
Mâle. Long. 10 mill. ; env. 41 mill.

Pour la description de l'espèce, voir Lepeletier de Saint-Fargeau, loc. cit.

Habite : L'Algérie. Oran. (Musée de Paris.)

5. P. Ornatus, Lep.!

Noir, avec le chaperon échancré, jaune, le prothorax, les deuxième et troisième segments de l'abdomen, ferrugineux, ce dernier avec un point noir. Ailes transparentes.

Syn. Lep. St.-Farg. *Pterochilus ornatus.* Hymen. ii. 677.
Lucas. *Id.* Expl. Sc. d'Alger. Ins. iii. 243. Hym. pl. xii. fig. 4.

Mâle. Long. 10 mill. ; env. 21 mill.

Pour la description de l'espèce, voir Lepeletier de Saint-Fargeau, loc. cit.

Var. Prothorax entièrement ferrugineux. Premier segment de l'abdomen ferrugineux, avec sa base et son bord postérieur noirs; point noir du troisième segment petit; le quatrième portant de chaque côté un triangle ferrugineux. Mâle.

Habite : L'Algérie. Oran. (Musée de Paris.)

6. P. Phaleratus, Klug.

Noir, orné de points et de bandes jaunes; ailes transparentes, un peu enfumées.

Syn. Panz. *Vespa phalerata.* Faun. Germ. 47. f. 21. Mâle.—V. *Klugii.* id.
    Klug. *Pterochilus phaleratus.* Beitr. Z. Naturk. v. Weber u.
      Mohr. i. p. 154.
    Latr. *Id.* Gen. Crust. et Ins. iv. 139.
    Herr.-Schæff. *Id.* Faun. Germ. 173. 16-18. p. 9.
    St.-Farg. *Id.* Hymen. ii. 673.

Fem. Long. 7 1|2 mill.; env. 15 mill.
Mâle. Long. 7 mill.; env. 14 mill.

Pour la description de la femelle, voir Lepeletier de Saint-Fargeau, loc. cit.

Habite : L'Europe. (Musée de Paris.)

7. P. Biglumis, n. sp.

Noir, orné de jaune, mandibules fortement dentées, métathorax arrondi.
Fem. Long. 13 mill.; env. 27 mill.

Fem. Chaperon fortement échancré, terminé par deux dents. Mandibules fortement quadridentées. Corselet globuleux, écusson et post-écusson saillants, obliques sur la pente du métathorax; métathorax vertical, arrondi. Abdomen ovale, déprimé; le premier segment en forme de cupule, parfaitement arrondi, nullement tronqué du côté antérieur. Insecte noir, rugueux sur la tête et le corselet. Un point au haut des mandibules, une tache entre les antennes, la bordure interne des orbites jusque dans le sinus des yeux, une tache en arrière de ces derniers, jaunes. Chaperon noir, avec, à sa partie supérieure, une tache jaune trilobée qui en occupe toute la largeur, et au-dessus de ses deux dents terminales, deux petits points jaunes. Bordure antérieure du corselet, écaille, une tache sous l'aile, deux sur l'écusson, et post-écusson tout entier, jaunes. Les segments abdominaux tous ornés d'une bordure jaune; celle du premier un peu triéchancrée, celle du second fortement, et celle du troisième faiblement, élargies sur les côtés. Anus noir. Antennes noires, avec un point jaune à leur base. Pattes jaunes;

hanches noires, avec un point jaune. Ailes transparentes, un peu jaunâtres le long de la côte.

Rapp. et diff. Il ressemble singulièrement au *Pt. numida.* (Voir les affinités de cette espèce.) Il se distingue assez facilement du *Pt. grandis* par son chaperon échancré, ses mandibules fortement dentées et un peu crochues au bout, par son métathorax sans angles saillants, par son abdomen, dans lequel le noir domine et non le jaune, etc. Enfin, il a les mêmes formes que les *Pt. latipalpis* et *major*, mais il en diffère par trop de caractères pour que la confusion soit possible ; la taille seule suffit pour l'en distinguer.

Habite : Le Cap de Bonne-Espérance ? (Collect. de M. de Romand.)

II. *Mandibules droites sans dents distinctes.*

1. Mandibules armées de dents indistinctes. Métathorax plus ou moins arrondi.

8. P. MAJOR, n. sp.

Grand ; tête et corselet noirs, ornés de jaune; angles du métathorax, jaunes ; abdomen jaune ; les deux premiers segments portent chacun une grande tache noire.
Fem. Long. 17 mill.; env. 34 mill.

FEM. Très voisin du *P. grandis*, mais plus grand et surtout plus gros. Facies du *P. latipalpis*. Chaperon pentagone, tronqué droit à son bord antérieur. Corselet globuleux, disque du mésothorax presque circulaire ; métathorax fort peu concave au milieu. Abdomen en ovale raccourci, globuleux, le deuxième segment plus large que long. Insecte noir. Mandibules et première moitié des antennes ferrugineuses, les premières à leur base, et les secondes sur le devant du premier article, jaunes; seconde moitié des antennes noire. Un point entre les antennes, une tache le long de l'orbite, à côté de leur base, et une autre grande en arrière des yeux, jaunes. Corselet un peu velouté ; bordure du prothorax, une tache sous l'aile, écaille, écusson, post-écusson presque en entier, angles du métathorax, et deux lignes arquées, longitudinales, presque au milieu de ce dernier, jaunes. Abdomen jaune; premier segment un peu noirâtre à sa base, et portant en dessus une tache noire arrondie en avant, élargie en arrière; cette tache laisse le long du bord postérieur du segment une étroite bordure jaune interrompue au milieu. Une petite tache noire marginale de chaque côté de ce segment. Le deuxième orné d'une grande tache noire, plus longue que large, élargie en arrière et laissant une bordure jaune assez large. Troisième segment noir à sa base, avec une large bordure jaune régulière, les autres et l'anus, jaunes. Dessous de l'abdomen presque entièrement jaune, sauf le premier anneau qui est noir. Pattes jaunes, hanches portant un peu de noir, ainsi que la base des cuisses de la troisième paire. Ailes ferrugineuses le long de la côte, enfumées dans le reste de leur étendue.

MALE. Inconnu.

Rapp. et diff. Très voisin du *P. grandis* et du *P. latipalpis*, voir la description de ces espèces. Il se distingue aisément de ce dernier par ses mandibules jaunes et ses ailes enfumées.

Habite : Le Cap de Bonne-Espérance. (Collect. de **M.** de Romand.)

2. Mandibules sans dents appréciables. Un angle tranchant de chaque côté du métathorax.

9. P. NUMIDA, Lepel.

Noir, avec le haut du chaperon, un point en arrière des yeux, la bordure du thorax, un point sous l'aile, l'écaille, deux taches sur l'écusson, deux sur le métathorax et la bordure des segments de l'abdomen, jaunes.

SYN. Lep. St.-Farg. *Pterochilus numida.* Hymen. II. 672.
Lucas. *Pterochilus numidicus.* Expl. Sc. d'Alg. Ins. III. 241.
Hym. pl. VII. fig. 5.

Fem. Long. 11 mill.; env. 23 mill.

Pour la description de l'espèce, voir Lepeletier de Saint-Fargeau, loc. cit.

Var. Chaperon et post-écusson entièrement jaunes.

Rapp. et diff. Très voisin du *Pt. biglumis,* dont il diffère par les caractères suivants :

Chaperon un peu prolongé en avant, et à peine échancré. Mandibules droites, en forme de stylet, sans dents sensibles. Métathorax offrant de chaque côté un angle tranchant. Premier segment de l'abdomen tronqué droit du côté antérieur. Mandibules ferrugineuses et non noires, premier article des antennes entièrement jaune en devant. Post-écusson noir, avec deux points jaunes du côté postérieur. Deux taches jaunes sur les angles supérieurs du métathorax. Premier segment de l'abdomen jaune en dessus, avec une échancrure noire en demicercle; les suivants offrant une bordure un peu festonnée et fort peu élargie sur les côtés· Anus jaune en dessus.

Habite : L'Algérie. Oran. (Musée de Paris.)

10. P. Grandis, Lepel.!

Jaune, avec la moitié des antennes, le front, le mésothorax, le milieu du métathorax, les flancs, une tache sur le premier, une sur le second et la base des autres segments de l'abdomen, noirs.

Syn. Lep. St.-Farg. *Pterochilus grandis*. Hymen. ii. 671.

Lucas. *Id.* Expl. Sc. d'Alg. Ins. iii. 241. Hymen. pl. xii. fig. 1.

Fem. Long. 14 mill. ; env. 28 mill.

Pour la description de l'espèce, voir Lepeletier de Saint-Fargeau, loc. cit.

Fem. Très voisin du *P. major* ; il en diffère par sa plus petite taille, et ses formes un peu plus grêles, et par les caractères suivants : Chaperon plus large que long, un peu arrondi à son bord antérieur. Disque du mésothorax ovale. Abdomen ovalo-conique ; deuxième segment de l'abdomen aussi long que large ; écusson ne formant pas une saillie. Sinus des yeux, une tache à leur sommet, et deux petites taches triangulaires sur le devant du mésothorax, jaunes. Prothorax entièrement jaune, jusqu'à l'écaille. Ecusson noir, avec deux taches jaunes ; métathorax noir, ses angles seuls, jaunes ; tache du premier segment de l'abdomen ayant la forme d'une bande transversale un peu élargie au milieu, celle du deuxième en forme de T renversé, un peu trilobée en arrière, les autres ayant le milieu de leur base et deux échancrures, noirs ; dessous de l'abdomen noirâtre, surtout au milieu. Ailes entièrement transparentes.

Male. Inconnu.

Habite : L'Algérie. (Musée de Paris. Collect. Saint-Fargeau.)

III. *Espèce que je n'ai pas vue, mais facile à reconnaître.*

11. P. Interruptus, Klug.

Ater, abdomine fasciis quinque flavis, prima integra, reliquis interruptis.

Syn. Klug. *Pterochilus interruptus*. Beitr. z. Naturk. v. Weber u. Mohr. i. p. 152.

Taille de l'*Odynerus spinipes*.

Male. Tête finement pubescente, ponctuée, noire ; un point entre les antennes, une tache en arrière de chaque œil, et la bordure des orbites jusqu'au fond du sinus des yeux, jaunes ; chaperon jaune, bordé de noir. Mandibules noires, avec le bout et le bord triturant, bruns ; palpes labiaux bruns, leurs poils, jaunes. Antennes entièrement noires. Corselet ponctué, noir, avec un petit point de chaque côté du prothorax, une tache sous l'aile et une autre de chaque côté sur le métathorax, immédiatement en dessous de l'écusson, jaunes. Ecusson portant de chaque côté un petit point jaune; post-écusson portant deux points jaunes, souvent confondus en une ligne. Ecaille jaune, avec un point ferrugineux au milieu. Abdomen noir, lisse et satiné; le premier segment portant une bordure jaune large, festonnée et élargie sur les côtés, échancré en trois points; les autres segments ornés d'une bordure plus étroite, assez régulière et interrompue au milieu; anus noir. Pattes d'un jaune roussâtre, avec les hanches et la base des cuisses, noires. Ailes transparentes, un peu enfumées, surtout le long de la côte.

Habite : L'Allemagne.

IIIᵉ DIVISION.

Palpes labiaux plumeux. Mandibules courtes, presque tronquées obliquement à l'extrémité; fortement dentées, ne formant par leur réunion qu'un bec obtus. Abdomen pédicellé. Le premier segment tout entier transformé en pétiole. (Palpes maxillaires longs, très grêles; leur premier article court, le troisième très long.)

(Pl. VII, fig. 4.)

12. P. PILIPALPUS.

Noir, orné de jaune, le premier segment de l'abdomen en pétiole, élargi au milieu, le deuxième portant deux bandes blanchâtres. Ailes transparentes, ferrugineuses le long de la côte.

SYN. Spinol. *Epipona pinipalpa*. Fauna Chilena. Zool. VI. 252.

Fem. Long. 10 mill.; env. 20 mill.

FEM. Tête grosse, concave en arrière. Chaperon beaucoup plus large que long, faiblement tridenté à son bord antérieur, et garni en ce point d'une rangée de cils blanchâtres. Corselet tronqué droit, et fortement rebordé à son bord antérieur; le rebord très saillant; vu par derrière, il offre une courbe festonnée, il est échancré au milieu; angles du prothorax fortement épineux; disque du mésothorax polygonal; écusson et post-écusson fortement saillants, ce dernier un peu bituberculeux; métathorax à peine un peu concave au milieu. Pétiole linéaire à sa base, presque renflé en une sphère à son extrémité postérieure, le reste de l'abdomen court et circulaire. Tête et corselet assez rugueusement, pétiole moins fortement, abdomen très finement ponctués; tête, corselet et pétiole ponctués; mésothorax partagé par deux sillons longitudinaux; écusson partagé par un sillon médian. Insecte noir. Mandibules noires, avec le bout ferrugineux; palpes labiaux ferrugineux;

chaperon roux au milieu, noir sur ses bords, surtout le long de son bord inférieur, et portant de chaque côté, au niveau de la base de la mandibule, un point blanchâtre. Antennes ferrugineuses, avec l'extrémité noire. Prothorax, sauf ses angles postérieurs, une tache sous l'aile, moitié postérieure de l'écusson, une ligne sur le post-écusson, et deux petites taches au bas du métathorax, d'un blanc jaunâtre. Ecaille jaune, avec un point ferrugineux. Pétiole bordé d'un cordon jaune ; les deux premiers segments de l'abdomen portant chacun une bordure blanchâtre assez large et régulière ; le deuxième orné, en outre, d'une bande transversale de la même couleur, et placée près de sa base. Pattes ferrugineuses, hanches noires. Ailes ferrugineuses le long de la côte, un peu grisâtres au bout.

Habite : Le Chili. Rapporté par M. Gay. (Musée de Paris.)

Species non visæ.

13. P. Quinquefasciatus, Say.

Segments abdominaux bordés de jaune, les deux premiers ornés chacun de deux points roux.

Syn. Say. *Pterochilus quinquefasciatus.* Exped. to the Sourc. of the St-Péters. Riv. ii. Suppl. p. 79.

Fem. Long, 8 à 9 lignes.

Fem. Tête noire : orbites bordées de ferrugineux ; chaperon, premier article des antennes et mandibules, ferrugineux ; le bout du chaperon portant une échancrure aiguë ; flagellum des antennes d'un brun noirâtre ; palpes labiaux jaunâtres, très longs, longuement ciliés, triarticulés ; le dernier article fortement comprimé, obtus au bout. Corselet noir ; prothorax et écailles ferrugineux ; écusson orné de deux points jaunes ; métathorax (1) portant une ligne jaune transversale, et à sa base de chaque côté une grande tache ferrugineuse ; une tache jaune sous l'aile. Ailes un peu enfumées. Pattes ferrugineuses. Abdomen noir avec cinq larges bandes d'un jaune vif, un peu échancrées ; la cinquième raccourcie ; les deux premiers segments ornés chacun d'un grand point roux ; dessous de l'abdomen noir, ferrugineux à sa base.

Habite : Les Etats-Unis, le Missouri.

P. Savignyi. Descr. de l'Egypte. Hymen. (par Savigny), pl. VIII, fig. 8. (Fem.).

Cette jolie espèce, encore inconnue dans les collections, sera très facile à reconnaître, par la simple comparaison avec l'excellente figure qu'en a donnée M. Savigny. Elle rentre dans la seconde division de ce genre.

1. Cette ligne jaune ne serait-elle point le post-écusson ?

P. interruptus. Herr.-Schæff. Faun. Germ. fasc. 173, p. 9. (Voyez page 231.)

C'est la seule espèce américaine de ce genre qui soit parvenue à notre connaissance.

SECTION IIIe

LES MISCHOPTÈRES.

Deuxième cellule cubitale pédonculée, recevant les deux nervures récurrentes.

(Pl. VII, fig. 6 *d.*)

Genre ALASTOR, Lepel.

(Pl. VII, fig. 6, et pl. VI. fig. 4.)

SYN. *Alastor.* Lepel.

CAR. *Lèvre* comme dans le genre *Odynerus*, son lobe médian plus fendu. Palpes labiaux de quatre articles, le premier renflé au bout, le quatrième très petit.

Mâchoires grosses, galéa et palpe plus courts que la partie basilaire; palpe de six articles, le premier renflé, les autres grêles.

Mandibules aiguës, armées de dents latérales.

Abdomen sessile.

Ailes : deuxième cellule cubitale pédonculée.

Le reste comme dans le genre *Odynerus*.

Tableau pour servir à la détermination des espèces.

1	Corselet entièrement noir.		4
	Corselet noir et jaune, orangé, ou blanc.		2
2	Insecte noir et orangé, ou roux.		3
	Insecte noir et jaune ou blanc, sans roux.		5
3	Prothorax entièrement orangé, ou roux.		12
	Prothorax noir et orangé, roux, ou blanc.		13
4	Premier segment de l'abdomen entièrement noir.		8
	Premier segment de l'abdomen liseré de ferrugineux.	*singularis.*	15.
5	Métathorax anguleux.	*atropos.*	12.
		angulicollis.	13.
	Métathorax arrondi.		6
6	Deuxième segment de l'abdomen noir, ou noir et jaune.		11
	Deuxième segment de l'abdomen orangé.	*tasmaniensis.*	6.
7	Deuxième segment de l'abdomen entièrement orangé.	*tasmaniensis.*	6.
		Clotho.	1.
	Deuxième segment noir, bordé d'orangé.	*australis*	2.
		aurocinctus	5.
8	Chaperon tronqué droit		9
	Chaperon un peu concave.		10

9 {	Un tubercule à la base du 2e segm. de l'abdom. en-dessus.	*tuberculatus.*	7.
	Pas de tubercule à l'abdomen.	*punctulatus* .	10.
10 {	Ecaille rousse.	*Parca.*	9.
	Ecaille jaune et noire.	*emarginatus.*	8.
11 {	Deuxième segment abdominal noir.	*melanosoma.*	14.
	Deuxième segment abdominal bordé de blanchâtre.	*similis.*	11.
12 {	Chaperon plus long que large.	{ *Lachesis.* / { *eriurgus* .	3. / 4.
	Chaperon plus large que long.	*bucida.*	14.
13 {	Prothorax noir et orangé.	7	
	Prothorax noir bordé de blanc.	*Picteti.*	12.
	Prothorax noir et roux.	*bucida*	14.

Ire DIVISION.

Métathorax arrondi, tronqué au niveau du bord postérieur de l'écusson, ne se prolongeant pas horizontalement en arrière de ce dernier.

Insectes de la Nouvelle-Hollande.

I. *Une suture transversale plus ou moins distincte sur le premier segment de l'abdomen. — Insecte de l'Australie.*

(Pl. VI, fig, 4.)

1. A. CLOTHO, Lepel.!

Noir, deux taches sur le prothoràx, écaille, deux taches sur l'écusson, et bordure du deuxième segment abdominal, d'un rouge orangé. Ailes transparentes.

SYN. Lep. St.–Farg. *Alastor Clotho.* Hymen. II. 668.

Fem. Long. 12 à 13 mill.; env. 30 mill.

(Pour la description de l'espèce, voir Lepeletier de Saint-Fargeau, loc. cit.) Au lieu de : « *ailes brunes* ; » mettez : ailes transparentes, un peu enfumées.

Habite : La Nouvelle-Hollande. (Musée de Paris.)

II. *Pas de suture transversale sur le deuxième segment de l'abdomen.*

a. Insectes orangés et noirs.

2. A. AUSTRALIS, n. sp.

Noir et orangé ; chaperon entier, jaune. Ailes brunes.

Fem. Long. 11 1\|2 mill.; env. 23 mill.

FEM. Chaperon tronqué droit à son bord antérieur; jaune, ainsi qu'une ligne sur le devant du premier article des antennes, et un petit point en arrière des yeux. Le reste de la tête, noir, velu et ponctué, ainsi que le corselet. Prothorax un peu rebordé, orné de deux taches d'un rouge orangé, un peu au-dessus des épaulettes ; un petit point sous l'aile et un autre sur chaque angle de l'écusson, orangés. Écaille brune. Abdomen subsessile, velouté, poilu, les deux premiers segments de l'abdomen ornés d'une bordure régulière d'un jaune orangé, et le second portant en dessous un fort tubercule ; les suivants un peu brunâtres. Pattes noires ; tibias et tarses ferrugineux. Ailes brunes ; pédoncule de la deuxième cellule cubitale court.

Rapp. et diff. Très voisin de l'*A. clotho*, il en diffère par son chaperon entier, par les taches beaucoup moins grandes du prothorax et de l'écusson, par son corselet plus allongé, etc.

Habite : La Nouvelle-Hollande. (Collect. de M. de Romand.)

3. A. LACHESIS, n. sp.

Noir ; prothorax, écaille, écusson, deux taches sur le métathorax, premier segment de l'abdomen, bordure du deuxième, et les suivants en entier, d'un jaune orangé. Ailes transparentes.

Fem. Long. 12 1[2 mill. ; env. 22 mill.

FEM. Corselet carré, ailes insérées en arrière de son milieu. Tête noire ; chaperon fortement échancré, orangé, avec une bande noire au milieu, antennes noires. Corselet noir ; prothorax, une tache sur le côté du corselet, écaille, écusson, bord postérieur du post-écusson, et une tache de chaque côté du métathorax, orangés ; disque du mésothorax allongé, étroit en avant ; écaille ornée d'un point brun, métathorax à angles arrondis, un peu concave au milieu. Abdomen orangé ; premier segment noir à sa base, un peu plus étroit que le deuxième ; celui-ci noir, avec une bordure régulière orangée, et portant en dessous un tubercule vers sa base. Pattes ferrugineuses ou orangées ; hanches noires. Ailes transparentes.

MALE. Inconnu.

Rapp. et diff. Très voisin de l'*A. eriurgus* et de l'*A. aureocinctus.* Voir les affinités de ces espèces.

Habite : La Tasmanie. Rapporté par M. Verreaux. (Musée de Paris.)

4. A. ERIURGUS, n. sp.

Noir, avec le prothorax en dessus, l'écaille, un point sous l'aile, l'écusson, deux taches sur le métathorax et la bordure de tous les segments de l'abdomen, d'un rouge orangé. Ailes enfumées.

Fem. Long. 13 mill.; env. 24 mill.

FEM. Chaperon fort peu concave et rebordé à son bord antérieur, d'un jaune orangé, avec une marque noire au milieu ; entre les antennes un point orangé, ainsi que le devant du premier article de ces dernières.

Corselet finement ponctué, velu, noir, avec le prothorax en dessus seulement, un point isolé sous l'aile, l'écaille, l'écusson, sauf son bord postérieur, le post-écusson qui est tout-à-fait linéaire, et les angles du métathorax, d'un rouge orangé. Abdomen noir, ovale, le premier segment arrondi, très brièvement pédicellé et séparé du deuxième par un étranglement assez sensible, orné d'une large bordure d'un rouge orangé, offrant au milieu une échancrure triangulaire noire ; le deuxième segment régulièrement bordé de rouge-orangé, et offrant en dessous un assez fort tubercule, les autres ferrugineux. Pattes orangées, hanches et cuisses noires. Ailes enfumées.

MALE. Inconnu.

Rapp. et diff. Très voisin de l'*A. lachesis* pour la coloration, il s'en distingue : par son chaperon sans dents terminales, par le disque du métathorax, qui n'est pas si fortement rétréci en avant que dans l'*A. lachesis*, par le premier segment de l'abdomen qui est moins carré, arrondi du côté antérieur, et dont la bande jaune est échancrée de noir au milieu. Par le jaune du prothorax qui est coupé droit de chaque côté, et qui ne se prolonge nullement sur les parties latérales du corselet. Par les ailes plus enfumées et insérées plus en avant, etc.

Il est encore plus facile à confondre avec l'*A. aureocinctus*, mais il s'en distingue par son chaperon non bidenté, par la bordure du premier segment de l'abdomen échancré au milieu, etc.

Habite : La Nouvelle-Hollande. (Collect. de M. de Romand.)

5. A. AUREOCINCTUS.

Noir et orangé ; chaperon bidenté ; ailes obscures.

SYN. Guer. *Odynerus aureocinctus.* Voy. de la Coq. Ins. p. 266. pl. IX. fig. 4.

Fem. Long. 15 mill. ; envi. 30 mll.

FEM. Très voisin de l'*A. Eriurgus* ; il s'en distingue par les caractères suivants :

Chaperon fortement bidenté, les dents très écartées et laissant entre elles un bord droit qui offre au milieu une troisième dent insensible. Métathorax parfaitement plat ; post-écusson tronqué droit à son bord postérieur, et portant une crête transversale mousse. Premier segment de l'abdomen n'étant pas arrondi, mais tronqué droit du côté antérieur, un peu canaliculé transversalement en dessus, et offrant une crête mousse transversale un peu saillante, du côté antérieur, sur la séparation des deux faces. Dessous du deuxième segment portant un tubercule très fort et dirigé en avant. Chaperon orangé, avec un fer-à-cheval noir dont les branches vont se terminer dans les dents du chaperon, la tache derrière les yeux, grande ; l'orangé du prothorax irrégulièrement terminé sur les côtés ; la tache sous l'aile assez grande, post-écusson entièrement orangé ; le premier segment de l'abdomen entièrement orangé, un peu noirâtre à sa base seulement, pas d'échancrure noire au milieu ; cuisses un peu orangées en dessous. Deuxième cellule cubitale plus large.

MALE. Inconnu.

Rapp. et diff. Très voisin aussi de l'*A. Lachesis*, dont il se distingue par le disque du mésothorax qui est moins rétréci en avant, par le chaperon dont les dents sont écartées et séparées par un bord droit, tandis que dans l'espèce sus-mentionnée l'échancrure est en forme de V arrondi ; par sa taille plus grande, etc.

Habite : La Nouvelle-Hollande. (Collect. de M. Guérin-Méneville. Individu type.)

6. A. TASMANIENSIS, n. sp.

Thorax et premier segment de l'abdomen noirs, les autres d'un ferrugineux orangé. Ailes transparentes.

Long. 11 mill.; env. 21 mill.

(Tête incomplète.) Corselet noir, rugueux, couvert de poils courts et denses. Deux points fauves sur le prothorax, placés, un de chaque côté du lobe antérieur du mésothorax. Premier segment de l'abdomen noir, un peu rugueux et velouté ; les autres entièrement ferrugineux ; le second portant une petite tache noire au milieu à sa base. Pattes noires ; jambes et tarses jaunes. Ailes transparentes, un peu grises, ferrugineuses le long de la côte, avec une tache brune dans la cellule radiale.

Habite : La Tasmanie. (Musée de Paris.)

b. Insectes noirs, ornés de jaune pâle.

7. A TUBERCULATUS, n. sp.

Noir et jaune, les deux premiers segments abdominaux bordés de jaune, le deuxième portant en dessus et en dessous un tubercule. Ailes transparentes.

Fem. Long. 12 mill.; env. 25 mill.

FEM. Insecte noir. Chaperon plus long que large, saillant, tronqué droit à son bord antérieur. Un point entre les antennes, une tache allongée de chaque côté du chaperon, deux points sur la partie antérieure du prothorax, et une bordure régulière et étroite à la partie postérieure des deux premiers segments de l'abdomen, d'un jaune clair. Ecaille brune. Tête et corselet finement ponctués, pubescents. Abdomen moins velu, luisant; son premier segment sensiblement moins large que le second, beaucoup plus large que long; le deuxième portant en dessus et en dessous un tubercule saillant. Pattes noires, jambes et tarses bruns. Ailes transparentes, enfumées le long de la côte, avec une tache dans la cellule radiale; deuxième cellule cubitale assez longuement pédicellée.

MALE. Chaperon jaune, un peu échancré; parfois un petit point jaune sous l'aile.

Rapp. et diff. Très voisin des *A. Parca* et *similis*. (Voir les affinités de ces espèces.)

Habite : La Tasmanie. (Musée de Paris.)

8. A. EMARGINATUS, n. sp.

Comme l'*A. tuberculatus*, mais le chaperon échancré.

Fem. Long. 10 1]2 mill.; env. 22 mill.

FEM. Très voisin de l'*A. tuberculatus*. Il a exactement les mêmes formes et la même coloration, mais il s'en distingue par son chaperon échancré angulairement; l'échancrure est obtuse, et de chaque côté la saillie forme une dent large, tandis que dans l'*A. Parca* le chaperon est à peine un peu concave à son bord antérieur. Les taches du chaperon sont petites; et l'écaille n'est pas rousse, mais jaune, avec une tache noire à sa base. Le corselet est densément ponctué, un peu rugueux, tandis que dans l'*A. Parca* il est couvert de points enfoncés distants, laissant entre eux des espaces lisses. L'abdomen, vu de profil, n'offre pas de tubercule près de la base du deuxième segment.

MALE. Inconnu.

Habite : La Tasmanie. (Musée de Paris.)

9. A. PARCA, n. sp.

Noir et jaune, éeaille rousse, pas de tubercule en dessus du deuxième segment de l'abdomen. Ailes enfumées.

Fem. Long. 12 1]2 mill.; env. 24 mill.

FEM. Chaperon très large en bas, concave à son bord antérieur, ses angles arrondis. Métathorax arrondi. Abdomen sub-sessile; le premier segment presque aussi large que le second, ce dernier sans tubercule sensible en dessus , mais en portant un assez fort en dessous. Insecte fortement velu sur tout le corps ; tête et corselet couverts de ponctuations fines et un peu distantes ; métathorax finement strié en travers ; abdomen un peu velouté. Insecte noir ; un point entre les antennes, et deux autres très petits points au haut du chaperon ; deux taches sur le prothorax, un point sous l'aile, un sur chaque angle de l'écusson, jaunes. Écaille d'un ferrugineux obscur ; et les deux premiers segments de l'abdomen ornés d'une étroite bordure jaune. Pattes noires ; tibias et tarses ferrugineux. Ailes enfumées, noires le long de la côte. Les parties jaunes sont d'un jaune pâle, nullement orangé.

Var. Deux taches blanches au haut du chaperon.

Male. Chaperon jaune avec un rond noir au milieu, lequel envoie au bord antérieur une ligne de la même couleur.

Rapp. et diff. Il est très voisin de l'*A. tuberculatus*, il s'en distingue par l'absence de tubercule sur le deuxième segment de l'abdomen, par le premier segment aussi large que le deuxième, par le chaperon concave et non arrondi à son bord antérieur, etc. — Il diffère par les mêmes caractères de l'*A. similis*, et en outre, par ses écailles rousses et non noires.

Habite : La Nouvelle-Hollande. (Musée de Paris.)

10. A. Punctulatus, n. sp.

Fem. Long. 12 1\|2 mill.; env. 24 mill.

Fem. Comme l'*A. Parca*, mais plus grêle ; le chaperon est tronqué droit, nullement concave, le haut porte une bande transversale jaune. Pas de point jaune entre les antennes. Ceux du prothorax, petits. Abdomen allongé, déprimé, sans tubercule en dessus ; le premier segment moins large que dans l'*A. Parca* ; une fois et demie aussi large que long ; l'écaille est noire. Les ponctuations du corselet sont comme dans l'*A. Parca*, mais sensiblement plus fines. Il diffère de l'*A. tuberculatus* par l'absence de tubercules en dessous du deuxième segment de l'abdomen, par le chaperon qui n'a pas deux lignes jaunes latérales, par l'absence de points entre les antennes, etc. On le distingue de l'*A. emarginatus* par son chaperon entier, par son écaille noire, par le premier segment de l'abdomen qui est presque aussi long que large, par l'absence de tache entre les antennes, etc.

Male. Inconnu.

Habite : La Tasmanie. (Musée de Paris.)

11. A. Similis, n sp.

Noir et jaune, écaille noire, ailes enfumées.

Fem. Long. 10 mill.; env. 21 mill.

Fem. Très voisin de l'*A. Parca*; mais le corselet un peu plus allongé; le chaperon tronqué droit à son bord antérieur, l'abdomen plus déprimé, son premier segment un peu plus pédicellé, et renflé en dessus, et le deuxième plus long que large, et sans tubercule sensible en dessous. Insecte fortement velu, noir; tête et corselet très finement ponctués; abdomen lisse. Haut du chaperon, un très petit point en arrière des yeux; deux taches sur le prothorax, une sous l'aile, un point de chaque côté de l'écusson, et la bordure des deux premiers segments de l'abdomen, d'un jaune un peu blanchâtre. Pattes noires; tibias et tarses ferrugineux. Ailes enfumées; pédoncule de la deuxième cellule cubitale, court.

Rapp. et diff. Très voisin de l'*A. parca*. (Voir les affinités de cette espèce.) Très voisin aussi de l'*A. tuberculatus*; il s'en distingue facilement par son écaille noire, son second segment abdominal sans tubercule prononcé, ni en dessus ni en dessous, etc.

Habite : La Nouvelle-Hollande. (Collect. de M. Sichel.)

12. A. Picteti, n. sp.

Noir, bordure du prothorax et des deux premiers segments de l'abdomen d'un jaune blanchâtre, ainsi que deux points sur l'écusson; premier segment de l'abdomen, roux.

Mâle. Long. 8 1⟨2 mill.; env. 18 mill.

Fem Inconnue.

Mâle. Antennes simples. Chaperon aussi large que long, un peu échancré. Corselet globuleux; métathorax parfaitement arrondi, portant un sillon linéaire. Abdomen allongé; le premier segment campanulé, un peu pédicellé; le deuxième plus long que large. Tête et corselet couverts de points enfoncés; abdomen portant également des points enfoncés, mais moins forts. Insecte noir : Chaperon et une ligne entre les antennes, jaunes; mandibules rousses. Antennes rousses, noires en dessus, le premier article jaune en devant. Prothorax liseré de jaune; deux points jaunes sur l'écusson. Ecailles et premier segment de l'abdomen, roux; ce dernier noir à sa base, liseré de jaune à son bord postérieur, avec un point enfoncé en dessus; deuxième noir, orné d'une bordure jaune blanchâtre régulière, tant en dessus qu'en dessous, et qui est précédée d'une ligne rousse; les autres segments noirs, bordés de brun ; anus brun. Pattes noires, tibias et tarses bruns. Ailes enfumées, surtout le long de la côte.

Habite : La Tasmanie. (Ma collection.)

IIᵉ DIVISION.

Métathorax très oblique, ses angles tranchants. Tête grosse, renflée, chaperon plus large que long, mandibules comme dans les Pterochilus ; premier segment de l'abdomen en forme de cupule.

Insectes de l'ancien continent.

(Pl. VII, fig. 6.)

12. A. Atropos, Lep.!

Noir, bordure du thorax, écaille et bordure des segments de l'abdomen jaunes. Ailes transparentes.

Syn. Lep. St-Farg. *Alastor Atropos.* Hymen. ii. 669.
? Descript. de l'Egypte. Hymen. (par Savigny) pl. ix. fig. 16.

Fem. Long. 8 mill. ; env. 16 mill.
Mâle. Long. 7 mill. ; env. 15 mill.

Pour la description de l'espèce, voir Lepeletier de Saint-Fargeau, loc. cit.

Habite : La France, Paris. (Musée de Paris. Collect. St.-Fargeau.)

13. A. Bucida, n. sp.

Noir ; le premier segment et les trois derniers, roux, ainsi que les pattes, les antennes, les angles du prothorax et l'écaille ; les trois premiers segments bordés de jaune.

Fem. Long. 11 mill. ; env. 21 mill.

Fem. Tête très grosse, très fortement renflée, rugueuse ; chaperon plus large que long, ponctué ; mandibules très fortes, tranchantes, en forme de couteau, comme dans les *Pterochilus*. Corselet très large en avant, ses angles épineux, rétréci en arrière, fortement rugueux ; post-écusson saillant, métathorax oblique, un peu concave au milieu ; écaille très grande. Abdomen étranglé entre les deux premiers segments ; le premier en forme de cupule, comme dans les *Pterochilus*. Insecte noir, couvert de poils gris ; mandibules rousses, noires au bout ; antennes rousses, avec le bout noir ; haut du chaperon, bordure postérieure de la tête au vertex, prothorax, sauf ses angles postérieurs, écaille, et premier segment de l'abdomen, roux ; ce dernier noir à la base et bordé d'un cordon jaune ; le deuxième orné près de sa base de deux points roux : son bord, ainsi que celui du suivant, jaunes ; segments 4-6, roux. Pattes rousses, hanches noires. Ailes lavées d'un brun doré.

IIIᵉ DIVISION.

Métathorax se prolongeant horizontalement en arrière du post-écusson, puis subitement tronqué ; bords de la troncature tranchants ; premier segment de l'abdomen tronqué antérieurement.

Insectes américains.

14. A. ANGULICOLLIS, Spin.!

Noir, orné de jaune blanchâtre. Ailes roussâtres.

SYN. Spinol. *Odynerus angulicollis.* Fauna Chilena. Zool. VI. 261.

Mâle. Long. 9 mill.; env. 17 mill.

MALE. Antennes enroulées en spirale à l'extrémité, insérées au-dessous du milieu de la tête. Tête bombée, un peu plus large que longue, mandibules courtes, repliées derrière le chaperon ; ce dernier presque en losange, plus large que long, un peu échancré à son angle inférieur. Ocelles en triangle équilatéral. Tête et corselet rugueux ; prothorax un peu biépineux, écusson parfaitement plat, post-écusson indistinct ; métathorax un peu prolongé en arrière horizontalement, puis subitement tronqué verticalement ; la troncature concave dans tous les sens, de façon à loger la base de l'abdomen, et terminée de toutes parts par un bord tranchant qui de chaque côté offre une petite épine, et en dessus de cette dernière une saillie arrondie. Abdomen tronqué droit du côté antérieur, le premier segment un peu rugueux, presque carré en dessus, un peu moins large que le deuxième ; entre lui et le deuxième un étranglement insensible. Insecte noir, chaperon, bord antérieur du prothorax, une tache sous l'aile, écaille, une bande sur le bord postérieur de l'écusson, et la bordure des deux premiers segments de l'abdomen, d'un blanc à peine jaunâtre ; celle du deuxième segment un peu irrégulière. Antennes et pattes ferrugineuses, un point sur le premier article des antennes, hanches et base des cuisses, noi-râtres. Aile stransparentes, roussâtres, un peu enfumées vers le bout ; pédoncule de la deuxième cellule cubitale long, la quatrième plus de deux fois aussi grande que la troisième, et la radiale indistinctement appendiculée.

FEM. Chaperon ponctué, noir ; premier article des antennes noir, les autres d'un ferrugineux grisâtre, bordure du deuxième segment de l'abdomen un peu irrégulière.

Habite : Le Chili. Rapporté par M. Gay. (Musée de Paris.)

15. A. MELANOSOMA, n. sp.

Noir, avec les ailes violettes.

Fem. Long. 11 mill. ; env. 23 mill.

FEM. Chaperon aussi large que long, échancré, un peu bidenté. Corselet assez fortement et régulièrement ponctué, se prolongeant horizontalement en arrière du post-écusson, puis subitement tronqué verticalement ; bord postérieur du post-écusson droit, métathorax entièrement concave et lisse en arrière, la troncature occupant toute la largeur et toute la hauteur du corselet, et terminée de toutes parts par un bord tranchant, de forme demi-circulaire en haut, et portant vers le bas, de chaque côté, deux très petites épines. Premier segment de l'abdomen tronqué droit à son bord antérieur. Insecte noir, l'abdomen un peu grisâtre. Ailes noires, à reflets violets.

MALE. Inconnu.

Rapp. et diff. Très voisin de l'*A. singularis*. Voyez la description de cette espèce.

Habite : Le Brésil, province des Mines. (Collect. de M. de Romand.)

16. A. SINGULARIS, n. sp.

Noir, avec le premier segment de l'abdomen liseré de jaune. Ailes enfumées.

Fem. Long. 10 mill. ; env. 21 mill.

FEM. Très voisin de l'*A. melanosoma*, dont il est difficile à distinguer. Il en diffère par les caractères suivants : chaperon plus large que long, pentagone et coupé droit à son bord antérieur. Corselet plus allongé ; bord postérieur du post-écusson formant en arrière un angle très obtus ; bord tranchant du métathorax n'offrant vers le bas qu'une seule épine ; premier segment de l'abdomen très finement liseré de jaune. Tarses un peu ferrugineux. Ailes enfumées, surtout le long de la côte, sans reflets violets bien distincts.

Habite : Le Brésil. (Collect. de M. Guérin-Méneville.)

Species non visa.

A. Savignyi Descr. de l'Egypt. Hymen. (par Savigny) pl. ix fig. 16. Cette grande et belle espèce sera facile à reconnaître. Elle rentre dans la première division de ce genre, et vient se placer à côté de l'*A. Atropos*. Les bords du métathorax sont anguleux, et l'espèce est surtout caractérisée par la grandeur extraordinaire des écailles des ailes.

LISTE DES ESPÈCES DOUTEUSES,

MAL DÉCRITES

OU PLACÉES A TORT DANS LA FAMILLE DES VESPIDES, ET DONT IL N'A
PAS ÉTÉ POSSIBLE DE TROUVER LE GENRE.

———

J'ai donné à la fin de chaque genre la liste des espèces douteuses dont il m'a été possible de déterminer avec certitude les caractères génériques, et j'ai relégué à la fin du volume toutes celles pour lesquelles ce travail n'a pas été possible.

Dans leur nombre il en est plusieurs qui doivent être éliminées de la famille. Certaines d'entre elles sont peut-être des espèces nouvelles, mais la grande majorité rentre sans aucun doute ou dans celles que j'ai décrites comme nouvelles, faute d'avoir pu les reconnaître aux descriptions insuffisantes des anciens; ou des variétés d'espèces antérieurement décrites dont elles grossiront le nombre des synonymes; ou des guêpes sociales qui devront être changées de tribu. Enfin plusieurs des descriptions qui se rapportent aux noms qui suivent sont si incomplètes, qu'elles doivent être entièrement rejetées de la science parce qu'elles ne font que l'encombrer et ne permettront jamais d'arriver à aucun résultat certain.

Pour avoir la liste complète de ces espèces consultez celle qui sera placée à la fin de la monographie des Guêpes sociales.

I. Espèces qu'il faut éliminer de la famille des VESPIDES.

V. tridens. Fabr. Spec. Ins. i. 464. 33. — Mant. Ins. i. 289. 38.— Oliv. Encycl. vi. 686. 83. Cette espèce est un CRABRONITE; voyez *Crabro tridens* Fabr. Syst. Piez. 213. 23. Europe.

V. arvensis, Linn. Müll. ii. 883. 12. — Fabr. Syst. Ent. 368. 30. — Spec. Ins. i. 465. 40. — Mant. Ins. i. 291. 49. — Geoffr. Ins. ii. 375. 7. — De Geer. Mém. ins. ii. part. 2. 820. 3. — Schrank. Eum. Ins. Austr. nº 791. — Schaeff. Icon. Ins. tab. 93. fig. 8. — Vill. Ent. iii. 269. 9. — *Vespa infundibuliformis.* Ent. Par. ii. 434. 7. Oliv. Encycl. vi. 688. 95. — C'est encore un CRABRONIDE, le *Mellinus arvensis,* Fabr. Syst. Piez. 299. 10.

V. campestris. Linn. Syst. Nat. 950. 13. — Id. Müller. ii. 883. 13. — Fabr. Syst. Ent. 369. 31. — Spec. Ins. i. 465. 40. — Mant. Ins. i. 291. 49. — Viller. iii. 270. 10. — Oliv. Encycl. vi. 869. 96. — Rossi. Fn. Etr. ii, 88. — C'est le *Mellinus campestris*, Fabr. Syst. Piez. 299, — Europe.

? *V. seriata.* Geoffr. Ins, ii, 378. 11. — *V. ordinata.* Fourcr. Ent. Par. ii. 435. 11. — Oliv. Encycl. vi. 693. 120.

V. triangulum, Fabr. Syst. Ent. 373. 49. — Spec. Ins. i. 469. 68. — Mant. Ins. i. 294. 82. — Oliv. Encycl. 692. 116. N'est pas un *Vespide*. mais bien un *Crabronide*, c'est le *Philanthus triangulum*, Fabr. Syst. Piez. 302. 4. — Europe.

V. 4-guttata, Oliv. Encycl. vi, 693. i. — Geoffr. Ins. ii. 379. 12. — Fourc. Ent. Par. ii. 436. 12. Non *Vespida*. Je ne connais aucune guêpe européenne qui ait cette coloration.

V. pratensis, Oliv. Encycl. vi. 694. 3. Geoffr. Ins. ii. 379. 14. — Fourc. Ent. Par. ii. 437. 14. Non *Vespida*. Je ne connais aucune guêpe européenne à abdomen entièrement noir.

V, quadrum, Oliv. Encycl. vi. 694. 2. — Geoff. Ins. ii. 377. 13. — Fourc. ii. 246, 13. Ne me semble pas être un *Vespide*.

V. nigra, Oliv. Encycl, vi. 694. 4. — Geoffr. Ins. ii; 381. 17. — Fourc. Ent. Par. ii. 438. 7. Non *Vespida*. Il n'existe aucune guêpe bleuâtre en Europe.

V. rubra. Oliv. Encycl. vi. 694. 5. — Geoff. Ins. ii. 381. 18. — Fourc. Ent. Par. ii. 438. 18. Aucune espèce européenne de trois lignes de long n'est rousse avec des lignes noires au thorax, etc.

V. minuta, Mueller, édit. Linn. ii. 887. 28.

V. tricincta, Schrank. Enum. Ins. Austr. N° 794. — *V succincta*, Oliv. Eucycl. vi, 694. 6. Son abdomen est pédicellé, ce ne pourrait donc être qu'un *Eumenes* ou un *Discœlius*; or, aucune espèce européenne de ces genres n'offre le caractère d'avoir trois bandes jaunes à l'abdomen, dont les deux premières interrompues.

V. setis nota, Seba (1). iv. p. 96. pl. 96. fig. 1. (Ichneumon).

V. nigra et flava, Seba. iv. p. 96. pl. 96. fig. 4. an *Polybia*?

V. ex nigro et flavo vario, Seba. iv. p. 96. pl. 96. fig. 6........?

V. crassipes, Christ. Hymen. 24. tab. xxiii. fig. 10.

V. curvipes, Christ. Hymen. 24. tab. xxiii. fig. 9.

V. uniglumis, Muell. édit. Linn. ii. 884. 18. — Christ. Hymen. 246. (*Crabro uniglumis*, Fabr.)

---

(1) Seba nomme *Vespœ* presque tous les Hyménoptères, mais il n'y a guère que les trois espèces citées qu'on puisse rapprocher des Vespides.

V. macrocephala, Christ. Hymen. 245. tab. XXIII. fig. 7.

V. velox, Christ. Hymen. 245. tab. XXIII. fig. 6. (*crabronide?*)

V. florisequa minor, Christ. Hymen. 244. tab. XXIII. fig. 5. (*cerceris*).

V. florisequa major, Christ. Hymen. 244. tab. XXIII. fig. 4. (*cerceris*).

V. fusus minor, Christ. Hymen. 243. tab. XXIII. fig. 2.

V. fusus major. Christ. Hymen, 242. tab. XXIII. fig. 1.

V. cribriformis, Christ. Hymen. 237. tab. XXII. fig. 4.

V. quatuor maculata, Drury. II. pl. 39. fig. 2. — Christ. Hymen. 216. (An *scolia?*)

A cette liste, il faut ajouter les espèces décrites par Christ depuis : p. 219. §. B. de son ouvrage, jusqu'à p. 225, *V. dorsigera*, inclusivement, qui sont des Bembécites, Diplolépaires, etc., et celles décrites p. 228, qui sont des *Thynnus* de Fabr.

Voyez en outre la note de la page 266.

II. Espèces douteuses ou mal décrites.

A. *Espèces décrites par* LINNÉ, MUELLER, GMELIN.

V. erythrocephala, Gmel. Syst. nat. 2760. 97. Mus. Lesk. pars. Ent. 75. 421. — Oliv. Encycl. VI. 695. — Eumenes exotique?

V. fulva, Gmel. Syst. nat. 2757. 80. — Lepech. It. I. tab. 19. fig. 4. — Oliv. Encycl. VI. 694. 7. Russie. Espèce non reconnaissable.

V. exotica, Mus. Lesk. pars, Ent. 74. 412. — Oliv. Encycl. VI, 695. 9. — An. Eumenes?

V. melanochra, Gmel. Syst. nat. 2760. 95. — Mus. Lesk. pars. Ent. 74. 419. — Oliv. Encycl, VI. 695. 11. — Non *Vepida*? Le bord du prothorax n'est pas jaune, ce caractère existe chez tous les Euméniens d'Europe.

V. capensis. Linn. Syst. nat. 952. 22. — Edit. Müll. II. 886. 22. — Oliv. Encycl. 676. 33. — Christ. Hymen. 215. — An *Eumenes hottentotta?*

V. surinama, Mueller, édit. Linn. II. 886. 23.

V. signata, Mueller, édit. Linn. II. 888. 23. pl. 27. fig. 4? Amérique.

V. emarginata, Muell. édit. Linn. II. 888. 25.

B. *Espèces décrites par* FABRICIUS.

Vespa tricolor. Syst. Piez. 266. 70. — Oliv. Encycl. VI. 289. 98. — Amérique.

V. bimaculata. Syst. Piez. 268. 75. — Oliv. Encycl. VI. 689. 100. — Europe.

V. quadripunctata. Syst. Piez. 268. 76. — Oliv. Encycl. VI. 690. 101. — Index. — Probablement un *Odynerus*.

V. tecta Syst. Piez. 261. 40. — Oliv. Encycl. VI. 690. 107. — Var. *Rhygchii oculati?*

V. quinquecincta. Syst. Piez. 258. — Oliv. Encycl. 682. 63. — An *Odynerus?*

V albifrons. Syst. Piez. — Oliv. Encycl. VI. 684. 75.

V. concinna. Syst. Piez. 259. — Oliv. Encycl. VI. 685. 76. Nouvelle-Hollande.

V. radula. Syst. Piez. 264. — Oliv. Encycl. VI. 687. — Iles Sandwich. — Très probablement un *Odynerus*.

V. bipunctata. Syst. Piez. 267. — Oliv. Encycl. VI. 689. — Allemagne.

V. variabilis. Syst. Piez. 273. 20. — Oliv. Encycl. VI. 690. 104. — *Polistes?*

V. gibbosa. Syst. Piez. 261. 43. — Oliv. Encycl 691. 110.

V. cinerascens. Syst. Piez. 260. 37. — Oliv. Encycl. VI. 690. 106.

V. tricincta. Syst. Piez. 254. 5. — Amérique?

V. aurata. Syst. Piez. 259. 27. — Afrique. — Quoique très distincte, je n'ai pu la retrouver. Si ses ailes n'étaient pas noires, on pourrait la rattacher à l'*Odynerus Guerini*.

V. atrata. Syst. Piez. 260. 36. — Pour les couleurs, cette espèce ressemble à la *V. deusta*, Lep. Hymen. I. 506. 3, mais ce n'est évidemment pas la même espèce, car Fabricius dit : *media*, et la *V. deusta* est grande ; *alæ hyalinæ*, et les ailes sont rousses, assez foncées dans cette espèce. La *V. atrata* me fait plutôt l'effet de devoir être un *Odynerus*.

V. bicincta. Syst. Piez. 265. 64. Cap de Bonne Espérance. *Odynerus?*

V. frontalis. Syst. Piez. 265. 65. Amérique. — Ne confondez pas cette espèce, qui est probablement un Odynère, avec la *V. frontalis* de Latreille, qui appartient bien au genre *Vespa*.

V. brunnipes. Syst. Piez. 265 66. Indes. — Très probablement un *Odynerus*.

V. scutellaris. Syst. Piez. 265. 67. Amér. mérid. — Odynère voisin de de l'*O. brachygaster.*

V. sericea. Syst. Piez. 266. 69. Amér. mérid.?

V. binotata. Syst. Piez. 266. 71. Amér. mérid. *Odynerus?*

V. biguttata. Syst. Piez. 267. 72. Chine.

V. squamigera. Syst. Piez. 267. 73. Guinée. An *Odynerus parietum?*

Polistes varia. Syst. Piez. 279. 48. Chine. — An *Eumenes?*

V. serripes. Syst. Piez. 262. 45. — Oliv. Encycl. vi. 686. 84. — Est-ce bien un *Vespide?* Les pattes épineuses annonceraient presque un *Pompilien.*

V. flavescens. Syst. Piez. 261. 42. — Oliv. Encycl. vi. 691. 109. — An *Odynerus punctum?*

C. *Espèces décrites par* GEOFFROY.

Vespa limbata, Geoffr. Ins. ii. 373. 4. — Fourc. Ent. Par. ii. 433. 4. — Oliv. Encycl. vi. 693. 118? Europe.

V. deversa, Geoffr. Ins. ii. 371. 3. — Fourc. Ent. Par. ii. 431. — Oliv Encycl. vi. 692. 117? Europe.

V. longicornis, Geoffr. Ins. ii. 374. 6. — Fourc. Ins. Par. ii. 433. 6. — Oliv. Encycl. vi. 693. 119.

D. *Espèce décrite par* SCHRANK.

Vespa tinniens, Scop. Ent. Carn. 829. — Cette espèce ne saurait être reconnue.

E. *Espèces décrites par* OLIVIER.

Vespa ferruginea. Encycl. vi. 683. 70?

V. dentata. Encycl. vi. 674 25. An *Zethus, Eumenes, Polybia?*

F. *Espèces décrites par* ROSSIUS.

Vespa annulata Faun. Etr. ii. 88.

V. bipunctata . Faun. Etr ii. 88.

FIN DE LA MONOGRAPHIE DES GUÊPES SOLITAIRES.

BIBLIOGRAPHIE

DE LA

TRIBU DES EUMÉNIENS.[1]

I. *Liste des auteurs cités dans cet ouvrage.*

AUDOUIN. Observations sur les mœurs des Odynères. (Annales des Sciences Naturelles, 2e sér. XI. p. 104.) Paris. 1839. 8º.

BEAUVOIS. (PALISSOT DE) Insectes recucillis en Afrique et en Amérique. Paris 1905–21. 1 vol. fº.

BLANCHARD. Histoire des insectes, traitant de leurs mœurs et de leurs métamorphoses en général, etc. Paris. 1845. 2 vol. 8º.

Id. Dictionnaire universel d'histoire naturelle etc. de **CHARLES D'ORBIGNY** (partie des Insectes.) Paris. 1841-49. 13 vol. 8º.

Id. Les Insectes dans **CUVIER** le Règne animal etc. édition accompagnée de planches, par une réunion des disciples de **CUVIER**. Paris. 4 vol. grand 8º.

BRULLÉ. Histoire Naturelle des Iles Canaries par P. Barker Webb et Sabin Berthelot (Insectes par Brullé.) 1836-46. petit in fº Paris.

Id. Expédition scientifique de Morée. (Insectes par Brullé.) Paris. 1836. fº.

Id. Recherches sur les transformations des appendices dans les Articulés. (Annales des Sciences Naturelles, 3e série, t. II, p. 271.) Paris 1844. 8º.

CHRIST. Naturgeschichte, Klassification und Nomenclatur der Insecten vom Bienen Wespen und Ameisengeschlecht, etc, Frankfurt am Main. 1791. 1 vol. petit 4º.

COQUEBERT. Illustratio iconographica insectorum quae in musæis parisinis observavit. etc. Parisiis. 1799. 1 vol. fº.

CURTIS. British entomology, beeng illustrations and descriptions of

---

(1) Je ne cite pas à dessein deux mémoires dont M. Westwood donne les titres dans sa Bibliographie des Vespides (Introd. to modern. Entomology), parce qu'ils n'appartiennent point à cette famille. Ce sont :

1o *Bartram.* The great blàck wasp of Pensylvania. Philos. Trans. t. 46. p. 278. fasc. 493. tab. IV. fig. 1. La prétendue Guêpe dont traite ce mémoire est un Sphex.

2o *Bartram.* On the Yellowish wasp of Pensylvania, id. id. t. 53. p. 38. L'insecte dont il est question est évidemment un Fouisseur.

the genera of insects found in Great Britain and Ireland etc. London. 1823-40. 8º,

Id.   Descriptions etc. of the insects collected by captain P. P. King, R. N. F. R. S. in the Survey of the Straits of Magellan. By JOHN CURTIS, A. H. HALIDAY, and FRANCIS WALKER. (Transactions of the Linnean Society of London. Vol. XVII. p. 315.) London. 1834. 4º.

CUVIER. (G.) Note sur une nouvelle espèce de Guêpes cartonnière. (Bulletin de la Société Philomatique de Paris. I. nº 8. p. 57.) Paris. 8º.

DRURY. Illustrations of Natural History, wherein are exhibed upwards of tew hundred and twenty figures of exotic insects, according to their different genera. etc. London. 1770. 3 vol. 4º.

DUFOUR (LÉON). Mémoire pour servir à l'histoire des Odynères. (Annales des Sciences Naturelles, 2e sér. XI p. 84.) Paris. 1839. 8º.

FABRICIUS. Systema Entomologiæ etc. Flensburgi et Lipsiæ 1775. 1 vol. 8º.

Id.   Species insectorum. etc. Hamburgii et Kilonii. 1781 2 vol. 8º.

Id.   Mantissa insectorum, etc. Hafniae. 1787. 2 vol. 8₀.

Id.   Entomologia systematica emendata et aucta. etc. Hafniae. 1792-98. 5 vol. 8º.

Id.   Systema Piezatorum. Brunsvigæ. 1804. 1 vol. 8º.

FERRET et GALINIER. Voyez REICHE.

FOURCROY. Entomologia Parisiensis; sive catalogus Insectorum quæ in agro Parisiensi reperiuntur etc. Parisiis· 1785. 2 vol. 12.

FRISCH. Beschreibung von allerlei Insecten in Teutschland. Berlin. 1720-33. 1 vol 4º—Description de toutes sortes d'Insectes d'Allemagne etc. Berlin. 1730. 1 vol. 4º.

GEER (de). Mémoires pour servir à l'histoire des Insectes. Stockholm 1752-77. 7 vol. 4º.

GEOFFROY. Histoire abrégée des Insectes qui se trouvent aux environs de Paris etc. Paris. 1762. 2 vol. 4º.

GMELIN. Linnæi Systema Naturæ. 13e édit. aucta reformata curis J. G. Gmelin. Lipsiæ. 1788. Zool. 7 vol. 8º.

GRIFFITH (Edw.). The Animal Kingdom by the baron CUVIER, etc. (Insectes.) London. 1832. 2 vol. gr. in-8º.

GUÉRIN-MÉNEVILLE. Voyage autour du monde exécuté par ordre du Roi sur la corvette La Coquille etc. (Insectes par M, Guérin.) Paris. Texte 4º atlas fº.

Id.   Voyage aux Indes Orientales par le nord de l'Europe, etc. exécuté pendant les années 1825-29 par Charles Bélanger. (Insectes par Guérin,) Paris. 1 vol. 8º.

Id.   Iconographie du Règne Animal de G. CUVIER etc. Insectes. Paris. 1829-44. 8º.

Id.   Magasin de zoologie etc. Paris 1832-45. 14 vol. 8º.

Id. Voyage en Abyssinie exécuté pendant les années 1839-43 etc· sous le commandement du capitaine Lefebvre etc. (partie entomologique.) Paris 1 vol. 8º pl. fº.

HALDEMANN. Descriptions of Insects, presumed to be undescribed. (In Proceedings of the academy of Natural Sciences of Philadelphia. Vol. II. 1844-45. p. 53.) Philadelphia. 1846. 8º.

ILLIGER F. Magazin fur Insektenkunde. Braunschweig, 1801. 5 vol. 8º.

IMHOF. Insekten der Schweiz, die vorzuglichsten Gattungen bildlich dargestellt von J. D. LABRAM, etc. Basel. 1836. 12.

JOHANSSON. Centuria Insectorum rariorum etc. Upsaliæ. 1763. f. 4º. (Inséré dans les Amœnitates. Acad.)

JURINE. Nouvelle méthode pour classer les Hyménoptères. Genève. 1807. 1 vol. 4º,.

KLUG. (DR. FRIED.) Pterocheilus, eine neue Insectengattung aus der Classe der Piezaten. (In Beitrage z. Naturk. von Weber und Mohr. Kiel. 1805. 8º.

LATREILLE. Genera Crustaceorum et Insectorum secundum ordinem naturalem in familias disposita. Parisiis. 1806-9. 4 vol. 8º.

Id. Histoire Naturelle générale et particulière des Crustacés et des Insectes faisant suite aux œuvres de Leclerc de Buffon. Paris. 1802. 14 vol. 8º.

Id. Insectes de l'Amérique équinoxiale etc. (Voyage de MM. DE HUMBOLDT et BOMPLAND. Zool.) Paris. 1811-33 fº.

LEPELETIER DE SAINT-FARGEAU (Le comte.) Histoire naturelle des Insectes Hyménoptères. Paris. 1836-46. 4 vol. 8º. (le quatrième par BRULLÉ.)

LINNÉ. Systema naturæ. 12º édition. 2 vol. 8º Holmiæ. 1766-67.

Id. Fauna Suecica. Stockholm. Salvius. 1746. 8º.

Id. Museum Ulricæ Rejinæ suecorum. etc. Salvius. 1764. 8º.

OLIVIER. Encyclopédie Méthodique, partie des Insectes. 6 vol. 4º.

PANZER. Fauna germanica Nurenberg. 1793-1809. in-18.

PERTY. Delectus animalium articulatorum quæ in itinere per Brasiliam, a. 1817-20, collegerunt Spix et Martius. Monachi. 1830-34. 1 vol. fº.

PODA. Insecta musaei græcensis quæ in ordines, genera et species, juxta Systema naturæ Caroli Linnæi digessit, etc. Græcii. 1761. 8º.

POKORSKY JORAVKO. Quelques remarques sur le dernier article du tarse des Hyménoptères. (Bulletin de la Société Impériale des naturalistes de Moscou. T. XVII.) Moscou. 1844. 8º.

RATZEBURG. Die Forstinsekten oder Abbildung und Beschreibung der in den Waldern Preussens etc. als schadlich oder nützlich, bekannt gewordenen Insekten. Berlin. 1837-40. 3 vol. 4º.

RÉAUMUR. Mémoires pour servir à l'histoire des Insectes. Paris. 1734-42. 6 vol. 14º.

Reiche. Voyage en Abyssinie etc. par Ferret et Galinier. capit. etc. (la partie entomologique) Paris. 1847. 1 vol. 8° planches f°.

Roesel. Récréations insectologiques etc, Paris. 6 vol. 4° (traduction).

Rossius. Fauna Etrusca, sistens insecta quæ in provinciis florentina et pisana, præsertim collegit Petrus Rossius etc. Liburni. 1790. 2 vol. 4°.

Id. Mantissa Insectorum, exhibens species nuper in Etruria collectas, etc. Pisis. 1792. 4°.

Saint-Fargeau, voyez Lepeletier.

Saint-Fargeau et Serville. Encyclopédie méthodique, Insecta t. x. (les hyménoptères) Paris. 1825. 1 vol. 4°.

Saunders. Descriptions of some new Aculate Hymenoptera from Epirus. (Transac. Entomological Society of London. New Series. Vol. i. p. 69.) London. 1850. 8°.

Say. Narrative of an expedition to the source of St. Peters River, lake Winnepeek, lake of the woods etc. performed in the year 1823. etc. compiled by W. Keating etc. (Appendix contenant l'histoire naturelle, par Say) London. 1825. 2 vol, 8.

Savigny. Description de l'Egypte. Planches des insectes; explication par Audouin. gr. f°.

Schrank. Enumeratio insectorum Austriæ indigenorum. Augustæ Vindelicorum. 1781. 1 vol. 8°.

Id. Fauna Boïca Nurenberg. 1738-1803, 3 vol. 8°.

Scopoli. Entomologia Carniolica exhibens insecta Carniolæ indigena. Vindobonæ. 1763. 1 vol. 8°.

Seba. Locupletissimi rerum naturalium Thesauri accurata descriptio et iconibus artificiosissimis expressio, etc. Amstelædami. 1765. 4 vol. f°.

Spinola. Insectorum Liguriæ species novæ aut rariores quas in agro ligustico nuper detexit, descripsit, et iconibus illustravit Maximilianus Spinola, etc. Genuæ. 1806-1808. 2 vol. 4°.

Id. Compte-rendu des hyménoptères recueillis par M. Fischer pendant son voyage en Egypte. (Annales de la Société entomologique de France. t. vii. 1838.) Paris. 8°.

Id. Hyménoptères recueillis à Cayenne par M. Leprieur, 2e partie (Annales de la Soc. ent. de Fr. t. x. 1841.) Paris, 8°.

Id. Compte-rendu des Hyménoptères inédits provenant du voyage entomologique de M. Ghiliani dans le Para, en 1846. (Mémoires de l'Acad. des Sciences de Turin. Série iii. f. xiii.) Turin. 1851. gr. 4°·

Id. Note sur les espèces liguriennes du genre *Odynerus*. (In Bulletin de la Soc. ent. de France. 1e Sér. viii. p. xxxvii. 1839.)

Id. Observations sur les caractères naturels de trois familles d'Hyménoptères, les *Guêpiaires* les *Masarides* et les *Chrisides*. (in Revue Zoologique par la Soc. Cuvierienne etc. 1843. p. 244.) 8°.

Id.   Fauna Chilena, (les Hyménoptères. (in Historia fisica y politica de Chile etc. por CLAUDIO GAY etc, Paris.) 1852. 1 vol. 8°.

SULZER (J. II.) Die Kennzeichen der Insekten nach Anleitung des Koniglich Schwedischen Ritters und Leibarzt's KARL LINNÆUS etc. mit Vorrede des Herrn Johannis Gessner. Zurich 1761. 4°.

VILLERS. (CAROLO DE) Caroli Linnæi entomologia faunæ Suecicæ, Descriptionibus aucta; etc. Lugduni. 1789. 4 vol. 8°.

WEBER und MOHR, Beitrage zur Naturkunde, in Verbindung ihrer Freunde verfasst. etc. Kiel. 1805. 1 vol. 8°.

WESMAEL. Monographie des Odynères de la Belgique. Bruxelles. 1833. br. 8° avec deux supplém, (Bulletin de l'académie de Bruxelles. 1836 et 37.)

WESTWOOD. Introduction to the modern classification of Insects; etc. London. 1842. 2 vol. 8°.

II. *Ouvrages à consulter en outre sur les mœurs et l'organisation des Euméniens.*

AZARRA. (1) (Don Félix d') Voyages dans l'Amérique méridionale, depuis 1781 jusqu'en 1801 etc. publiés par C. A WALCKENÆR. etc. Paris. 1809. 4 vol. 8°.

BOUCHÉ. Naturgeschichte der Insecken, besonders in Hinsicht ihrer ersten Zustande als Larven und Puppen. Berlin. 1834. 8°.

DUFOUR. (Léon) Recherches anatomiques et physiologiques sur les *Orthoptères* les *Hyménoptères* et les *Névroptères*. (Les guêpiaires page 202.) Paris. 1841. 1 vol. 4°.

GOUREAU. Description du nid de l'Eumenes coartata. (In Annales Soc. Entom. de France. 1e sér. VIII. p. 531).

KENNEDY. Observations upon the œconomy of several species of Hymenoptera etc, (London and Edinburgh philosophical Magazine and journal of Science. t. XII. p. 14) nid des Odynerus *quadratus* (parietum) et *bidens* (bidentatus) London. 1838. 8°.

---

(1) Les notes sur les insectes, de ce grand observateur, quoique prises avec l'exactitude qui le caractérise, sont trop incomplètes pour jamais permettre de déterminer les espèces qu'il a connues, mais on peut cependant arriver avec assez de certitude au genre. Ainsi sa dixième espèce (la troisième espèce, etc. I. p. 176) est très probablement un *Odynerus*, et non un *Eumenes*, comme le dit Latreille dans son mémoire sur les Mélipones et les Trigones; la onzième (la quatrième espèce, etc. id. p. 177) est probablement une Eumène.

D'Azarra a également bien observé les procédés étonnants que la mère emploie pour assurer la conservation de ses petits (p. 177-179), Il est inutile de parler de l'erreur dans laquelle il tombe en pensant que ces insectes se fécondent eux-mêmes.

LUCCIANI. Observations sur l'*Eumenes coarctata*. in Bul. An. Soc. Entom. Franc. 2e sér. III, p. CX. 1845.

MENZEL. Bemerkungen zur Entwicklungsgeschichte einiger Hymenopteren. (Mittheilungen der Naturforschenden Gesellschaft in Zurich Heft. II. 1848 p. 97.) 8º Mœurs des Odynères.

PERRIS. Notice sur les habitudes et les métamorphoses de l'*Eumenes infundibuliformis*. (1) Oliv. (Ann. de la Soc. Entomol. de France. 2e sér. VII. p. 185.) Paris. 1849. 8º.

Id. Note additionnelle sur les habitudes et les métamorphoses de l'*Eumenes infundibuliformis*. Oliv. (Annales de la Soc. Entomol. de France. 2e série. X. 557. Paris. 1052.

SAUNDERS. On the habits of some Indian Insects. (Trans. Entom. Soc. of Lond. I. p. 60. - Eumenes p. 62.) London. 1834. 8º.

SCHUCKARD. Description of a new British Wasp; with account of its developement. (In Magazine of Natural History. etc. vol. I. p. 490.) London. 1837. 8º.

WESTWOOD. Notice of the habits of *Odynerus antilope*. (In Trans. Entom. Soc. of London. Iᵉ sér. I. p. 78.)

---

(1) *Eumenes coangustata* de cet ouvrage.

TABLE ALPHABÉTIQUE

DES GENRES, DES ESPÈCES,

ET DE LEURS SYNONYMES.

ABISPA. (Voyez Monerebia.)

ANCISTROCERUS . . . . . 126.

ALASTOR . . . . 249.

angulicollis . . . . 258.
Atropos. . . . . 257.
aurocinctus . . . . 252.
australis. . . . . 280.
bucida . . . . 257.
Clotho. . . . . 250.
emarginatus . . . . 254.
eriurgus . . . . 251.
Lachesis . . . . 251.
melanosoma. . . . . 259.
parca . . . . 254.
Picteti. . . . . 257.
punctulatus . . . . 255.
similis. . . . . 256.
singularis . . . . 259.
tasmaniensis . . . . 253.
tuberculatus . . . . 253.

CALLIGASTER. . . . . . . 22.

cyanoptera. . . . . 23.
Hero. . . . . 23.

Didymogastra (Zethus). . . 18.
fusca. (Zethus.) . . . . 19.
geniculata (Zethus.) . . . . 22.

DISCOELIUS . . . . 24.

chilensis. . . . . 25.
cruentatus (Leptochilus) . . . . 235.

Dufourii. . . . . 27.
Spinolæ . . . . 25.
Verreauxii. . . . . 26.
zonalis . . . . 26.

ELIMUS . . . . 7.

australis. . . . . 8.

EPIPONA. . . . .

chiliensis (Discœlius) . . . . . . 25.
dicomboda (Zethus) . . . . 21.
pilipalpa (Pterochilus). . . . . . 247.

EUMENES ?. 27,

abdominalis . . . . 70.
æthiopica . . . . 62.
affinissima. . . . . 37.
agilis . . . . 42.
Amedei . . . . 34.
americana . . . . 39.
anormis (Odynerus?) . . . . . . 232.
arbustorum (pomiformis)'. . . . 29.
arcuata . . . . 63.
asina. . . . . 59.
atricornis (pomiformis) . . . . . 29.
bicincta . . . . 44.
binodis (Zethus). . . . . 29.
bipunctis . . . . 33.
Blanchardi. . . . . 66.
caffra . . . . 45.
callimorpha . . . . 71.
campaniformis. . . . . 55.
canaliculata . . . . - . . 68.

circinalis. . . . . 47.
coangustata . . . . 34.
coarctata . . . . 31.
colona. . . . . 70.
conica. . . . . 52.
cyanipennis (Zethus) . . . . . . 12.
diadema (canaliculata) . . . . 68.
dimidiata (coangustata) . . . . 34.
dimidiatipennis . . . . 51.
dubia . . . . 32.
dumetorum (coangustata) . . . . 34.
dyschera. . . . . 50.
Edwardsii . . . . 60.
elegans . . . . 58.
esuriens . . . . 56.
excipienda (Odynerus). . . . . . 161.
fenestralis . . . . 53.
fervens. . . . . 40.
flavopicta . . . . 65.
fluctuans . . . . 43.
formosa . . . . 55.
fraterna . . . . 40.
Frivaldskyi (pomiformis) . . . . 29.
gracilis . . . . 57.
Guerini . . . . 62.
hottentotta. . . . . 63.
Huberti . . . . 33.
infundibuliformis (Montezumia). 94.
infundibuliformis (coangustata). Suppl.
Latreillei . . . . 51.
Lepeletierii . . . . 45.
Lucasia . . . . 68.
lunulata (pomiformis). . . . . . 29.
macrocephala. . . . . 37.
macrops. . . . . 41.
marginella (coarctata) . . . . . 31.
melanosoma . . . . 61.
microscopica? . . . . 72.
minuta. . . . . 39.
nigra. . . . . 38.
Olivieri (coangustata) . . . . . . 34.
Orbignyi . . . . 69.
petiolata. . . . . 47.
philantes . . . . 54.
Picteti. . . . . 67.
pomiformis . . . . 29.

praslinia. . . . . 64.
punctata. . . . . 37.
regina . . . . 49.
rufinoda. . . . . 42.
Savignyi (tinctor) . . . . 49.
Sichelii . . . . 36.
Smithii . . . . 43.
tinctor. . . . . 49.
tropicalis . . . . 54.
tuberculiventris (Odynerus). . . 162.
Urvillei . . . . 59.
versicolor . . . . 71.
verticalis. . . . . 41.
xanthura . . . . 46.

GAYELLA . . . . 5.

eumenoïdes . . . . 6.

LEIONOTUS . . . . 151.

LEPTOCHILUS. . . . . . . 233.

cruentatus. . . . . 235.
exiguus. . . . . 237.
fallax . . . . 234.
mauritanicus. . . . . 233.
modestus . . . . 234.
oraniensis . . . . 236.
ornatus . . . . 236.
parvulus . . . . 237.

MONEREBIA. . . . . 98.

ephippium. . . . . 100.
splendida . . . . 99.

MONOBIA . . . . 94.

angulosa. . . . . 98.
anomala, ... 96.
apicalipennis. . . . . 98.
cyanipennis . . . . 96.
quadridens. . . . . 97.
sylvatica. . . . . 95.

MONTEZUMIA . . . . 87.

anceps. . . . . 92.
azureipennis. . . . . 89.
cœrulea . . . . 90.

Cortesia . . . . 92.
dimidiata . . . . 94.
ferruginea . . . . 91.
mexicana . . . . 94.
morosa . . . . 90.
pelagica . . . . 93.
platinia . . . . 92.
rubritarsis . . . . 90.
rufidentata . . . . 88.
rufipes . . . . 89.
Spinolæ . . . . 93.

ODYNERUS . . . . 118.

adiabatus . . . . 138.
affinis (parietum) . . . . 130.
alaris . . . . 203.
alastoripennis . . . . 147.
alastoroïdes . . . . 147.
albotricinctus . . . . 232.
Alecto (Rhygchium) . . . . 114.
alexandrinus . . . . 225.
alternans . . . , ... 232.
ambiguus . . . . 140.
ammonia . . . . 144.
angulicollis (Alastor) . . . . . . 258.
annulatus . . . . • . . . . 232.
antilope . . . . 132.
arcuatus . . . . 160.
ardens (Rhygchium) . . . . . . , 104.
aterrimus . . . . 128.
Atropos . . . . 134.
auctus (parietum) . . , ... 130,
auctus (reniformis) . . . . 227.
Autuco . . . . 167.
Bacu . . , ... 185.
bellatulus . . . . 210.
Bellone . . . . 146.
bidentatus . . . . 188.
bifasciatus . . . . 124.
biglumis (antilope?) . . . . 133.
biphaleratus . . . . 134.
birenimaculatus . . . . 135.
bispinosus . . . . 206.
bisuturalis . . . . 127.
bivittatus . . . . 211.
bizonatus . . . . 156.

Boscii . . . . 177.
brachygaster, ... 173.
brevithorax . . . . 172.
Bustillos . . . . 141.
caledonicus . . . . 205.
campestris . . . . 137.
castigatus . . . . 178.
Castkill . . . . 136.
chilensis . . . . , 166.
chiliotus . . . . 167.
clypeatus . . . . 200.
cognatus . . . . 230.
Colocolo . . . . 161.
columbaris . . . . 158.
concolor . . . . 202.
consobrinus . . . . 230.
constans . . . . 232.
coquimbensis (obscuripennis) . . 165.
crassicornis . . . . 123.
crenatus . . . . 191.
cubensis . . . . 181.
cyanipennis (Monobia) . . . . . 96.
Dantici . . . . 192.
Dantici (parvulus) . . . . 193.
diabolicus . . . . 171.
diemensis . . . . 201.
difformis . . . . 145.
dimidiatus (Rhygch. hemorrhoïd.) 110.
dubius . . . . 193.
Dufourii (Reaumurii) . . . . . . 222.
dyscherus . . . . 175.
egregius . . . . 232.
elegans . . . . 125.
elegans (gracilis) . . . . 124.
emortualis . . . . 230.
Enyo . . . . 185.
Erynnis . . . . 178.
excipiendus . . . . 161.
exilis . . . . 157.
exilis . . . . 232.
Fairmairii . . . . 216.
fastidiosus . . . . 189.
fastidiosusculus . . . . 137.
filipalpis . . . . 197.
flavipes . . . . 142.
flavus (variegatus) . . . . 229.

floricola . . . . 196.
foraminatus . . . . 180.
fuscipes . . . . 143.
fuscipes (bifasciatus). . . . . . 124.
Gayi. . . . . 170.
gracilis . . . . 124.
graphicus . . . . 191.
guadulpensis. . . . . 182.
Guerinii. . . . . 176.
hæmatodes. . . . . 149.
hæmatodes (rubropictus) . . . . 150.
hirsutulus . . . . 212.
histrio . . . . 208.
ichneumonidea. . . . . 232.
imbecillus . . . . 126.
incommodus. . . . . 143.
innumerabilis . . . . 189.
intermedius . . . . 155.
Lachesis. . . . . 164.
lævipes . . . . 228.
Lindenii. . . . . 194.
luteolus . . . . 216.
Mactæ. , ... 159.
maculatus (nigripes) . . . . . . 190.
madæra . . . . 150.
Maipinus . . . . 169.
Megæra . . . . 181.
melanocephalus . . . . 224.
melanus. . . . . 159.
minutus. . . . . 207.
multicolor . . . . 209.
murarius Herr.-Sch. (crassicornis) 123.
murarius (parietum) . . . . . 130.
muticus . . . . 232.
nasidens. . . . . 171.
nigripes . . . . 190.
nigrocinctus. . . . . 201.
notula . . . . 219.
obscuripennis . . . . 165.
ochlerus . . . . 131.
oraniensis (Leptochilus) . . . . 236.
ovalis . . . . 215.
oviventris . . . . 132.
parietum . . . . 130.
parietum Latr. Spin. (crassicornis) 123.
parvulus . . . . 193.

parvulus (bifasciatus). . . . . . 124.
pictus . . . . 232.
posticus . . . . 214.
postscutellatus (Dantici) . . . . 192.
punctatipennis . . . . 210.
punctum . . . . 209.
quadricinctus (parietum) . . . . 130.
quadrifasciatus . . . . 232.
quadrifasciatus (parietum) . . . 130.
Reaumurii . . . . 222.
reflexus . . . . 187.
reniformis . . . . 226.
reniformis (lævipes). . . . . . . 228.
renimacula . . . . 128.
rhynchoides . . . . 174.
rhynchiformis . . . . 174.
Romandinus . . . . 184.
Rossii . . . . 207.
rotundigaster. . . . . 221.
rubicola (lævipes). . . . . 228.
rubropictus . . . . 150.
ruficollis . . . . 168.
rufidulus . . . . 222.
rufipes (Rhygchium) . . . . . . 115.
rugosus . . . . 179.
sæcularis . . . . 142.
Savignyi. . . . . 226.
scabriusculus . . . . 140.
senegalensis. . . . . 219.
sessilis . . . . 197.
Silaos . . . . 213.
spinipes . , ... 223.
splendidus (Monerebia). . . . . 99.
subpetiolatus . . . . 162.
succinctus . . . . 204.
synagroïdes . . . . 198.
tamarinus . . . . 203.
tasmaniensis. . . . . 199.
testaceus. . . . . 195.
tibialis . . . . 183.
Tisiphone . . . . 183.
tricinctus . . . . 188.
trifasciatus . . . . 129.
trilobus . . . . 186.
tripunctatus . . . . 196.
tropicalis . . . . 214.

truncatus . . . . 175.
tuberculatus. . . . . 163.
tuberculiventris . . . . 162.
tuberculocephalus . . . . 139.
uncinatus (Monobia quadridens). 97.
unifasciatus . . . . 138.
variegatus . . . . 229.
variolosus. . · . . . . 220.
velox . . . . 228.
vernalis . . . · . . . . · . . 148.
viduus (antilope) . . . . 133.
villosus . . . . 165.
xanthomelas . . . . 232.

OPLOPUS . . . . 217.
PACHYMENES . . . . 73.

atra . . . . 75.
brunnea . . . . 76.
pallipes . . . . 75.
sericea . . . . 74.
ventricosa . . . . 77.

POLISTES.

cyanipennis (Zethus cyanipennis). 12.
arietis (Zethus . . . . 14.
attenuata (Eumenes) . . . . . . 70.
punctum (Odynerus) . . . . . . 209.
interruptus (Odynerus) . . . . . 231.

PTEROCHILUS . . . . 237.

biglumis . . . . 243.
coxalis (Odynerus reniformis) . 227.
dentipes (Odyn. melanocephalus). 224.
glabripalpis . . . . 239.
grandis . . . . 246.
interruptus . · . . . . 236.
interruptus . . . . 246.
interruptus . . . . ·. 249.
laetus . . . . 231.
latipalpis . . . . 240.
major . . . . 244.
mauritanicus (Odynerus) . . . 239.
numida . . , . · . . . . . . 245.
numidicus (numida) . . . . . . 245.
ornatus . . . . 242.
Pallasii . . . . 241.

phaleratus . . . . 243.
pilipalpus . . . . 247.
quinquefasciatus . . . . 248.
Savignyi . . . . 248.
simplicipes . . . . 230.
spinipes (Odynerus) . . . . . . 223.
tinniens . . . . 231.
tinniens (Odyn. melanocephalus). 224.
unipunctatus . . . . 242.

RAPHIGLOSSA . . . . . . 2.

eumenoïdes . . . . 2.
filiformis . . . . 3.
odyncroïdes (Stenoglossa) . . . . 5.
zethoïdes . . . . , . . . , . . 3.

RHYGCHIUM . . . . 101.

abyssinicum . . . . 103.
africanum . . . . 108.
Alecto. . . . . 114.
annuliferum . . . . , . 118.
ardens . . . . . , ... 104.
argentatum . . . . 115.
atrum . . . . 109.
auromaculatum . . . . 104.
brunneum . . . . · . . . . . , 112.
carnaticum . . . . 112.
cyanopterum . . . . 108.
dichotomum . . . . 116.
europaeum (oculatum) . . . . . 107.
hæmorrhoïdale. . . . . 109.
limbatum . . . . 117.
louisianum. . . . . 106.
madecasse. . . . . 111.
Mellyi . . . . 116.
metallicum . . . . 114.
mirabile . . . . 106.
nitidulum . . . . 105.
oculatum . . . . 107.
parentissimum . . . . 111.
rufipes . . . . 115.
sanguineum . . . . 110.
superbum 112
transversum . . . . 117.
zonale . . . . 113.
synagroïdes . . . . 103.

SPHEX.

abdominalis (Eumenes) . . . . . 70.
annularis (Eumenes pomiformis). 19.
arcuata (Eumenes) . . . . 63.
campaniformis (Eumenes) . . . 55.
coarctata (Eumen. coangustata). 34.
cursor (Eumenes coangustata) . . 85.
hesperus (Eumenes petiolata) . . 47.
lapicida (Eumenes coangustata) . 34.
papillaria (Eumenes pomiformis). 29.
rubicunda (Eumenes petiolata) . 47.
thoracica (Eumenes petiolata) . . 47.
tinctor (Eumenes) . . . . 49.
turrimurarius (Eum. petiolata) . 47.
viatica (Eumenes pomiformis). . 29.

SYMMORPHUS , ... 123.

STENOGLOSSA . . . . . . 4.

odyneroïdes . . . . 5.

SYNAGRIS . . . . 77.

abyssinica . . . . 84.
æquatorialis . . . . 81.
æstuans . . . . 81.
analis . . . . 86.
bellicosa . . . . 84.
calida . . . . 79.
cornuta . . . . 82.
dentata . . . . 80.
minuta . . . . 85.
mirabilis . . . . 82.
pentameria . . . . 87.
spinosuscula . . . . 85.

VESPA.

aestuans (Synagris) . . . . 81.
africana (Rhygchium) . . . . . . 108.
albofasciata (Odyn. melanoc.) . 224.
antilope (Odynerus) . . . . 132.
arbustorum (Eumenes pomifor.) 29.
arcuata (Eumenes) . . . . 63.
argentata (Rhygchium) . . . . . 115.
arietis (Zethus) . . . . 14.
attenuata (Eumenes) . . . . . . 70.

aucta (Odyn. crenatus?) . . . . . 191.
aucta (Odyn. parietum) . . . . . 130.
bifasciata (Odynerus) . . . . . . 124.
bifasciata (Odyn. minutus) . . . 207.
binodis (Zethus) . . . . 20.
brunnea (Rhygchium) . . . . . . 112.
calida (Synagris) . . . . 79.
campaniformis (Eumenes) . . . 55.
canaliculata (Eumenes) . . . . . 68.
carbonaria (Synagris calida) . . . 79.
carnatica (Rhygchium) . . . . . 112.
cinctanigra (Monob. quadridens) 97.
coangustata (Eum. coangustata). 34.
coarctata (Eumenes) . . . . . . 31.
coarctata (Eum. pomiformis) . . 29.
cœruleopennis (Zethus) . . . . . 9.
cornuta (Synagris) . . . . 82.
coronata (Eum. pomiformis) . . 28.
crabro cornuta (Synag. cornuta) 83.
crabro microrrhea (Syn. calida). 79.
crassicornis (Odynerus) . . . . . 123.
crassipes . . . . 262.
cribriformis . . . . 263.
curvipes . . . . 262.
cyanipennis (Zethus) . . . . . . 12.
Dantici (Odynerus) . . . . 192.
dimidiata (Montezumia) . . . . 94.
dumetorum (Eum. pomiformis) . 29.
emarginata (Odyn. parietum) . . 130.
ephippium (Monerebia) . . . . . 100.
esuriens (Eumenes) . . . . 56.
flavipes (Odynerus) . . . . 142.
florisequa major . . . . 263.
florisequa minor . . . . 263.
fusus major . . . . 263.
fusus minor . . . . 263.
gazella (Odyn. trifasciatus) . . . 129.
hæmorrhoidalis (Rhygchium) . . 109.
infundibuliformis. Oliv. (Eum.
  coangustata) . . . . 34.
Klugii (Pterochilus phaleratus) . . 243.
macrocephala . . . .
marginella (Rhygchium oculat.) . 107.
melanocephala (Odynerus) . . . 224.
melanochra (Odyn. reniformis). 226.
mexicana (Zethus cyanipennis) . 12.

minuta (Odynerus). . . . . . . 208.
muraria (Odyn. crassicornis). . 123.
muraria (Odyn. spinipes). . . . 225.
nigra (Synagris calida). . . . . . 79.
nitidula (Rhygchium) . . . . . . 105.
oculata (Rhygchium) . . . . . . 107.
œneipennis (Odyn. parietum) . . 130.
pallipes (Pachymenes). . . . . . 75.
parietina (Odyn. antilope). . . . 132.
parietina (Odyn. parietum) . . . 130.
parietum (Odynerus) . . . . . . 130.
parietum (Odyn. crassicornis). . 123.
pediculata (Eumenes esuriens) . 56.
pedunculata (Eum. pomiformis). 29.
petiolata (Eumenes). . . . . . . 47.
phalerata (Pterochilus) . . . . . 243.
pomiformis (Eumenes) . . . . . 29.
quadrata (Odyn. parietum) . . . 130.
quadricincta (Odyn. 3-fasc.). . 129.
quadridens (Monobia). . . . . . 97.
quatuormaculata. . . . . 263.
quinquefasciata (Odyn. spinipes) 223.
reniformis (Odynerus). . . . . . 226.
rufipes (Rhygchium). . . . . . . 115.
sericea (Pachymenes) . . . . . . 74.
sexcincta (Odyn. parietum). . . 130.
sexfasciata (Odyn. notula) . . . 219.
sexfasciata (Odyn. parietum). . 130.
sexpunctata (Odyn. parietum). . 130.
simplex (Odyn. parietum). . . . 130.
sinuata (Odyn. bifasciatus) . . . 124.
spinipes (Odynerus). . . . . . . 223.
spinipes (Odyn. melanocephalus) 224.
transversa (Rhygchium). . . . . 117.
trifasciata (Odynerus) . . . . . 129.
triloba (Odynerus) . . . . 186.
tripunctata (Odynerus). . . . . 196.
uncinata (Monobia quadridens) . 97.
uniglumis. . . . . 262.

variegata (Odynerus). . . . . . . 229.
velox . . . . 263.
viatica (Eum. pomiformis). . . . 29.
yuncea (Odyn. trifasciatus) . . . 129.

ZETHUS . . . . 8.
arietis . . . . , 14.
bicolor . . . . 17.
biglumis. . . . . 19.
binodis . . . . 20.
brasiliensis . . . . 10.
chalibeus . . . . 10.
chrysopterus. . . . . 13.
cinereus (1) Fabr.
cœruleopennis. . . . . 9.
cyanipennis . . . . 12.
Dicomboda . . . . 21.
didymogaster. (binodis) . . . . . 20.
discœlioides . . . . 17.
elongatus Fabr. (2) .
ferrugineus . . . . 14.
fraternus . . . . 16.
fuscus. . . . . , 19.
geniculatus . . . . 22.
gigas . . . . , . 12.
globicollis . . . . 22.
guineensis (3) (Eumenes tinctor). 49.
Jurinei. . . . . 15.
labiatus (4) Fabr.
lugubris. . . . . 11.
macilentus (5) Fabr.
magnus. . . . . 11.
mischogaster. . . . . 18.
niger. . . . . 21.
pyriformis. . . . . 15.
Romandinus. . . . . 20.
tubulifer. . . . . 18.
variegatus. . . . . 13.
Westwoodii. . . . . 16.

(1) Guêpe sociale, genre *Raphigaster* (Mihi).

(2) Guêpe sociale.

(3) Ce synonyme doit être biffé. — Le *Z. guineensis* est une Guêpe sociale (*Raphigaster guineensis*).

(4) Guêpe sociale, *Mischocytharus labiatus* (Mihi).

(5) Guêpe sociale, genre *Raphigaster* (Mihi).

LISTE DES ESPÈCES FIGURÉES (1).

Caractères de la tribu des Euméniens.

Pl. I. Pl. II, fig. 1 *d*. Pl. VII, fig. 6 *d*. et Pl. 3, fig. 2 *d*.

Genre Raphiglossa. Pl. II, fig. 1.

R. filiformis. Pl. VIII, fig. 1, 1 *a*, 1 b.
R. symmorpha. Pl. VIII, fig. 2, 2 *b*.

Genre Stenoglossa. Pl. II, fig. 2.

Genre Gayella. Pl. III, fig. 2.

G. eumenoides. Pl. VIII, fig. 4, 4 *a*, 4 *b*.

Genre Elimus. Pl. III, fig. 1.

E. australis. Pl. VIII, fig. 3, 3 *a*, 3 b.

Genre Zethus. Pl. II, fig. 3. Pl. IX, fig. 2.

Ire DIVISION.

Section A (p. 9).

Z. magnus. Pl. VIII, fig. 5, 5 *b*, 6.
Z. cyanipennis. Pl. VIII, fig. 5 *a*, 6 *a*.

Section B (p. 13).

Z. chrysopterus. Pl. VIII, fig. 7, 7 *a*.

IIe DIVISION.

Section *α*.

Z. pyriformis. Pl. VIII, fig. 8, 8 *a*. Pl. IX, fig. 2 *a*. 2 *b*.

(1) Différentes circonstances impérieuses, indépendantes de la volonté de l'auteur, de fréquentes absences auxquelles il fut entraîné malgré lui, et la mort de M. Vaillant, qui était chargé de diriger les gravures de cet ouvrage, ont amené plusieurs interruptions dans le cours de sa publication. C'est à ces causes qu'il faut attribuer le désordre qui règne dans la disposition des planches, et le peu de soin avec lequel ont été exécutées plusieurs d'entre elles, dont nous regrettons la publication si défectueuse.

La liste suivante est destinée à parer à quelques-uns de ces inconvénients, en rétablissant l'ordre dans lequel auraient dû être disposées les figures. Elle permettra de prendre de suite connaissance des types qui représentent chacun des groupes établis dans la monographie ; elle aura de plus l'avantage d'épargner les recherches en montrant quelles sont les espèces figurées, car les raisons ci-dessus indiquées ont amené un retard si considérable dans la confection des planches, que le texte a dû les précéder, et qu'il est par conséquent devenu impossible de les citer.

Section β.

. . . .

IIIe DIVISION.

Z. Romandinus. Pl. IX, fig. 1, 1 a, 1 b, 1 c.
Z. niger. Pl. VIII, fig. 9, 9 a.

Genre CALLIGASTER.

C. Hero. Pl. IX , fig. 6, 6 a.
C. cyanopterus. Pl. IX , fig. 7, 7 a.

Genre DISCOELIUS. Pl. III , fig. 3.

D. chilensis. Pl. IX, fig. 3.
D. Verreauxii. Pl. IX, fig. 4, 4 a, 4 b, 4 c, 4 d.
D. Dufourii. Pl. IX, fig. 5, 5 a.

Genre EUMENES. Pl. IV.

Ire DIVISION. Pl. IV, fig. 1.

E. bipunctis. Pl. XI , fig. 7, 7 a.
E. Huberti. Pl. XI, fig. 6, 6 a.
E. Sichelii. Pl. X, fig. 2.
E. fraterna. Pl. XI, fig. 8, 8 a.
E. Smithii. Pl. X, fig. 1.

IIe DIVISION. Pl. IV, fig. 2.

E. Lepeleterii. Pl. X, fig. 1.
E. xanthura. Pl. X, fig. 4.
E. circinalis. Pl. X, fig. 7.
E. regina. Pl. X, fig. 8, 8 a, 8 b.
E. fenestralis. Pl. X, fig. 6.
E. esuriens. Pl. XI, fig. 2.
E. asina. Pl. XI. fig. 1.
E. elegans. Pl. XI, fig. 3, 3 a.
E. Latreillei. Pl. X, fig. 5, 5 a, 5 b.

IIIe DIVISION.

E. Edwardsii. Pl. XI, fig. 4, 4 a, 4 b.
E. melanosoma. Pl. XII, fig. 1, 1 a.

IVᵉ DIVISION. Pl. IV, fig. 3.

E. Blanchardi. Pl. XII, fig. 2.

Vᵉ DIVISION. Pl. IV, fig. 4.

E. canaliculata. Pl. XI, fig. 5, 5 *a*.
E. Picteti. Pl. XII, fig. 3, 3 *a*, 3 *b*.

VIᵉ DIVISION.

E. callimorpha. Pl. XII, fig. 4, 4 *a*, 4 *b*.

Genre PACHYMENES. Pl. V, fig. 1.

Iʳᵉ DIVISION.

P. sericea. Pl. XII, fig. 5, 5 *a*, 5 *b*.
P. brunnea. Pl. XII, fig. 6, 6 *a*, 6 *b*.

IIᵉ DIVISION.

P. ventricosa. Pl. XII, fig. 7.

Genre SYNAGRIS. Pl. V, fig. 2.

S. calida. Pl. XIII, fig. 2, 2 *a*, 2 *b*, 2 *c*. (Mâle.)
S. dentata. Pl. XIII, fig. 3, 3 *a*.
S. cornuta. Pl. XIII, fig. 1.
S. æquatorialis. Pl. XIII, fig. 4.
S. abyssinica. Pl. XIII, fig. 6.
S. minuta. Pl. XIII, fig. 7, 7 *a*, 7 *b*.
S. analis. Pl. XIII, fig. 5, 5 *a*.
S. pentameria. Pl. XIII, fig. 8, 8 *a*, 8 *b*.

Genre MONTEZUMIA. Pl. V, fig. 3.

Iʳᵉ DIVISION.

M. rufipes. Pl. XV, fig. 1, 1 *a*.
M. cœrulea. Pl. XII, fig. 8, 8 *a*.

IIᵉ DIVISION.

M. platinia. Pl. XV. fig. 3, 3 *a*.
M. cortesia. Pl. XV, fig. 2, 2 *a*.
M. pelagica. Pl. XII, fig. 10, 10 *a*, 10 *b*.
M. Spinolæ. Pl. XII, fig. 9, 9 *a*.

Genre Monobia. Pl. 6, fig. 1.

M. sylvatica. Pl. XV, fig. 7.
M. anomala. Pl. XV, fig. 4.
M. quadridens. Pl. XVI, fig. 1, 1 *a*.
M. apicalipennis. Pl. XV, fig. 6, 6 *a*.
M. angulosa. Pl. XV, fig. 5, 5 *a*.

Genre Monerebia (Abispa). Pl. VI, fig. 2.

M. splendida. Pl. XV, fig. 8, 8 *a*.
M. ephippium. Pl. XV, fig. 9, *a*.

Genre Rhygchium.

Ire DIVISION.

R. synagroïdes. Pl. XIV, fig. 2, 2 *a*.
R. auromaculatum. P. XIV, fig. 1.

IIe DIVISION.

Section A (p. 105).

R. nitidulum. Pl. XIV, fig. 6, 5 *a*.
R. mirabile. Pl. XIV, fig. 5.
R. louisianum. Pl. XIII, fig. 9.

Section B (p. 107).

R. africanum. Pl. XIV, fig. 3, 3 *a*.
R. brunneum. Pl. XIV, fig. 4, 4 *a*, 4 *b*, 4 *c*, 4 *d*.
R. metallicum. Pl. XIV. fig. 8.
R. transversum. Pl. XIV, fig. 7.
R. limbatum. Pl. XIII, fig. 10.

Genre Odynerus. Pl. VI, fig. 4. Pl. VII, fig. 1, 2, 3.

Sous-genre Symmorphus. Pl. VII, fig. 1 *a*, 1 *b*.

. . . .

Sous-genre Ancistrocerus. Pl. VII, fig. 2.

Ire DIVISION.

. . . .

II* DIVISION.

O. parietum. (var.). Pl. XVI, fig. 7.
O. biphaleratus. Pl. XVI, fig. 2, 2 *a*.
O. Catskill. Pl. XVI, fig. 8, 8 *a*.
O. tuberculocephalus. Pl. XVI, fig. 9, 10 *a*.
O. ambiguus. Pl. XVI, fig. 4, 4 *a*, 4 *b*.
O. flavipes. Pl. XVI, fig. 3, 3 *a*, 3 *b*.
O. difformis. Pl. XVI, fig. 11, 11 *a*. 11 *b*.
O. Bellone. Pl. XVI, fig. 10.

III DIVISION (II Div. p. 146).

O. alastoroïdes. Pl. XVI, fig. 6, 6 *a*.
O. alastoripennis. Pl. XVI, fig. 5. 5 *a*, 5 *b*.

IV DIVISION (III Div. p. 148).

. . . .

Sous-genre LEIONOTUS. Pl. VII, fig. 2.

I DIVISION.

O. intermedius. Pl. XVII, fig. 1.
O. exilis. Pl. XVII, fig. 2, 2 *a*.
O. columbaris. Pl. XVII, fig. 3, 3 *a*.
O. melanus. Pl. XVIII, fig. 9.

II DIVISION.

Section 1 (p. 160).

O. excipiendus. Pl. XVII, fig. 4, 4 *a*, 4 *b*, 4 *c*.
O. Lachesis. Pl. XVII, fig. 5, 5 *a*.

Section 2 (p. 165).

O. Chilensis. Pl. XVII, fig. 6, 6 *a*.

III DIVISION.

Section I (p. 169).

O. Gayi. Pl. XVII, fig. 7, 7 *a*.
O. brevithorax. Pl. XVII, fig. 9, 9 *a*.
O. brachigaster. Pl. XVII, fig. 8, 8 *a*.

Section II (p. 177).

Sous-Section I (p. 177).

O. Boscii. Pl. XVII, fig. 10, 10 *a*.
O. Megæra. Pl. XVII, fig. 11, 11 *a*.
O. cubensis. Pl. XVIII, fig. 8, 8 *a*.

Sous-Section II (p. 186).

O. floricola. Pl. XVIII, fig. 3, 3 *a*.
O. synagroïdes. Pl. XVIII, fig. 2, 2 *a*.

Sous-Section III (p. 199).

O. tasmaniensis. Pl. XVIII, fig. 4, 4 *b*.
O. clypeatus. Pl. XVIII, fig. 6, 6 *a*, 6 *b*.
O. concolor. Pl. XVIII, fig. 7.
O. alaris. Pl. XVIII, fig. 5.

IVᵉ DIVISION.

. . . .

Vᵉ DIVISION.

Section I (p. 208.)

O. multicolor. Pl. XVIII, fig. 11.
O. punctum. Pl. XIX, fig. 2, 2 *a*.
O. bellatulus. Pl. XVIII, fig. 10.
O. bivittatus. Pl. XIX, fig. 3, 3 *a*, 3 *b*.
O. hirsutulus. Pl. XIX. fig. 1, 1 *a*, 1 *b*, 1 *c*.
O. silaos. Pl. XIX, fig. 6, 6 *a*, 6 *b*.
O. tropicalis. Pl. XIX, fig. 5, 5 *a*.
O. ovalis. Pl. XIX, fig. 4, 4 *a*, 4 *b*.

Section II (p. 316).

. . . .

Sous-Genre OPLOPUS. Pl. VII, fig. 3 *a*, 3 *b*.

O. senegalensis. Pl. XIX, fig. 7, 7 *a*, 7 *b*.
O. rotundigaster. Pl. XIX, fig. 8, 8 *a*.

O. melanocephalus. Pl. XX, fig. 3 *a*, 3 *b*, 3 *c*, 3 *d*.
O. reniformis. Pl. XX, fig. **1, 1** *a*.
O. lævipes. Pl. XX, fig. 2, 2 *a*.
O. emortualis. Pi. XIX, fig. 9, 9 *a*.

Genre LEPTOCHILUS. Pl. VI, fig. 3.

L. fallax. Pl. XX, fig. 6, 6 *a*, 6 *b*.
L. modestus. Pl. XX, fig. 5, 5 *a*.
L. ornatus. P. XX, fig. 4, 4 *a*.

Genre PTEROCHILUS. Pl. VII, fig. 4, 5.

Ire DIVISION.

P. glabripalpis. Pl. XX, fig. 7, 7 *a*, 7 *b*.

IIe DIVISION. Pl. VII, fig. 5.

Section I (p. 240). Pl. VII, fig. 5 *c*.

P. major. Pl. XXI, fig. 1, 1 *a*, 1 *b*.
P. biglumis. Pl. XXI, fig. 3.

Section II (p. 244). Pl. VII, fig. 5 *e*.

P. latipalpis. Pl. XXI, fig. 2, 2 *a*.

IIe DIVISION. Pl. VII, fig. 4.

P. pilipalpus. Pl. XX, fig. 8, 8 *a*, 8 *b*, 8 *c*.

Genre ALASTOR. Pl. VII, fig. 6.

Ire DIVISION.

A. eriurgus. Pl. XXI, fi. 4.
A. Lachesis. Pl. XXI, fig. 5, 5 *a*.
A. tuberculatus. Pl. XXI, fig. 6, 6 *a*.

II· DIVISION.

. . . .

III· DIVISION.

A. angulicollis. Pl. XXI, fig. 7, 7 *a*, 7 *b*.
A. melanosoma. Pt. XXI, fig. 8, 8 *a*, 8 *b*.
A. singularis. Pl. XXI, fig. 9.

PLANCHE I.

Système appendiculaire de l'Eumenes pomiformis.

1. **Aile antérieure**. — *a*, radius. — *b*, cubitus. — *c*, point épais. — *aaa*, bord radial de l'aile (la côte). — *d*, bord externe de l'aile. — *e*, cellule radiale. — 1, première cellule cubitale. — 2, deuxième cellule cubitale. — 3, troisième cellule cubitale — 4, quatrième cellule cubitale. — *k*, cellules du disque. — *l*, cellules du limbe. — *i*, première nervure récurrente. — *f*, seconde nervure récurrente.

Nervation de l'aile dans la section des **Euptères**. (Les deux nervures récurrentes reçues par la 2e cubitale, cette dernière non pédiculée.) *m*, sens de la *largeur* des cellules. — *n*, sens de la *longueur* des cellules.

2. **Aile postérieure**. — *a*, crochets qui servent à la fixer au bord postérieur de l'antérieure.

3. **Lèvre et machoires réunies dans leur position naturelle**. — *a*, menton. — *b*, pièce cornée où aboutit l'œsophage. — *c*, languette membraneuse. — *c'*, lanières latérales de la languette qui s'articulent avec elle à sa base, et qui restent collées contre ses bords, dans le reste de leur étendue. — *d*, points cornés des lobes terminaux de la lèvre. — *d'*, points cornés terminaux des lanières. — *e*, articulations des palpes labiaux. — *f*, palpes labiaux. — *g*, parties basilaires des mâchoires, soudées au menton. — *h*, appendice des mâchoires ou *galéa*, formant un lobe libre plus ou moins membraneux, s'appliquant contre les bords de la lèvre pour concourir à la formation du canal. — *i*, articulations des palpes maxillaires. — *k*, palpes maxillaires.

4. **Antenne du male**. — *a*, pièce basilaire servant à l'articulation. — *b*, premier article de l'antenne; il est toujours le plus gros et le plus long. — *c*, deuxième article, toujours très petit. — *d*, troisième article, toujours plus long que les suivants. — *e*, treizième article en forme de crochet. Il manque dans les femelles.

5, 6, 7. **Pattes antérieure, moyenne et postérieure**. — *a*, hanche. — *b*, trochanter. — *c*, cuisse (fémur). — *d*, jambe (tibia). — *e*, armure des jambes. La patte antérieure porte un appendice en forme de sabre, la moyenne un appendice styliforme, la postérieure deux, l'un en forme de sabre, l'autre styliforme.—*f*, tarses. Des cinq articles qui le composent, le premier est toujours de beaucoup le plus grand; ces articles sont couverts de poils qui passent à l'état d'épines à leur bord inférieur, mais qui ne forment pas, comme dans les *fouisseurs*, des espèces de brosses. — *g*, crochets des tarses. Ils sont toujours doubles, et armés d'une ou de plusieurs dents.

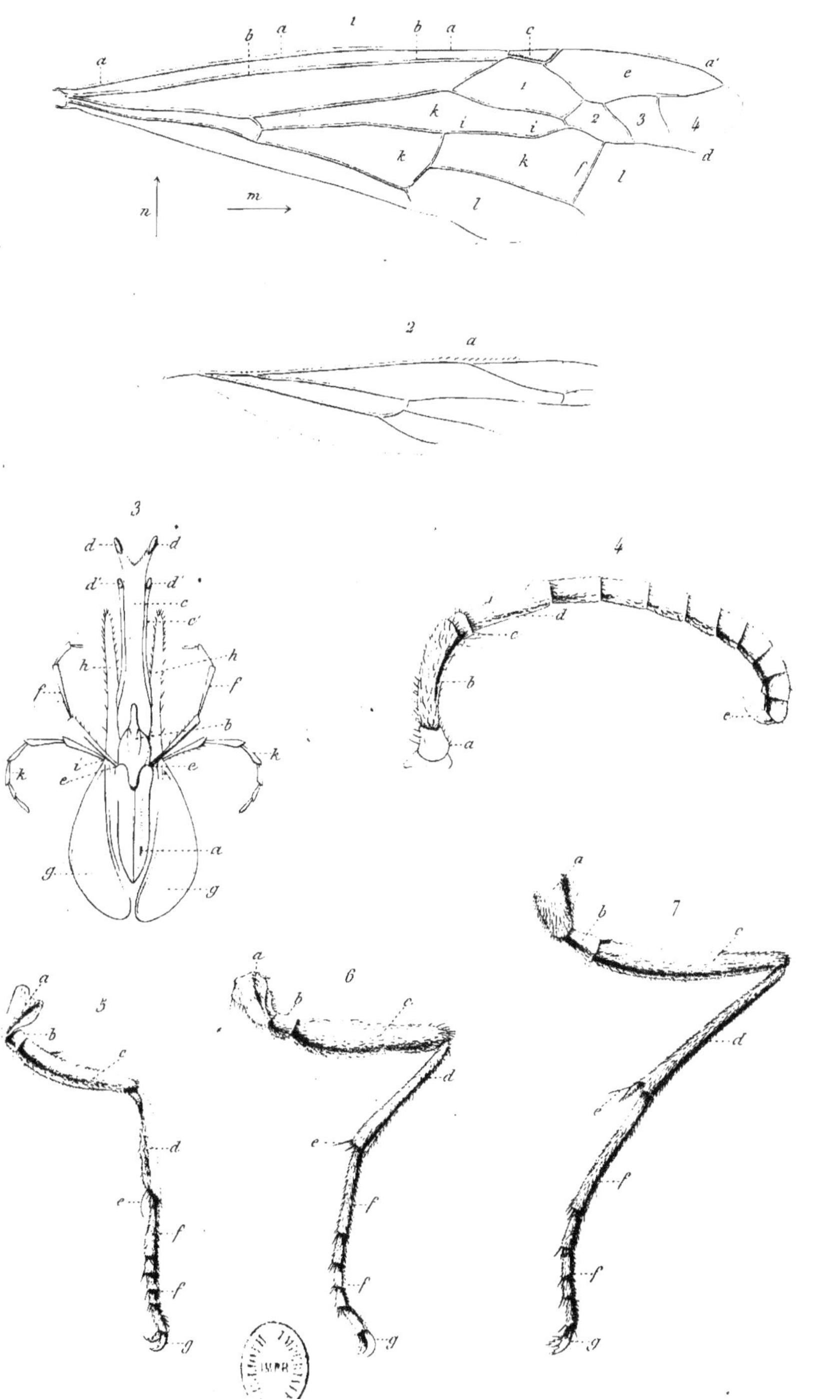

DÉTAILS DE L'EUMENES POMIFORMIS

PLANCHE II.

1. *Caractères du genre* Raphiglossa.

1 *a*. Lèvre du *Raphiglossa eumenoides*, Saund.
1 *b*. Mâchoire du même.
1 *c*. Mandibule du même (tronquée obliquement à l'extrémité, dents terminales et non latérales).
1 *d*. Aile du même; nervation de l'aile dans la section des Anomaloptères; la première nervure récurrente reçue par la première cellule cubitale, la deuxième nervure récurrente reçue par la deuxième cellule cubitale.

2. *Caractères du genre* Stenoglossa.

(Figures tirées des Transactions de la Soc. entomol. de Londres.)

2 *a*. Lèvre du *Stenoglossa odyneroïdes*, Saund.
 b. Mâchoire du même.
2 *c*. Antenne du même. (Mâle.)
L'aile et les mandibules sont comme dans le genre *Raphiglossa*, fig. 1 *d*, 1 *c*.

3. *Caractères du genre* Zethus.

3 *a*. Lèvre du *Zethus cœruleopennis*, Fabr. (Première division).
Les lanières latérales de la lèvre sont dans leur position naturelle, accolées au lobe médian.
3 *b*. Mâchoire du même.
3 *c*. Mandibule du même (tronquée obliquement à l'extrémité, de forme trapézoïdale, à dents terminales et non latérales, les deux mandibules ne formant pas un bec par leur réunion. Il en est de même dans les genres *Elimus*, *Calligaster* et *Discoelius*, pl. III, fig. 1 *c* et 3 *c*).
3 *d*. Antenne du même (mâle) enroulée en spirale à l'extrémité, le treizième article n'ayant pas la forme de crochet.
3 *e*. Pétiole du même.
L'aile est comme dans le genre *Eumenes*. Pl. I.

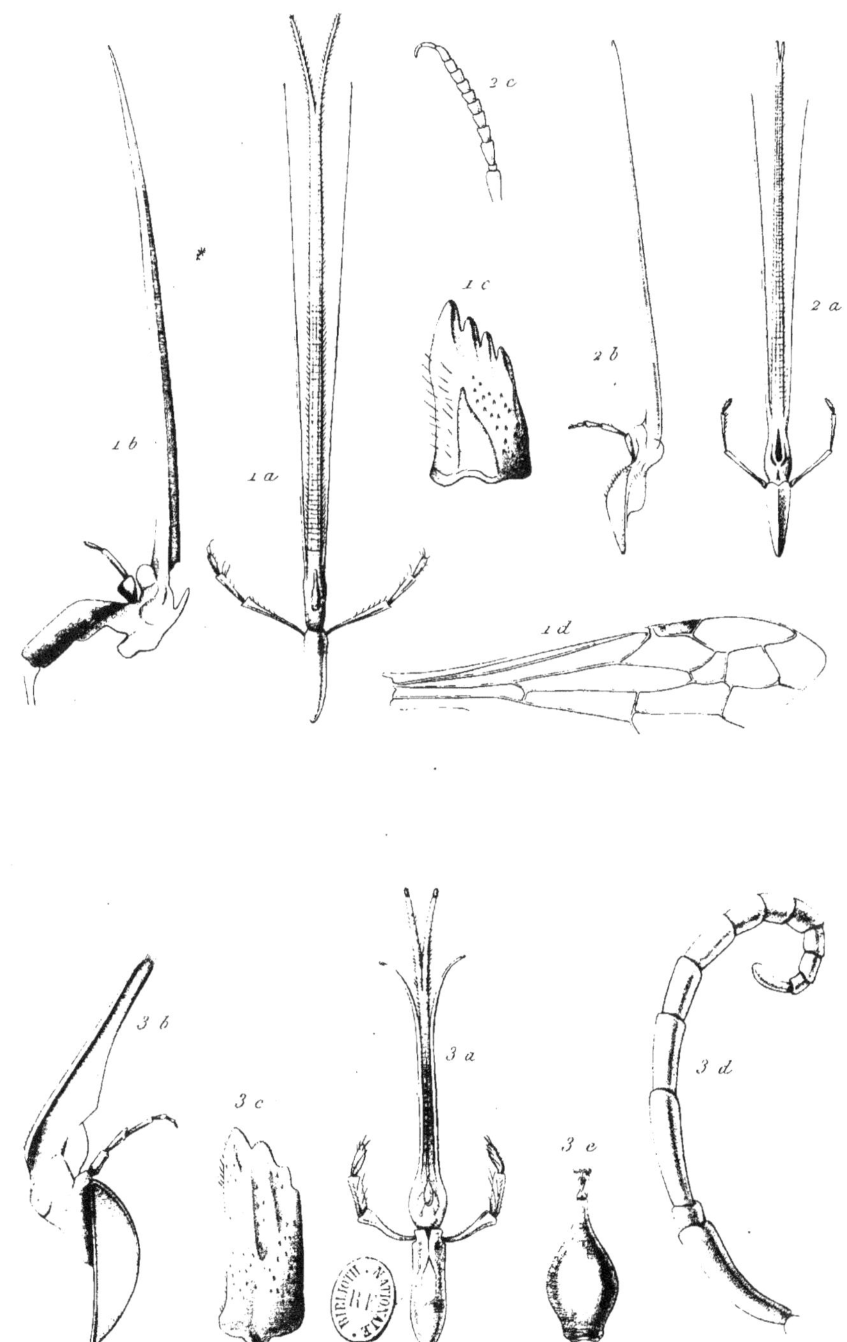

1. *RAPHIGLOSSA.*   2. *STENOGLOSSA.*   3. *ZETHUS.*

Tinrfaut imp.

PLANCHE III.

1. *Caractères du genre* ELIMUS.

    1 *a*. Lèvre de l'*Elimus australis*, Sauss.
    1 *b*. Mâchoire du même.
    1 *c*. Mandibule du même.
       L'aile est comme dans le genre *Eumenes*.

2. *Caractères du genre* GAYELLA.

    2 *a*. Lèvre de la *Gayella eumenoides*, Spin.
    2 *b*. Mâchoire de la même.
    2 *c*. Mandibule de la même (pointue, les deux mandibules
       formant un bec par leur réunion.)
    2 *d*. Crochets des tarses.
       L'aile est comme dans le genre *Raphiglossa*. Pl. II, f. 1 *d*.

3. *Caractères du genre* DISCOELIUS.

    3 *a*. Lèvre du *Discoelius zonalis*, Panz.
    3 *b*. Mâchoire du même.
    3 *c*. Mandibule du même.
       L'aile est comme dans le genre *Eumenes*

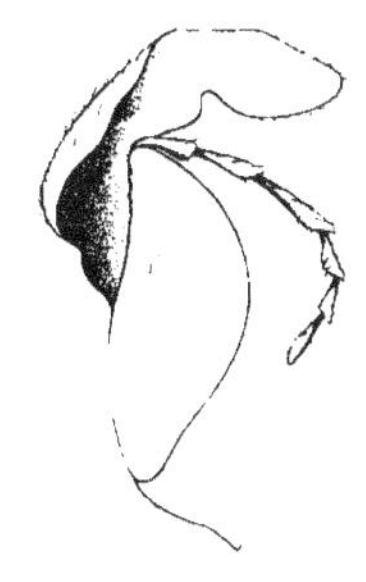

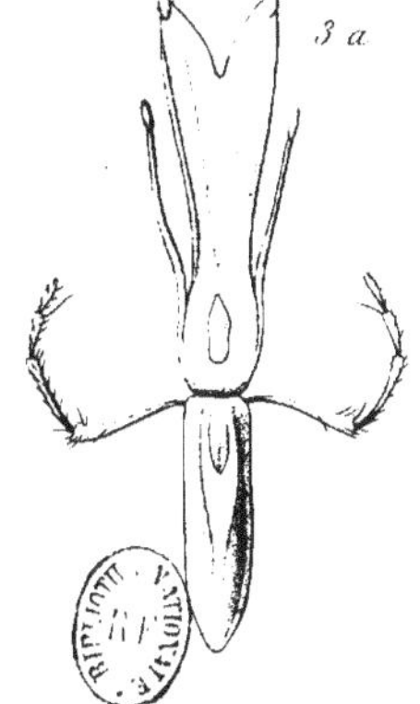

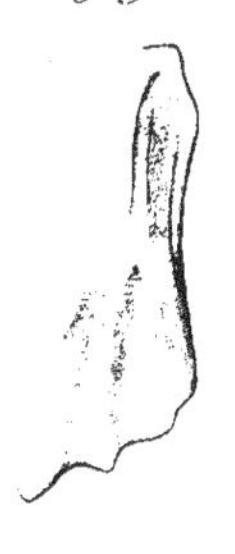

Sebin d'après les dessins de l'auteur.

1. ÆLIMUS. 2. GAYELLA. 3. DISCOELIUS.

Tourfaut imp.

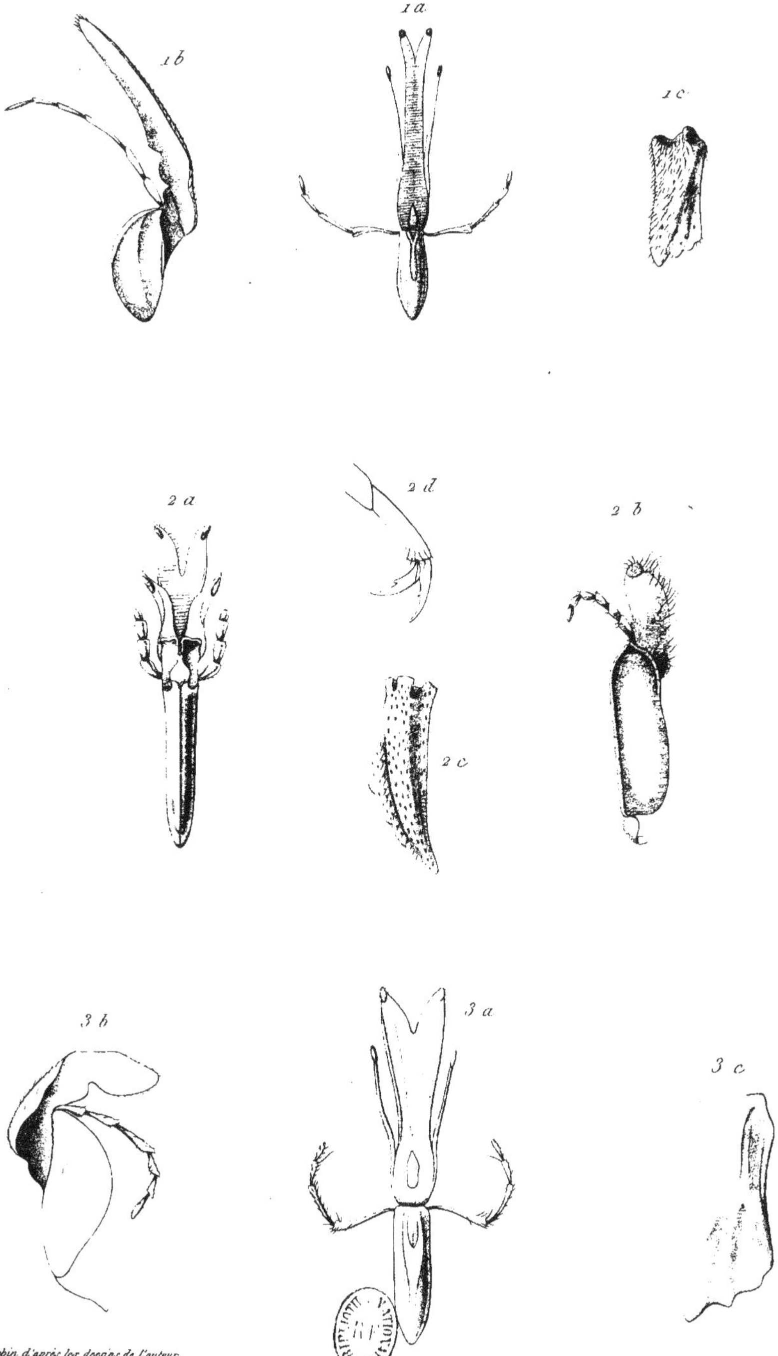

PLANCHE IV.

Caractères du genre EUMENES.

Première division.

1 *a*. Lèvre de l'*Eumenes pomiformis*, Fabr.
1 *b*. Mâchoire de la même.
1 *c*. Mandibule de la même.
1 *d*. Labre de la même.
1 *e*. Pétiole de la même, grossi.

Deuxième division.

2 *a*. Lèvre de l'*Eumenes tinctor*, Christ.
2 *b*. Mâchoire de la même.
2 *c*. Mandibule de la même.
2 *d* Pétiole de l'*Eumenes petiolata*, Fabr.
2 *e*. Terminaison d'une antenne de la même. (Mâle.)
    [Le 13e article forme un long appendice.]

(2 *a*-2 *e*. Figures tirées de la description de l'Egypte.)

Troisième division.

3 *a*. Pétiole de l'*Eumenes flavopicta*, Blanch., vu de profil.
3 *b*. Le même vu en dessus.
    La bouche est comme dans la deuxième division.

Quatrième division.

4 *a*. Mâchoire de l'*Eumenes canaliculata*, Oliv.
4 *b*. Mandibule de la même.
4 *c*. Antenne de la même. (Mâle.) [Le 13e article est en forme
    de crochet.]
4 *d*. Pétiole de la même, vu en dessus.

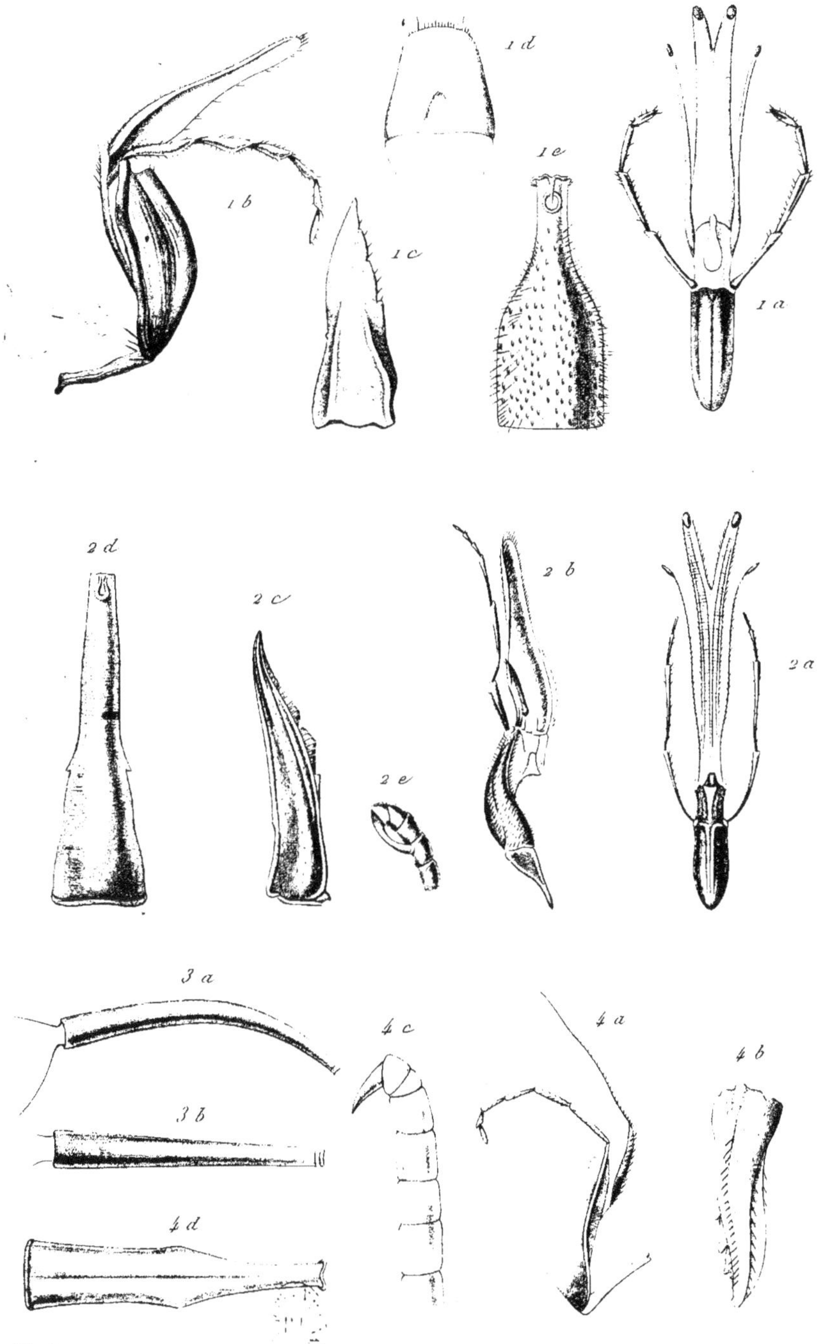

EUMENES.

Tourfaut imp

PLANCHE V.

1. *Caractères du genre* PACHYMENES.

   1 *a.* Lèvre de la *Pachymenes sericea,* Sauss.
   1 *b.* Mâchoire de la *Pachymenes ventricosa,* Sauss.
   1 *c.* Mandibule de la même.

2. *Caractères du genre* SYNAGRIS.

   2 *a.* Lèvre de la *Synagris calida,* Fabr.

   Première division.

   2 *b.* Mâchoire de la *Synagris calida.* (Palpe maxillaire de trois
      articles.)

   Deuxième division.

   2 *c.* Mâchoire de la *Synagris minuta,* Sauss. (Palpe maxillaire
      de quatre articles.)
   2 *d.* Mâchoire de la *Synagris pentameria,* Sauss. (Palpe maxil-
      laire de cinq articles.)

3. *Caractères du genre* MONTEZUMIA.

   3 *a.* Lèvre de la *Montezumia cærulea,* Sauss.
   3 *b.* Mâchoire de la même.
   3 *c.* Mandibule de la même.
   3 *d.* Premier segment de l'abdomen de la même, vu en des-
      sus. (Première division du genre.)

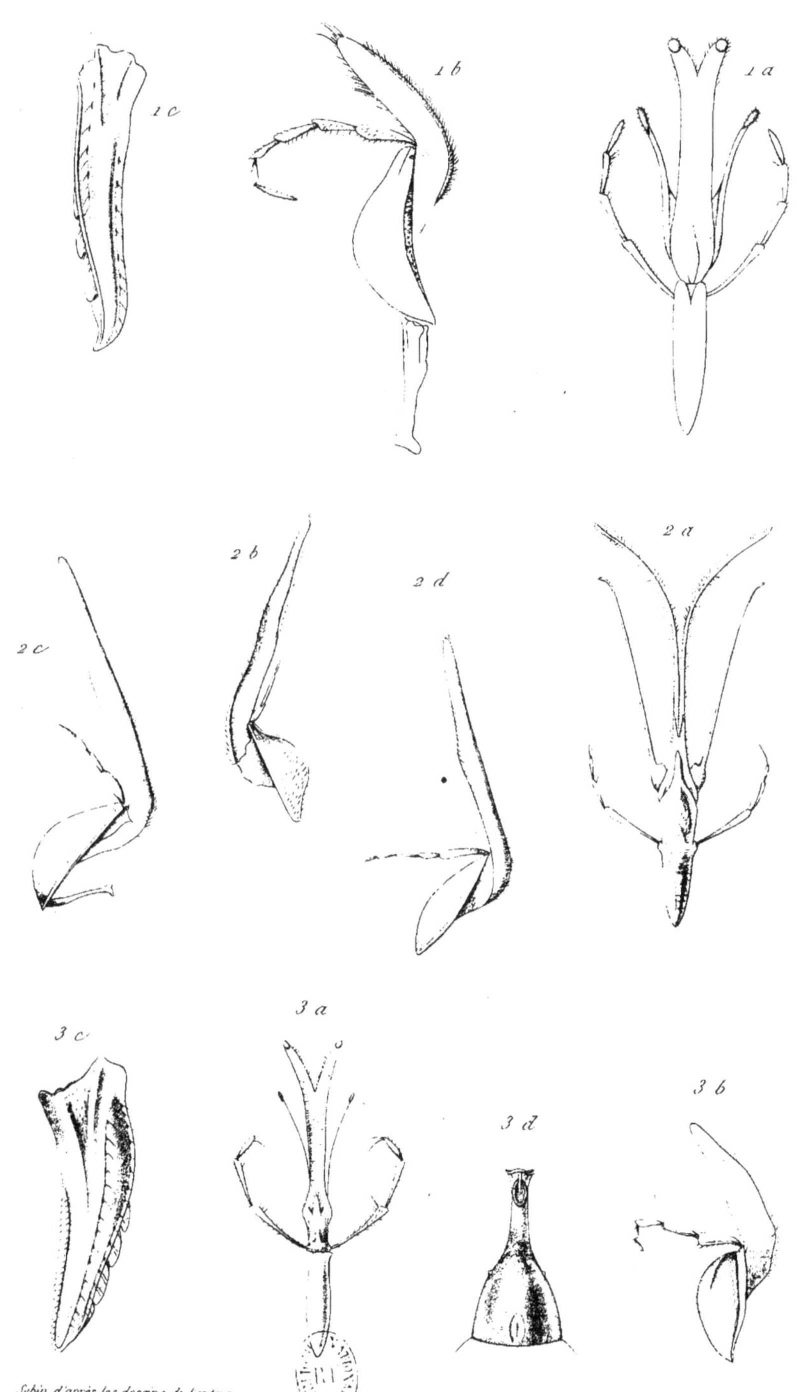

1 c
1 b
1 a
2 c
2 b
2 d
2 a
3 c
3 a
3 d
3 b
Sebin d'après les dessins de l'auteur.
1. PACHYMENES. 2. SYNAGRIS. 3. MONTEZUMIA.
Tourfaut imp

1-3. *Caractères du genre* ODYNERUS.

Sous-genre Symmorphus.

1 *a*. Forme des antennes dans les mâles de cette division. (Le 13e article simple.)

1 *b*. Mâchoire de l'*Odynerus crassicornis*, Panz.

Sous-genre Ancistrocerus.

2. Forme des antennes dans les mâles de cette division. (Le 13e article en forme de crochet. Il en est presque toujours de même dans le sous-genre *Leionotus*.)

Sous-genre Oplopus.

3 *a*. Forme des antennes dans les mâles de cette division. (L'extrémité enroulée en spirale.)

3 *b*. Mandibule du mâle de l'*Odynerus spinipes*, Linn.

4-5. *Caractères du genre* PTEROCHILUS.

4. Mâchoire du *Pterochilus pilipalpis*, Spin.

5 *a*. Lèvre du *Pterochilus Savignyi*, Sauss.

5 *b*. Mâchoire du même.

5 *c*. Mandibules du même. (Mandibule dentée.)

5 *d*. Labre du même.

5 *e*. Mandibule du *Pterochilus grandis*, Lep. (Mandibule sans dents.)

(5 *a*-5 *d*. Fig. tirées de la description de l'Egypte.)

6. *Caractères du genre* ALASTOR.

6 *a*. Lèvre de l'*Alastor Atropos*, Lepel.

6 *b*. Mâchoire du même.

6 *c*. Mandibule du même.

6 *d*. Aile du même. Nervation de l'aile dans la section des MISCHOPTÈRES; la deuxième cellule cubitale pédonculée, recevant les deux nervures récurrentes.

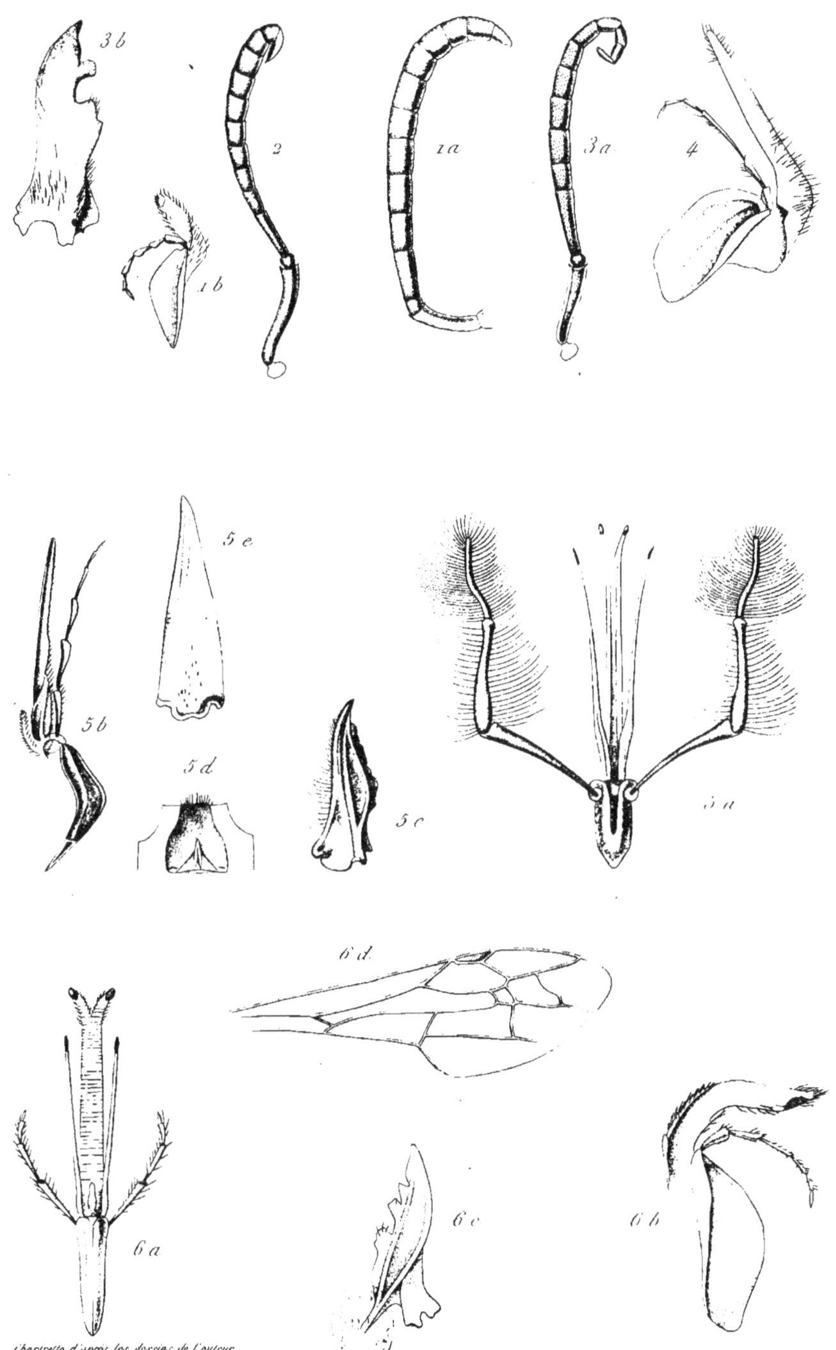

1.2.3. ODYNERUS.   4.5. PTEROCHILUS.   6. ALASTOR.

PLANCHE VIII.

Genre RAPHIGLOSSA.

1. *Raphiglossa filiformis*, Sauss. (femelle) grossi.
   1 *a*. Le même, de grandeur naturelle et vu de profil, pour
   montrer la longueur de la lèvre et des mâchoires.
2. *Raphiglossa symmorphus* (1), Sauss. (femelle) grossi.

Genre ELIMUS.

3. *Elimus australis*, Sauss. (femelle) grossi.
   3 *a*. Le même vu de profil, de grandeur naturelle.
   3 *b*. La tête du même. (Les mandibules ne forment pas un
   bec, mais elles sont courtes, et se replient derrière le
   chaperon.)

Genre GAYELLA.

4. *Gayella eumenoides*, Spin. (femelle) grossi.
   4 *a*. La tête du même. (Les mandibules forment un bec par
   leur réunion.)

Genre ZETHUS.

   Première division. (Deuxième segment de l'abdomen sessile ou subsessile.)

A. Antennes des mâles enroulées en spirale à l'extrémité.

5. *Zethus magnus*, Sauss. (Mâle.)
   6. La tête du même (2).
   5 *b*. L'abdomen du même vu de profil.
   5 *a*. Tête du *Zethus cyanipennis*, Fabr. (femelle).

B. Antennes des mâles terminées par un crochet.

7. *Zethus chrysopterus*, Sauss. (mâle) grossi.

   Deuxième division. (Deuxième segment de l'abdomen un
   peu pédicellé.)

8. *Zethus pyriformis* (3), Spin. (femelle) grossi.

   Troisième division. (Deuxième segment de l'abdomen longuement pédicellé.)

9. *Zethus niger*, Sauss. (femelle) grossi.

1. Par erreur, cette espèce a été décrite comme étant le mâle de la précédente. (Voyez
supplément.)

2. La lettre des fig. 5 *a* et 6 a été transposée : fig. 6 est la tête d'un mâle, et fig. 5 *a* la
tête d'une femelle.

3. C'est encore par erreur que cette espèce porte sur la planche le nom de *Zethus binodis*, ce dernier appartient à la troisième division, et a exactement les formes du *Zethus
niger*.

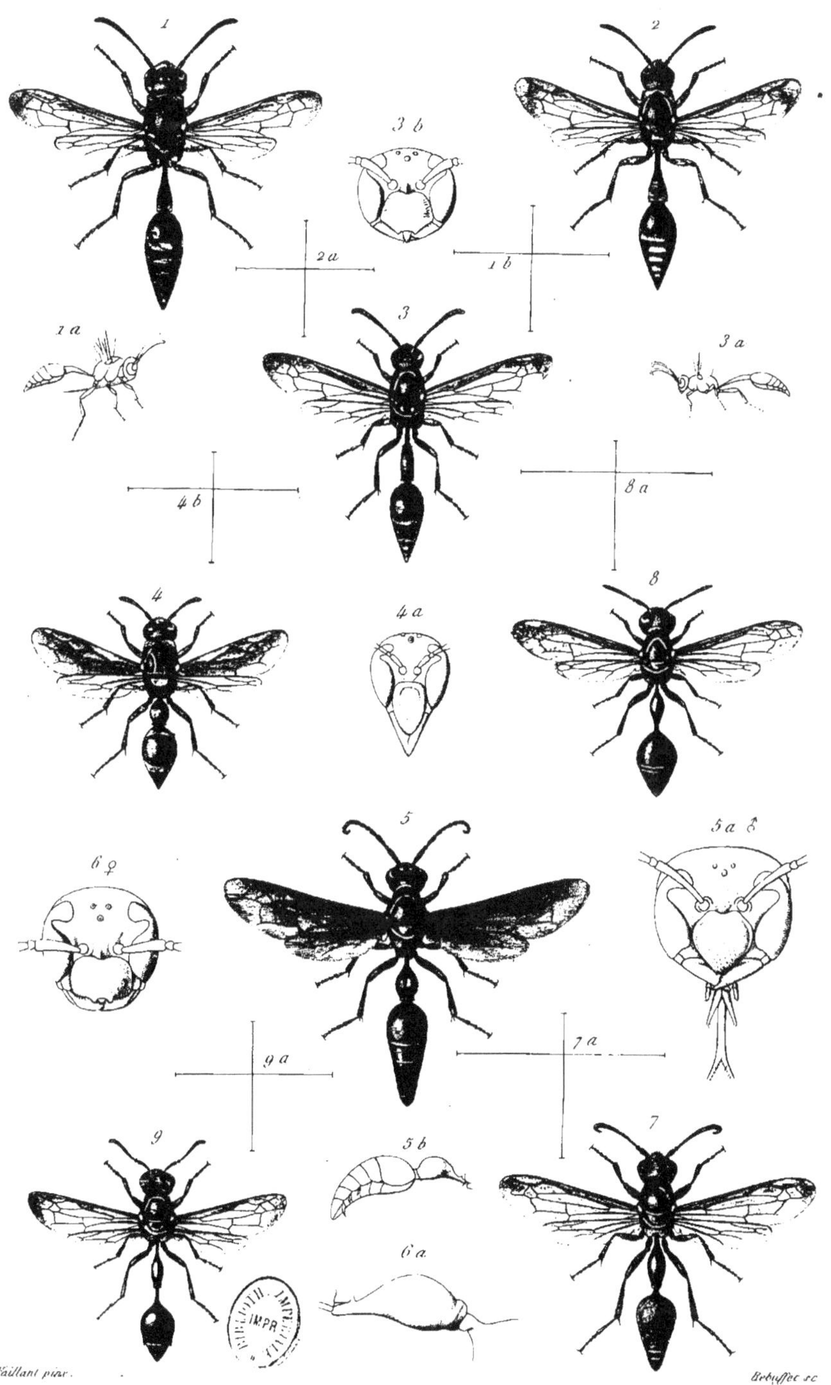

1. R. FILIFORMIS. 2. R. SYMMORPHA. 3. E. AUSTRALIS. 4. G. EUMENOIDES. 5. Z. MAGNUS.
6. Z. CYANIPENNIS. 7. Z. CHRYSOPTERUS. 8. Z. BINODIS. 9. Z. NIGER.

Imp. Taurfaut

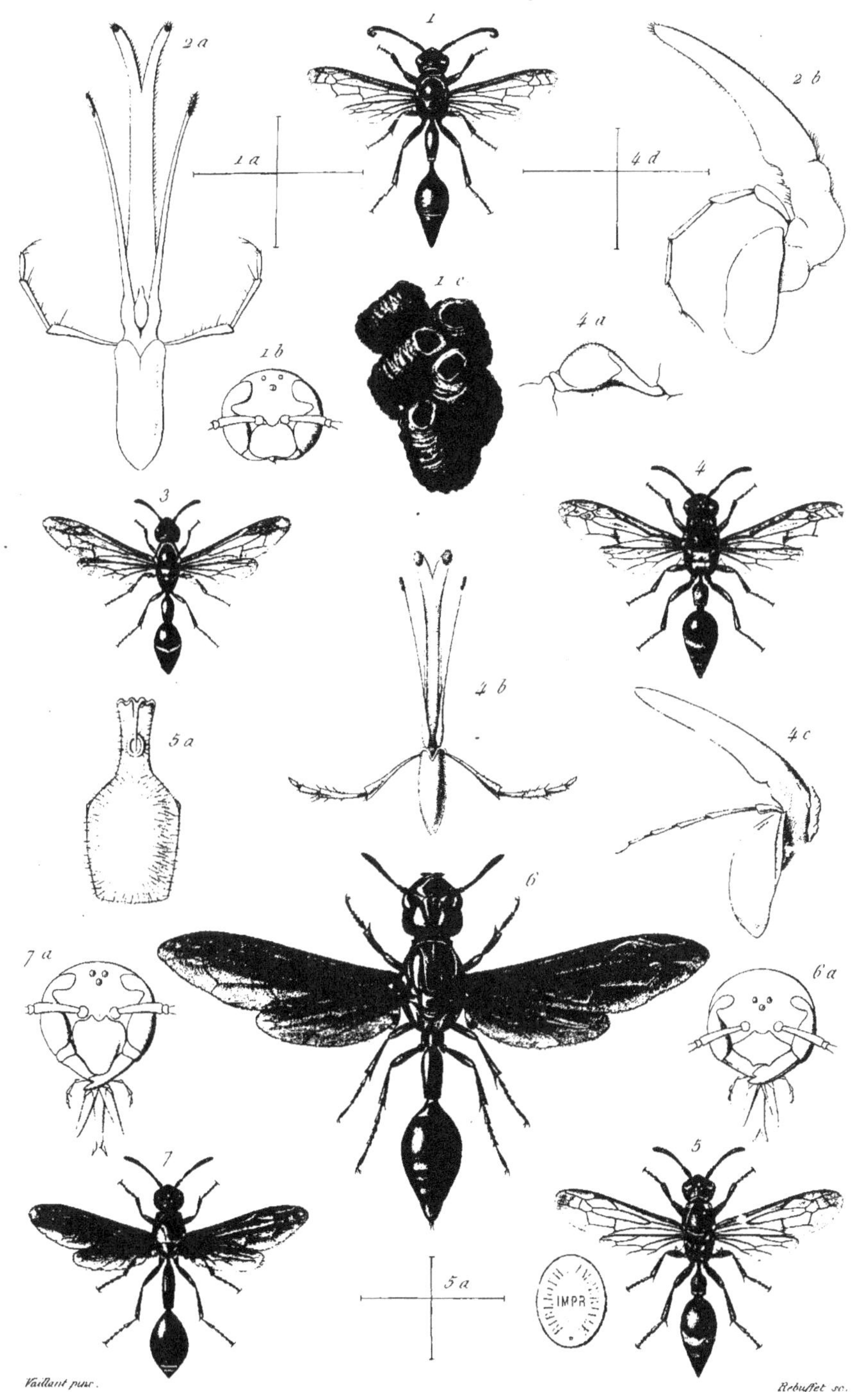

1. Z. ROMANDINUS. 2. Z. PYRIFORMIS. 3. D. CHILIENSIS. 4. D. VERREAUXII.

5. D. DUFOURII. 6. C. HERO. 7. C. CYANOPTERA.

Imp. Tourfaut

PLANCHE X.

Genre Eumenes.

Première division.

1. *Eumenes Smithii*, Sauss. (variété mâle).
2. *Eumenes Sichelii*, Sauss. (femelle).

Deuxième division.

3. *Eumenes Lepeleterii*, Sauss. (femelle).
4. *Eumenes Xanthura*, Sauss. (femelle).
5. *Eumenes Latreillei*, Sauss. (femelle).
    5 *a.* La tête de la même, les mandibules un peu fléchies, se croisant à l'extrémité.
    5 *b.* *Id.* les mandibules droites, formant un bec aigu par leur réunion.
6. *Eumenes fenestralis* Sauss. (femelle),
7. *Eumenes circinalis* Fabr. (femelle).
8. *Eumenes regina* Sauss. (femelle).
    8 *a.* Tarse de la même
    8 *b.* Antenne de la même.

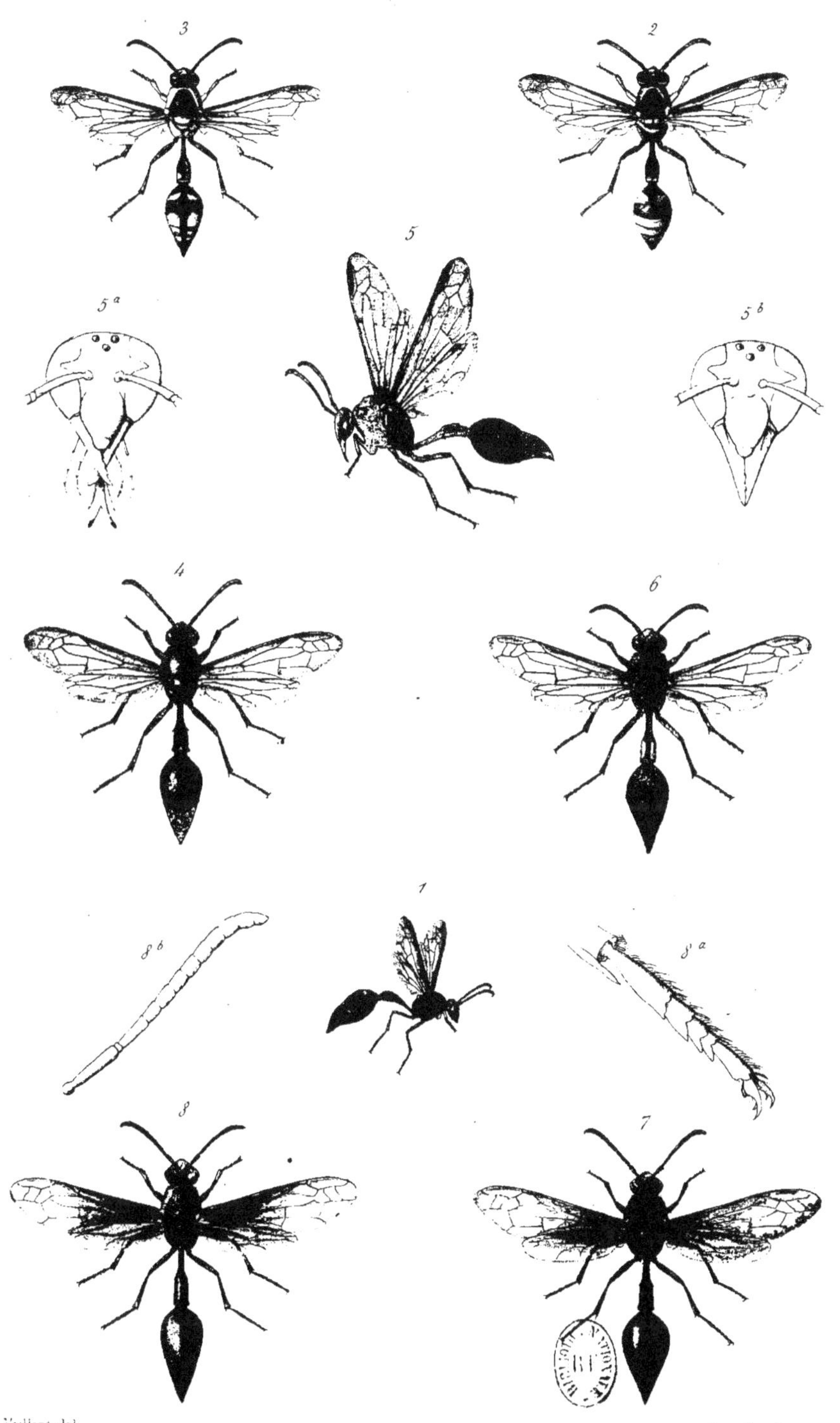

Vaillant del.

Paris. Imp. Bineteau.

1. E. SMITHII. 2. E. SICHELII. 3. E. LEPELETERII. 4. E. XANTHURA. 5. E. LATREILLEII.
6. E. FENESTRALIS. 7. E. CIRCINALIS. 8. E. REGINA.

PLANCHE XI.

Genre EUMENES.

Deuxième division.

1. *Eumenes asina*, Sauss. (fem.)
2 *Eumenes esuriens*, Fabr. (fem.)
3. *Eumenes elegans*, Sauss. (fem. grossie.)

Troisième division.

4. *Eumenes Edwardsii*, Sauss. (fem. grossie.)
    4 a. Mâchoire de la même; le 2e article du palpe est d'une
        longueur extraordinaire.

Cinquième division.

5. *Eumenes canaliculata*, Oliv. (fem.)
    5 a. Mâchoire de la même.

Première division.

6. *Eumenes Huberti*, Sauss. (mâle grossi.)
7. *Eumenes bipunctis*, Sauss. (fem. grossie.
8. *Eumenes fraterna*, Say. (fem. grossie.)

—

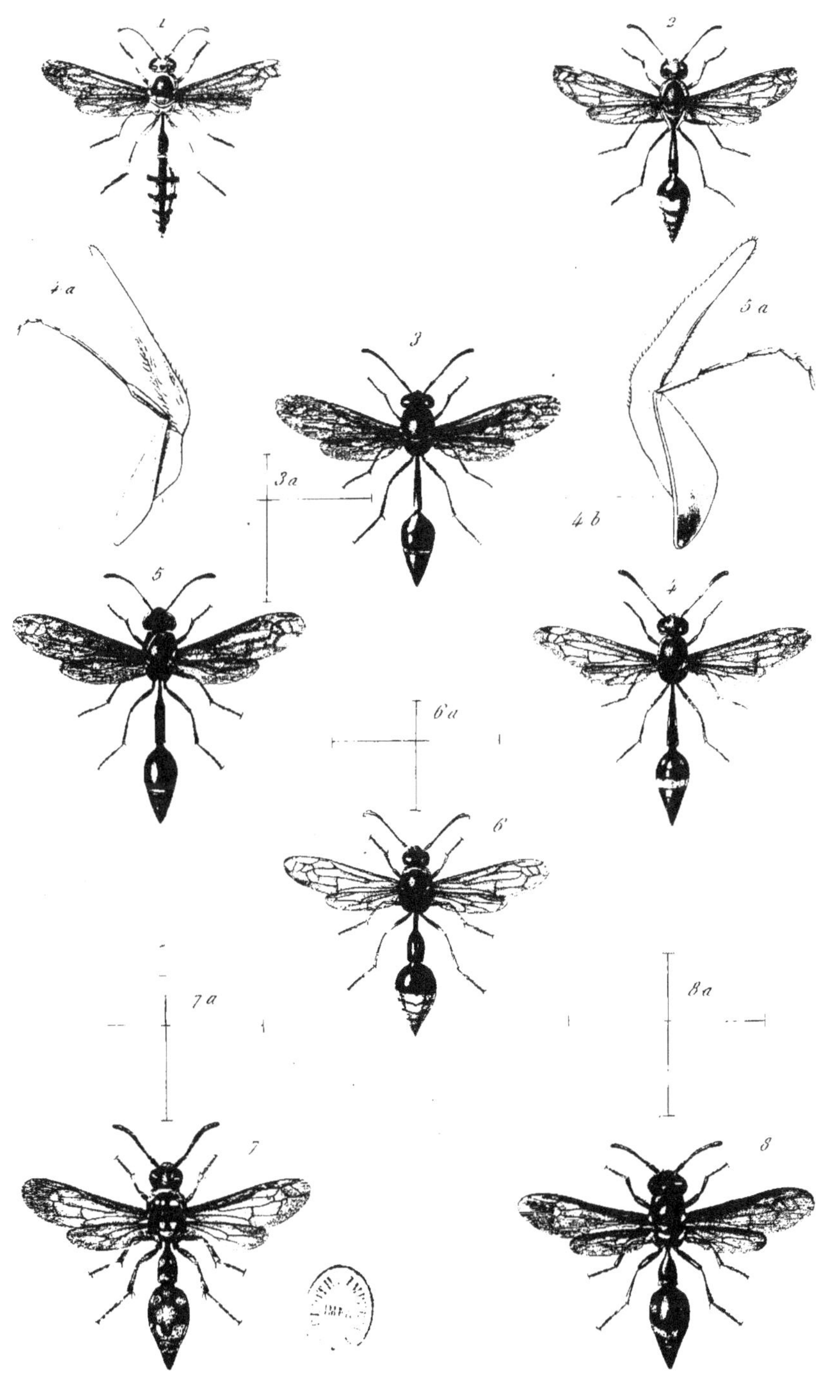

1. E. ASINA.   2. E. ESURIENS.   3. E. ELEGANS.   4. E. EDWARDSII.
5. E. CANALICULATA. 6. E. HUBERTI. 7. E. BIPUNCTIS. 8. E. FRATERNA.

Genre EUMENES.

Troisième division.

1. *Eumenes melanosoma,* Sauss. (fem. grossie.)

Quatrième division.

2. *Eumenes Blanchardi,* Sauss. (fem.)

Cinquième division.

3. *Eumenes Picteti,* Sauss. (fem. grossie.)
   3 *a*. Antenne du mâle.

Sixième division.

4. *Eumenes callimorpha,* Sauss. (fem. grossie.)
   4 *a*. Pétiole vu de profil.

Genre PACHYMENES.

Première division.

5. *Pachymenes sericea.* (fem. grossie.)
   5 *a*. Tête de la même.
   5 *b*. Pétiole de la même vu de profil.
6. *Pachymenes brunnea,* Sauss. (Fem. grossie.)
   6 *a*. Pétiole de la même vu de profil.

Deuxième division.

7. *Pachymenes ventricosa,* Sauss. (Fem. grossie.)

Genre MONTEZUMIA.

Première division.

8. *Montezumia cœrulea,* Sauss., un peu grossie.
   8 *a*. Tête de la même.

Seconde division.

9. *Montezumia Spinolæ,* Sauss. (fem. grossie.)
10. *Montezumia pelagica,* Sauss. (fem. grossie.)
    10 *a*. Pétiole de la même vu de profil

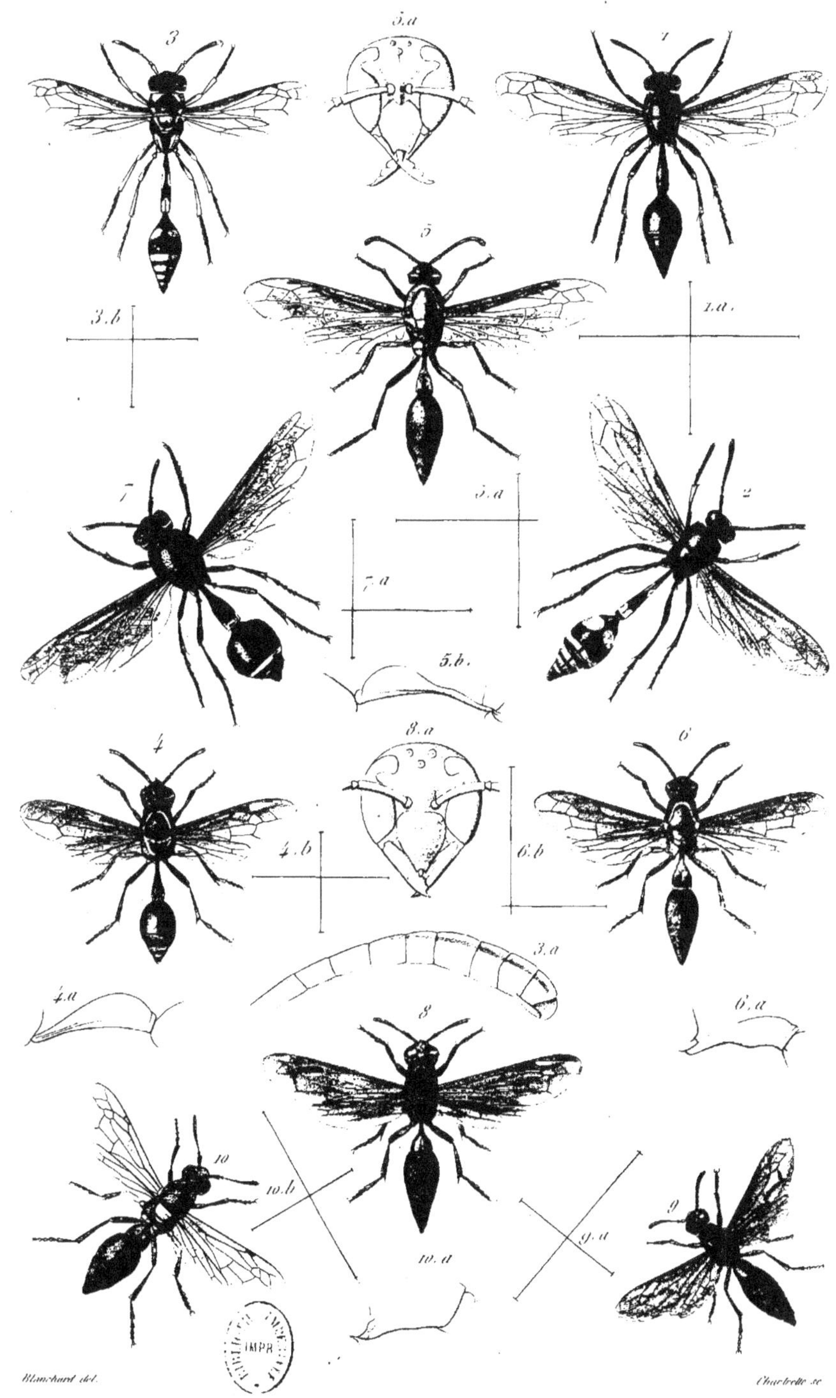

1. E. MELANOSOMA. 2. E. BLANCHARDI. 3. E. PICTETI. 4. E. CALLIMORPHA. 5. P. SERICEA.
6. P. BRUNNEA. 7. M. VENTRICOSA. 8. M. COERULEA. 9. M. SPINOLAE. 10. M. PELAGICA.

Imp. Tourfaut.

PLANCHE XIII.

Genre SYNAGRIS.

Première division.

1. *Synagris cornuta,* Linn. (Mâle.)
2. Tête de la *Synagris calida,* Linn. (Mâle.)
    2 *a.* Mandibule de la même, vue de côté. (Pour la lèvre et la
        mâchoire, voyez pl. V, fig. 2 *a,* 2 *b.*)
    2 *b.* Deuxième segment de l'abdomen vu de profil.
    2 *c.* Terminaison de l'antenne du mâle.
3. Tête de la *Synagris dentata,* Sauss. (mâle.)
    3 *a.* Mandibule de la même.
4. Tête de la *Synagris æquatorialis,* Sauss. (mâle.)

Deuxième division.

5. *Synagris analis,* Sauss. (Mâle.)
    5 *a.* Tête de la même. (mâle.)
6. Tête de la *Synagris spinosuscula,* Sauss. (mâle.)
    6 *a.* Deuxième segment de l'abdomen vu de profil.
7. Tête de la *Synagris minuta,* Sauss. (mâle.)
    7 *a.* Lèvre de la même. Une des lanières est appliquée contre
        le lobe médian ; on voit à ses extrémités des points ru-
        dimentaires. (Pour la mâchoire de la même, voyez pl.
        VI, fig. 2 *c.*)
    7 *b.* Mandibule de la même vue de profil.

Troisième division.

8. *Synagris pentameria,* Sauss. (mâle.)
    8 *a.* Tête de la même. (mâle.)
    8 *b.* Le deuxième segment abdominal vu de profil.

Genre RHYGCHIUM.

9. *Rhygchium louisianum,* Sauss. (fem.)
10. *Rhygchium limbatum,* Sauss. (fem.

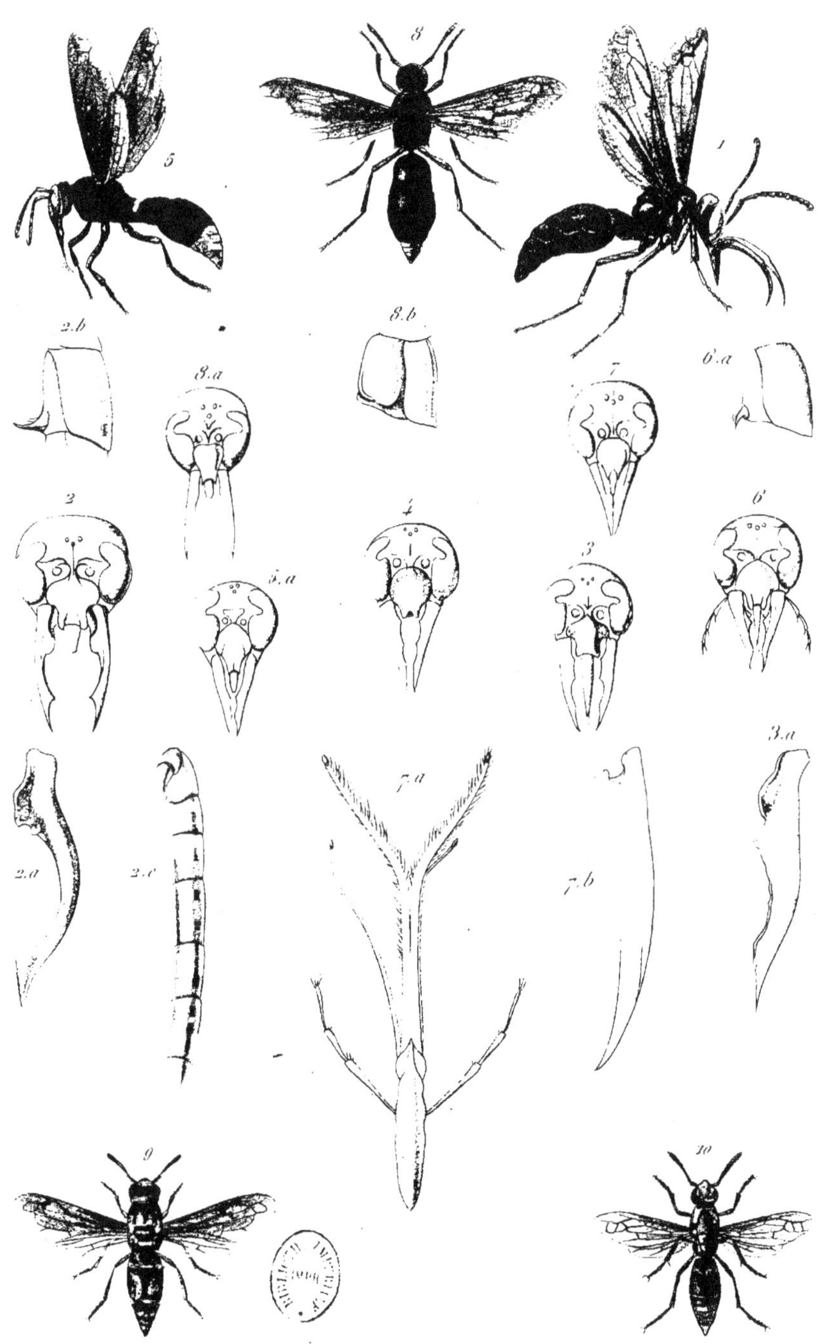

Lackerb. et Sauss. del.

Charlotte sc.

1. S. CORNUTA. 5. S. ANALIS. 8. S. PENTAMERA. 9. R. LIMBATUM.
10. R. LOUISIANUM.

Imp. Touchant.

PLANCHE XIV.

Genre RHYGCHIUM.

Première division.

1. *Rhygchium auro-maculatum*, Sauss.
2. *Rhygchium synagroïdes*, Sauss.
>   2 *a*. Tête du même, pour montrer l'échancrure des mandi-
>   bules, et leur forme pointue qui est le caractère de la
>   première division du genre.

Deuxième division.

B. Métathorax arrondi.

3. *Rhygchium Africanum*, Fabr.
>   3 *a*. Le même vu en dessus pour montrer la position habi-
>   tuelle que prend l'abdomen des insectes de ce genre.
4. *Rhygchium bruneum*, Fabr.
>   4 *a*. La tête du même, mandibules mousses, se croisant der-
>   rière le chaperon, caractère de la deuxième et de la
>   troisième division du genre.
>   4 *b*. Antenne femelle du même.
>   4 *c*. Antenne mâle du même.
>   4 *d*. Crochets des tarses du même.

A. Métathorax anguleux.

5. *Rhyghium mirabile*, Sauss.
6. *Rhyghium nitidulum*, Fabr.
>   6 *a*. Métathorax du même, pour montrer sa forme anguleuse

Troisième division.

7. *Rhygchium transversum*, Fabr.
8. *Rhygchium metallicum*, Sauss.
>   8 *a*. Métathorax du même, ses angles sont arrondis.

Les insectes représentés sur cette planche sont tous des femelles.

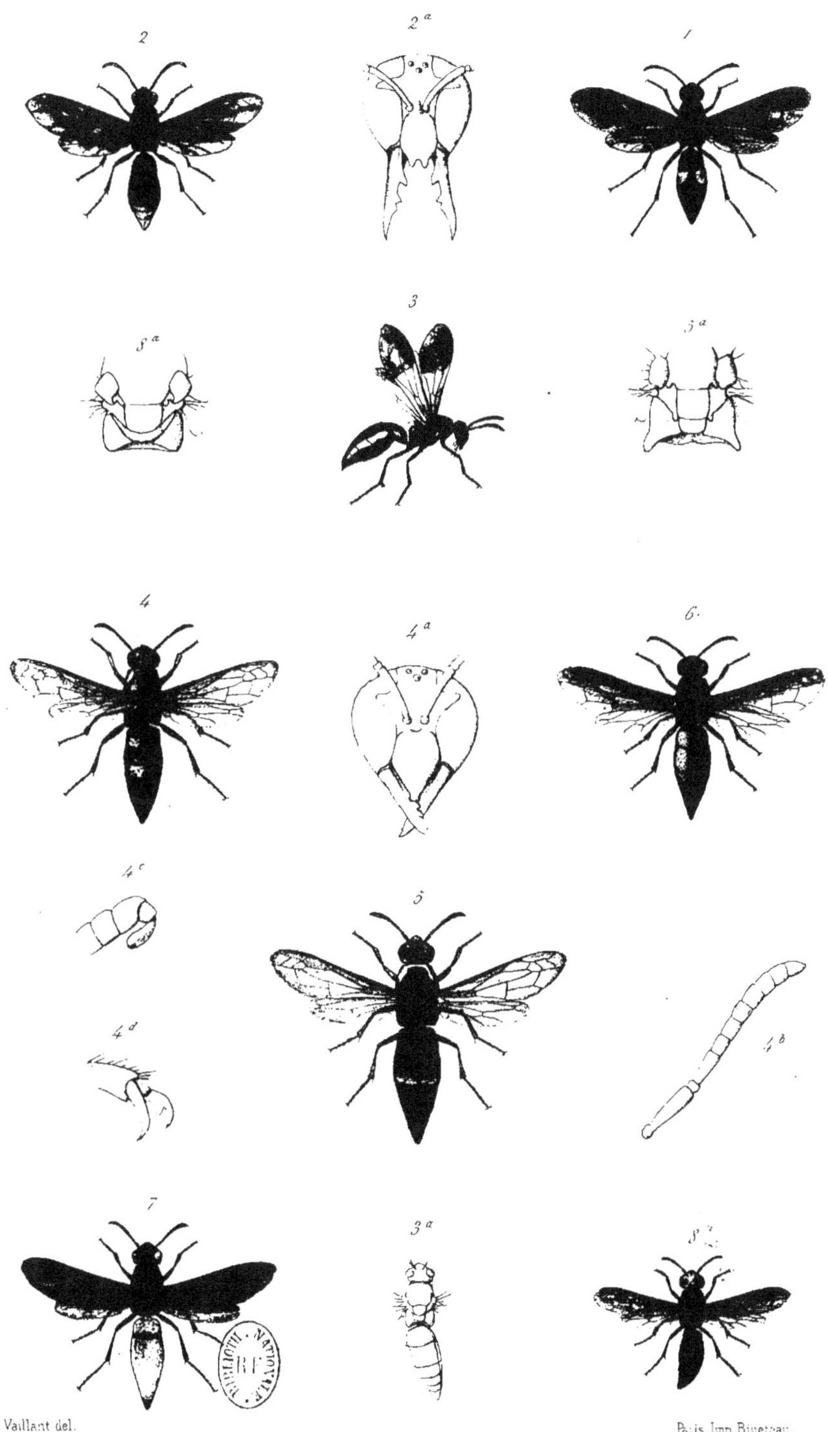

1. R. AURO-MACULATUM. 2. R. SYNAGROÏDES. 3. R. AFRICANUM. 4. R. BRUNEUM.
5. R. MIRABILE. 6. R. NITIDULUM. 7. R. TRANSVERSUM. 8. R. METALLICUM

PLANCHE XV.

Genre MONTEZUMIA.

Première division.

1 *Montezumia rufipes*, Sauss. fem.

Deuxième division.

2. *Montezumia Cortesia*, Sauss. fem.
3. *Montezumia platinia*, Sauss. fem. (Le premier segment de l'abdo-
    men est relevé contre le métathorax, on n'en voit pas la base.)
4. *Montezumia anomala*, Sauss. fem.

Genre MONOBIA.

Troisième division.

5. *Monobia angulosa*, Sauss.
    5 *a.* La même, vue de profil.
6. *Monobia apicalipennis*, Sauss.
    6 *a.* Tête de la même.

Première division.

7. *Monobia sylvatica*, Sauss.

Genre MONEREBIA (*Abispa*) (1).

8. *Monerebia splendida*, Guér.
    8 *a.* Tête de la même.
9. *Monerebia ephippium*, Fabr.
    9 *a.* Tête de la même.

(1) Le nom d'*Abispa* sera adopté dans le supplément comme antérieur à celui de *Mone-*
rebia.

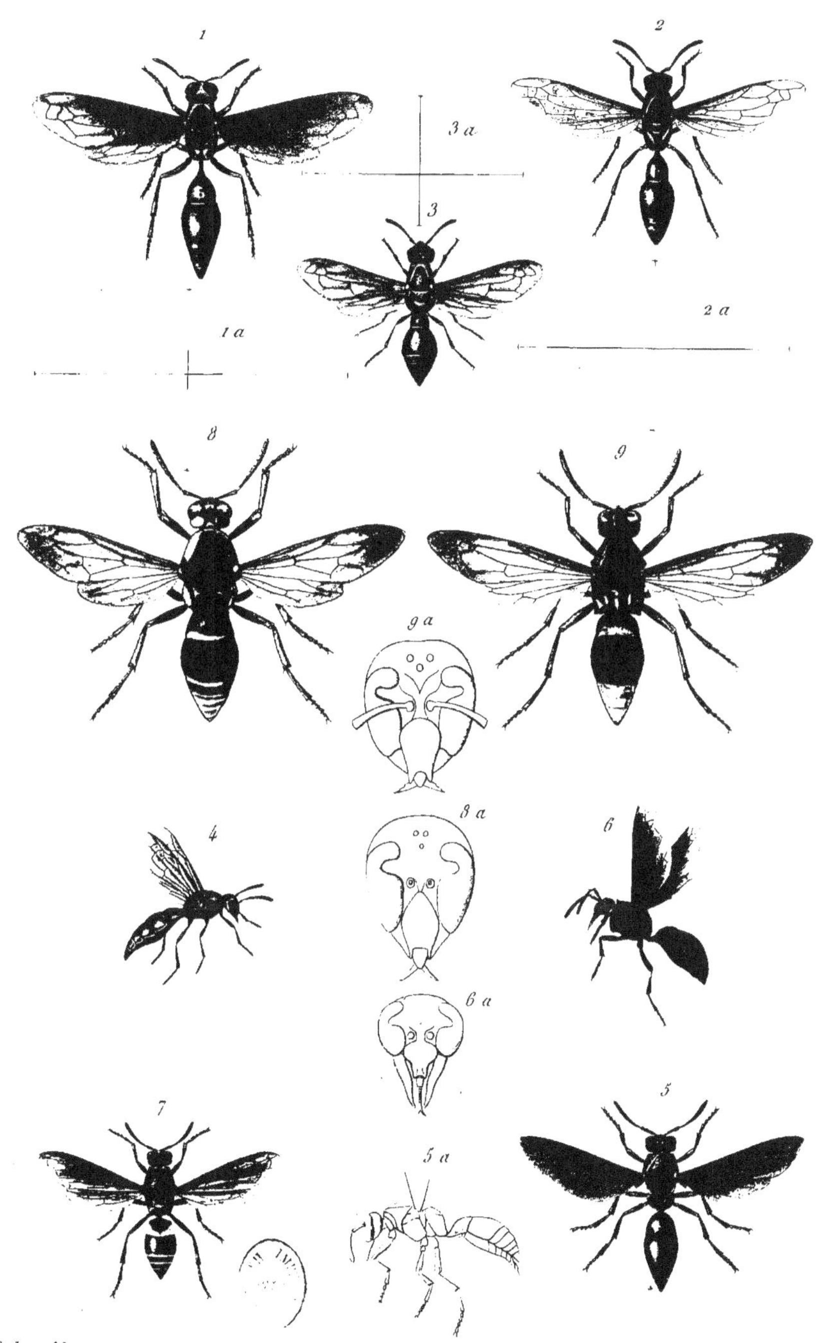

Lackerbauer del.

Rebuffet sc.

1. *MONT. RUFIPES*   2. *M. CORTESIA.*   3. *M. PLATINIA.*   4. *M. ANOMALA*
5. *MONOB. ANGULOSA.* 6. *M. APICALIPENNIS* 7 *M. SYLVATICA* 8 *MONER. SPLENDIDA*
9. *M. EPHIPPIUM.*

Imp. Tourfaut.

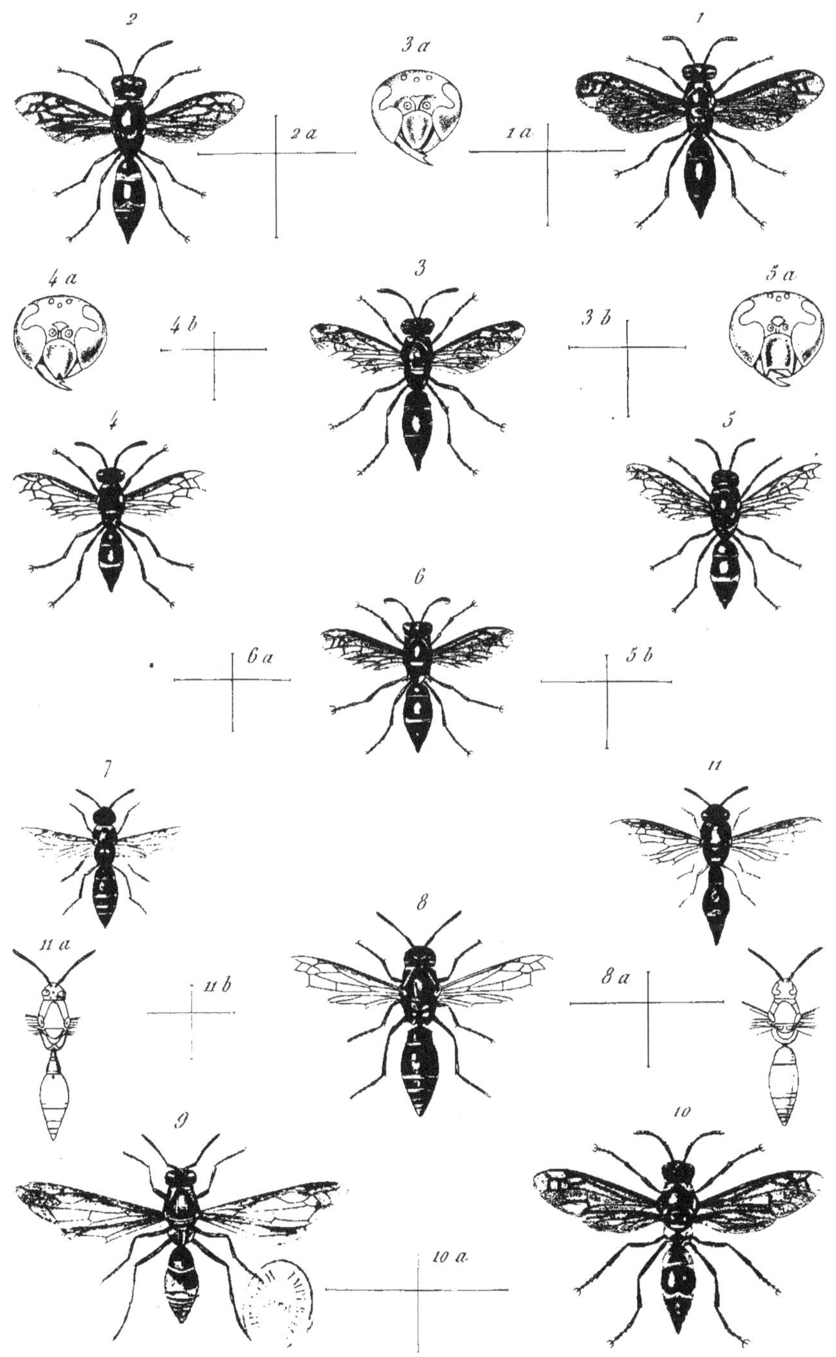

1. M. UNCINATA.   2. O. BIPHALERATUS.   3. O. FLAVIPES   4. O. AMBIGUUS.

5. O. ALASTORIPENNIS. 6. O. ALASTOROÏDES. 7. O. PARIETUM. 8. O. CATSKILL.

9. O. TUBERCULOCEPHALUS. 10. O. BELLONE. 11. O. DIFFORMIS.

Imp. Tourfaut

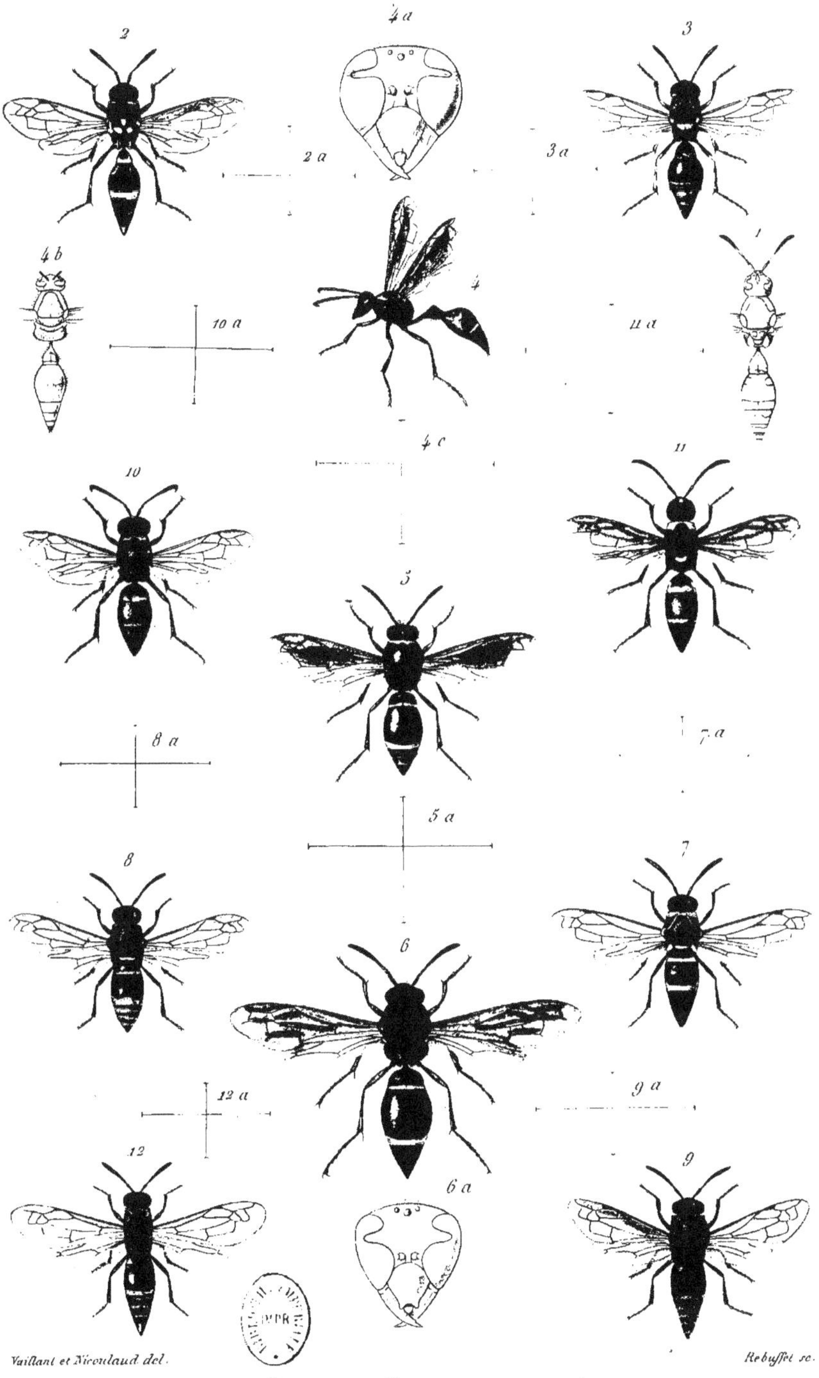

1. *O. INTERMEDIUS.* 2. *O. EXILIS.* 3. *O. COLUMBARIS* 4. *O. EXCIPIENDUS*
5. *O. LACHESIS.* 6. *O. CHILENSIS.* 7. *O. GAYI.* 8. *O. BRACHYGASTER*
9. *O. BREVITHORAX.* 10. *O. BOSCII.* 11. *O. MEGAERA.* 12. *O. RHINCHOÏDES*

Imp. Tourfaut

PLANCHE XVIII.

Genre ODYNERUS.

Sous-genre LEIONOTUS.

Troisième division.

Espèces de l'ancien continent.

1. *Odynerus bidentatus*, Lep. (fem. grossie.)
2. *Odynerus synagroides*, Sauss. (mâle.)
3. *Odynerus floricola*, Sauss. (fem. grossie.)

Espèces d'Australie.

4. *Odynerus tasmaniensis*, Sauss. (fem. grossie.)
5. Tête de l'*Odynerus alaris*, Sauss. Le chaperon n'est pas échancré comme dans l'*Alastor Lachesis*, avec lequel on peut aisément le confondre. Voyez la tête de ce dernier, pl. XXI, fig. 5 *a*.
6. *Odynerus clypeatus*, Sauss. (fem.)
   6 *a*. Tête du même, pour montrer la forme du chaperon.
7. Tête de l'*O. concolor*. La forme du chaperon est bien distincte de celle de l'*O. clypeatus*, qui du reste est entièrement semblable à cette espèce.

Espèces américaines.

8. *Odynerus cubensis*, Sauss. (fem. grossie.)

Première division.

9. *Odynerus melanus*. (fem. grossie.)

Sixième division. (V^e division de la Monographie.)

10. *Odynerus bellatulus*, Sauss. (fem. grossie.)
11. *Odynerus multicolor*, Sauss. (mâle grossi.)
    11 *a*. Tête du même.

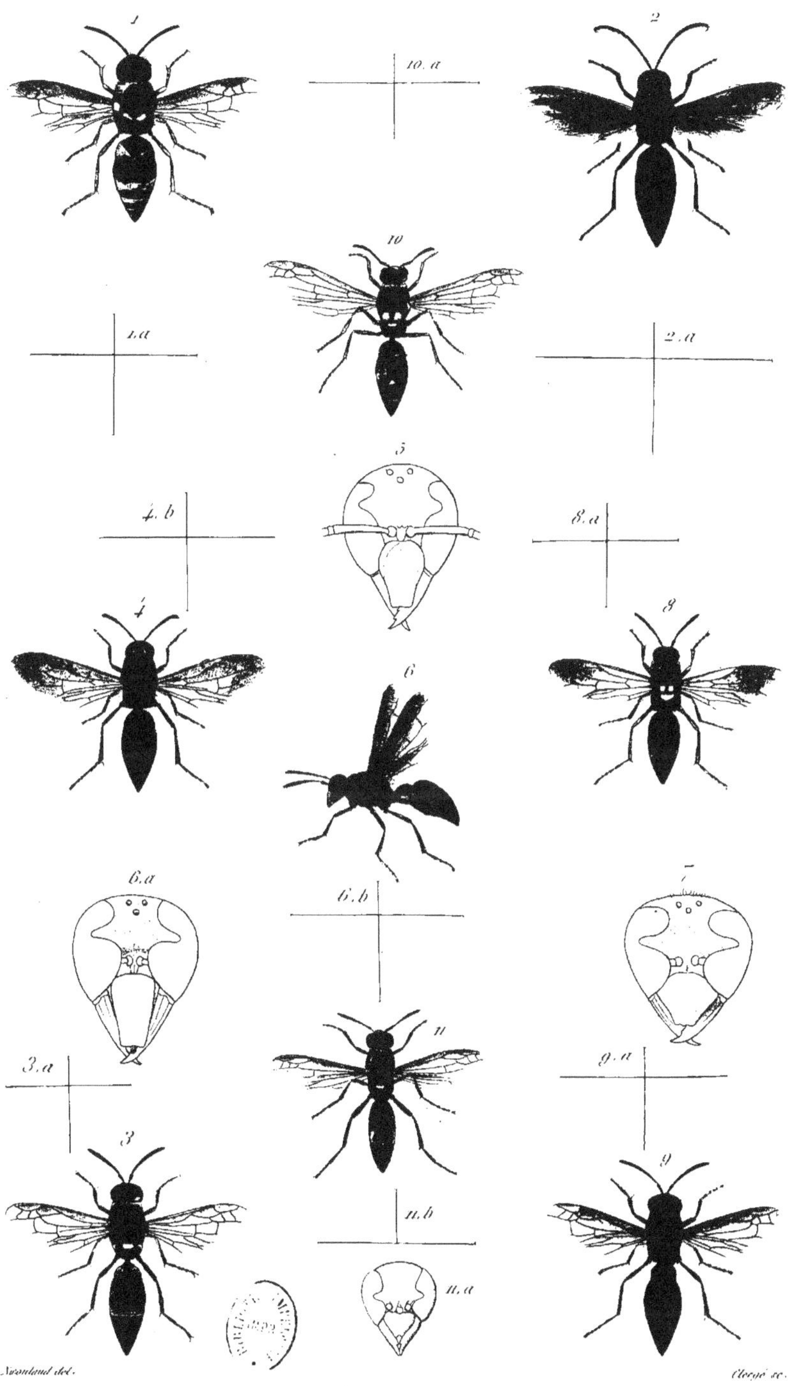

1. O. BIDENTATUS. 2. O. SYNAGROÏDES. 3. O. FLORICOLA. 4. O. TASMANIENSIS. 5. O. ALARIS.
6. O. CLYPEATUS. 7. O. CONCOLOR. 8. O. CUBENSIS. 9. O. MELANUS. 10. O. BELLATULUS. 11. O. MULTICOLOR

Imp. Tourfaut.

PLANCHE XIX.

Genre ODYNERUS.

Sous-genre LEIONOTUS.

Cinquième division.

1. *Odynerus hirsutulus*, Spin. (fem.)
   1 *a*. Profil du même.
   1 *b*. Tête du même.
2. *Odynerus punctum*, Fabr. (fem. grossie.)
3. *Odynerus bivittatus*, Lepel. (fem. grossie.)
   3 *a*. Tête du même.
4. *Odynerus ovalis*, Sauss. (fem. grossie.)
   4 *a*. Tête du même.
5. *Odynerus tropicalis*, Sauss. (fem. grossie.)
6. *Odynerus Silaos*, Sauss. (fem. grossie.)
   6 *a*. Tête du même.

Sous-genre OPLOPUS.

7. *Odynerus senegalensis*, Sauss. (fem. grossie.)
   7 *a*. Tête du même.
8. *Odynerus rotundigaster*, Sauss. (fem. grossie.)
9. *Odynerus emortualis*, Sauss. (fem. grossie.)

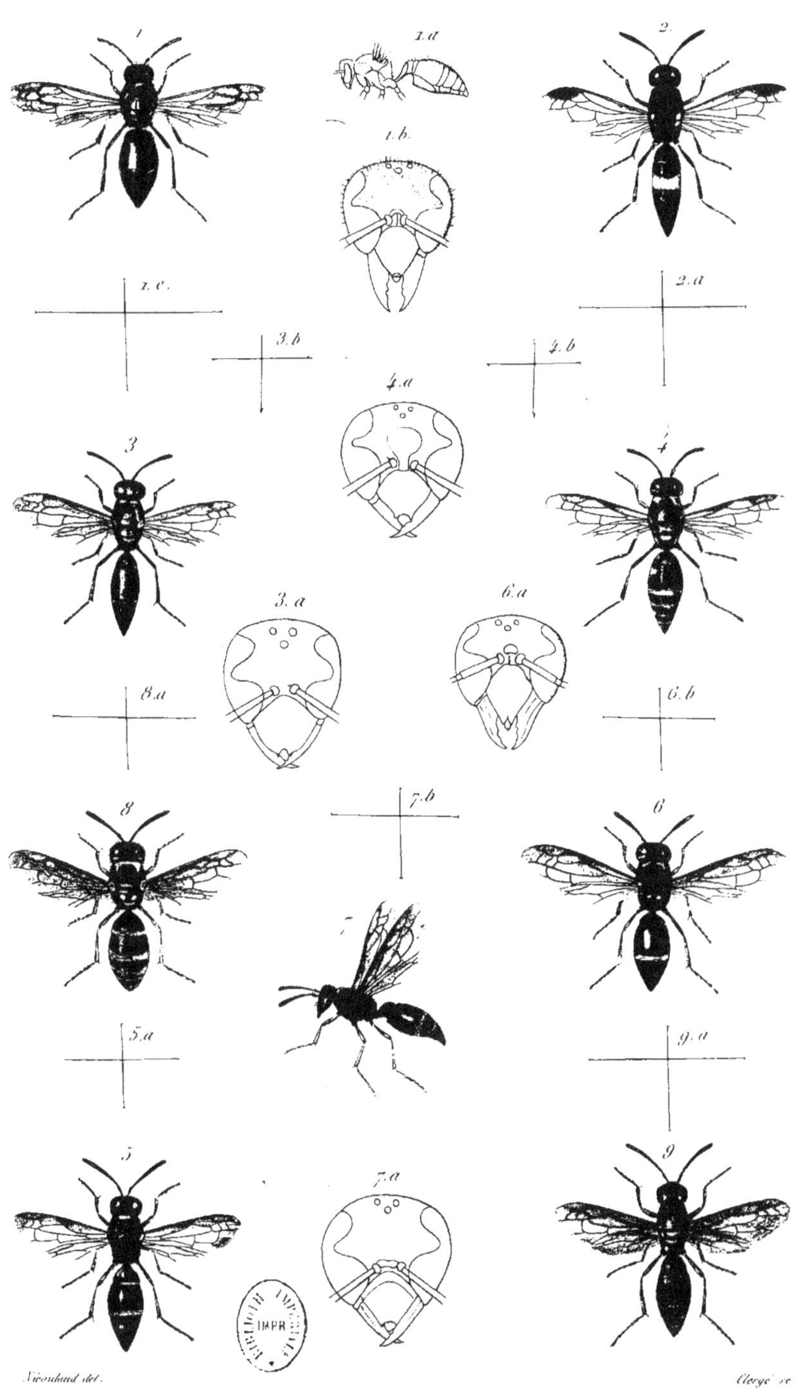

1. O. HIRSUTULUS. 2. O. PUNCTUM. 3. O. BIVITTATUS. 4. O. OVALIS. 5. O. TROPICALIS.
6. O. SILAOS. 7. O. SENEGALENSIS. 8. O. ROTUNDIGASTER. 9. O. EMORTUALIS.

Imp. Tourfaut.

PLANCHE XX.

Genre ODYNERUS.

Sous-genre OPLOPUS.

1. *Odynerus reniformis*, Wesm. (fem. grossie.)
2. Tête de l'*Odynerus lævipes*, Schuck. fem.
   2 *a.* Chaperon du même, grossi pour montrer les dents termi-
       nales du chaperon dans la femelle.
3. Parties de l'*Odynerus melanocephalus*, Gmel. mâle.
   3 *a.* Mandibule du mâle, portant au milieu une très forte échan-
       crure. Ce caractère est celui de tous les mâles dans le
       sous-genre OPLOPUS.
   3 *b.* Chaperon du mâle, terminé par deux fortes dents. Ce ca-
       ractère fait également partie de ceux du sous-genre.
3 *c.* Chaperon de la femelle; il ressemble pour la forme à celui des
       femelles de presque toutes les espèces d'Oplopus.
3 *d.* Patte du milieu du mâle. La cuisse est biéchancrée, comme dans
       l'*O. spinipes.*

Genre LEPTOCHILUS.

4. *Leptochilus ornatus*, Sauss. (fem. grossie
5. *Leptochilus modestus*, Sauss. (fem. grossie
6. *Leptochilus fallax*, Sauss. (fem. grossie.)

Genre PTEROCHILUS.

Première division.

7. *Pterochilus glabripalpis*, Sauss. (fem.)
   7 *a.* Tête du même.
   7 *b.* Profil du même.

Troisième division.

8. *Pterochilus pilipalpus*, Spin. fem. grossie.
   8 *a.* Tête du même.
   8 *b.* Profil du même.

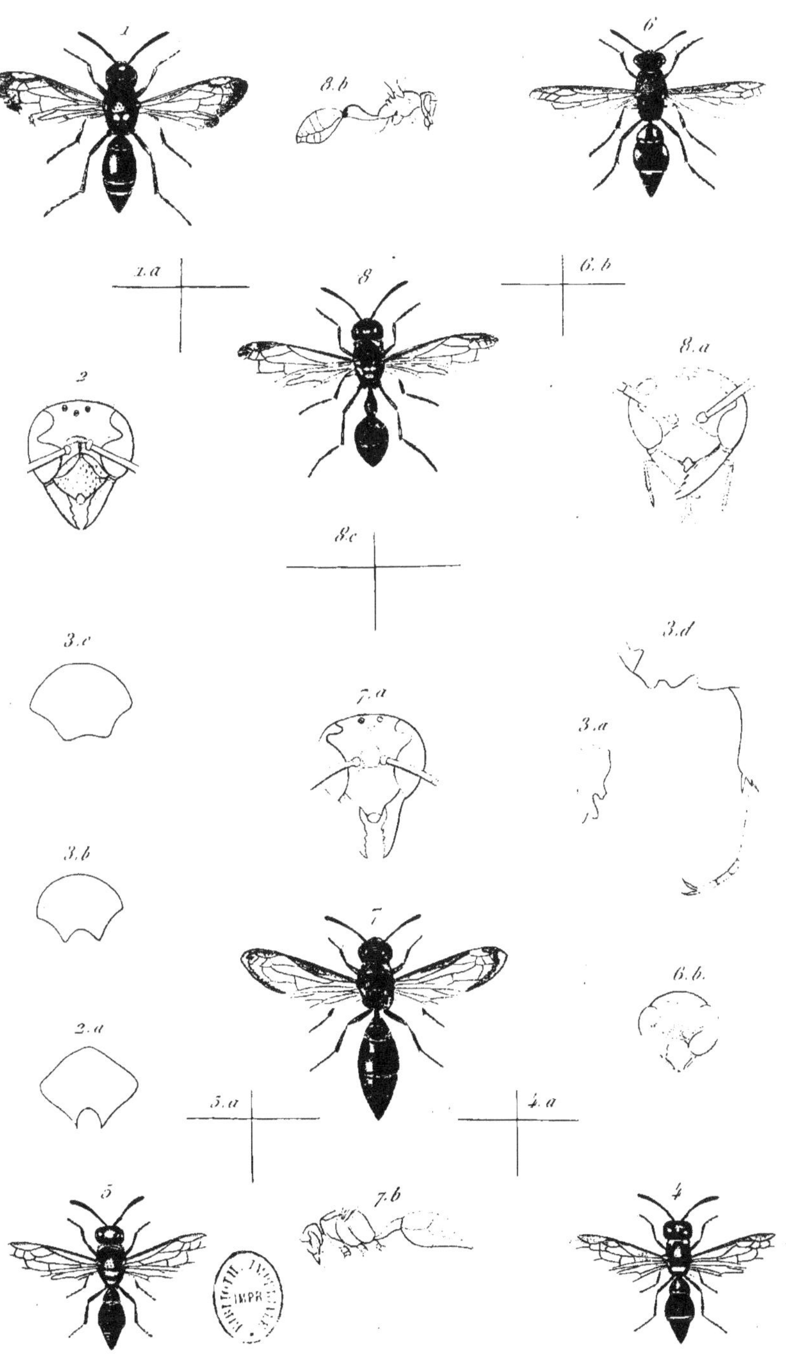

Vocaland del.   Clergé sc.

1. O. RENIFORMIS. 2. O. LAETIPES. 3. MELANOCEPHALUS. 4. L. ORNATUS. 5. L. MODESTUS
6. L. FALLAX. 7. O. GLABRIPALPIS. 8. P. PILIPALPUS.

Imp. Fourfaut.

PLANCHE XXI.

Genre P TEROCHILUS.

Deuxième division.

1. *Pterochilus major*, Sauss.
    1 *a*. Tête du même.
    1 *b*. Le même vu de profil.
2. *Pterochilus latipalpis*, Lep.
    2 *a*. Tête du même, montrant les palpes labiaux (mandibules
        fortement dentées.)
3. *Pterochilus biglumis*, Sauss.

Genre A LASTOR.

Première division.

4. *Alastor eriurgus*, Sauss. Un peu grossi.
5. *Alastor Lachesis*. Sauss.
    5 *a*. Tête du même.
6. *Alastor tuberculatus*, Sauss. grossi.
    6 *a*. Tête du même.
    6 *b*. Le même vu de profil.

Troisième division.

7. *Alastor angulicollis*, Spin. grossi.
    7 *a*. Plaque postérieure du métathorax présentant sa concavité.
8. *Alastor melanosoma*, Sauss. grossi.
    8 *a*. Tête du même.
9. Tête de l'*Alastor singularis*, Sauss.

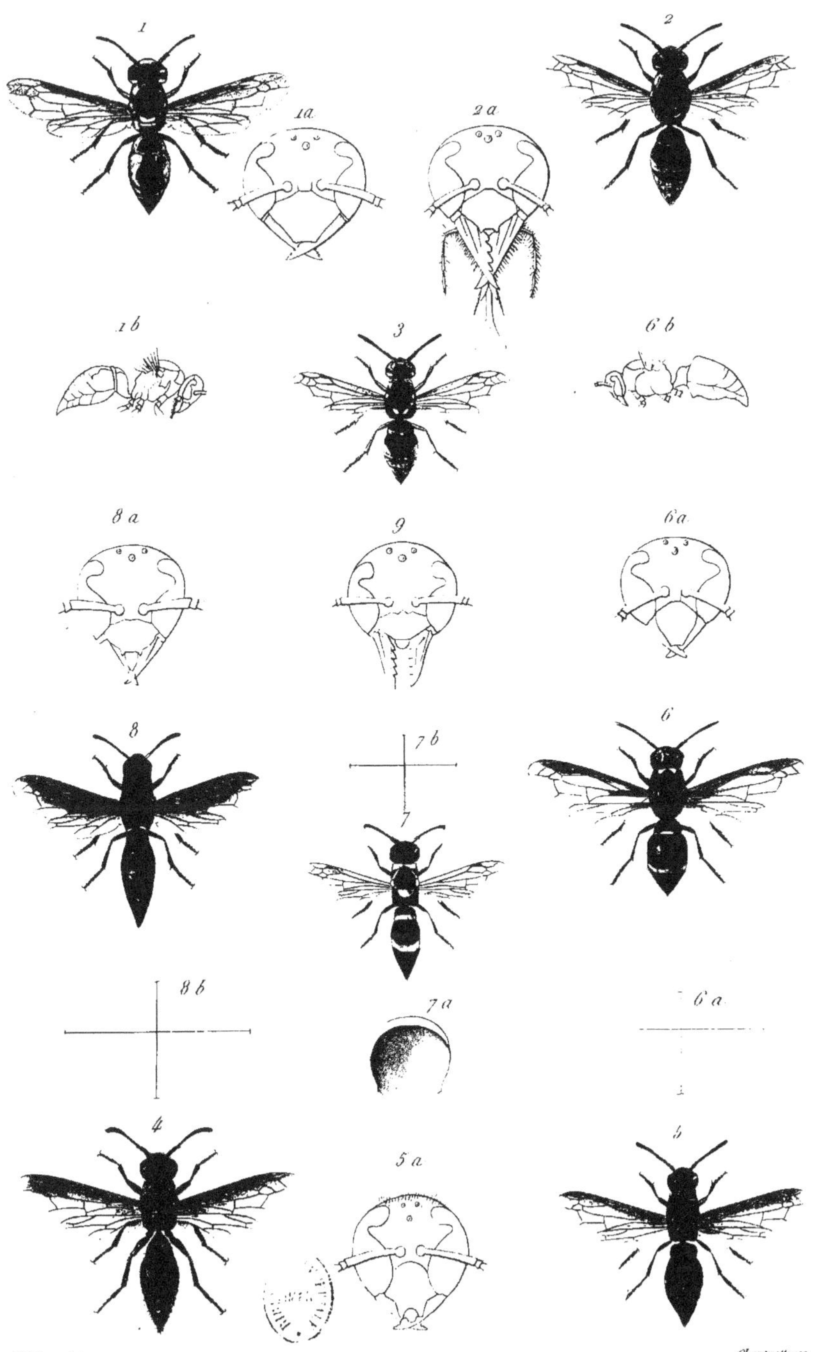

Vaillant del.

Chartrelle sc.

1. P. MAJOR. 2. P. LATIPALPIS. 3. P. BIGLUMIS. 4. A. ERIURGUS. 5. A. LACHESIS
6. A. TUBERCULATUS. 7. A. ANGULICOLLIS. 8. A. MELANOSOMA.

Imp. Tourfaut

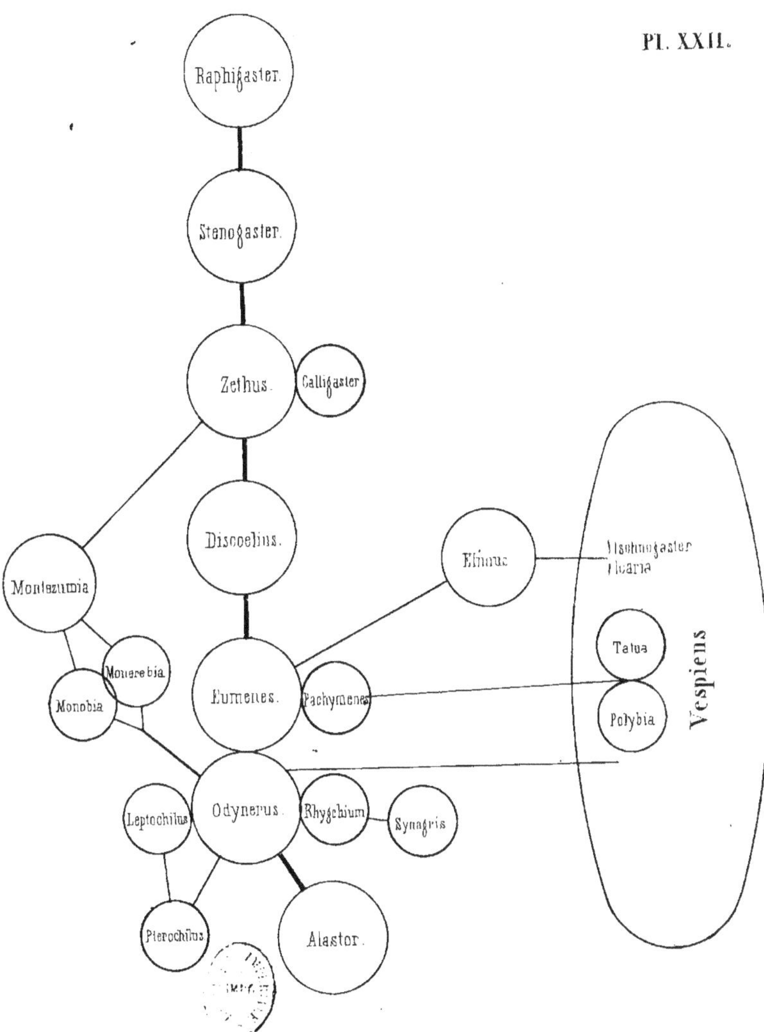

Disposition naturelle des Euméniens.

Paris. Imp. Binoteau